Neues verkehrswissenschaftliches Journal

Ausgabe 34

Graphendatenbank-Modell für Infrastrukturdatensätze

Von der Fakultät Bau- und Umweltingenieurwissenschaften

der Universität Stuttgart zur Erlangung der Würde eines

Doktors der Ingenieurwissenschaften (Dr.-Ing.) genehmigte Dissertation

Vorgelegt von

Vitali Schuk

aus Jangijul, Usbekistan

Hauptberichter:	Univ.-Prof. Dr.-Ing. Ullrich Martin
Mitberichter:	Univ.-Prof. Dr.-Ing. Hans Christian Jünger
Tag der mündlichen Prüfung:	11. Juli 2023

Institut für Eisenbahn- und Verkehrswesen der Universität Stuttgart

2023

IEV Institut für Eisenbahn- und Verkehrswesen

Titelbild: Vitali Schuk

Verlag: BoD · Books on Demand GmbH, In de Tarpen 42,

22848 Norderstedt, bod@bod.de

Druck: Libri Plureos GmbH, Friedensallee 273, 22763 Hamburg

Printed in Germany

ISBN: 978-3-7597-9343-0

Vorwort

Die gegenwärtigen erhöhten Anforderungen an den Bau und die Erhaltung von Infrastrukturen ergibt sich durch die aktuellen gesamtgesellschaftlichen Zielstellungen in Verbindung mit einer jahrzehntelangen Vernachlässigung dieses Bereichs. Der föderale Rechtsrahmen sowie die Komplexität bei der Planung und Errichtung von Infrastrukturen führen insbesondere in Deutschland regelmäßig zu inakzeptablen Realisierungszeiträumen.

Dementsprechend ist ein nach wie vor weiter steigender Druck zur schnelleren Umsetzung von Infrastrukturprojekten und bei Maßnahmen zur Erhaltung von Infrastrukturen entstanden. Ein grundlegender Ansatz zur spürbaren Verkürzung der Planungsphasen, Erhöhung der Planungsqualität und Flexibilisierung der Planung besteht in der Anwendung digitaler Methoden, wie z. B. Building Information Modeling (BIM). Die Nutzung derartiger Methoden bedarf jedoch zunächst der Schaffung entsprechender Grundlagen, so dass die erwarteten positiven Effekte bei deren Anwendung möglichst umfassend zum Tragen kommen. Hier setzt die vorliegende Dissertation an, indem ein graphendatenbankbasiertes Modell entwickelt wurde, mit dem einerseits die formal strukturierten Voraussetzungen zur Planung bereitgestellt werden und das andererseits auch für unterschiedliche formal strukturierte Planungsprozesse nutzbar ist.

Wesentliches Forschungsergebnis der vorliegenden Arbeit ist ein neues Verfahren zur kontinuierlichen Planung von Verkehrsinfrastrukturen auf der Grundlage einer Graphendatenbank das eine praxisgerechte Einbindung in ein entsprechendes BIM-System ermöglicht, wobei wahlweise entsprechend des bestehenden Regelwerks oder mit darüber hinausgehenden innovativen Ansätzen geplant werden kann. Es werden beachtliche neue Impulse gesetzt, so dass eine deutliche Erhöhung der Planungsqualität zu erwarten ist. Der generische Ansatz regt dazu an, das Verfahren auch für weitere Gewerke und andere Verkehrsträger zu nutzen. Darüber hinaus ist, gerade in einer zunehmend globalisierten Welt, die Anwendbarkeit im internationalen Umfeld besonders interessant. Die Erkenntnisse aus der vorliegenden Dissertation bieten somit auch eine Grundlage für vielfältige weitere Forschungen im Bereich der Planung und Realisierung nicht nur von Verkehrsprojekten.

Stuttgart, Oktober 2023
Ullrich Martin

Danksagung

Zuallererst möchte ich dem Leiter des Instituts für Eisenbahn- und Verkehrswesen, meinem Doktorvater Univ.-Prof. Dr.-Ing. Ullrich Martin meinen Dank aussprechen, da ohne sein Mitwirken in Form von Anregungen, Aufgaben und wissenschaftlichen Fachdiskussionen, die Planung und die Umsetzung dieser Arbeit undenkbar gewesen wäre.

Die vorliegende Arbeit ist durch eine Kooperation zwischen dem Institut für Eisenbahn- und Verkehrswesen der Universität Stuttgart und dem Institut für Software Engineering der Universität Stuttgart entstanden. Diese Kooperation war für diese Arbeit essenziell vor allem im Bereich des Software-Engineerings und der Koordination von Studienprojekten (StuPro), Bachelor- und Masterarbeiten, die diese Arbeit und die Entwicklung des PULTracks mit begleitet haben. Dafür möchte ich mich bei dem Leiter des Instituts für Softwareengineering, Univ.-Prof. Dr. Stefan Wagner, beim Herrn Dr. Daniel Graziotin und bei der Studiengangsmanagerin aller Studiengänge der Fachrichtung Informatik an der Universität Stuttgart Frau Dr. Katrin Schneider bedanken.

Für die Entgegennahme, Korrektur und Zulassung dieser Arbeit möchte ich mich bei den Herren Univ.-Prof. Dr.-Ing. Hans Christian Jünger und Univ.-Prof. Dr.-Ing. habil. Christian Moormann bedanken.

Für das UML, Informatik Fachwissen dieser Arbeit möchte ich mich insbesondere bei meinem Kollegen Stefan Schmidhäuser bedanken. Dadurch das er als Informatiker am Institut für Eisenbahn- und Verkehrswesen beide Welten kennt, war er mir eine große Hilfe. Und auch mein Kollege Herr Dr. rer. nat. Fabian Hantsch und mein ehemaliger Kollege Herr Dr.-Ing. Sebastian Rapp dürfen wegen ihrer Unterstützung nicht unerwähnt bleiben. Des Weiteren wollte ich mich bei den Studenten und den wissenschaftlichen Hilfskräften Carina Vicari und Marvin Müller bedanken, die mich bei den Datenbank- und UML-Modellierungsarbeiten in dieser Arbeit ebenfalls unterstützt haben.

Zu guter Letzt danke ich meiner Ehefrau, meinen Eltern und meinen Geschwistern von Herzen. Sie haben mir mit ihrem Verständnis und ihrer moralischen und psychologischen Unterstützung viel Kraft gegeben und mich so auf ihre Weise unterstützt.

Eidesstattliche Erklärung

Hiermit erkläre ich, dass ich diese Arbeit selbständig verfasst und keine anderen als die von mir angegebenen Quellen und Hilfsmittel verwendet habe.

Stuttgart, den 11.07.2023 Vitali Schuk

Inhaltsverzeichnis

Abbildungsverzeichnis

Tabellenverzeichnis

Kurzfassung

Die Digitalisierung spielt eine immer wichtigere Rolle im Alltag und im Berufswesen. In den Planungs- und Bauprozessen wird in diesem Zusammenhang Building Information Modeling (BIM) zunehmend eingesetzt. Allerdings besteht diesbezüglich im Bereich der Infrastrukturplanung im Verkehrswegebau noch ein erheblicher Nachholbedarf. Die Gründe hierfür sind vielfältiger Natur. Die BIM-Methodik sieht für die Planung und den Bau einer Infrastruktur viele Anwendungsfälle vor, welche nur unter der Ausnutzung von vielfältigen, inhomogenen und hochwertigen Informationen sowie unter dem Einbezug von neuen Technologien realisiert werden können. Diese wiederum müssen strukturiert nach einheitlich definierten Frameworks (bzw. Modellen) in einer Datenbank hinterlegt sowie miteinander verzahnt und zum Lösen bestimmter Entwurfsaufgaben für alle Beteiligten verfügbar sein. Ein dabei zu verfolgendes Ziel ist die Reduzierung inkompatibler IT-Systeme. Einen möglichen ausgereiften Lösungsansatz zur Abbildung von vielfältigem explizitem Ingenieurwissen im Bereich des Infrastrukturbaus bieten die bereits bekannten Kategorisierungsmethoden vereint mit neuen Technologien wie einer Graphendatenbank.

Die vorliegende Arbeit befasst sich mit der Entwicklung eines neuen Ansatzes zur strukturierten Speicherung und Vernetzung von verkehrsträgerübergreifenden Datensätzen wie z. B. Infrastrukturobjekte, Vorschriften und deren Vorschriftenfestlegungen sowie Planungswerkzeuge zum Planen von Infrastrukturen in einer einzigen Datenbank, welcher auf einem Hauptklassifizierungssystem bestehend aus acht Klassenebenen basiert. Dazu wird ein eigens entwickeltes generisches Framework genutzt, das u. a. auf der neuen Technologie der Graphendatenbank von OrientDB, die in diesem Einsatzgebiet erstmals verwendet wird, aufbaut. Das Framework setzt sich aus den einzelnen (Teil-)Modellen bzw. Konzepten zusammen, die die einzelnen Wissensbereiche der Infrastrukturplanung in der Datenbank abbilden. Als Werkzeug zur Kategorisierung und Strukturierung der Datensätze werden dabei die Methoden der Dekomposition, Ontologie und Taxonomie verwendet. Die Vernetzung und die Abbildung von logischen Beziehungen (Abhängigkeiten) zwischen den Datensätzen erfolgen anhand von Knoten-Kanten-Konstrukten sowie auf Basis der Prädikatenlogik 1.Ordnung.

Die Abhängigkeiten zwischen den Datensätzen können dabei dank der hohen Flexibilität des gewählten schemalosen Datenbankmodells entweder frei oder streng vorschriftenkonform direkt in der Graphendatenbank ohne besondere programmiertechnische Kenntnisse modelliert werden, so dass eine fachgerechte Planung unter Berücksichtigung der Randbedingungen aus der gestellten Entwurfsaufgabe möglich wird. Realisiert wird dies, indem die zuvor in Textform liegenden kodifizierten/ nicht kodifizierten Vorschriften maschinenlesbar gemacht werden, gestützt durch zwei weitere eigene Klassifizierungssysteme und deren Modelle. Der entwickelte Ansatz ist dabei nicht nur bei schienengebundenen Verkehrssystemen, sondern auch bei anderen Verkehrsträgern einsetzbar. Zu der Graphendatenbank mit den darin enthaltenen Modellkonzepten wurden Planungswerkzeuge (im Wesentlichen das Trassierungs- und Dimensionierungstool) entwickelt, welche selbst auf der Datenbank basieren, aus dieser abgelegte Infrastrukturobjekte dynamisch laden und anschließend auswerten. Der vorgeschlagene Modellansatz wurde als Prototyp softwareseitig in der Programmiersprache Java implementiert und in datenbankkonformen (Teil-)Modellen validiert.

Der erste Prototyp hat gezeigt, dass die Graphendatenbanken, welche im Verkehrswesen neu sind und zurzeit selten zum Einsatz kommen, eine hohe Flexibilität, Erweiterbarkeit und ein hohes Visualisierungsvermögen der Datensätze aufweisen und ermöglichen diese den Nutzern „natürlich“ darzustellen. Im Gegensatz zu den herkömmlichen, bereits auf dem Markt etablierten relationalen Datenbanken, bieten Graphendatenbanken einen großen Vorteil im Hinblick auf die Abbildung von (großen) stark miteinander vernetzten Datensätzen. Verstärkt wird der Effekt durch die mögliche Visualisierung der Datensätze in einem Baumgraph, wodurch nahezu beliebig komplexe Modellierungen einfach erscheinen und nachvollziehbar bleiben. Diese hohe Flexibilität ist erforderlich, um u. a. die unstrukturierten vorschriftenkonformen Abhängigkeiten bzw. Vorschriftenfestlegungen zwischen den Datensätzen maschinenlesbar abbilden zu können. Die Forschungsergebnisse der Arbeit mit dem entwickeltem Modellansatz sollen primär in Verbindung mit den vorgeschlagenen Modellierungsmethoden die Eignung von Graphendatenbanken als Werkzeug zum vorteilhaften digitalen Planen und Bauen von Verkehrswegen unter Einbezug der BIM-Methodik bzw. zum Einsetzen in den BIM-Anwendungsfällen nachweisen sowie Impulse für künftige Weiterentwicklungen geben.

Abstract

Digitalization plays an increasingly important role in both, daily life and at the workplace. In this context, Building Information Modeling (BIM) is increasingly used for planning and construction processes. However, there are still major lacks regarding BIM in infrastructure construction. The causes of these deficiencies are manifold. BIM methodology envisages many use cases for infrastructure planning and construction, which can only be realized by using diverse, inhomogeneous and high-quality information, as well as by the incorporation of new technologies. These data, in turn, must be structured according to uniformly defined frameworks (or models) and stored in databases, where they are interlinked with each other and available to all parties involved in the solution of an specific design task. Here, one goal to be pursued is the reduction of incompatible IT systems. The already known categorization methods combined with new technologies, such as a graph database, could offer a possible solution approach for the representation of diverse explicit engineering knowledge in the field of infrastructure construction.

The present work deals with the development of a new approach for the structured storage and interconnection of cross-modal data sets, such as infrastructure objects, regulations and their rules, as well as planning tools for infrastructure planning in a single database, which is based on a main classification system consisting of eight class levels. For this purpose, an in-house developed generic framework is used, that, among other things, builds on the new graph database technology of OrientDB, which is used for the first time in this field. The framework is composed of the individual (partial)models or concepts that represent the individual knowledge areas of infrastructure planning in the database. The methods of decomposition, ontology and taxonomy are used as tools for categorizing and structuring the data sets. The interconnection and mapping of logical relationships (dependencies) between the data sets are carried out using node-edge constructs and on the basis of 1st order predicate logic.

Thanks to the high flexibility of the selected schemeless database model, the dependencies between data sets can be modelled either freely or in strict compliance with regulations directly in the graph database with no need of knowledge about software development, so that a professional planning taking into account the boundary conditions from the given design task becomes possible. This is achieved by transforming the codified / non-codified regulations, which were given previously in text form, to a machine-readable form. This is supported by two further proprietary classification systems and their corresponding models. With this, the developed approach is not only applicable to rail-based transportation systems, but also for other transport modes. Planning tools (mainly the alignment and dimensioning tool) were developed for the graph database and the model concepts contained in it. These tools build on the database and are able to dynamically load and, finally, evaluate the infrastructure objects stored in it. From the point of view of the software, the proposed model approach was implemented as a prototype using the programming language Java and then validated in the database-compliant (partial) models.

The first prototype has shown that graph databases, which are relatively new in the transport sector and are currently rarely used, have a high degree of flexibility, extensibility and visualization capacity of data sets, allowing them to be presented to the users in a natural and clear manner. In contrast to the conventional relational databases already established on the market, graph databases offer a great advantage regarding the mapping of (large) data sets, that are strongly interconnected with each other. The effect is reinforced by the possible visualization of the data sets in a tree graph, whereby almost any complex modeling appears simple and remains comprehensible. This high degree of flexibility is required, among other things, to be able to represent the unstructured, regulation-compliant dependencies and rules between the data sets in a machine-readable manner. The research results of the work with the developed model approach, shall primarily prove, in connection with the proposed modeling methods, the suitability of graph databases as a tool for the advantageous digital infrastructure planning and construction including the BIM methodology, or for the use in BIM use cases. They will also impulse further developments.

1 Einleitung

Die Bedeutung der Digitalisierung nahm in den letzten Jahren stetig und rapide zu und bestimmt seit langem die Positionierung einer modernen Volkswirtschaft, da sie viele Vorteile mit sich bringt. So sorgt die Digitalisierung für die Verbesserung der Dienstleistungen und für eine zukunftsorientierte Industrieproduktion, wodurch das Wachstum der Wirtschaft vorangetrieben und damit auch künftig Wohlstand gesichert werden kann. Allerdings scheint diese Entwicklung bislang nur eingeschränkt im Bausektor (hier: Verkehrswegebau) verankert zu sein, obwohl bereits seit einigen Jahren intensiv über die digitale Planungs- und Baukultur im Verkehrswegebau diskutiert wird. Die ursprünglich aus dem Hochbau kommende BIM-Methodik bildet dabei einen zentralen Ansatzpunkt. Die Ausnutzung der neuen digital vorhandenen Technologien in Verbindung mit der neuen Planungsmethodik (3D + 4D + 5D + 6D) und kooperativen Arbeitsmethodik soll auch die Planungs- und Bauprozesse von Infrastrukturmaßnahmen verbessern und deren Effizienz steigern, indem Planungs- und Bauzeiten sowie Baukosten[1] und Betriebskosten spürbar reduziert werden. Die BIM-Methodik soll die hochwertigen digitalen Bauwerksinformationen in Form von einem sogenannten digitalem Zwilling über die gesamte Lebensdauer eines Bauwerkes in einer Datenbank (DB) liefern, welche allen Beteiligten zur Verfügung stehen. Beim Planen und Bauen kann dadurch beispielsweise eine enge Kooperation und Kommunikation zwischen allen Projektbeteiligten erreicht und Projekte können besser visualisiert und verwaltet werden. Planungsfehler sollen dadurch einfacher erkannt werden können. All diese Punkte sollen die Bau- sowie Planungszeit und Kosten reduzieren.

Zum Erreichen dieses Ziels wurde im Jahr 2015 vom BMVI (heute BMDV) ein Projekt namens „Stufenplan Digitales Planen und Bauen“ ins Leben gerufen, wodurch auch die Digitalisierung im Infrastrukturbereich angestoßen worden ist. Dadurch sollten die Beteiligten in Form von privat und öffentlich organisierten Einrichtungen im Bereich „Planung und Bau von Infrastrukturmaßnahmen“ dazu ermutigt werden, sich den Herausforderungen der neuen digitalen Welt zu stellen und zur Umsetzung der gesetzten

[1] Hier: Investive Kosten

Ziele beizutragen. Es sollte dazu führen, dass alle neu zu planenden Infrastrukturmaßnahmen auf Bundesebene ab Ende 2020 mittels der BIM-Methodik des vom BMVI definierten Leistungsniveaus 1 umzusetzen sind (BMVI 2015).

Um die BIM-Thematik aufzugreifen, wurde in der vorliegenden Arbeit eine systematische Spezifikation zur Erstellung einer umfassenden DB entwickelt, da DB in der modernen Planung von Verkehrswegen eine hohe Bedeutung haben, die Basis für eine modellbasierte Planung bilden und somit weitgehend unabdingbar sind.

Zum anderen wird die DB zur Wissensintegration aus dem Verkehrswesen benötigt. Die digitalisierten Informationen aus unterschiedlichen Sachgebieten des Infrastrukturbaus geben ein enormes, über viele Jahre erlangtes Wissen wieder. Eine zusätzliche Datenansammlung ergibt sich durch die Betrachtung einer Verkehrsanlage über den gesamten Lebenszyklus hinweg. Experten wie Planer, Projektingenieure, Poliere und Bauleiter sowie andere verfügen auf dem Gebiet Verkehrswegebau im Hinblick auf die Planung, konstruktive Auslegung der zu planenden und umzusetzenden Infrastrukturbaumaßnahmen sowie des darauffolgenden Betriebes und der Instandhaltung über ein kolossales, stark diversitäres und breit aufgestelltes Fachwissen, welches allerdings nicht gebündelt in einem digitalen System vorhanden ist. Zur strukturierten Speicherung, Vernetzung untereinander und Verwaltung dieser Informationen wird eine DB benötigt. Zurzeit gibt es jedoch kein umfassendes und effizientes digitales datenbankbasiertes Wissensintegrationswerkzeug zum bereits vorhandenen Know-how sowie zum stets neu hinzukommenden Wissen.

Ein umfassender Überblick über die verkehrsträgerübergreifenden Systemkomponenten[2] der gesamten Infrastruktur [Schiene, Straße, Luft und Wasser] sowie deren Eigenschaften als Input- und Output-Daten in Bezug auf die Planungs- inkl. Bauprozesse ist für die Lehre, Forschung und Wissenschaft von großer Bedeutung. So erfordert es zum Beispiel, um eine möglichst hohe Qualität des Bahnkörpers über eine definierte Lebensdauer zu gewährleisten, ein Höchstmaß an planerischen Entscheidungen sowohl im Vorfeld als auch während des Planungs-, Bau- und Instandhaltungsprozesses. Es wird daher ein wirkungsvolles und leistungsfähiges Planungswerkzeug benötigt,

[2] Wird im Weiteren synonym mit Infrastrukturobjekten, -elementen oder Entwurfselementen bezeichnet werden.

dass das umfangreiche, vorhandene explizite Wissen[3] beinhaltet und die Möglichkeit zur Implementierung neuer digitaler und moderner Entwicklungen und Technologien vorsieht.

Aus diesen Erkenntnissen wurde zur Planung und Analyse von verkehrsträgerübergreifenden Infrastrukturen am Institut für Eisenbahn- und Verkehrswesen ein Modellansatz namens (E)DCC [englisch (E)DCC= Environment, Discretization, Categorization and Characterization] erarbeitet und dazu eine modulare Softwarelösung (PULTrack) nach der sogenannten 3-Schichten-Architektur konzipiert, welche bestehende Ansätze aus dem Verkehrswegebau integrieren und visualisieren soll (Martin, et al. 2019). Das (E)DCC-Modell soll sowohl das vorhandene als auch das neue Wissen aufnehmen können und zur Verfügung stellen, indem der Planer bei der Planung und Dimensionierung der Infrastruktur sowie bei der Untersuchung von bereits bestehenden Strecken unterstützt wird. Das genannte Modell soll dabei eine sinnvolle Strukturierung und Zerlegung der zugrundeliegenden Datensätze einer Infrastruktur über ein in der Graphendatenbank (GDB) definiertes Klassifizierungssystem ermöglichen sowie Systemkomponenten und -gruppen diversen Planungs- und Analysetools, welche in den BIM-Anwendungsfällen (AWF) eingesetzt werden, zur Verfügung stellen, aber auch die Daten aus der Planung, der Errichtung, dem Betrieb und der Instandhaltung der Infrastruktur integrativ verwalten.

1.1 Aufgabenstellung und Zielsetzung

Der Schwerpunkt dieser Dissertation liegt in der Entwicklung eines multifunktionalen Klassifizierungssystems mit den darin enthaltenen Teilklassifizierungen zum strukturierten Modellieren von verkehrsträgerübergreifenden Infrastrukturdatensätzen innerhalb einer einzigen DB, welche auf dem theoretischen Modell namens (E)DCC basieren. Hierbei befasst sich diese Forschungsarbeit primär mit den Klassifizierungskonzepten für die digitale Abbildung der Infrastrukturobjekte sowie Vorschriften[4] mit deren Vorschriftenfestlegungen[5]. Es soll aufgezeigt werden, inwiefern sich die im Kapitel 2

[3] *„Explizites Wissen ist auf verschiedenen Ebenen formalisierbar (z. B. Sprache, Schrift), damit kommunizierbar und in verschiedenen Medien speicherbar.“* (VDI, VDI 5610, Blatt 1 2009) Das Gegenteil zum expliziten Wissen stellt das implizite Wissen dar. *„Implizites Wissen ist an Personen gebunden, schwer kommunizierbar und kaum formalisierbar.“* (VDI, VDI 5610, Blatt 1 2009)

[4] Definition siehe Anhang I.

[5] Definition siehe Anhang II.

aufgezeigten Forschungslücken im Infrastrukturbau nach der BIM-Methodik (wie z. B. das fehlende einheitliche Klassifizierungssystem für die Infrastrukturobjekte, die digitale Abbildung von Vorschriften und Vorschriftenfestlegungen) mit Technologien einer GDB schließen lassen. Unter anderem sollen die möglichen Anwendungen des (E)DCC-Modellansatzes (vgl. Kapitel 8) in dem in Kapitel 2 geforderten BIM-AWF diskutiert werden.

Die Einhaltung von Vorschriften im Infrastrukturbau ist in mehrfacher Hinsicht wichtig. Die vorschriftenkonforme Planung einer Infrastruktur trägt zur wirtschaftlichen Effizienz und zur rechtzeitigen Ausführung von Infrastrukturmaßnahmen bei. Sie spiegeln die technischen Standards wider und sind insbesondere bei (verkehrs-)sicherheitsrelevanten Aspekten von großer Bedeutung. Die Nichteinhaltung von Vorschriften kann zu hohen Bau- und in der Folge zu hohen Betriebskosten (Wirtschaftlichkeit) sowie zu Unfällen mit möglicherweise tödlichem Ausgang (Sicherheit) führen. Auch unter dem Gesichtspunkt des Fahrkomforts spielen die Vorschriften eine wichtige Rolle.

Es ist zum einen eine GDB unter Ausnutzung der Kategorisierungsmethoden der Dekomposition, Ontologie und Taxonomie nach dem (E)DCC-Modell aufzusetzen, welche die Infrastruktur für unterschiedliche Verkehrsträger nach einem festgelegten Schema bzw. Klassifizierungssystem in ihre einzelnen Systemkomponenten und -gruppen zerlegt und mittels eines Graphs sowohl die physischen als auch die vorschriftenbedingten Abhängigkeiten zwischen den Systemkomponenten herstellt und bedarfsweise zielgerichtet, u. a. gestützt durch eine Visualisierung, verfügbar macht. Dabei sollten zunächst die erforderlichen Infrastrukturdaten in die GDB aufgenommen und zwischen den Infrastrukturdaten Abhängigkeiten angelegt sowie mit Hilfe von VPL (visuelle Programmiersprache) wie UML u. ä. formal strukturiert beschrieben werden. Die Abhängigkeiten können hierbei dank der hohen Flexibilität des gewählten schemalosen Datenbankmodells entweder frei oder streng vorschriftenkonform direkt in der GDB ohne programmiertechnische Kenntnisse modelliert und dynamisch in den Planungswerkzeugen ausgewertet werden. Zu diesem Zweck sollten nach Möglichkeit einfache Modelle entwickelt werden, die insbesondere der digitalen Abbildung komplexer technischen Sachverhalte aus den Vorschriftenfestlegungen genügen, sowie eine hohe Generizität besitzen.

Zum anderen sollten zur Bestätigung der Leistungsfähigkeit bzw. die Möglichkeiten der modellierten GDB beispielhaft Planungswerkzeuge wie das Trassierungs- und das Dimensionierungstool (PULTrack), mit der Programmiersprache Java implementiert und an die GDB angebunden werden. Dadurch sollen die Möglichkeiten des Einsatzes von GDB in der datenbankbasierten Planung und dem Entwurf von Verkehrswegen gezeigt werden. Hierbei sollten die Planungswerkzeuge zum größten Teil datenbankbasiert entwickelt und von den Interpretern der Software PULTrack berücksichtigt werden (Herstellung einer direkten Verbindung zwischen den Infrastrukturdatensätzen und den Planungswerkzeugen im Sinne eines „Knowledge-based Systems mit integrierten CAD-Werkzeugen“). Die Verwaltung der Infrastrukturdatensätze in der DB soll anhand der eigenentwickelten Datenbankverwaltungstools erfolgen.

1.2 Forschungsumfang und Aufbau der Arbeit

Der Forschungsumfang beinhaltet hauptsächlich das Aufstellen des theoretisch möglichen Modellansatzes namens (E)DCC, der Durchführung des Requirements- und das Software-Engineering zur Software PULTrack und der anschließenden Entwicklung eines verkehrsträgerübergreifenden Frameworks mit dessen Modellierungsmethoden sowie deren programmiertechnischen Implementierung mittels der Programmiersprache Java. Die Modellierungsmethoden müssen dabei basierend auf bestimmten Klassenstrukturen in Form von Knoten-Kanten-Konstrukten mit ergänzenden Modellierungsattributen implementiert werden, welche beinahe einer vollständigen Generizität unterliegen. Dies betrifft sowohl die Modellierung der Infrastrukturdatensätze ((E)DCC-Modell) als auch die Modellierung der Planungswerkzeuge ((E)DCC-Modellansatz). Der Kern der entwickelten Modellierungsansätze in dem implementierten Gesamtsystem soll dabei die Systematik der Verfügbarkeit der Abhängigkeitsstrukturen zwischen den einzelnen Infrastrukturobjekten darstellen, welche nach zwei vorgeschlagenen Planungsarten (auch mit Planungsmodus bezeichnet) und Entwurfsvorgängen (vorschriftenkonform oder frei) konzipiert sind. Anschließend wird die mögliche Einbindung des (E)DCC-Modellansatzes in die BIM-Methodik untersucht.

Im Wesentlichen befasst sich die Arbeit mit folgenden Schwerpunkten bzw. Anforderungen:

- Theoretische Beschreibung des (E)DCC-Modellansatzes
- Erforschung der Möglichkeit und Implementierung des (E)DCC-Modells in einer GDB und dadurch Nutzung der Leistungsfähigkeit und Möglichkeiten der Technologie einer GDB in der Planung von Verkehrswegen
- Durchführung von Requirements- und Software-Engineering an der prototypisch zu entwickelnden Software PULTrack
- Erforschung und Entwicklung von einem generischen und verkehrsträgerübergreifenden Framework (Kategorisierungssystem) inkl. dessen Modellierungsmethoden zum Ablegen der Infrastrukturdatensätze in einer GDB und Abbilden von Abhängigkeitsbeziehungen zwischen den Infrastrukturobjekten einer Infrastruktur nach den Vorschriftenfestlegungen der kodifizierten und nicht kodifizierten Vorschriften sowie deren anschließender maschinenlesbaren Digitalisierung mit der Programmiersprache Java
- Entwicklung von generischen datenbankbasierten Planungswerkzeugen zu der nach dem (E)DCC-Modellansatz aufgestellten DB
- Erforschung der Einbindung des (E)DCC-Modellansatzes in die BIM-Methodik mit den darin enthaltenen Anwendungsfällen

Die vorliegende Dissertation befasst sich mit dem Thema digitaler Abbildung des expliziten Ingenieurwissens zum Planen von Infrastrukturen gebündelt in einer einzigen DB nach dem Prinzip des sogenannten Knowledge-based Engineering und Einsatz der Technologien einer GDB. Sie ist wie folgt aufgebaut:

- In Kapitel 2 wird ein vertiefter Überblick über den aktuellen Stand der Forschung in Bezug auf die digitale Abbildung des Ingenieurwissens gegeben, um daraus Schlussfolgerungen zu Forschungslücken machen zu können. Hierbei wird zunächst eine grobe Übersicht über die bestehenden Probleme für BIM im Bereich Infrastrukturbau gezeigt und anschließend eine detaillierte Betrachtungsweise im Hinblick der digitalen Abbildung von Infrastrukturen durchgeführt. Es wird über die digitale Abbildung von Vorschriften und deren Vorschriftenfestlegungen diskutiert und welche Probleme und Herausforderungen dabei auftreten können sowie Klassifizierungssysteme der Infrastrukturobjekte im Infrastrukturbau analysiert, da diese beim Modellieren einer Infrastruktur das Rückgrat bilden. Des Weiteren wird über die bestehenden Ansätze zur Wissensintegration innerhalb einer DB festgehalten und überprüft inwiefern die GDB im Verkehrswesen bereits eingesetzt werden.

- Kapitel 3 befasst sich in einem ersten Schritt mit dem theoretischen Modell und dem Gesamtansatz zur strukturierten digitalen Abbildung des Wissens aus dem Infrastrukturbau mit der dahinterstehenden Idee. In einem nächsten Schritt werden die weiterführenden Überlegungen zum entwickelten Modellansatz ausführlich vorgestellt. Diese beinhalten die verkehrsträgerübergreifende Erweiterbarkeit des Ansatzes und die zu integrierenden Wissensbereiche und Werkzeuge zum Planen und Bauen von Infrastrukturen innerhalb einer einzigen DB.
- Die bei der Planung und dem Betrieb eines Verkehrsweges zu berücksichtigenden grundlegenden Aspekte wie z. B. die Linienführung, der Aufbau eines Verkehrsweges, die Kostenermittlung werden im Kapitel 4 genannt. Diese sind bei der softwaretechnischen Entwicklung des im Rahmen dieser Arbeit vorgestellten Ansatzes zu berücksichtigen und in der DB auf strukturierte Weise zu implementieren.
- In Kapitel 5 erfolgt die softwaretechnische Grundlagenermittlung zur Implementierung des theoretisch entwickelten Modellansatzes. Das genannte Kapitel zeigt die primär umzusetzenden Use-Cases in der eigen zu entwickelnden Software PULTrack und behandelt die wichtigsten gestellten Anforderungen an die nach dem Modellansatz aufzusetzende DB und die zu entwickelnden Werkzeuge (Desktopanwendung). Unter anderem werden unter Berücksichtigung der drei übergreifenden Gesichtspunkte zur digitalen Abbildung von Vorschriften und Vorschriftenfestlegungen und der Spezifika der gewählten DB detailliert prinzipielle modellierungsrelevante Überlegungen diskutiert. Des Weiteren wird die gewählte Softwarearchitektur vorgestellt und anhand von Komponentendiagrammen verdeutlicht sowie die zur Implementierung des Modellansatzes gewählte DB mit deren Eigenschaften und die Begründung für die Wahl eines bestimmten Datenbankmodells erläutert.

- Der Datenbankaufbau und die generische Modellierungsmechanik mit den darin enthaltenen Methoden und Konzepten zur Abbildung der Datensätze in der gewählten DB sind im Kapitel 6 detailliert diskutiert. Zu diesem Zweck werden in einem ersten Schritt die Übersicht über die implementierten Hauptklassenebenen zum Modellieren der Objekte und deren Verbindungen anhand von Kanten in der DB sowie die eingesetzten Modellierungsgrundsätze vorgestellt. In einem nächsten Schritt werden die Überlegungen zur Implementierung der Anforderungen an das Modellierungswerkzeug der Vorschriften und Vorschriftenfestlegungen angesprochen. In diesem Zuge werden zunächst die vorhandenen Schwierigkeiten und Herausforderungen bei der digitalen Übersetzung und Abbildung der Vorschriften und deren Inhalte zusammenfassend diskutiert und anschließend das Modell der Vorschriften und Vorschriftenfestlegungen anhand von den entwickelten Klassenstrukturen präsentiert. Abschließend werden anhand von ausgewählten Beispielen die zum Modellierungswerkzeug der Vorschriftenfestlegungen implementierten Logiken ausführlich besprochen.
- In Kapitel 7 werden die entwickelten Konzepte bei der Umsetzung in der DB gezeigt und deren detaillierte Modellierungsschritte diskutiert. Eine zusammenfassende Diskussion zu den erzielten Ergebnissen zur Umsetzung des Modellansatzes wird zum Schluss des Kapitels wiedergeben und die wesentlichen Eigenschaften der Entwicklung werden präsentiert. Darüber hinaus werden die Vor- und Nachteile der entwickelten Vorschriften-Vorschriftenfestlegungen-Komponente genannt und erläutert. Das Kapitel 7 bildet zusammen mit dem Kapitel 6 den Kern der Arbeit.
- In den Kapiteln 8 und 9 finden sich die Diskussion über die möglichen Anwendungen des entwickelten Ansatzes in der Planung von Infrastrukturen nach der BIM-Methodik, die gewonnenen Erkenntnisse im Rahmen der durchgeführten Forschungsarbeit und die sich daraus abgeleiteten Schlussfolgerungen sowie die Überlegungen über den künftigen Forschungsbedarf zur Verbesserung- und Weiterentwicklung des entwickelten Ansatzes.

2 Ausgangslage und Stand der Forschung

Im Folgenden werden zusammenfassend die Entwicklungen der letzten Jahre im Bereich der digitalen Planung im Bauwesen (hauptsächlich Verkehrswegebau) gezeigt und ausführlich erläutert.

2.1 BIM im Infrastrukturbau

Seitdem im Jahre 2015 in Deutschland vom BMVI veröffentlichtem Stufenplan (BMVI 2015) konzentriert man sich bei dem Thema BIM[6] auf große Infrastrukturprojekte. Zu diesem Zweck wurde vom BMVI zur Umsetzung der Empfehlungen der Reformkommission Bau von Großprojekten ein Aktionsplan Großprojekte aufgestellt sowie ein Leitfaden „Großprojekte", vorwiegend für Bundesverkehrswegebau herausgebracht (BMVI 2018a), (BMVI 2021). Bei der DB AG ist die BIM-Methodik seit 2017 verbindlich bei allen neuen Projekten anzuwenden (vgl. (DB Netz AG 2021), (DB Station&Service & DB Netz AG 2018)). Berichte über die ersten Erfahrungen aus den pilotierten Projekten finden sich in (Dassler, Fehringer und Roth 2020), (Domke, et al. 2020), (Forsmann und Klar 2020), (Pauschmann, et al. 2020). In (Bawono, von Schumann und Lechner 2020), (Bradley, Li und Lark 2016), (Cheng, Lu und Deng 2016), (Chong, et al. 2016), (Costin, et al. 2018), (Kim, et al. 2015), (Kurwi, Demain und Hassan 2017), (Shou, et al. 2014) und (Zak und Macadam 2017) wird rund um das Thema BIM im Verkehr ausführlich über den Stand der Technik und Forschung mit dem Ziel diskutiert, die aktuellen Trends, Forschungsbereiche, eingesetzte Technologien, AWF, Vor- und Nachteile sowie noch zu schließende Wissenslücken im Bereich Verkehr aufzuzeigen.

Durch die BIM-Methodik soll bei der Realisierung von Infrastrukturprojekten in erster Linie eine Kostensenkung und Termintreue erreicht werden, welche insbesondere durch die Verbesserung der Planungs- und Bauabläufe des gesamten Lebenszyklus zu erreichen sind.

[6] Erläuterung zum Begriff BIM findet sich im Anhang III.

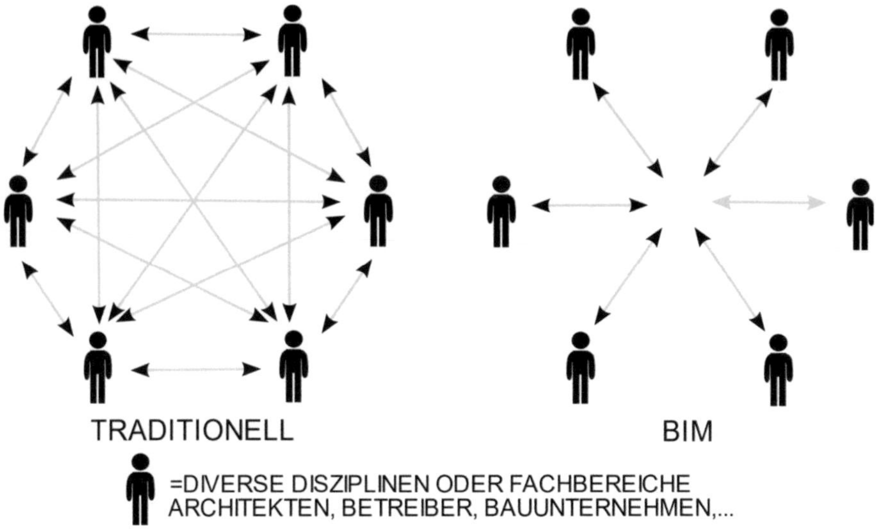

Abbildung 1: Beteiligung der Akteure beim Planungsablauf nach der BIM-Methodik im Vergleich zum konventionellen Planungsablauf (Przybylo 2015)

Dies soll wiederum dadurch ermöglicht werden, dass die Projektinformationen zentral in einer Datenbank (DB) abgelegt werden, auf welche alle Projektbeteiligten einen direkten Zugriff haben und somit ein besserer Austausch zwischen allen Projektbeteiligten stattfindet (Tautschnig, et al. 2018).

2016 wurde im Auftrag des BMVI zur Umsetzung des Stufenplans die Arbeitsgemeinschaft ARGE BIM4INFRA2020 gebildet (BMVI 2019). Im Bereich des Bahnbaus wurden zwei Pilotprojekte „Eisenbahnüberführung Filstal“ (NBS Wendlingen-Ulm) und „Eisenbahntunnel Rastatt“ (NBS Karlsruhe-Basel) gestartet (BibLus 2018), (BMVI 2018b), (Ehrbar 2016). Die Eignung der BIM-Methodik im Schienenwegebau wurde tiefgreifend in der erweiterten Pilotphase (insgesamt 13 Pilotprojekte) durch die ARGE BIM4RAIL2020 weiteruntersucht. Mittlerweile haben die ARGE BIM4INFRA2020 und BIM4RAIL2020 mehrere Dokumente (hier: Handlungsempfehlungen etc.) zur Standardisierung der BIM-Methodik in Deutschland herausgebracht (vgl. (BIM4INFRA2020 2019a), (ARGE BIM4RAIL 2019)). In (BMVI 2018b) werden die ersten Potentiale und Hemmnisse genannt und die damit verbundenen Verbesserungsempfehlungen zum Verkehrswegebau nach der BIM-Methodik gemäß den gemachten Erfahrungen aus den Pilotprojekten abgegeben.

Als eines der Hemmnisse wird eine nicht für jede gewerkespezifische Planung adäquat nutzbare BIM-Autorenwerkzeug genannt. So gibt es bei der Erstellung von vorschriftenkonformen Entwurfsunterlagen gemäß (BMVI, RAB-ING 2019) und (FGSV, FGSV 2070 2013) große Probleme, welche nur mit einem hohen Aufwand bewältigt werden können.

Bemängelt wird ebenfalls die fehlende Gemeinsame Datenumgebung (auch mit CDE bezeichnet (DIN, DIN EN ISO 19650-1 2019)) zum Austausch, Ablegen und Verwalten von Entwurfsdaten sowie Datensätzen gemäß (DIN, DIN EN ISO 19650-1 2019) und somit eine gute Kommunikation zwischen allen Projektbeteiligten (z. B. Bauherren, Planern, Baufirmen, Behörden etc.), welche zurzeit durch fehlende bzw. noch nicht erforschte Technologien bedingt ist (BMVI 2018b). Die immer noch schlechte Kommunikation zwischen den Projektbeteiligten während der BIM-Planungsprozesse wird u. a. in (IB&T Gruppe 2021b) angesprochen.

„In der BIM-Methodik stellt dieser zentrale Ort einen wichtigen Teil dar, denn die Methodik lebt davon, dass es keine unterschiedlichen Informationsstände gibt, sondern alle Projektbeteiligten das gleiche Verständnis des Projektes zu jedem Zeitpunkt haben." (IB&T Gruppe 2021a) Die Gemeinsame Datenumgebung soll dabei als „single source of truth" existieren (Dassler, Fehringer und Roth 2020). Die DB muss für die Objekte/ Elemente, inkl. deren Eigenschaften, die Modelle ein einheitliches Klassifizierungssystem gemäß (DIN, DIN EN ISO 12006-2 2020) anbieten sowie eine Objektbibliothek (standardisierte Bauteile) und einen Attributkatalog beinhalten. Des Weiteren sollte die DB die Modellobjekte in Form von vorschriftenabhängigen BIM-Objektvorlagen zur Verfügung stellen können. Die aktuell auf dem Markt vorhandenen BIM-Objektbibliotheken beinhalten im Wesentlichen die Elemente des Hochbaus und sind für den Verkehrswegebau noch zu entwickeln. Eine wesentliche Anforderung an die zu entwickelnde DB ist die hohe Flexibilität (BIM4INFRA2020 2018). Das Arbeitsprinzip eines CDE sowie die technische Umsetzung des Informationsflusses auf einer hohen Abstraktionsebene kann dem Anhang IV entnommen werden.

In der BIM-Methodik wird, technologisch gesehen, zwischen dem Trassierungs-, den Autoren- (Erstellung und Bearbeitung von BIM-Modellen), dem Koordinaten- (Zusammenführung der Teilmodelle zum Gesamtmodell), dem Prüf- (vorrangig Prüfung des

Modells auf Konsistenz und Kollisionen), den Ausschreibungs-Vergabe-Abrechnungstools und der Gemeinsamen Datenumgebung unterschieden. Die ersten Auswertungen der Technologien haben gezeigt, dass die Umsetzung der BIM-Methodik auf Basis der bereits auf dem Markt vorhandenen Trassierungstools, welche nach der bekannten 2,5D-Planungsmethodik arbeiten, gegeben ist. Die aus der genannten Planungsmethodik kommenden 2D-Ansichten eines Verkehrsweges (hier: Linienführung im Grund- und Aufriss, Querprofile bzw. Querschnitte) können in ein 3D-Modell überführt werden, wobei die baulichen Anlagen, wie z. B. Brücken, mit speziellen Tools zu entwerfen sind. Die aktuellen Autorentools sind primär für den Hochbau entwickelt, können aber an die Modellierung der Verkehrsanlagen angepasst werden. Die Koordinationstools sind dagegen ausgereifter und bieten zum Teil die Verknüpfung des 3D-Modells mit dem Bauablauf (4D-Modell) und der Kostenermittlung (5D-Modell). Die aktuellen Prüftools sind primär auf die Prüfung der Kollisionen und Modellierungsrichtlinien aus den AIA und BAP ausgelegt, jedoch nicht auf die planungstechnische, vorschriftenkonforme Überprüfung. Manche Hersteller von Prüftools bieten eine teilweise Überprüfung auf Vorschriftenregeln an. Im Allgemeinen wird aber trotzdem noch bemängelt, dass die einzelnen Prüftools in der Prüfung stark eingeschränkt sind und vieles manuell vorgenommen werden muss (BIM4INFRA2020 2019b).

Technologisch gesehen sollte eine einheitliche Entwicklung von BIM-fähiger Software bzgl. des Datenmanagements angezielt werden, um den Projektbeteiligten einen einfachen Datenaustausch zu ermöglichen. Die für die BIM-Methodik einzusetzenden Softwarelösungen zum Visualisieren und Prüfen der Modelle müssen die Durchführung der Qualitätskontrolle (fachliche Prüfung im Sinne der Vorschriftenkonformität und Kollisionsprüfung[7]) sowie die Kosten- und Terminauswertungen erlauben. Die Modellierung sollte nach Möglichkeit parametrierbar sein. Dabei soll die Entnahme der Informationen in Form von Attributen und Parametern sowohl direkt im Modellierungswerkzeug als auch aus der DB möglich sein. Es sollten auch Technologien zur automatischen Abbildung und Überwachung des Baufortschrittes, zur Abbildung der Fertigungsverfahren entwickelt werden und das IoT zum Senden der Sensordaten von den

[7] *„Methode zur Sicherstellung der Kollisionsfreiheit von Bauwerks-Informations-Modellen mittels einer automatisierten Prüfung von räumlichen Überschneidungen von Modellelementen eines oder mehrerer Fach- oder Teilmodelle."* (VDI, VDI 2552, Blatt 2 2021)

Bauwerken zum Einsatz kommen. Die Implementierung der BIM-AWF[8] sollte mit anwendungsorientierter Grundlagenforschung begleitet werden, welche in folgenden Bereichen ihren Einsatz finden soll (BMVI 2018b):

- *„semiautomatisches Erstellen von BIM-Modellen für Bestandsbauwerke*
- *automatisiertes Prüfen der Einhaltung von Normen und Richtlinien*
- *vollautomatisierte Baufortschrittskontrolle*
- *3D-Druck im Bauwesen*
- *Robotergestütztes Bauen*
- *Einsatz von Technologien des Internet of Things (IoT)“* (BMVI 2018b)

Die Mitwirkenden der ARGE BIM4RAIL2020 kamen zum Schluss, dass die BIM-Methodik gegenüber der 2,5D-Planungsmethodik viele Vorteile mit sich bringt und im Schienenwegebau eingeführt werden sollte, auch wenn es zurzeit noch gewisse software-technologische Defizite (z. B. in 4D, 5D-Planung, Konformitätsprüfung) gibt (ARGE BIM4RAIL 2019).

2.2 Digitale Abbildung von Vorschriftenfestlegungen

Die im Rahmen dieser Dissertation erarbeitete Literaturrecherche hat gezeigt, dass die Vorschriftenfestlegungen hartkodiert sind, sie nicht einem bestimmten Modell folgen und die Darstellung des Überprüfungsvorgangs einer Planung auf die Vorschriftenkonformität der Black-Box-Methode entspricht.

[8] Eine vollständige Auflistung der BIM-AWF gemäß (BMVI 2018b), (DB Netz AG 2017) und aus Sicht der (BIM4INFRA2020 2019e) findet sich im Anhang V.

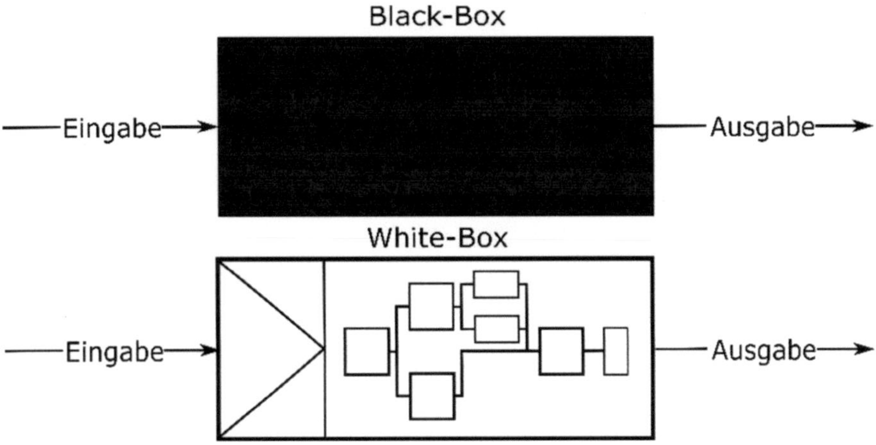

Abbildung 2: Prinzipielle Arbeitsweise der Black-Box- und White-Box-Methode (Borrmann, König, et al. 2021)

Folglich bleiben die Hintergrundprozesse nicht einsehbar (vgl. z. B. (Borrmann, König, et al. 2021), (Dimyadi und Amor 2013)). Hierbei erfolgt die Implementierung generell bei jedem Softwarehersteller auf eine andere Art und Weise. Das größte Problem bei den hartkodierten Vorschriftenfestlegungen ist es, dass diese für den Planer nicht visualisierbar sind und dementsprechend nicht leicht nachvollzogen bzw. nur mit viel Erfahrung verstanden werden können. Dadurch können die aus dem BIM-Autorenwerkzeug ausgegeben Ergebnisse nur schwer plausibilisiert werden. Allerdings suchen die Softwarehersteller gegenwertig nach einer Lösung, um von der Black-Box- auf die White-Box-Methode zu wechseln. Als Wissensdatenbank, in welcher die Vorschriftenfestlegungen abgebildet sind, wird meistens eine relationale DB verwendet. Auch die Auswertung von gängigen BIM-Autorenwerkzeugen hat gezeigt, dass diese als Wissensdatenbank einen SQL-Server mit einem RDBMS betreiben (vgl. z. B. (ESRI 2021), (RIB running together 2012)).

Relationale DB sind generell in der Abbildung komplexer Abhängigkeiten stark eingeschränkt. Diese gibt es seit den 70ern des vorigen Jahrhunderts. Sie bilden einen weitverbreiteten Standard für DB. Im Laufe der Zeit wurden und werden die Datenmengen immer größer, weshalb es immer schwieriger wird, Daten in Form von Tabellen, ihre vielen Attribute und ihre vielschichtigen Beziehungen untereinander darzustellen. Eine Datenerweiterung ist stark beschränkt.

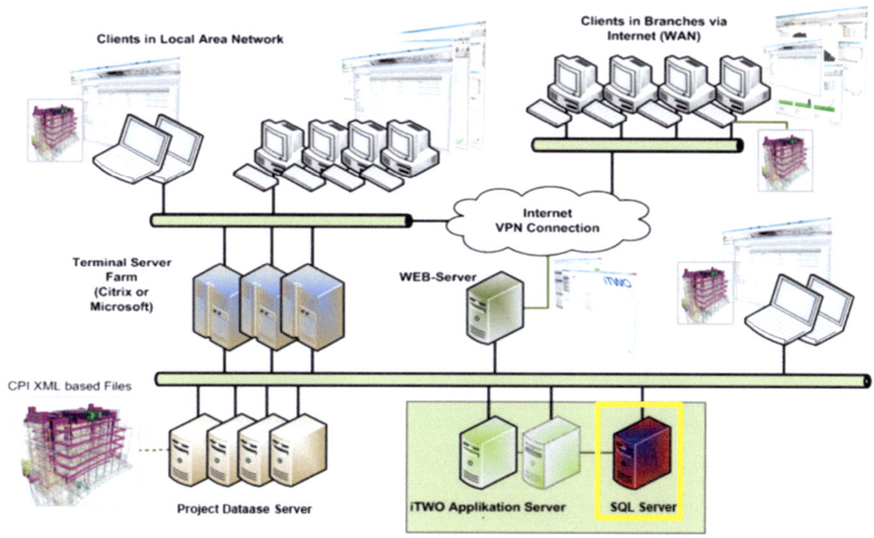

Abbildung 3: **Datenbank-Systemarchitektur des CAD iTWO; Wissensdatenbank ist SQL-Server, auf der Abbildung mit Gelb umrandet (RIB running together 2012)**

Deshalb verlieren relationale DB im Vergleich zu konzeptionell hybriden GDB immer mehr an Bedeutung. Zu nennen sind hierbei zwei große Nachteile. Nicht alle Datenarten (hier: unstrukturierte bzw. heterogene Datenmengen) lassen sich über Tabellen abbilden und die Daten können nicht hierarchisch hinterlegt werden. Ein weiterer großer Nachteil von relationalen DB sind die JOINs, welche zum Verknüpfen der Tabellen benötigt werden (vgl. z. B. (IONOS 2019), (Kolmar 2019), (Miller 2013), (Robinson 2015), (Tautschnig, et al. 2018), (Zou und Liu 2020)).

Die BIM-Prozesse müssen so gestaltet werden, dass signifikante Zeit- und Kosteneinsparungen gegenüber den konventionellen Methoden entstehen. Deshalb stellt der BIM-AWF der automatischen Vorschriftenkonformitätsprüfung einen wichtigen Anwendungsfall dar. Das Planen, Bauen und Betreiben von Bauwerken nach den Vorschriften ist ein wesentlicher Bestandteil jedes umzusetzenden/ zu betreibenden Bauwerkes, denn davon hängt auch die hoheitliche Betriebserlaubnis ab (Dimyadi und Amor 2013), (Lee, et al. 2020), (Porto, et al. 2015). Die Einhaltung von Vorschriftenfestlegungen ist über den gesamten Lebenszyklus eines Bauwerkes sicherzustellen (Amor und Dimyadi 2021), (Dimyadi und Amor 2013).

Durch die steigende Weiterentwicklung der Technologien und der digitalen Bauwerksmodellierung werden die Bauwerke und mit ihnen die Bauprojekte immer komplexer. Diese treiben wiederum die ständige Änderung und Anpassung von Vorschriften voran, wodurch die Planer vor einer großen Herausforderung gestellt werden (Ismail, Ali und lahad 2017), (Lee, Eastman und Lee 2015), (Lee, et al. 2020). Hinzu kommt die Tatsache, dass die Vorschriftenfestlegungen komplex und von abstrakten Natur mit mehrdeutiger Interpretierbarkeit sein können, so dass die manuelle Prüfung einer Planung immer zeitaufwendiger und fehleranfälliger wird (Dimyadi und Amor 2013), (Ismail, Ali und lahad 2017), (Khemlani 2004), (Lee, et al. 2020), (Tan, Hammad und Fazio 2010). Zudem können Vorschriften schlecht strukturiert, unvollständig und widersprüchlich sein sowie subjektive Inhalte aufweisen (Dimyadi und Amor 2013), (N. Nawari 2012), (Porto, et al. 2015). Sie beinhalten inhaltliche Abstufungen und eine Vielzahl von Ausnahmen (N. Nawari 2012). Ein weiterer nicht außer Acht zulassender Aspekt ist der iterative Prozess einer Planungsmaßnahme, bei der die Prüfung mehrmals durchgeführt werden muss (Lee, et al. 2020). Ein weiteres Problem bei der die Prüfung einer Planung auf die Einhaltung der Vorschriften besteht darin, dass gleichzeitig mehrere Vorschriften benötigt werden – entweder für mehrere voneinander unabhängige zu prüfende technische Sachverhalte innerhalb einer Planung oder für die Prüfung eines technischen Sachverhaltes unter gleichzeitigem Einbezug mehrerer Vorschriften. In vielen Bereichen des Infrastrukturbaus ist das Einhalten der Vorschriften wichtig. Deren Negierung kann zu hohen Bau- und in der Folge zu hohen Betriebskosten (Wirtschaftlichkeit) sowie zu Unfällen mit erheblichen Schäden (Sicherheit) führen. Auch unter dem Gesichtspunkt des Fahrkomforts spielen die Vorgaben aus den Vorschriften eine wichtige Rolle (N. Nawari 2012), (Porto, et al. 2015).

Bei der Planung eines Bauwerkes sollte zwischen der Prüfung der Regeln aus den Vorschriften in die Phasen während und nach der Planung unterschieden werden, wenn ein Bauwerk in Form eines Modells bereits vorliegt. Die Literaturauswertung hat gezeigt, dass die Prüfmethoden sich auf die bereits geplanten Bauwerke im Hochbau beziehen. Die Überprüfung eines Bauwerkes im Nachgang wird mit Hilfe von einem sogenannten Automated Code Compliance Checking[9] (ACCC)-Tool realisiert.

Um eine (teil-)automatische Vorschriftenkonformitätsprüfung in einem BIM-Ansatz zu erreichen, müssen die Vorschriften maschinenlesbar gemacht werden (Borrmann, König, et al. 2021). Hierbei müssen sowohl die Vorschriften als auch das Modell digital vorhanden sein. Im Hochbau wurden bereits einige logik- (wie Aussagen- und Prädikatenlogik oder deontische Logik, z. B. in Form von Entscheidungstabellen), sprachbasierte (wie z. B. Auszeichnungssprache) oder ontologische Ansätze entwickelt, welche u. a. Bibliotheken in Form von DB besitzen, in denen die Regellogiken hinterlegt sind. Die Ansätze konzentrieren sich dabei auf die Interpretierbarkeit der Vorschrifteninhalte durch die Maschine und nicht auf die Kommunikation mit den Planern (fehlende Mensch-Maschine-Kommunikation) (Borrmann, König, et al. 2021), (Dimyadi und Amor 2013), (Eastman, et al. 2009), (Garrett, Palmer und Demir 2014), (Preidel und Borrmann 2015). Zudem besitzen viele der Softwarelösungen stark eingeschränkte Prüfmöglichkeiten (hier: Abbildung von nur einfachen Regeln) und eignen sich nicht zur Abbildung komplexer Logiken (Eastman, et al. 2009), (Preidel und Borrmann 2015). So ist die Implementierung der Regel in einer Parametertabelle zwar einfach und erfordert keine Programmierkenntnisse, dafür ist aber die Abbildung der Komplexität (hier: geringe Bandbreite an Bedingungsdefinitionen) begrenzt (Eastman, et al. 2009). Nach (Eastman, et al. 2009) wird zwischen den hartkodierten Lösungsansätzen und den logischen Ansätzen unterschieden, wobei erstere komplex sind und Programmierkenntnisse erfordern. Eine weiterführende Diskussion bezüglich der automatischen Vorschriftenkonformitätsprüfung im Hochbau findet sich im Anhang VI.

Im Jahr 2009 wurde von (Eastman, et al. 2009) ein Konzept zur automatischen Vorschriftenkonformitätsprüfung vorgestellt. Demnach setzt sich der Vorschriftenkonformitätsprüfungsablauf aus vier Teilen zusammen bzw. ist in vier Teilen strukturiert organisiert: 1) Rule Interpretation (hier: maschinenlesbare Interpretierung und logische Abbildung der Vorschriften), 2) Building Model Preparation (hier: Vorbereitung des 3D-

[9] Mit einem ACCC-Tool werden bei einem Bauwerk z. B. Attribute und Parameter der Objekte, Beziehungen zwischen den einzelnen Objekten etc. systematisch geprüft, welche nach den gewählten Vorschriften gefordert sind. Die zu prüfenden technischen Sachverhalte können dabei in einer kombinierten Form auftreten. Als Ergebnis werden nicht vorschriftenkonformen Sachverhalten angezeigt.

Modells zur Überprüfung), 3) Rule Execution (hier: der eigentliche Überprüfungsprozess), 4) Reporting Checking Results (hier: Präsentation der Ergebnisse) (vgl. auch (Borrmann, König, et al. 2021)).

Jeder genannte Schritt betrifft unterschiedliche Zuständigkeitsbereiche und Funktionen (Ismail, Ali und Iahad 2017). Hierbei wird oft der erste Teil, die Übersetzung bzw. Formalisierung der Vorschriftenfestlegungen in eine maschinenlesbare Form, als wichtigster und gleichzeitig schwierigster Prozess erkannt (vgl. z. B. (Amor und Dimyadi 2021), (Ismail, Ali und Iahad 2017), (Lee, et al. 2020)).

Die Vorschriftenfestlegungen bzw. -regeln müssen bei der Übersetzung, welche anfänglich in einer textlichen Form vorliegen, sowohl von den Menschen als auch von den Maschinen in einer geeigneten Form interpretierbar bleiben (Ismail, Ali und Iahad 2017), (Lee, et al. 2020). Das Problem ist bei den Texten der Vorschriften, dass diese für die Erkenn- und Interpretierbarkeit des menschlichen Gehirns ausgelegt sind. Diese können, u. a. über die logische Denkweise, zum größten Teil leicht von einem Menschen verstanden werden, stellen jedoch eine Maschine vor eine große Herausforderung (N. Nawari 2012). Das Problem der digitalen Vorschriftenübersetzung ist bereits seit ca. 40 Jahren bekannt. Dennoch konnte bis jetzt der erforderliche Reifegrad einer digitalen Vorschriftenprüfung noch nicht erreicht werden (Amor und Dimyadi 2021), (Dimyadi und Amor 2013), (Garrett, Palmer und Demir 2014). Von dem bestehenden Problem wurde bereits ausführlich im Jahr 1995 in (Fenves, et al. 1995) berichtet. Forschungsarbeiten bzgl. der Vorschrifteninhalte in England und Wales haben ergeben, dass 20 % der Regeln in Vorschriften maschinenlesbar implementierbar sind, während 47 % eine starke Anpassung durch den Anwender benötigen und 33 % gar nicht umzusetzen sind ((Häußler, Esser und Borrmann 2021) mit Verweis auf (Malsane, et al. 2015)). Wichtig ist hierbei zu verstehen, wie detailliert eine Vorschrift übersetzt werden muss. Es soll erkannt werden, welche Teile der Inhalte einer Vorschrift sich nicht maschinenlesbar interpretieren lassen. In (Porto, et al. 2015) wird mit Verweis auf (Martins 2009) festgehalten, dass keine der heute bekannten Ansätze die menschliche Sprache in vollem Umfang repräsentiert. Viele der heute entwickelten Ansätze decken nur einen Teil einer Fachplanung ab und arbeiten nicht gewerkeübergreifend (hier: Regeln aus unterschiedlichen Vorschriften für unterschiedliche Fachplanungen) (Tan, Hammad und Fazio 2010).

Der Aufbau von maschinenlesbaren Vorschriftenfestlegungen muss eine klare Ontologie besitzen und mit der Ontologie der BIM-Objekte kompatibel sein. Für die BIM-Objekte wird eine einheitliche Kategorisierung der Objekte benötigt. Dies soll den ACCC-Tools eine hohe Überprüfungsqualität ermöglichen (N. Nawari 2012). Diese Meinung vertreten auch die Autoren in (Amor und Dimyadi 2021). Im Grunde müssen zum Überprüfungsprozess zwei wichtige, miteinander interagierenden, Komponenten vorliegen:

- *"The building model, a digital representation of the design data, which is subject to audit for compliance*
- *Normative knowledge, a computable representation of normative provisions stipulated by codes and standards, which is the baseline for the audit"* (Amor und Dimyadi 2021)

Es wird sowohl für die Vorschriftenfestlegungen als auch für die Objekte des Bauwerkes eine einheitliche Klassifizierung benötigt (Amor und Dimyadi 2021), (N. Nawari 2012). Die Suche dazu ist noch nicht abgeschlossen (Dimyadi und Amor 2013). Durch eine einheitliche Klassifizierung der Vorschriftenregeln würde man eine hohe Erweiterbarkeit bzw. Änderbarkeit (hier: Flexibilität) erreichen (Dimyadi und Amor 2013).

(Porto, et al. 2015) enthält bzgl. der Entwicklung eines ACCC-Tools folgende Überlegungen:

1) *"objects not following the standard should be identified by the system*
2) *regulations must meet specific situations*
3) *checking systems must adapt to regulations and code changes*
4) *regulations must be considered according to region or country*
5) *there must be adequate interaction between standardization writers and users, to avoid systems errors"* ((Porto, et al. 2015) mit Verweis auf (Tan, Hammad und Fazio 2010))

In (Tan, Hammad und Fazio 2010) wird zusätzlich erwähnt, dass *"design regulations consist of complicated logical sentences, and conventional programming if-then-else logic statements are unable to describe design regulations efficiently"* (Tan, Hammad und Fazio 2010).

(Solihin und Eastman 2015) schlägt eine Klassifizierung (hier: 1. Regeln, die eine einzelne oder eine kleine Anzahl expliziter Daten erfordern; 2. Regeln, die einfache abgeleitete Attributwerte erfordern; 3. Regeln, die eine erweiterte Datenstruktur erfordern; 4. Regeln, die einen Lösungsnachweis erfordern) der Vorschriftenregel nach Komplexitätsgrad vor, welche helfen soll, ein Modell zur automatischen Prüfung der Regeleinhaltung aus den Vorschriften aufzustellen. Der in (Solihin und Eastman 2015) enthaltene Klassifizierungsvorschlag ist allgemeingültig und kann auf die Vorschriftenfestlegungen des/ der Infrastrukturbaus/ -planung übertragen werden. Ein feineres Klassifizierungssystem bzw. eine feinere Kategorisierung im speziellen für den Infrastrukturbau wird in (Häußler, Esser und Borrmann 2021) vorgestellt (siehe auch Anhang VII).

Klassifizierungen der Vorschriftenfestlegungen bzw. -regeln sollen außerdem zum einen zu deren besseren Verständnis im Rahmen des Digitalisierungsvorganges beitragen und zum anderen deren Anwendbarkeit auf die einzelnen Infrastrukturobjekte einer Verkehrsanlage/ technischen Sachverhalte im Rahmen der Planung einer Verkehrsanlage ermöglichen (wichtig für die Entwicklung eines ACCC-Tools). Das bedeutet, dass eine Klassifizierung bzw. Kategorisierung wichtig für die Umwandlung von Vorschriftenfestlegungen ist, damit diese angewandt werden können (İlal und Günaydın 2017), (Lau und H. Law 2004), (N. O. Nawari 2013), (N. Nawari 2012), (Yurchyshyna und Zarli 2009).

Ein kurzer Beitrag zur Abbildung der Vorschriftenfestlegungen bei der Trassierung von Landstraßen nach (FGSV, FGSV 201 2012) wird in (J. Amann 2015) gezeigt. Dort wird ein selbstentwickeltes „intelligentes" Produktdatenmodell (hier: Algorithmen) vorgeschlagen, welches sich in das herstellerneutrale IFC-Alignment-Produktdatenmodell einbinden lässt und künftig ein Bestandteil davon werden soll.

Für den Bereich Bahnbau gibt es erste Überlegungen und ein Qualitätssicherungskonzept, bestehend aus 5 Disziplinen (hier: Konstruktion, Kollisionen, Semantik, Bauabfolge und Mengen und Kosten) vorgelegt, wobei die Disziplin Konstruktion mit der darin enthaltenen Vorschriftenkonformitätsprüfung noch nicht näher untersucht wurde (Häußler und Borrmann 2020). Die letzte Ausgabe der „Vorgaben zur Anwendung der BIM-Methodik" der DB Station&Services und DB Netz AG definiert im Rahmen der Qualitätssicherung folgende Prüf- und Kontrollmethoden:

- *„Kollisionsermittlung*
- *Modellbasierte Funktionskontrollen*
- *Geometrische Vollständigkeit (LoD)*
- *Visuelle Überprüfung*
- *Regelwerkskonformität*
- *Massen- und Mengengenauigkeit*
- *Informationsvollständigkeit (LoI)*
- *Herstellerneutralität*
- *Nutzung zur automatischen Erstellung der Leistungsverzeichnisse*
- *Planungsstatus und Soll/ Ist-Vergleich“* (DB Station&Service & DB Netz AG 2021)

Eine Überlegung zur (halb)automatischen Vorschriftenkonformitätsprüfung mit Hilfe der Excel-Software im Infrastrukturbau stammt aus dem Jahr 2015 in (Porto, et al. 2015). In (Porto, et al. 2015) befasst man sich mit den Elementen der Trassierung im Grund- und Aufriss sowie der Überhöhung, und zum Teil auch mit der Kräfteeinwirkung auf den Bahnkörper einer Eisenbahnstrecke nach brasilianischen Vorschriften. Bei dem entwickelten ACCC-Tool wird am Anfang wie üblich nach den Eingangsdaten verlangt, welche aus dem Trassierungstool in die Exceltabelle einzuspeisen sind. Zusätzlich zu den Eingangsdaten aus dem Trassierungstool sind noch weitere relevante Eingaben (Geschwindigkeit, Spurweite etc.) erforderlich, und anschließend wird abschnittsweise entlang der Infrastruktur die Überprüfung auf Mindest-/ Maximalwerte bzw. zu-/ unzulässige Werte durchgeführt.

Die Bestrebungen einer automatischen Vorschriftenkonformitätsprüfung werden auch im Leitungsbau (hier: Leitungen des Abwassers, der Gas-, Strom-, Wasser- und Telekommunikationsversorgung etc.) unternommen. In (Xu und Cai 2020) wird dazu ein ontologischer bzw. semantischer Ansatz vorgestellt, welcher die automatische vorschriftenkonforme räumliche Überprüfung (Überprüfung räumlicher Regel) sowohl der einzelnen Leitungen untereinander als auch mit den anderen anliegenden Infrastrukturen, wie z. B. die des Straßen- und/ oder Schienenverkehrs, in der Trassen- und Höhenlage im innerstädtischen Bereich erlauben soll. Der Ansatz soll sowohl auf die neuen als auch auf die bereits im Bestand befindlichen kommunalen Versorgungseinrichtungen anwendbar sein.

Im Bahnbereich, aber auch in anderen Bereichen der Infrastruktureinrichtungen, liegen die Vorschriften immer noch in textlicher Form vor und sind von Menschen interpretierbar, jedoch nicht von den Maschinen. Folglich müssen die Planer aufgrund der fehlenden Technologien die Entwürfe zum größten Teil anhand von 2D-Planunterlagen manuell unter Einbezug der Vorschriften überprüfen, was mit einem hohen Arbeits- und Zeitaufwand verbunden ist und zu Fehlern (fehlende Erkennung, menschliche Subjektivität bei der Überprüfung) führen kann. Ein allgemeingültiges Modell mit einer einheitlichen Standardisierung/ Klassifizierung und Formalisierung der Vorschriftenfestlegungen für ein ACCC-Tool im Infrastrukturbau existiert bislang noch nicht (Häußler, Esser und Borrmann 2021). Laut (Häußler und Borrmann 2021) in Verbindung mit (İlal und Günaydın 2017) existieren zurzeit keine standardisierten Verfahren und Methoden zur digitalen und maschinenlesbaren Abbildung des Ingenieurwissens (hier: Festlegungen aus den Vorschriften) im Bahnbau. Informationen, bis auf die neuen Entwicklungen der TUM in den Jahren 2020 und 2021, zu den automatischen Konformitätsprüfungswerkzeugen im Infrastrukturbau konnten nicht gefunden werden (Häußler und Borrmann 2021), (Häußler, Esser und Borrmann 2021).

Bei den aktuell angebotenen Planungswerkzeugen zum Infrastrukturbau gibt es zwar Bibliotheken von Bauteilen, welche bis zu einem gewissen Grad bestimmte Abhängigkeiten abbilden (Häußler und Borrmann 2021); allerdings sind diese Abbildungen unvollständig. Das aktuelle IFC-Rail bietet bereits eine gute Möglichkeit die Semantik und Geometrie der Infrastrukturobjekte abzubilden, jedoch nicht die Regeln der Vorschriften. Die Forschungsarbeiten dazu laufen noch (vgl. (Borrmann, Esser, et al. 2020) und (Jaud, et al. 2020)).

Ein Ansatz bzw. Modell wie man die Vorschrifteninhalte mit deren Restriktionen mit Hilfe des BPMN und DMN (als Ergänzung des BPMN), angelehnt an (ISO, ISO/ IEC 19510 2013) formalisieren und automatisch abbilden könnte, um diese später in Knowledge-based Engineering (KBE)-Anwendung für die automatische Prüfung der Regeleinhaltung aus den Vorschriften zu nutzen, wird in (Häußler und Borrmann 2021) und (Häußler, Esser und Borrmann 2021) präsentiert. Ziel ist es dabei, das explizite technische Wissen aus der Planung von Bahnanlagen (z. B. Trassierung, Oberbaudimensionierung) digital und maschinell auswertbar zu gestalten (Computerverarbeitung) und anschließend über die KBE-Anwendung an ein CAD-System zu übergeben. U. a.

sollte geprüft werden, ob die Vorschriftenvorgaben sich in der IFC-Datei abbilden lassen.

Hierbei zielt das gezeigte Modell darauf ab, einen bereits vorhandenen Entwurf auf Vorschriftenkonformität zu prüfen. Der Vorteil des Modells soll dabei in der klaren und präzisen Darstellung von Vorschriftenfestlegungen (Visualisierung in Form eines Diagramms) der ursprünglich in Textform liegenden Vorschriften liegen. Dabei wird eine Vorschriftenfestlegung Schritt für Schritt in kleine Komponenten zerlegt, wodurch eine leichte Nachvollziehbarkeit gewährleistet wird.

Der entwickelte Ansatz wurde am Beispiel der DB AG Richtlinie (DB Netz AG, Ril 800.0110 2015), (DB Netz AG, Ril 800.0120 2018), (DB Netz AG, Ril 800.0130 2018), (DB Netz AG, Ril 820 2020) und (DB Netz AG, Ril 836 2019) ausprobiert, soll in Zukunft aber auch auf die Vorschriften der anderen Verkehrsträger wie z. B. Straße (Querschnittsgestaltung, Oberbaudimensionierung) übertragbar und im Allgemeinen auch auf die Vorschriften anderer Länder anwendbar sein. Dies soll künftig die bereits in (BIM4INFRA2020 2019b) und (BMVI 2018b) erwähnte fehlende automatische vorschriftenkonforme Überprüfung der 3D-Modelle erlauben. Ausgewertet wurden insgesamt 943 Regeln (hier nur die für den Entwurf erforderlich sind), von denen 486 (52 %) automatisierbar und 46 % BPMN- und DMN-tauglich sind. Es hat sich gezeigt, dass der Automatisierungsgrad von der deterministischen Beschreibung (eindeutige Angaben wie z. B. Höhe, Breite, Abstand, Radius etc. der Infrastrukturobjekte) der Regel abhängig ist. So sind 82 % der Regeln der Richtlinien der DB AG-800er Familie parameterartig, so dass die BPMN- und DMN-Tauglichkeit bei 85 % liegt. Die Parametrierung der Regeln in (DB Netz AG, Ril 820 2020) und (DB Netz AG, Ril 836 2019) liegen jeweils bei 38 und 39 %, wodurch die Anwendbarkeit des BPMN- und DMN-Methode geringer ausfällt. Die prinzipielle Darstellung von Regeln einer Vorschrift nach dem vorgeschlagenen Ansatz mit einem konkreten Beispiel findet sich im Anhang VIII.

2.3 Klassifizierungssysteme im Infrastrukturbau

Für das Bauwesen existieren zum Arbeiten nach der BIM-Methodik mittlerweile viele Klassifizierungssysteme. Im Folgenden werden nur die für das Verkehrswesen relevanten Konzepte vorgestellt. Die allgemeinen Informationen bzgl. der Klassifizierungssysteme im Hinblick auf den Zweck, die Eigenschaften, die Struktur etc., die Vorteile sowie über die bekanntesten im Hochbau zum Einsatz kommenden eingesetzten Klassifizierungssysteme können dem Anhang IX entnommen werden.

In (Князюк und Мирза 2017) werden die aus dem Hochbau stammenden Klassifizierungssysteme OmniClass und UniClass analysiert und über deren Übertragbarkeit bzw. Anwendbarkeit, ggf. unter einer Erweiterbarkeit und Anpassung, für den Infrastrukturbau in der Russischen Föderation diskutiert. Zu diesem Zweck wurden die in der Russischen Föderation geltenden Vorschriften für die Planung und den Bau von Straßen betrachtet, aus welchen sich die einzelnen Bestandteile einer Straße ableiten lassen, und deren Abbildbarkeit in den beiden Klassifizierungssystemen OmniClass und UniClass wurden analysiert. Der Autor kommt zu dem Schluss, dass sich beide Klassifizierungssysteme für den Infrastrukturbau eignen würden. Sie enthalten bereits jetzt einige Bestandteile einer Straße. Allerdings wird auch festgehalten, dass eine Erweiterbarkeit zwingend erforderlich sein wird, da die Klassifizierungssysteme in erster Linie im Hochbau eingesetzt werden und dementsprechend am Hochbau ausgerichtet sind. Als Schlussfolgerung werden vom Autor drei Wege gesehen: Übernahme eines vorhandenen Klassifizierungssystems mit einer Adaptierung an die eigenen Ansprüche, Entwicklung eines spezifischen Klassifizierungssystems oder Entwicklung eines internationalen Klassifizierungssystems, welches alle Baubranchen beinhalten würde (Князюк und Мирза 2017).

Die Autoren in (El-Diraby und Kashif 2005) schlagen eine flexible Ontologiearchitektur zum Management des Wissens im Infrastrukturbau (hier: Autobahn) vor.

Für die Planung und den Entwurf von Verkehrswegen (hier insbesondere Bestandteile von Bahnanlagen) nach der BIM-Methodik wird in (Seo und Lee 2020) prototypisch BIM-Bibliotheken vorgestellt, welche die Planungs- und Bauzeit verkürzen sollen. Hinterfragt wird hierbei, inwiefern es zwischen dem BIM im Hochbau und Tiefbau (hier: Infrastrukturbau) Ähnlichkeiten und Unterschiede gibt. Fest steht, dass die Verkehrsanlage ein horizontales, auf eine Achse referenziertes Bauwerk ist und dementsprechend horizontal ausgedehnte Infrastrukturobjekte sowie von Querschnitt zu Querschnitt im Verlauf der Achse sich vertikal und quer zur Achse ändernde Parameter aufweist (eine weiterführende Diskussion dieses Aspektes findet sich im Anhang X). Aus diesem Grund können die standardisierten objektbasierten BIM-Bibliotheken aus dem Hochbau nicht einfach auf den Infrastrukturbau übertragen werden. Dadurch ergibt sich der Bedarf nach einer Bibliothek, welche in der Lage ist, die Infrastrukturobjekte darzustellen. Über die Auswertung der aktuellen Artikel stellen die Autoren in (Seo und Lee 2020) fest, dass nach wie vor eine spezifische BIM-Bibliothek im Verkehrswegebau benötigt wird. Zur Erstellung einer BIM-Bibliothek wurden in einem ersten Schritt die standardisierten Zeichnungen des Korea Rail Network Authority (KR) ausgewertet, um daraus die in die Bibliothek aufzunehmenden Infrastrukturobjekte mit den Parametern und Attributen sowie deren Einsatzbereiche zu bestimmen. Darauf aufbauend wurden Möglichkeiten zur Erstellung von Klassifizierungssystemen geprüft.

Aufgrund des sich linear ändernden Verlaufes der Schienenwege werden insgesamt drei miteinander interagierende Bibliothektypen vorgeschlagen. Der erste Typ enthält 2D-Querschnitte des Bahnkörpers einer Eisenbahnstrecke. Diese erlauben die Querschnittsgestaltung unter Änderung der Querschnittsparameter, welche anschließend in die Länge ausgedehnt werden. Der zweite Typ basiert ebenfalls auf 2D-Ansichten, welche aber nur die längenbezogene Ausdehnung des betrachteten Infrastrukturobjektes berücksichtigen. In der Querrichtung zur Achse bleibt die Geometrie unverändert. Der dritte Typ dient der Speicherung von reinen, eigenständigen 3D-Einzelobjekten, welche nicht von der Linearität des Verkehrsweges abhängig sind. Der Entwurf der BIM-Bibliotheken zielt dabei auf die Geometrie- und Informationsgrade LOD 200 und 300 ab, welche von den Autoren als typische Ausarbeitungsgrade beim Planen einer Eisenbahnstrecke angesehen werden. Die entstandenen Bibliotheken wurden anschließend in den BIM-Autorenwerkzeugen Civil 3D, Revit und AECOsim ausprobiert.

In (bSD 2020) wird eine erste grobe Klassenstruktur als Vorstandardisierung zur Beschreibung der Infrastrukturobjekte für die BIM-Methodik vorgeschlagen, die den Ansatz verfolgt, fachlich identische Klassen mit den gleichen Merkmalen (hier: Eigenschaften), welche sich nur in den Werten der Attribute unterscheiden, zusammenzufassen. *„Hierdurch kann die Anzahl der Klassen reduziert und eine bessere Übersicht erreicht werden."* (bSD 2020) Des Weiteren wurde auf die Einhaltung einheitlicher Fachbegriffe geachtet. Als Framework wurde (DIN, DIN EN ISO 23386 2020) verwendet. Über die in Frage kommende Datenbankart wird nicht berichtet. Das vorgeschlagene Klassifizierungssystem kann der Abbildung 4 entnommen werden. Aktuell bezieht sich das vorgeschlagene Klassifizierungssystem hauptsächlich auf den Verkehrsträger Straße. Die fachspezifischen Gruppen, Klassen und deren Merkmale sollen in der nahen Zukunft auch für die anderen Verkehrsträger wie z. B. Schiene und Wasserstraße entwickelt werden. Darüber hinaus wird als Ziel die vollständige Beschreibung aller Merkmale und Merkmalsätze in allen Lebenszyklusphasen eines Verkehrsweges gesetzt.

Nach (bSD 2020) können in Deutschland derzeit nur einzelne Planungs- und Entwurfsstufen mit der BIM-Methodik umgesetzt werden. Dadurch können die Planungsaufgaben nicht im vollen Umfang gelöst werden. Das genannte Problem liegt unter anderem an der fehlenden Vereinheitlichung und Standardisierung der Objektkataloge im Infrastrukturbau. Dies führt zu inkonsistenten Schnittstellen zwischen den einzelnen Sachgebieten, was zu vielen Insellösungen führt, bei denen die einzelnen Fachgebiete nicht zusammengeführt werden können. Deshalb will buildingSMART Deutschland nun ein gemeinsames Verständnis über die einzelnen Fachplanungen aus den entsprechenden Sachgebieten und Infrastrukturobjekte gewinnen, sie in Klassen abbilden und ihre Eigenschaften definieren. Ziel ist es, eine Vorstandardisierung vorzuschlagen, die insbesondere die einheitliche Terminologie, die Klassen und die Eigenschaften der Infrastrukturobjekte für alle Sachgebiete sowie deren BIM-Modelle umfasst. Eine weitere Überlegung über die Klassifizierung der Infrastrukturobjekte anhand des Beispiels Eisenbahninfrastruktur findet sich in (Häußler und Borrmann 2020). Das in (Häußler und Borrmann 2020) präsentierte Modell entstand dabei über die Auswertung der (DB Netz AG, Ril 820 2020) und (DB Netz AG, Ril 836 2019), für welches eine relationale DB verwendet werden soll.

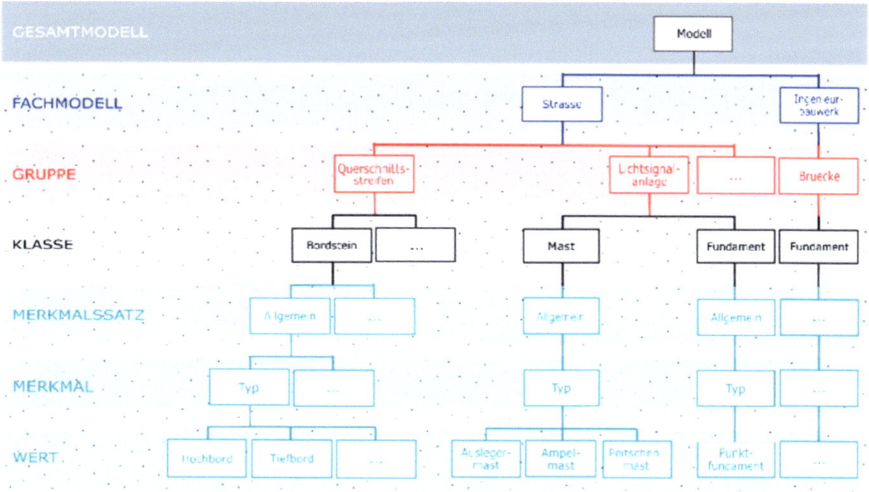

Abbildung 4: Klassifizierungssystem der BIM-Verkehrswege für den Verkehrsträger Straße (bSD 2020)

Für den Wasserverkehr existiert in Deutschland die Wasserstraßendatenbank (WADABA) in Form eines Informationssystems, welche die grundlegenden georeferenzierten Informationen (Attribute und Parameter) zur Beschreibung und Identifizierung der Anlagen (Objekte wie z. B. Überführungs-, Unterführungs-, Straßenbrücken-, Kanalbrücken- und Straßentunnelanlagen) der Wasserstraßen für die Behörden der Wasserstraßen- und Schifffahrtsverwaltung des Bundes (WSV), z. B. im Rahmen bestimmter Genehmigungsverfahren, liefert. In der DB sind neben den eigentlichen Informationen über die Anlagen der Wasserstraßen, auch Informationen Dritter eingetragen (GOVDATA 2022), (Rothe 2008). Diese DB ist aber nicht direkt zum Planen und Bauen von Wasserstraßen nach der BIM-Methodik angedacht und soll nur als ergänzendes Informationshilfsmittel angesehen werden. Insgesamt werden in Deutschland 139 aktive IT-Systeme betrieben, wobei davon nur 42 zum Planen, Bauen, Betreiben und Unterhalten der Wasserinfrastruktur genommen werden können. Die Autoren in (Heinzelmann, Bödefeld und Duric 2021) und (Schenk und Laursen 2018) stellen fest, dass die einzelnen IT-Systeme singulär und unabhängig voneinander aufgebaut sind, welche über die Jahre hinweg ausgebaut und erweitert wurden. *„Dadurch entstand ein Mosaik von Anwendungen und Datenbanken mit technologischer Heterogenität und redundanten Daten in unterschiedlicher Qualität.“* (Heinzelmann, Bödefeld und Duric 2021) Des Weiteren wird von den Autoren in (Heinzelmann, Bödefeld und Duric 2021) festgehalten, dass die Digitalisierung erst dann einen großen

Nutzwert bringt, wenn die Daten in den einzelnen IT-Systemen miteinander verknüpft sind. Dies soll die Redundanz von Daten vermeiden, die Qualität der Daten verbessern und die Nutzung der Daten außerhalb des ursprünglichen IT-Systems möglich machen.

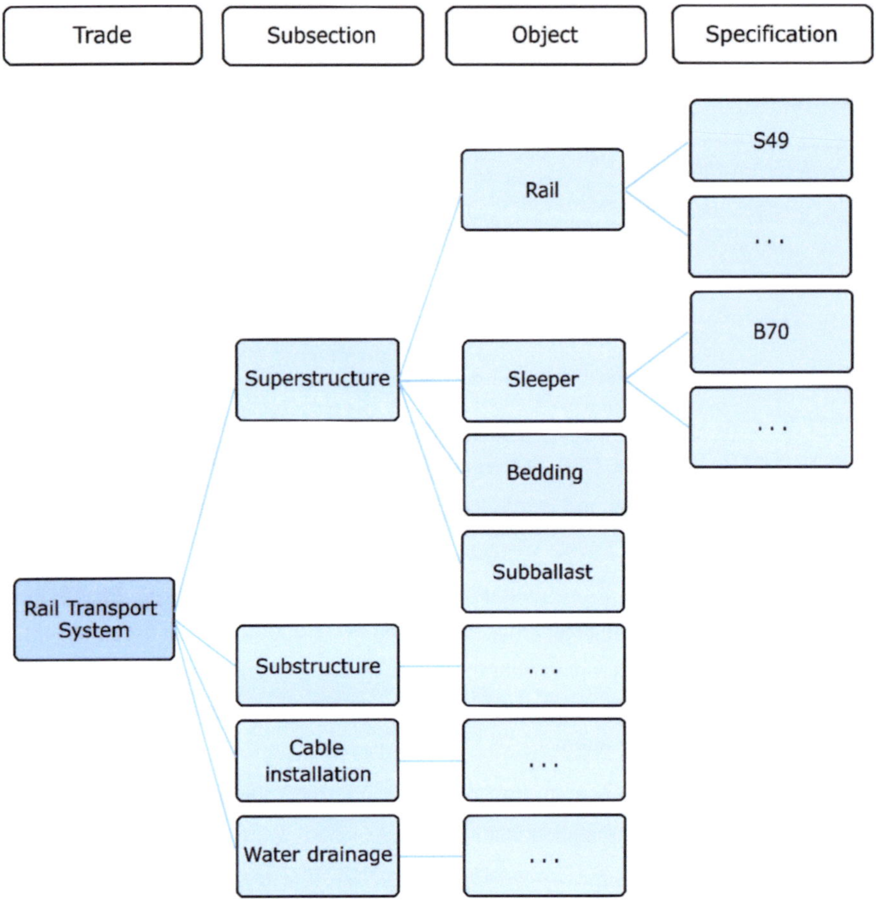

Abbildung 5: Klassifizierungssystem der Eisenbahninfrastruktur nach Häußler und Borrmann (2020)

Vor diesem Hintergrund wird aktuell an einem umfassenden Digitalisierungsansatz gearbeitet, wodurch das schnellere Planen, das bessere Bauen sowie das wirtschaftlichere Betreiben und Unterhalten der Wasserstraßeninfrastruktur erreicht werden kann. Insbesondere wird aktuell an der Entwicklung eines modernen Objektkatalogs (Wasserstraßen-Infrastrukturdaten) für Verkehrswasserbauwerke als Grundlage für die Prozesse Planen, Bauen, Betreiben und Unterhalten sowie Entwicklung eines Informationssystems zum Management aller Investitionsmaßnahmen für Neubauten und bestehenden Bauwerken der Wasserinfrastruktur gearbeitet (Heinzelmann, Bödefeld und Duric 2021).

Im Bereich des Straßenbaus gibt es ein Datenbanksystem namens „Anweisung Straßeninformationsbank für Ingenieurbauten" (ASB-ING), welches als Grundlage für die haushalts-, planerische-, bau- und verkehrstechnische Entscheidungen in den Straßenbauverwaltungen des Bundes und der Länder sowie Wasser- und Schifffahrtsverwaltung des Bundes (WSV) genommen wird. Dieses System enthält Informationen zum Bestand und Zustand der Ingenieurbauwerke (hier: Tunnel, Brücken, Tröge, Stützbauwerke, Lärmschutzbauwerke, Verkehrszeichenbrücken und sonstige Bauwerke). Diese Informationen werden insbesondere zur Erhaltungsmaßnahmen benötigt, um die Standsicherheit, die Verkehrssicherheit und die Dauerhaftigkeit der Bauwerke zu gewährleisten. Die Daten mit den darin enthaltenen Informationen liefern das Wissen über die Erhaltung, Konstruktion und Schäden der Bauwerke (hier: Konstruktionsdaten, Prüfungs- und Zustandsdaten, Verwaltungsdaten, Sachverhaltsdaten inkl. Ablage von digitalen Unterlagen). Wie man sieht, sind in das System auch die Belange der Wasser- und Schifffahrtsverwaltung integriert, da viele Straßen über oder unter den Wasserwegen verlaufen (BMVBS 2013). Als DB wird eine relationale DB verwendet, welche nur unter einem Windows-Betriebssystem läuft (Sib-Bauwerke 2022).

Eine einheitliche Standardisierung der Objekte im Infrastrukturbau existiert bislang nicht.

2.4 Digitale Wissensintegration

Zur Erfassung/ Formalisierung, Organisation und Verwaltung des expliziten Wissens sowie zum Lösen sich wiederholender Planungsaufgaben (hier: Widerverwendung vom Wissen) gibt es viele Techniken, welche die sogenannten Wissenstechnologien bilden. Diese Wissenstechnologien können nach (La Rocca 2012) in drei große Bereiche eingeteilt werden: Knowledge Engineering (KE), Knowledge Management (KM), Knowledge-based Engineering (KBE). Hierbei stellt das KBE die umfangreichste Lösung dar. KBE mit den enthaltenen Knowledge-based Systems (KBS; auch als Expertensystem bezeichnet (La Rocca 2012), (Tripathi 2011)) können entweder ein vollintegrierendes System mit CAD-Fähigkeiten darstellen oder eine Schnittstelle mit einem

CAD-System (in Abbildung 6 mit DAS bezeichnet) haben (Häußler und Borrmann 2021), (La Rocca 2012).

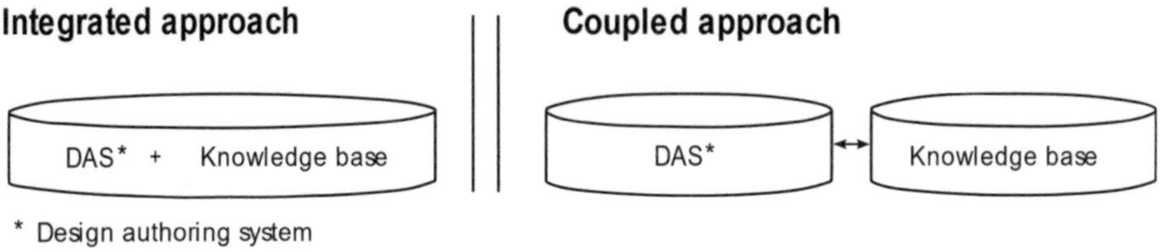

Abbildung 6: Arten von KBS (Häußler und Borrmann 2021)

Mit einem KBS werden im Grunde zwei große Ziele verfolgt. Zum einen soll durch das System eine langfristige Erhaltung des Ingenieurwissens sichergestellt werden. Zum anderen soll das System das organisierte Ingenieurwissen zur Lösungsfindung während einer Planungsaufgabe bereitstellen (Bermell-García und Fan 2002).

In (Häußler und Borrmann 2021) wird ein von dem CAD-System entkoppeltes KBS für den Infrastrukturbau vorgestellt, welches das unstrukturierte Wissen sowie Prozessabläufe in der Bahninfrastrukturplanung mittels des Visual Programming Language (hier: BPMN- und DMN-Notationen) gemäß (ISO, ISO/ IEC 19510 2013) nach MOKA (*Methodology and tools Oriented to Knowledge-based engineering Applications*)-Methode formalisiert. Die vorgestellte Methode zur Formalisierung des Wissens soll transparent sein und einer White-Box-Lösung entsprechen.

"Obwohl im Bereich „KBE" bereits seit den 1980er-Jahren verschiedene Forschungsansätze entwickelt wurden, existiert für das industrielle Umfeld keine einheitliche und allgemeingültige Beschreibung, mit der eine KBE-Anwendung umgesetzt und betrieben werden kann." (VDI, VDI 5610, Blatt 2 2017)

2.5 Aktuelle Anwendungsfälle von Graphendatenbanken in der Praxis

Hochflexible und erweiterbare GDB werden immer bedeutsamer und können vielfältig eingesetzt werden, wobei im Verkehrsbereich nur wenige Anwendungsfälle einer GDB bekannt sind, und diese befinden sich lediglich auf der Erforschungsebene (vgl. (Bakkal, et al. 2017), (Baumann, et al. 2012), (Borrmann und Rank 2009), (Braun,et al. 2015), (Braun, et al. 2020), (Czerepicki 2016), (Daum und Borrmann 2014), (Daum, et al. 2014), (Daum und Braun 2014), (Esser, Vilgertshofer und Borrmann 2021), (Isaac, Sadeghpour und Navon 2013), (Ismail, Nahar und Scherer 2017), (Ismail, Strug und

Slusarczyk 2018), (Khalili und H Chua 2015), (Kuckelberg 2015), (Langenhan, et al. 2013), (Lee und Kwan 2005), (CMS 2021), (Mösl 2019), (Tauscher, Bargstädt und Smarsly 2015), (Tautschnig, et al. 2018), (van Treeck und Rank 2006), (Vilgertshofer und Borrmann 2017), (Wirawan, et al. 2019), (Zou und Liu 2020)). In diesem Abschnitt werden nur die Anwendungsfälle einer GDB im Bereich Verkehr näher erläutert. Weitere Anwendungsfälle finden sich im Anhang XI.

In (Zou und Liu 2020) wird die Modellierung von seit 1908 gesammelten Flugzeugabsturzdaten (sogenannte Flugzeugabsturzgraphen) in der GDB von Neo4j vorgestellt, welche man nach dem Unfallort und -zeitpunkt abfragen und zur Durchführung von Statistiken nehmen kann.

GDB können auch im Bereich des Entwurfes und der Verarbeitung der Informationen (hier: aus Fahrzeugen, Karten, Fahrplänen und Haltestellen) für die ÖPNV-Informationssysteme eingesetzt werden. Unter anderem werden dort die häufig verwendeten Routen sowie Engpässe, aber auch andere Informationen z. B. die Zeit und die Entfernung mitanalysiert. Anschließend werden diese Informationen den Nutzern zur Wahl einer optionalen Route sowie öffentlichen Verkehrsmitteln zur Verfügung gestellt (z. B. in einer speziellen App) (Czerepicki 2016).

In (Wirawan, et al. 2019) wird ein Modell in Form eines Graphen zum Abbilden der Multimodalität im ÖV an dem Beispiel der Millionenstadt Semarang in Indonesien, dessen Auswertung nach der kürzesten Route unter Berücksichtigung unterschiedlicher Verkehrsmittel und der multimodalen Fahrgastinformationen für die Reisenden vorgestellt.

Einen weiteren Anwendungsfall im Verkehr stellt die Ausnutzung der GDB für ein Fahrgemeinschaftssystem dar. Hierbei werden zunächst mit Hilfe des Mobile Trajectory Based Services (MTBS) die Trajektoriendaten privater Fahrzeugbesitzer festgestellt, welche die Aufdeckung der Bewegungsmuster (hier: häufige zeitliche und räumliche Bewegungstrajektorien) erlauben. Diese werden in die GDB übertragen, ausgewertet und anschließend den Trampern, welche die gleichen Routen nehmen möchten, in einer App über Google Maps in Form von Mitfahrgelegenheiten visualisiert. Als Endziel wird dabei die Eindämmung der Probleme der urbanen Mobilität verfolgt, welche sich durch das ständige Wachstum von Privatfahrzeugen in Staus widerspiegelt und folglich negative Umweltwirkungen und Gesundheitsprobleme bei den Einwohnern hervorrufen (Bakkal, et al. 2017).

Weitere Einsätze von GDB finden sich im Bereich der Verkehrssicherheit und des Verkehrsmanagements, u. a. unter Einbezug der Big Data-Technologie. In (E. L. Rashidy, et al. 2018) wird auf einer GDB basiertes SPAD (signals passed at danger) - Sicherheitsdatenmodell zur Abbildung von Zügen, welche ein Gleis trotz des rot zeigenden Signals passiert haben und sich somit unerlaubt auf einem Gleisabschnitt befinden, vorgestellt, um mit dem Modell unter Berücksichtigung der Faktoren wie Anzahl der Zugfahrten, Zustand der Signalisierung, Mensch, Witterung (z. B. Sonnenstand und der damit verbundenen Blendung) mehr Verständnis zu erlangen und die eindeutige Ursachen abzuleiten (E. L. Rashidy, et al. 2018).

Die Verkehrsinfrastrukturforschung Austria nutzt eine GDB zur schnellen Übertragung der neuen zeitabhängigen und sich schnell ändernden Verkehrsdaten in das entwickelte Graphenmodell, um zum einen die VBA an den österreichischen Autobahnen und Schnellstraßen weiter zu entwickeln und zum anderen die Nachvollziehbarkeit der situationsbedingten Schaltentscheidungen (z. B. Nässe oder Stauende, welche die Geschwindigkeitsbeschränkung auslösen) von VBA (hier: Überkopfanzeiger) unter Einbeziehung von Sensordaten zu verbessern (BMK 2021), (Horvatits, et al. 2019).

Der Reifenhersteller Michelin setzt die Graphentechnologie im Predective Maintenance für die Zustandsüberwachung der Reifen ein. In die Reifen werden bei der Herstellung Chips (hier: RFID) eingebaut, welche unterschiedliche Parameter wie Reifendruck und -temperatur, Traktion, Haftung sowie allgemeine Abnutzung des Reifens sammeln und mittels des IoT-Netzwerkes von Sigfox in Echtzeit an die GDB von Neo4j übermitteln. Die übermittelten Daten werden anschließend mit Hilfe von KI zur Ableitung einer Vorhersage zu notwendigen Instandhaltungsmaßnahmen verarbeitet (Kolmar 2019).

In Österreich wurde zum Ablegen von Bauteileigenschaften ein Server (hier: freeBIM-Merkmalserver) auf Basis einer GDB von Neo4j angelegt, welche über den Abgleich der bereits in der GDB vorhandenen Eigenschaften mit den der der BIM-Modelle/ -Bauteile aus einer BIM-Software (hier: buildingSMART Data Dictionary (bSDD)) gewonnen werden, in dem die GDB entweder um die fehlenden Eigenschaften in einem bereits hinterlegten Element oder um ein komplettes Element inkl. deren Eigenschaften ergänzt wird (BIM4INFRA2020 2018), (Fröch, et al. 2019), (Tautschnig, et al. 2018). Im Bereich BIM zur Abbildung der Datenmodelle werden sowohl relationale DB als auch GDB eingesetzt (Mösl 2019). In Bezug auf die GDB liefen bereits im Hochbau erste Versuche. Anwendungsfälle im Bereich BIM Hochbau kann dem Anhang XII entnommen werden.

(Vilgertshofer und Borrmann 2017) stellt einen Ansatz zur halbautomatischen Erzeugung von parametrischen, räumlich ausgedehnten Infrastrukturmodellen (hier: Tunnel) mit unterschiedlichen Maßstäben und Detaillierungsgraden (LoD) vor, welche mit Hilfe der Graphentheorie und der sogenannten Graphersetzungsmethode (graph rewriting method) realisiert wird. Weiterführende Entwicklungen des Ansatzes (hier: Grapherzeugungssystem) aus (Vilgertshofer und Borrmann 2017) finden sich in (Vilgertshofer und Borrmann 2018) und (Vilgertshofer 2019), welches die Erzeugung von komplexen Graphen zur Darstellung von vielfältigen parametrischen Modellen ermöglicht.

GDB können auch für das GIS (Geoinformationssystem) und als Interoperabilitätswerkzeug für unterschiedliche BIM-Modelle bzw. Informationssysteme verwendet werden und bieten eine günstige Möglichkeit, heterogene Daten miteinander zu verknüpfen. GIS wird heutzutage für unterschiedliche Anwendungsfälle eingesetzt – z. B. für eine Verkehrsanalyse oder in der Stadtplanung. Zu nennen ist zum Beispiel die Verknüpfung eines 3D-Gebäudemodells mit dem modellierten Gelände inkl. Kommunikationen wie Leitungen aller Art einer Stadt (CityGML und IndoorGML). Eine GDB stellt dabei ein robustes Datenspeichersystem zum Abbilden eines 3D-GIS unter Ausnutzung von ontologischen, topologischen und semantischen Beziehungen dar. In früheren Forschungsarbeiten ist versucht worden, unterschiedliche Informationsmodelle miteinander zu integrieren, statt eine einheitliche Plattform zu entwickeln. Eine gemeinsame Plattform für die Interoperabilität soll auf Basis der Semantic Web-Technologie (hier: RDF-Graph) erreicht werden (Malinverni, et al. 2020). Eine hierarchische Abbildung der Elemente bzw. eines Netzwerkes innerhalb eines GIS wurde im Jahr 1995 in (Mainguenaud 1995) überlegt, in dem z. B. auf höherer Abstraktionsebene die Autobahnen durch Kanten und die Städte durch Knoten dargestellt werden. Auf niedrigeren Abstraktionsebenen werden weitere Elemente bei ausgeprägterem Detaillierungsgrad innerhalb einer Stadt modelliert. Das so entwickelte Datenmodell basiert im Grunde auf der Graphentheorie und dem objektorientierten Paradigma. Einen weiteren Einsatz findet eine GDB in der Modellierung von zukünftigen Schülerzahlen mit den Wegen des ÖPNV zu den Schulen. Hierbei wird zur Abbildung der Infrastruktur bzw. eines vorhandenen ÖPNV-Liniennetzes in der GDB als Knoten-Kanten-System abgebildet, wo ein Knoten die Haltestelle und die Kante den Weg zwischen zwei Haltestellen widerspiegelt (Baumann, et al. 2012).

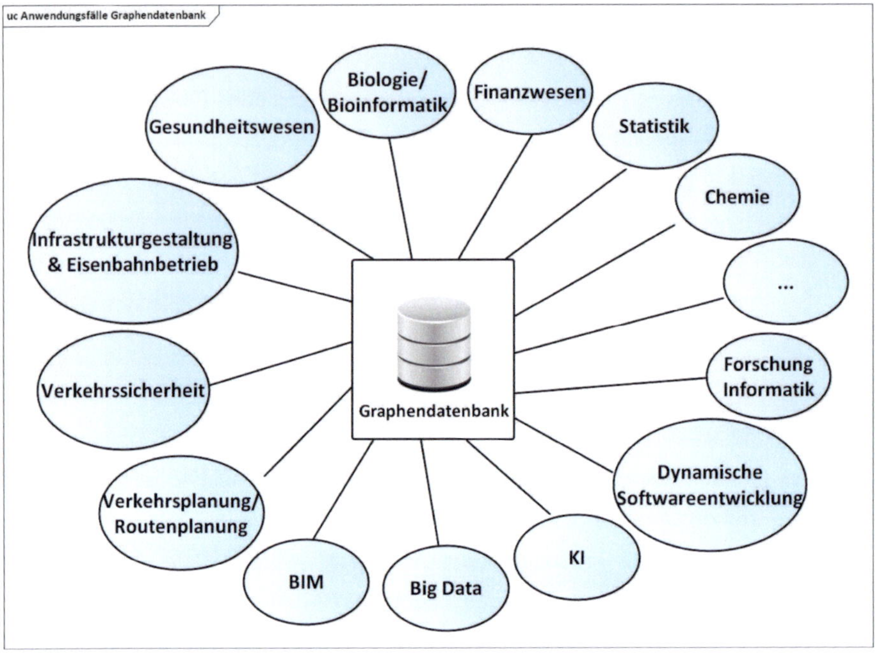

Abbildung 7: Beispiele für die Einsatzgebiete einer GDB

Dass eine GDB sich im Bereich der Verkehrsplanung einsetzen lässt, zeigt auch das Beispiel in (Güting 1994). In (Güting 1994) werden ein Modell und eine Abfragesprache vorgestellt, mit deren Hilfe ohne Probleme komplexe Netze wie die der Autobahnen, des ÖPNV etc. modelliert und manipuliert (hier: erweitert, reduziert) werden können. Zu nennen ist z. B. auch der Anwendungsfall im Eisenbahnwesen mit der Infrastrukturgestaltung auf mikro-, meso- und makroskopischen Ebene sowie im Eisenbahnbetrieb (Kuckelberg 2015). Als weiterer Anwendungsfall ist die Routenplanung zu nennen. Ein gerichteter Graph kann beim Finden des kürzesten Weges verwendet werden (Krumke und Noltemeier 2005).

2.6 Schlussfolgerungen und Forschungslücken

Abschließend lässt sich sagen, dass sowohl für BIM im Bereich des Infrastrukturbaus als auch im Allgemeinen zum Bündeln des expliziten Wissens innerhalb eines IT-Systems bzw. einer DB noch viele offene Fragestellungen zu beantworten sind. In Zusammenhang mit dieser Arbeit sind insbesondere solche Forschungslücken wie die digitale Abbildung von Vorschriften und Vorschriftenfestlegungen, ein einheitlicher und verkehrsträgerübergreifender Objektkatalog mit seiner Klassifizierung, die framebasierte Formalisierung und Bündeln des expliziten Ingenieurwissens innerhalb einer einzigen DB, die 4D- und 5D-Planung sowie eine Gemeinsame Datenumgebung zu nennen. Der Digitalisierungsprozess der vollständigen Einführung der BIM-Methodik ist noch nicht abgeschlossen und wird voraussichtlich noch Jahre für weitere Entwicklungen benötigen. Festzuhalten ist in dieser Hinsicht, dass die bereits im Hochbau gesammelte Erfahrung aufgrund des vertikalen Aufbaus der Bauwerke nicht komplett bzw. nur bedingt auf den Infrastrukturbau (hier: horizontale Achsenbauwerke) übertragen werden kann. In (Spengler und Peter 2020) wird ein Überblick über die bisher bemerkten Stärken und Schwächen der BIM-Methodik aus dem Sachgebiet des Bauwesens Hochbau gegeben, welche sich künftig auf die BIM-Methodik der Infrastruktur übertragen lassen werden. Das Spektrum der Schwächen betrifft im Grunde alle wichtigen Kategorien, wenngleich auch in unterschiedlichen Ausmaßen, von den organisatorischen Herausforderungen, örtlichen Gegebenheiten/ Randbedingungen, technischen Problemen bis zu den Akzeptanzproblemen und juristischen Schwierigkeiten. Im Bereich des Bahnbaus gibt es zusätzlich eigene, fachspezifische Herausforderungen.

GDB finden heutzutage in vielen bekannten Sachgebieten (wie z. B. Chemie, Gesundheitswesen, Biologie etc. (vgl. u. a. Anhang XI und Anhang XII)) einen Einsatz und stellen eine gute Ergänzung zu den relationalen DB dar, insbesondere für stark vernetzte und unstrukturierte Daten. Im Verkehrswesen sind bis heute nur wenige Anwendungsfälle einer GDB bekannt, und diese befinden sich lediglich auf der Forschungsebene. Eingesetzt wird eine GDB insbesondere in der Verkehrsplanung und in wenigen Fällen in der Verkehrssicherheit. In BIM kommt GDB bis heute, bis auf Ausnahme des beschriebenen Anwendungsfalls in (Vilgertshofer und Borrmann 2017), hauptsächlich nur im Sachgebiet des Bauingenieurwesens Hochbau zum Einsatz. Inwiefern sich die Methoden unter Zuhilfenahme einer GDB für die im Anhang XII beschriebenen Anwendungsfälle im Hochbau unter Berücksichtigung des grundlegenden Unterschiedes zwischen Hoch- und Infrastrukturbau (vertikal vs horizontal) auf den Infrastrukturbau übertragen lassen, muss noch erforscht werden. Es lassen sich aus dem Bereich Verkehr noch weitere Beispiele nennen, in der eine GDB zum Einsatz kommt. Über eine tiefgreifende Literaturrecherche kann jedoch festgehalten werden, dass die Graphentheorie gegenwärtig eher im geringen Umfang im Infrastrukturbau zum Einsatz kommt. Einen umfassenden Einsatz in der Planung und beim Entwurf von Verkehrsanlagen bzw. Infrastrukturgestaltung scheint es nicht zu geben. Zusammenfassend lässt sich festhalten, dass im Infrastrukturbau bis heute unter Einbezug moderner Technologien wie z. B. die einer GDB nur wenig Forschungsarbeit geleistet wurde.

Ein einheitliches Klassifizierungssystem ist eine wichtige Komponente für die Prüfung einer Planung auf die Einhaltung der Vorschriften. Sie ist zudem ein wichtiges Mittel zur Formalisierung von Wissen. Sie ermöglicht zum einen die strukturierte und einfache Darstellung komplexer Sachverhalte und hilft zum anderen dabei ein besseres Verständnis über das Wissen zu erlangen. Durch die gemeinsame, einheitliche Nutzung stellt die Klassifizierung von Informationen eine Grundstruktur dar, die die nationale und internationale Zusammenarbeit erleichtern kann. Die einzelnen Informationen oder Informationsbestandteile können in einem bestimmten Kontext leicht identifiziert und überprüft werden. Die durchgeführte Recherche bzgl. eines einheitlichen Klassifizierungssystems für Infrastrukturobjekte zeigt, dass weltweit auf der Forschungsebene erste Überlegungen existieren, jedoch basieren diese auf unterschiedlichen Ansätzen. In allen Untersuchungen ist man sich einig, dass aktuell ein einheitliches, verkehrsträgerübergreifendes Klassifizierungssystem mit den darin enthaltenen Bibliotheken für das Planen und Bauen der Achsenbauwerke einer Infrastruktur nach der BIM-Methodik gefragt ist. Wie dabei die Grundstruktur einer dekomponierten Infrastruktur auszusehen hat, nach welchen Frameworks die Grundstruktur erfolgen soll sowie in was für einer DB diese implementiert werden muss, ist noch offen. Die aktuell vorhandenen Objektbibliotheken sind viel mehr auf die Objekte des Hochbaus ausgelegt.

Die modernen BIM-Autorenwerkzeuge, welche in den BIM-AWF zum Einsatz kommen, besitzen relationale DB als Wissensdatenbanken, welche in der Abbildung von komplexen planungstechnischen Sachverhalten in Abhängigkeit von Vorschriften stark eingeschränkt sind. Die Abhängigkeiten zur Abbildung von Randbedingungen und Einschränkungen aus den Vorschriften sind oft hartkodiert oder folgen stark eingeschränkten Schemata, welche für die Planer nicht visualisierbar sind. Dies bestätigt auch die durchgeführte Umfrage der führenden BIM-Autorenwerkzeug Hersteller im Infrastrukturbau. Ein ausgereiftes, allgemeingültiges Modell zur maschinenlesbaren Digitalisierung der Vorschriften und zum automatischen Einsatz in der Vorschriftenkonformitätsprüfung existiert bis heute nur im Hochbau und befindet sich auch dort noch immer in der Entwicklung. Zum Einsatz einer automatischen Vorschriftenkonformitätsprüfung bzw. modellgestützten Abbildung von Vorschriftenfestlegungen im Infrastrukturbau konnten, bis auf (Häußler und Borrmann 2021) und (Häußler, Esser und Borrmann 2021) aus dem Jahr 2021, keine weiteren einschlägigen Quellen gefunden werden.

Generell werden bis heute die fehlenden standardisierten Ansätze und Methoden (z. B. Entwicklungs- und Verwaltungsframeworks, Programmiersprachen) zur Formalisierung des Wissens (z. B. Infrastrukturdatensätze wie die digitale maschinenlesbare Abbildung von Vorschriften und den dazugehörigen Vorschriftenfestlegungen, Infrastrukturobjekte etc.) bemängelt (Häußler und Borrmann 2021), (Häußler, Esser und Borrmann 2021), (Porto, et al. 2015), (Sainter, Oldham und Larkin 2000), (VDI, VDI 5610, Blatt 2 2017), (Xu und Cai 2020). Ein einheitliches, standardisiertes Klassifizierungssystem im Infrastrukturbau fehlt ebenfalls bis heute (vgl. laufende Forschungsarbeiten (bSD 2020), (Häußler und Borrmann 2020), (Seo und Lee 2020)). Das gleiche betrifft die digitale maschinenlesbare Abbildung von Vorschriften mit deren Vorschriftenfestlegungen (vgl. z. B. folgende Forschungsarbeiten (Häußler und Borrmann 2021), (Häußler, Esser und Borrmann 2021), (Porto, et al. 2015), (Xu und Cai 2020)). Es wird eine multifunktionale DB mit einfachen und gut strukturierten Konzepten/ Konzeptsystem(en) (hier im Sinne Kategorisierung und Strukturierung) benötigt, welche das explizite Ingenieurwissen aus dem Verkehrswegebau (z. B. Infrastrukturobjekte, Vorschriftenfestlegungen aus den Vorschriften in Form von Abhängigkeiten zwischen den Infrastrukturobjekten etc.) digital maschinenlesbar erfasst, abbildet und verwaltet sowie dieses Wissen repetitiv zum Anwenden bei Planungsprozessen im Verkehrswegebau zur Verfügung stellen kann. Hierbei muss das Ziel verfolgt werden die Anzahl der IT-Systeme bzw. der DB nach Möglichkeit zu reduzieren.

3 Strukturierte Beschreibung der Infrastruktur nach dem (E)DCC-Modell

Kapitel 3 wird der Vision und theoretischen Beschreibung des gesamten (E)DCC-Modellansatzes gewidmet und gibt einen Überblick über die grundlegenden Ideen zum Modellansatz, welcher in der Software PULTrack prototypisch implementiert wird.

3.1 Vision DCC-Modell

Das DCC-Modell ermöglicht es, durch die Diskretisierung, die Kategorisierung und die Charakterisierung, das Zusammenwirken der einzelnen Systemkomponenten des Bahnkörpers in Abhängigkeit von den gegebenen Randbedingungen, die Interaktion der einzelnen Systemkomponenten des Bahnkörpers zu erfassen und systematisch in den Ebenen einer DB abzubilden. Das Modell besitzt eine datenbankbasierte Datenstruktur, welche anfänglich primär zur Abbildung des Bahnkörpers gedacht war. Dies geschieht, indem der Bahnkörper in seine einzelnen Systemkomponenten zerlegt wird und zwischen diesen unter Berücksichtigung von Randbedingungen in der DB Abhängigkeiten modelliert werden.

Die DB unterteilt sich in drei Ebenen, welche miteinander verknüpft sind. Insgesamt stellen die drei Ebenen einen Würfel dar, wobei der Würfel im weiteren Verlauf der Untersuchung um weitere Zwischenebenen erweitert wurde (näheres dazu siehe Abschnitt 3.3 und 3.4).

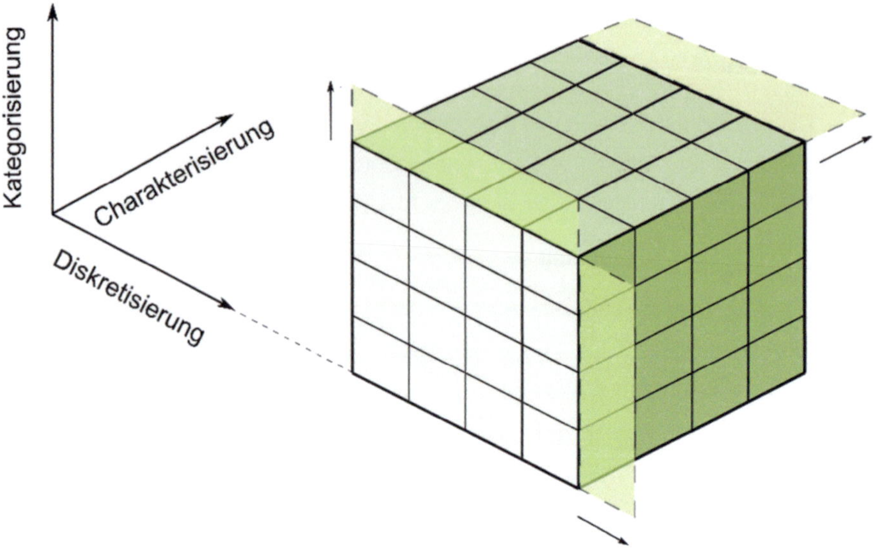

Abbildung 8: Bildliche Darstellung der Vision DCC-Modell mit seinen drei abstrakten Ebenen (Martin, et al. 2019)

Die erste, horizontale Achse beschreibt die Diskretisierungsebene, in der die einzelnen Systemkomponenten wie beispielsweise die Schiene oder die Schwelle gelistet sind. Die vertikale Achse beschreibt die Kategorisierungsebene und impliziert die Typen jeder einzelnen Komponente. Als Beispiel für die Systemkomponente Schwelle kann eine Bahnschwelle aus Holz-, Stahl-, Beton- oder aus Kunststoff genannt werden. In der dritten Ebene kann der Anwender auf die Eigenschaften der ausgewählten Komponenten zugreifen. Die vom Nutzer in den drei Ebenen gewählte Kombination wird im Modell hinterlegt und kann zur weiteren Untersuchung durch die Planungswerkzeuge verwendet werden.

3.1.1 DCC- bzw. (E)DCC-Modellansatz

Zur strukturierten Abbildung und Analyse der Infrastruktur, insbesondere eines Bahnkörpers, beinhaltet der DCC- bzw. (E)DCC-Modellansatz als wesentliche Bestandteile zum einen eine DB, in welcher die Infrastrukturobjekte eines Verkehrsträgers (z. B. Eisenbahn) hinterlegt sind, und zum anderen verschiedene Planungs- und Analysewerkzeuge (wie z. B. das Trassierungs- und Dimensionierungstool), welche überwiegend datenbankbasiert zur Untersuchung sowohl des Bahnkörpers als auch der gesamten Infrastruktur (siehe Abbildung 9 und Abbildung 10) verwendet werden.

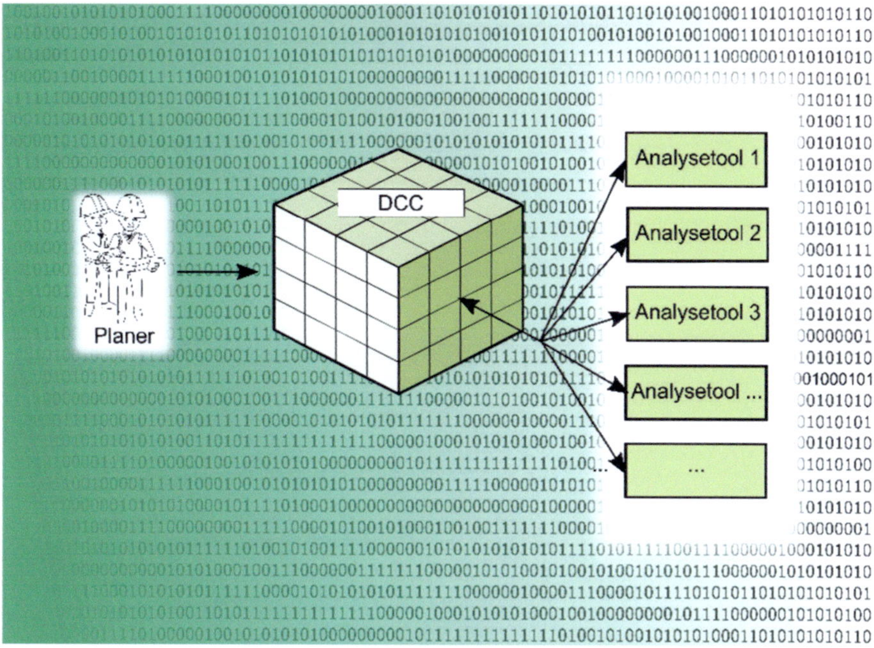

Abbildung 9: Bildliche Darstellung des Vision DCC-Modellansatzes (Martin, et al. 2019)

Die Entwicklung von Werkzeugen war erforderlich, um die Leistungsfähigkeit der gewählten und nach dem (E)DCC-Modellansatz aufgesetzten GDB zu prüfen (Herstellung einer direkten Verbindung zwischen den Infrastrukturdatensätzen und Planungswerkzeugen innerhalb einer DB nach der Methode des KBE, um dadurch ein vollintegrierendes System mit CAD-Fähigkeiten zu erreichen) aber auch, um die über das Modellierungswerkzeug realisierten Anwendungsfälle zum Planen und Entwerfen von Verkehrswegen zu validieren. Die in der DB modellierten Planungswerkzeuge können dabei aufgrund der implementierten Softwaregenerizität ohne großes programmiertechnisches Wissen modellierungstechnisch erweitert werden.

Im Rahmen der Forschungsarbeit wurde schnell festgestellt, dass sich der DCC- bzw. (E)DCC-Modellansatz nicht nur in Hinblick auf eine punktuelle konstruktive Auslegung sowie anschließende Analyse, sondern auch auf die gesamte Eisenbahninfrastruktur anwenden lässt, wobei sich Planung und Entwurf des Bahnkörpers streckenbezogen realisieren lassen. Vor diesem Hintergrund stellt das Trassierungstool neben der eigentlichen DB mit den darin modellierten Abhängigkeiten einen wichtigen Baustein des

(E)DCC-Modellansatzes dar, welcher eine Trassierung von Bahnstrecken im Grund- und Aufriss sowie zur Abbildung von baulichen Anlagen, wie zum Beispiel Tunnel und Brücken, erlauben soll. Dies ist erforderlich, da ein Verkehrsweg ein Achsenbauwerk ist und dementsprechend Randbedingungen inklusive sich daraus ableitenden Abhängigkeiten zwischen den Systemkomponenten nur unter Berücksichtigung von Trassierungselementen und -parametern berücksichtigt werden können.

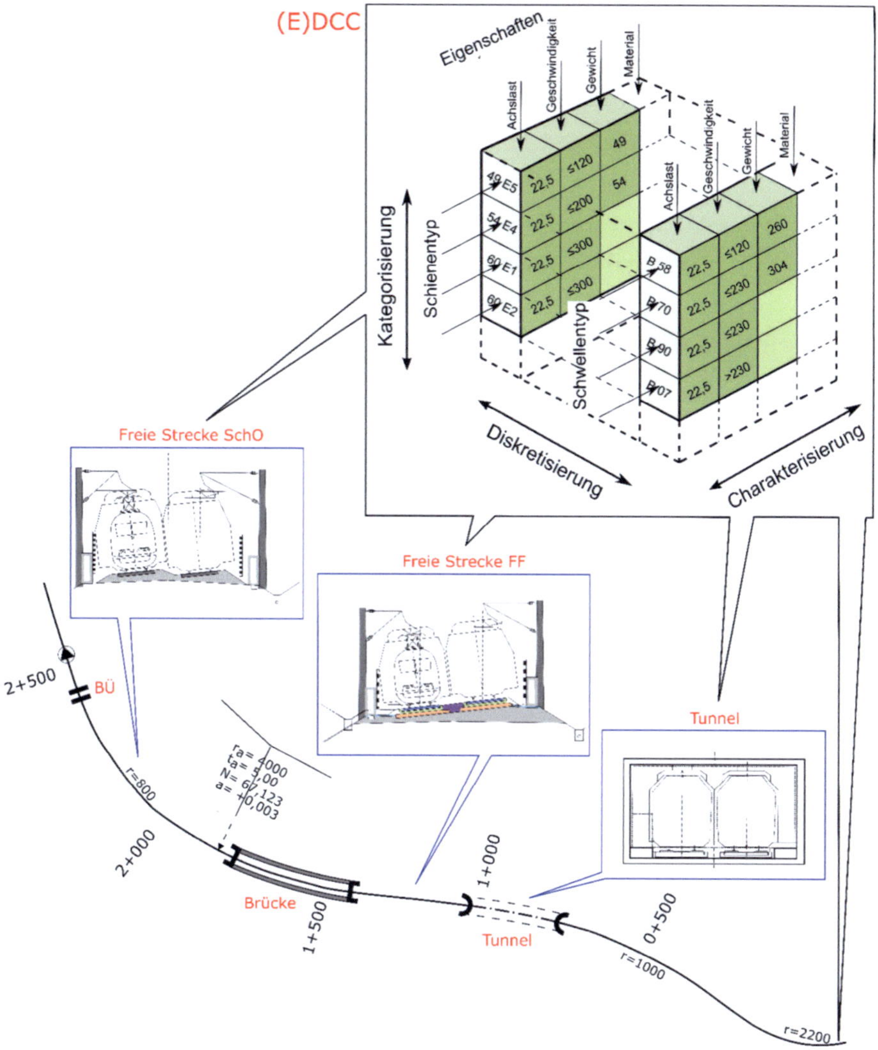

Abbildung 10: Einsatz des (E)DCC-Modellansatzes bei der Planung von Eisenbahninfrastrukturen unter Berücksichtigung von Ril 800.0130 (DB Netz AG 2018) und Ril 853 (DB Netz AG 2018)

Ferner sollte das Trassierungstool wegen einer möglichst realitätsnahen Planung und räumlichen Abbildung von Eisenbahnstrecken mit den genauen Lagekoordinaten im Grund- und Aufriss umgehen können, insbesondere, wenn man bedenkt, dass der (E)DCC-Modellansatz auf eine BIM-konforme Planung und Entwurf von Infrastrukturmaßnahmen abzielt.

Hierbei ist die Kenntnis solcher Bestandteile der Planung wie beispielsweise des **D**igitale**G**elände**M**odells (DGM) mit deren räumlichen Koordinaten, die amtlichen Liegenschafts- und Katasterkarten, topografische Karten u. a. unabdingbar. Die geplante Linienführung im Grund- und Aufriss in Verbindung mit dem DGM sind auch wichtig, um dadurch eine genaue Mengen- bzw. Massenermittlung durchzuführen. Zusammen mit den weiteren streckenbezogenen Kostenelementen in Form von gewählten Infrastrukturobjekten/ Systemkomponenten/ Systemgruppen soll die geplante Infrastruktur einer automatischen stufenweisen Kostenermittlung unterworfen werden. Diese werden bei der BIM-konformen Planung mit fünfter Dimension als 5D-Planungsprozesse bezeichnet.

Die konstruktive Auslegung von Eisenbahnstrecken entlang der angelegten Achse soll das sogenannte Dimensionierungstool ermöglichen. Die angedachte Grundidee einer streckenbezogenen Planung und Entwurfes ist in der Abbildung 10 dargestellt.

3.2 DCC-Ebenen

3.2.1 Diskretisierungsebene und Diskretisierungsgraph

Der Bahnkörper einer Eisenbahnstrecke setzt sich aus mehreren Systemkomponenten zusammen. Jede Systemkomponente erfüllt dabei eine wichtige Funktion und besitzt daher bestimmte Eigenschaften. Zur Analyse des Gesamtsystems wird der Bahnkörper in einzelne Elemente zerlegt, und diese werden räumlich voneinander abgegrenzt. Die erste grobe Einteilung der Infrastruktur in dem DCC-Modell wird dabei von der sogenannten Diskretisierungsebene übernommen. Die Diskretisierung ist die erste und oberste Ebene der Unterteilung des Gesamtinfrastruktursystems in die einzelnen groben Teilsysteme. Dies soll zum einen in der DB die Systemkomponenten der Gesamtinfrastruktur übersichtlich darstellen und zum anderen die grundlegende Abgrenzung zwischen den einzelnen Teilsystemen und Systemkomponenten schaffen sowie die Abgrenzung unterschiedlicher Analysebereiche wie z. B. des Bahnkörpers oder des Kostenmanagements ermöglichen. Abbildung 11 veranschaulicht beispielhaft das ursprüngliche Diskretisierungskonzept des Teilsystems Bahnkörper (später im Modell durch Zufügen einer zusätzlichen Zwischenebene als Unterdiskretisierung umgesetzt, siehe dazu Abschnitt 3.3.1) mit dem sogenannten Diskretisierungsgraph (D-Graph), welcher in Anlehnung an (Schwede und Störl 2017) entstand. Die Anzahl der gezeigten vertikalen Zellen, aus denen sich der Würfel in der horizontalen Richtung zusammensetzt, ist im Allgemeinen von der Anzahl der Systemkomponenten sowie dem gewünschten Detaillierungsgrad der Dekomponierung abhängig. Die ursprüngliche Idee dazu kommt aus dem Hochbau, dort wird der Recyclinggraph zur Analyse und Auswertung von Hochbaukonstruktionen in Hinblick auf die Demontagefähigkeit und Rezyklierbarkeit verwendet. Im Gegensatz zum Ansatz im Hochbau, wird der D-Graph im DCC-Modellansatz (später im (E)DCC-Modellansatz) aktuell nicht zur Analyse der Infrastruktur, sondern nur zur Visualisierung der physischen Verbindungen zwischen den einzelnen Systemkomponenten im Querschnitt und damit zur Abbildung des Aufbaus eingesetzt.

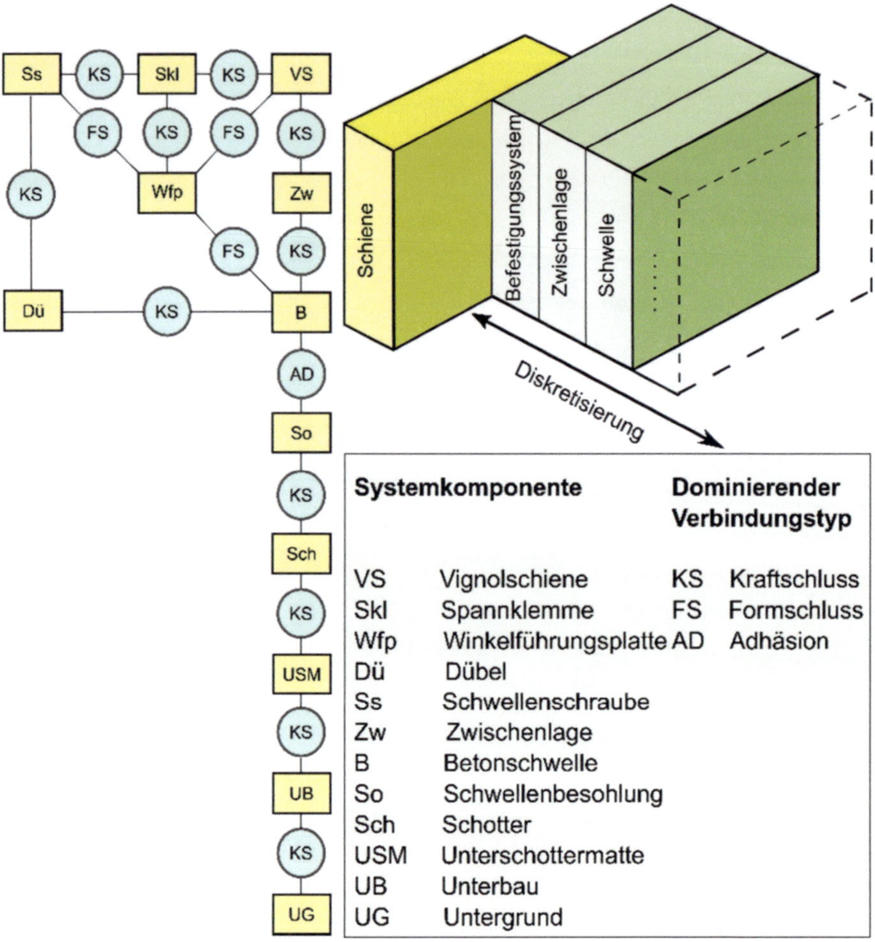

Abbildung 11: Diskretisierungsebene mit dem sogenannten Diskretisierungsgraph (Martin, et al. 2019)

Hierzu zählen solche Verbindungstechniken wie Kraftschluss, Adhäsion und Formschluss. Dabei wird ein D-Graph erzeugt, welcher sich im Wesentlichen aus den Diagramm-Elementen Rechteck und Kreis zusammensetzt. Das Rechteck repräsentiert dabei eine Systemkomponente. Ein Kreis beschreibt eine Verknüpfung bzw. eine physische Verbindung zwischen zwei Systemkomponenten. Darüber hinaus werden die Diagramm-Elemente mit einer Buchstaben-Codierung versehen, welche zur Kennzeichnung der Systemkomponenten sowie zur Beschreibung der Verbindungen zwischen den Systemkomponenten dient (vgl. Abbildung 11).

3.2.2 Kategorisierungsebene des DCC-Modells

Nach der Ebene der Diskretisierung folgt die zweite Ebene namens Kategorisierung. Diese beinhaltet die Typenvielfalt der verschiedenen Systemkomponenten, d. h. auf dieser Ebene befinden sich Unterklassen einer bestimmten Kategorie. Hierbei werden gruppierte Unterklassen einer bestimmten Kategorie der Ebene zugeordnet, sodass eine systematische Untergliederung entsteht. Darüber hinaus werden auf dieser Ebene die Abhängigkeiten zwischen den Systemkomponenten berücksichtigt. Die Kategorisierungsebene berücksichtigt also den Aufbau des Bahnkörpers/ eines Teilsystems einer Infrastruktur in Abhängigkeit von den vorhandenen Randbedingungen, wie z. B. der zulässigen Leitgeschwindigkeit oder der maximalen Radsatzlast (RSL).

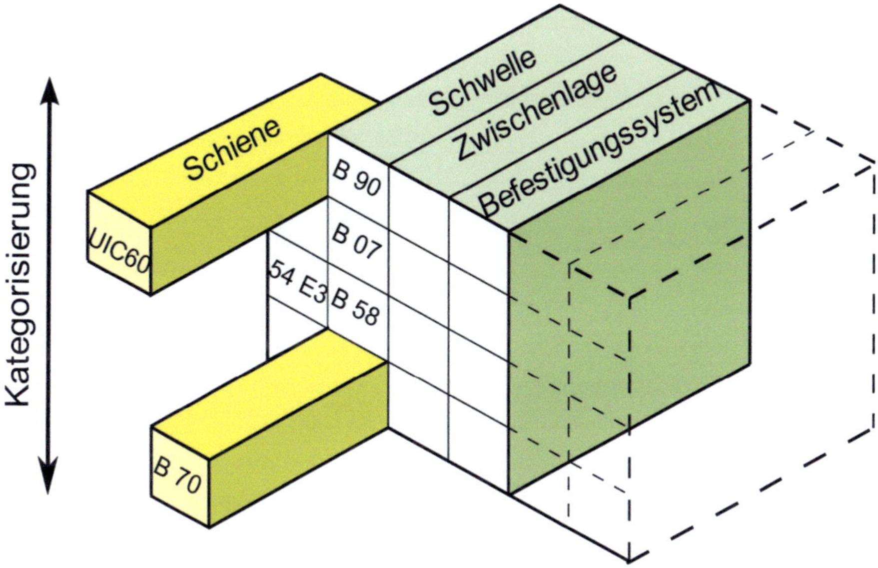

Abbildung 12: Bildliche Vorstellung der Kategorisierungsebene bei dem DCC-Modell (Martin, et al. 2019)

Beispielsweise ist mit steigender RSL ein größerer Schienenquerschnitt erforderlich, um eine höhere Tragfähigkeit zu erreichen. Analog muss mit wachsender Geschwindigkeit ein geeignetes Schienenprofil eingesetzt werden. So ist das Schienenprofil 49 E5, welches ausschließlich nach dem Kriterium der Höchstgeschwindigkeit bewertet wird, nur bis zu einer Geschwindigkeit von kleiner gleich 120 km/ h, das Schienenprofil 54 E5 bis zu einer Geschwindigkeit von kleiner gleich 200 km/ h zulässig und ab 200 km/ h ist das Schienenprofil 60 E2 bzw. UIC 60 zu wählen (DB Netz AG, Ril 458.0301

2015), (DB Netz AG, Ril 820 2020). Die Kategorisierungsebene berücksichtigt ergänzend die Kompatibilität zwischen den einzelnen Systemkomponenten. So sind z. B. Betonschwellen i. d. R. / heutzutage üblicherweise nur mit einem Schienenbefestigungssystem des W-Oberbaus kombinierbar, während die Schienenbefestigungssysteme des K-Oberbaus nur mit Holz- oder Stahlschwellen verbaut werden können. Analog zur Diskretisierungsebene wurden im Rahmen der Weiterentwicklung des DCC-Modells auf der Kategorisierungsebene zusätzliche Ebenen zwischengeschaltet. Näheres dazu siehe Abschnitt 3.3.2.

3.2.3 Charakterisierungsebene des DCC-Modells

Jede Systemkomponente oder -gruppe verfügt über zahlreiche Eigenschaften. Die zahlreichen Eigenschaften sowie deren vielfältige Variation beeinflussen u. a. das Eigenverhalten, die direkte Interaktion mit anderen Systemkomponenten sowie das Verhalten des Gesamtsystems. Die Systemkomponenten nehmen somit einen unmittelbaren Einfluss auf den Gesamtentwurf einer Infrastruktur und die Wahl der einzelnen Systemkomponenten. Die Charakterisierung stellt neben den anderen Ebenen eine dritte Ebene dar, welche die Eigenschaften der Systemkomponenten unterschiedlichster Art mittels Attribute[10] und Parameter[11] (diese sind nicht mit den sogenannten Modellierungsattributen zu verwechseln) näher beschreibt. Diese Ebene ermöglicht also eine formale und strukturiertere Zuordnung der einzelnen Eigenschaften. Zu beachten ist bei der Charakterisierungsebene, dass diese an sich keine reale Ebene ist und nur abstrakt in der GDB existiert. Der Grund dazu wird in dem Kapitel 6 näher erläutert. Stattdessen werden die Eigenschaften in den einzelnen (Super/ Unter)klassen[12] der Systemkomponenten hinterlegt. Abbildung 13 zeigt beispielhaft die Charakterisierungsebene der Gleiskomponente Schiene und Schwelle.

---

[10] Ein Attribut beschreibt in der vorliegenden Arbeit eine Eigenschaft, welche kein Parameter ist. Als Beispiel lassen sich die Materialeigenschaften wie Gewicht, Farbe etc. eines Objektes oder auch Termin- und Kostensätze nennen. Das Attribut als solches ist nicht mit dem sogenannten Modellierungsattribut zu verwechseln.

[11] Ein Parameter beschreibt in der vorliegenden Arbeit eine variable Größe, aus der sich die anwendungsfallspezifische Gestaltung (z. B. die Geometrie) eines Objektes ergibt. Als Beispiel lassen sich hier die Trassierungsparameter nennen.

[12] Klassifizierung der Datensätze, d. h. *„Kategorisierung, Einteilung von Dingen in Klassen oder Kategorien derselben Art."* (DIN, DIN EN ISO 16739-1 2019)

Zusammenfassend stellt der DCC-Ansatz somit eine Dekomposition der komplex aufgebauten Infrastruktur in ihre einzelnen Systemkomponenten dar. Das Gesamtsystem wird in konstruktiver Hinsicht Schritt für Schritt in seine einzelnen Komponenten zerlegt. Diese werden in verschiedenen Ebenen hierarchisch und sinnvoll strukturiert in der DB modelliert und dort gespeichert. Dabei müssen die Zugehörigkeit bzw. das Zusammenspiel und die Abhängigkeiten der individuellen Systemkomponenten unabhängig von den Ebenen bewahrt bleiben. Ermöglicht wird das mittels der Graphentheorie, in der beliebig viele Abhängigkeiten in Form von Kanten zwischen Knotenpaaren (Datensätze in Form von Systemkomponenten) über Ebenen hinweg gesetzt werden können. Um beispielsweise einen bestimmten Bahnkörper zu erhalten, führt man nun eine Komposition der einzelnen Systemkomponenten durch.

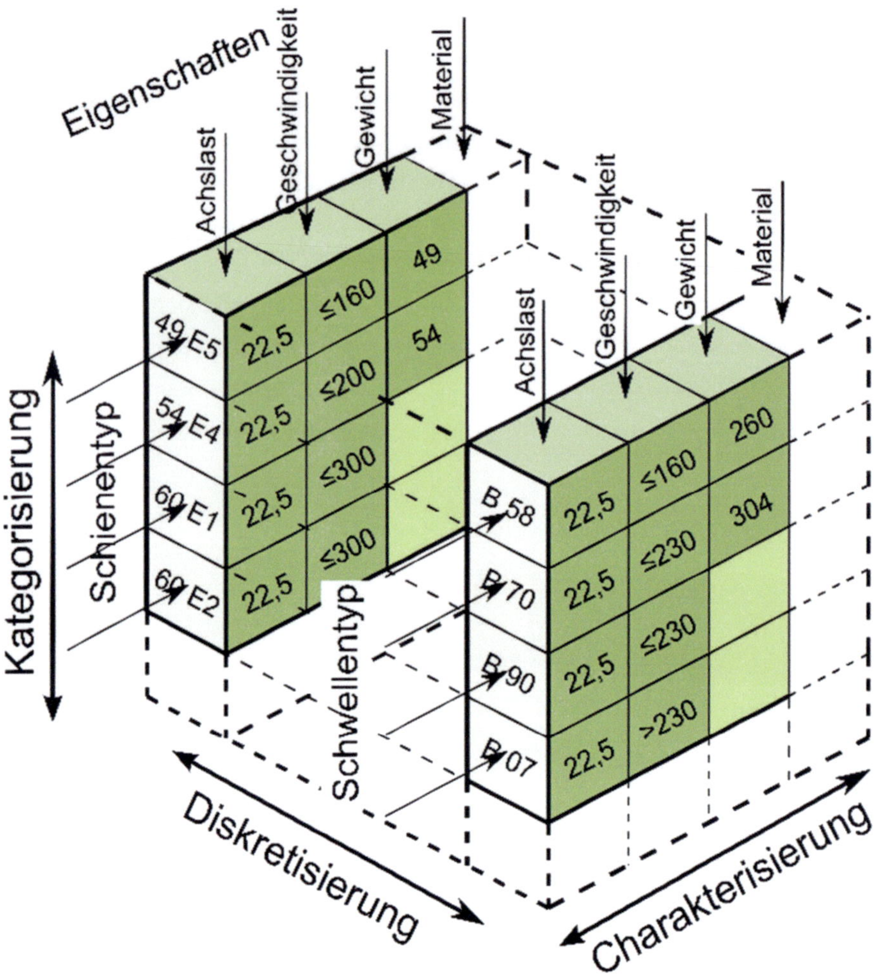

Abbildung 13: Darstellung der Charakterisierungsebene (Martin, et al. 2019)

Dabei müssen sowohl die physischen als auch die randbedingungsbezogenen Abhängigkeiten, welche durch die kodifizierten/ nicht kodifizierten Vorschriften vorgegeben sind, während der Modellierung in einer GDB beachtet werden. Beginnt man z. B. mit einer Schwellenart den Bahnkörper zusammenzustellen, so stellt man fest, dass nicht alle Befestigungssysteme und Schienenprofile aufgrund der Abhängigkeiten verwendbar sind. Zu erwähnen ist dabei, dass die Änderung der Abhängigkeiten zwischen nur zwei Systemkomponenten eine Kettenreaktion auf die anderen restlichen Bestandteile des Bahnkörpers auslösen kann.

3.3 Modifizierung des DCC-Modells um weitere Ebenen zwecks besserer Strukturierung der Datensätze

Im Rahmen der Untersuchung einer strukturierten Abbildung von Eisenbahninfrastruktur hat sich herausgestellt, dass für eine detailliertere Strukturierung einer Infrastruktur die ursprünglich drei vorgesehenen Ebenen nicht ausreichend sind, sodass die Erweiterung des DCC-Modells erforderlich war. Durch das Einfügen weiterer Zwischenebenen innerhalb der Ebenen Diskretisierung und Kategorisierung soll eine feinere Zerlegung der Infrastruktur bzw. Einteilung der Systemkomponenten erzielt werden.

3.3.1 Erweiterung der Diskretisierungsebene um die Unterdiskretisierungsebene

Die Diskretisierung lässt sich bei Bedarf in eine weitere Unterebene bzw. Zwischenebene Unterdiskretisierung zerlegen.

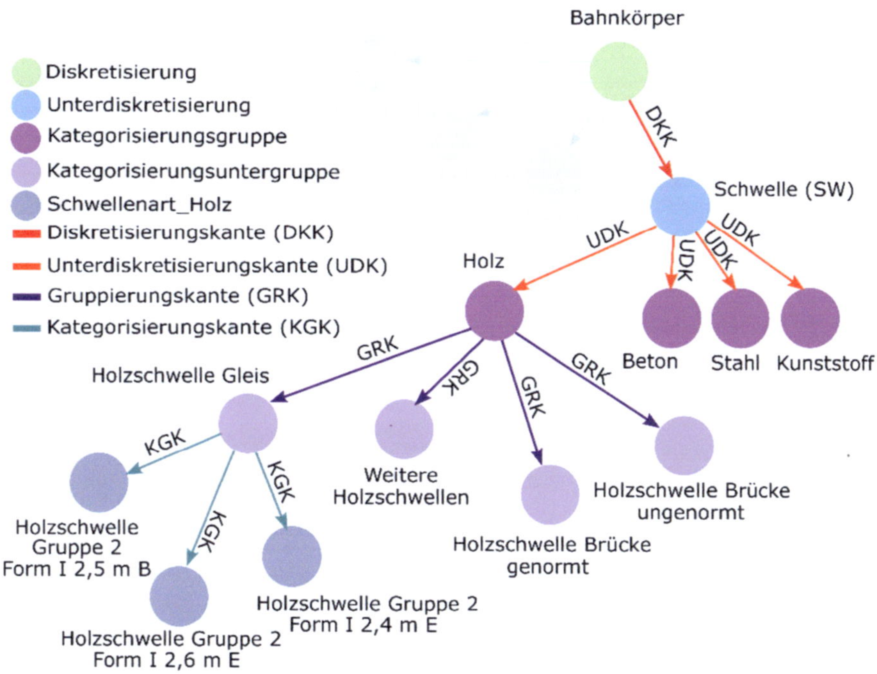

Abbildung 14: Diskretisierungsebenen anhand des Beispiels Schwelle

Dabei werden die Systemkomponenten zwecks besserer Struktur erneut weiter im Detail in Teilkomponenten/ -systemen sortiert und geordnet, um so die Infrastruktur eines Verkehrsträgers feiner dekomponieren zu können. Die Idee der weiteren Einteilung der

Diskretisierungsebene lässt sich anhand der in Abbildung 14 gezeigten Schwellenunterteilung verdeutlichen. Hierbei stellt der Bahnkörper die Diskretisierung in der ersten Ebene dar, die „Schwelle (Sw)“ hingegen die Unterdiskretisierung.

3.3.2 Erweiterung der Kategorisierungsebene um die Ebenen Kategorisierungsgruppe und Kategorisierungsuntergruppe

Zusätzlich zur Ebene der Kategorisierung besteht die Möglichkeit, diese weiter zu ordnen und zu unterteilen in die Kategorisierungsgruppen und -untergruppen (Zwischenebenen). Diese ergänzen die Hauptebene „Kategorisierung“ und ermöglichen eine Trennung nach bestimmten gemeinsamen Eigenschaften bestimmter Art, Funktionen, Einsatzbereichen etc. Verfolgt man das obige Beispiel der Diskretisierung der Schwellen (siehe Abbildung 14) auf den Kategorisierungsebenen weiter, so sieht man auf der Kategorisierungsgruppe eine weitere, feinere Einteilung der Schwellen nach dem Werkstoff in die Schwellenarten „Holz“, „Beton“, „Stahl“ und „Kunststoff“. Diese einzelnen werkstoffbezogenen Gruppen bilden die sogenannten Kategorisierungsgruppen (Klasse „Kategorisierungsgruppe“ in der (E)DCC-Datenbank). Betrachtet man nun die Kategorisierungsgruppe der Schwellenart „Holz“ näher, so lässt sich diese in die Kategorisierungsuntergruppen der „Holzschwelle Gleis“, „Weitere Holzschwellen“, „Holzschwelle Brücke genormt“, „Holzschwelle Brücke ungenormt“ einteilen. Unterhalb der Kategorisierungsuntergruppe „Holzschwelle Gleis“ befinden sich schließlich die eigentlichen Systemkomponenten der Unterklasse „Schwellenart_Holz“, die die Kategorisierung bzw. Kategorisierungsebene im engeren Sinne repräsentieren (hier: Superklasse: „Kategorisierung“). Somit liegen die Zwischenebenen Kategorisierungsgruppe und -untergruppe oberhalb der Kategorisierung und nicht umgekehrt, wie man es sich auf dem ersten Blick vorstellen würde. Die Zwischenebenen der Kategorisierung sind optional und können bei Nichterforderlichkeit übersprungen werden.

3.4 Erweiterung des DCC-Modells auf das (E)DCC-Modell zwecks verkehrsträgerübergreifender Strukturierung der Datensätze

3.4.1 Einfügen der Umgebungsebene in das DCC-Modell

Bei der Ausarbeitung des DCC-Modellansatzes wurde erkannt, dass sich das Modell ebenfalls für andere Verkehrsträger (hier: Schiene gemäß (PBefG 2016) und (BOStrab 2019), Seilbahn, Straße innerorts & außerorts nach (FGSV, FGSV 201 2012), (FGSV, FGSV 202 2008) und (FGSV, FGSV 200 2006) u. a., Luftverkehr und Wasserstraßen) eignet. Um eine verkehrsträgerübergreifende Diversifizierung zu erreichen, wurde eine zusätzliche Ebene eingeführt. Hierbei wurde über den bisher genannten Ebenen aus dem DCC-Modell zusätzlich eine neue Ebene namens Umgebung (**E**nviroment) eingeführt, welche das DCC-Modell nun in das (E)DCC-Modell überführt. Diese soll eine verkehrsträgerübergreifende Ansteuerung bzw. eine gezielte Zuordnung von Systemkomponentenumgebungen einer bestimmten Infrastruktur zu bestimmten Verkehrsträgern im eigentlichen DCC-Modell erlauben und dadurch dem DCC-Modell gegenüber den anderen datenbankbasierten Ansätzen eine Besonderheit verleihen. Auch die Zuordnung von Vorschriften haben indirekt ihren Anfang über die Entwurfsvorgänge auf der Umgebungsebene. Eine weitere Anwendung finden die Umgebungsebenen z. B. in der Modellierung der Bibliothek der DB, welche zum Ablegen von Vorschriften in Textform mit deren anschließender Verbindung mit den Modellobjekten (hier: Instanzen der Vorschriftenklassen in der DB) der Vorschriften dient.

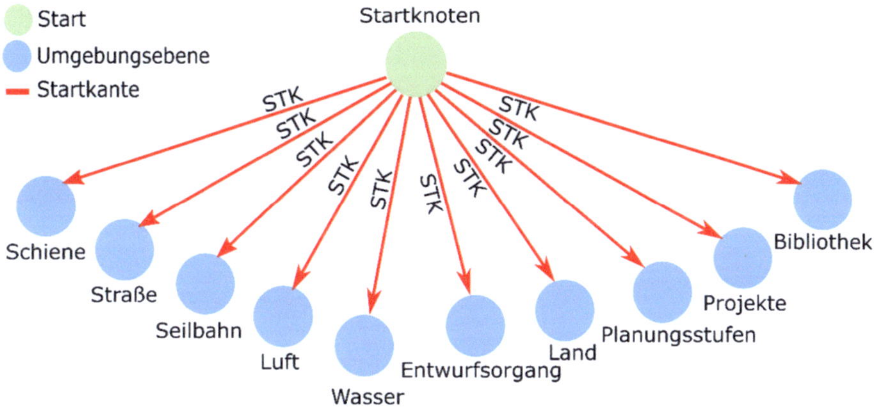

Abbildung 15: Umgebungsebene in der GDB von OrientDB (OrientDB Ltd. 2022) mit den einzelnen Einsatzpunkten

Darüber hinaus wird die Umgebungsebene benötigt, um die einzelnen Verkehrsträger feiner einzuteilen. So wurde der Verkehrsträger „Schiene" einer feineren Einteilung nach (Pachl 2018) unterzogen (vgl. Abbildung 16). Ferner werden die Umgebungsebenen zum Modellieren der Länder benötigt, um die Vorschriften länderspezifisch verwenden zu können. Die Umgebungsebenen werden ebenfalls zum Ablegen von Projekten und zur Abbildung der Planungsstufen (BP, VP, EP, GP und AP) verwendet (siehe Abbildung 15).

Die Daten werden in Form eines Baumes modelliert und dementsprechend visualisiert, wobei der Ursprung des entwickelten Gesamtmodells in Form eines Baumes am Startknoten liegt.

Zusammenfassend lässt sich sagen, dass die Umgebungsebene dem DCC-Modell und der entsprechend strukturierten GDB einen multifunktionalen Charakter verleihen und Möglichkeiten für vielfältige Einsatzbereiche vorbereitend bereitstellt.

Momentan sind auf der Umgebungsebene die Verkehrsträger „Schiene“, „Straße“, „Seilbahn“, „Luft“ und „Wasser“ modelliert, wobei von den DCC-Umgebungen nur die Verkehrsträger „Schiene“ und teilweise „Straße“ inhaltlich gefüllt sind. Beide Verkehrsträger wurden als Referenz für die gesamte Untersuchung herangezogen.

3.4.2 Erweiterung der Umgebungsebene um die Unter- und Unterunterumgebungsebene

Wie die Ebenen des DCC-Modells, lässt sich auch die Umgebungsebene feiner in weitere Zwischenebenen einteilen. Um die Umgebungsebene im Detail feiner untergliedern zu können, wurden als Zwischenebenen eine Unterumgebungsebene und Unterunterumgebungsebene eingeführt.

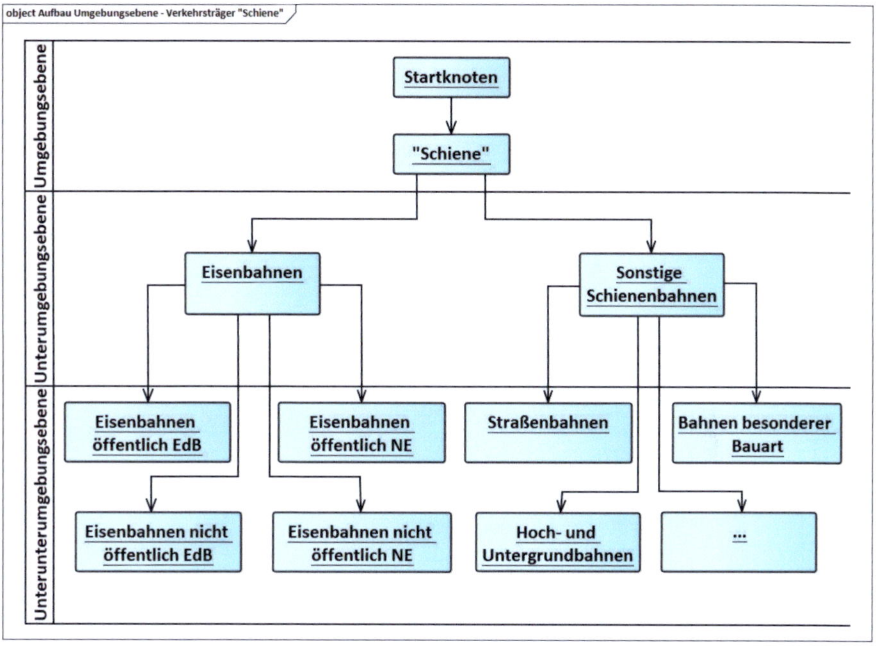

Abbildung 16: Einteilung des Verkehrsträgers „Schiene“ auf den Umgebungsebenen

Die Benutzung von Zwischenebenen der Umgebungsebene ist optional und kann bei Nichterfordernis übersprungen werden. Diese Untergliederungen ermöglichen z. B. eine ausgeprägtere Klassifizierung von Verkehrsträgern.

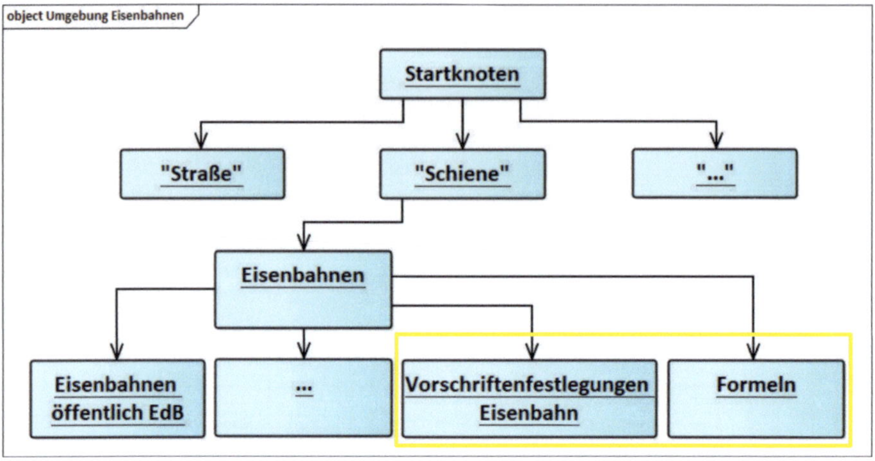

Abbildung 17: Oberknoten Vorschriftenfestlegungen des Verkehrsträgers Eisenbahn und der Oberknoten der Formeln auf der Unterunterumgebungsebene

In Abbildung 16 wird beispielhaft die Gliederung des Verkehrsträgers Schiene nach (Pachl 2018) gezeigt. Auf der untersten Umgebungsebene sind auch der verkehrsträgerbezogene Oberknoten der Vorschriftenfestlegungen und der globale Oberknoten der Formeln aufgenommen (siehe Abbildung 17).

3.5 Übertragbarkeit des Modells auf die verkehrsträgerübergreifende Planung von Verkehrswegen

Über die durchgeführte Analyse der Planungsprozesse und -abläufe konnte festgehalten werden, dass bei jedem Verkehrsträgertyp während der Planung ähnliche Planungsschritte mit den dazugehörigen Entwurfsstufen abzuarbeiten sind. Es kann zwar bei den Begrifflichkeiten, Verfahren und Methoden der betrachteten Verkehrsträger dezente Abweichungen geben, dennoch basiert die Planung jedes einzelnen Verkehrsweges immer auf der Linienführung der Achse im Grund- und Aufriss und der darauf aufbauenden Dimensionierung und Querschnittsausbildung. Sowohl der Verkehrsträger Schiene und Straße als auch der Verkehrsträger Luft gehören nach (Architektenkammer Nordrhein-Westfalen 2013) gemäß §45 „Anwendungsbereich" des „Abschnittes 4 Verkehrsanlagen" den Verkehrsanlagen an und sind nach „§47 Leistungsbild Verkehrsanlagen" demselben Leistungsbild mit den darin enthaltenen Leistungsphasen, aus denen u. a. Planungsstufen erkennbar sind, zugeordnet.

So sagt der §45 hinsichtlich der Anwendbarkeit der (Architektenkammer Nordrhein-Westfalen 2013) auf die Verkehrsanlagen Folgendes:
„1. Anlagen des Straßenverkehrs ausgenommen selbstständige Rad-, Geh- und Wirtschaftswege und Freianlagen nach § 39 Absatz 1,
2. Anlagen des Schienenverkehrs,
3. Anlagen des Flugverkehrs." (Architektenkammer Nordrhein-Westfalen 2013)

Zu den Anlagen des Schienenverkehrs gehören neben den eigentlichen Eisenbahnen und Straßenbahnen auch solche wie die Seilbahnen und die Maglev-Verkehrsanlagen (Jochem und Kaufhold 2016). Die „Verkehrsanlagen" des Wasserstraßenverkehrs zählen dagegen zu den Ingenieurbauwerken und sind in (Architektenkammer Nordrhein-Westfalen 2013) unter §41 „Anwendungsbereich" des „Abschnittes 3 Ingenieurbauwerke" zu finden, welche aber den gleichen Aufbau wie die der abzuarbeitenden Leistungsphasen besitzen. Unter anderem sind dort Ingenieurbauwerke der Verkehrsanlagen zu finden (Architektenkammer Nordrhein-Westfalen 2013), (Jochem und Kaufhold 2016).

Die datenbankbasierte Planung von Eisenbahnstrecken kann auf andere Verkehrsträger, wie zum Beispiel auf eine Straßenbahn im Sinne (BOStrab 2019) und (PBefG 2016) oder Nichtbundeseigene Eisenbahn (NE) sowie „Straße" (innerörtlicher und außerörtlicher Straßenentwurf) übertragen werden, da diese Verkehrsträger im Hinblick auf den Aufbau und den längsbezogenen Verlauf der Infrastruktur viele Ähnlichkeiten aufweisen. Die Umsetzung soll dabei dadurch ermöglicht werden, dass in der (E)DCC-Datenbank für die einzelnen Verkehrsträger, Teildatenbanken mit den sich darin befindenden verkehrsträgerbezogenen Datensätzen in Form von Knoten und Kanten realisiert werden, welche über die Umgebungsebene angesteuert werden sollen.

Eine nähere Erläuterung der einzelne Verkehrsträger findet sich im Anhang XIII.

3.6 Geplante Infrastrukturdatensätze und -bereiche in der (E)DCC-Datenbank

Das Zusammenspiel von den Datenbankinhalten und den dazugehörigen gewerkespezifischen Planungs- und Analysewerkzeugen spiegeln die Grundidee der Verwendung des (E)DCC-Modellansatzes im gesamten Planungsprozess von Verkehrswegen wider und ist daher von großer Bedeutung. Vor diesem Hintergrund muss die DB in der Lage sein, die diversen Datenarten speichern zu können sowie Kompatibilität zwischen diesen zu gewährleisten, um die Multifunktionalität zu erhalten und dadurch den Anforderungen komplexe Planungsmaßnahmen gewachsen zu sein. Die (E)DCC-Datenbank soll das zentrale System bilden und die kollaborative Interaktion zwischen den unterschiedlichen Fachplanungen der unterschiedlichen Verkehrsträger bieten, um den verschiedenen Planern und anderen an einem Infrastrukturprojekt Beteiligten den Ablauf von Planungs-, Bau- und Betriebsprozessen zu vereinfachen, in dem z. B. die Nachteile einer konventionellen 2,5D-Planungsmethodik hinsichtlich der Datenintegrität und des Datenaustausches beseitigt werden. So findet bei der Umsetzung eines Projektes nach der 2,5D-Planungsmethodik ein intensiver Austausch von fachspezifischen Planunterlagen z. B. in Form von .dwg, .dxf, .pdf oder gar in Papierformaten statt, welche in unterschiedlichen DB, Ordnern oder Verzeichnissen bzw. datenbankartigen Systemen abgelegt sind. Als weiteres Beispiel kann die Überprüfung der Planung auf Vorschriftenkonformität genannt werden, welche aktuell, trotz Unterstützung seitens der CAD-Systeme, immer noch manuell durchzuführen ist und mit einem hohen Zeitaufwand sowie einer hohen Fehleranfälligkeit verbunden ist.

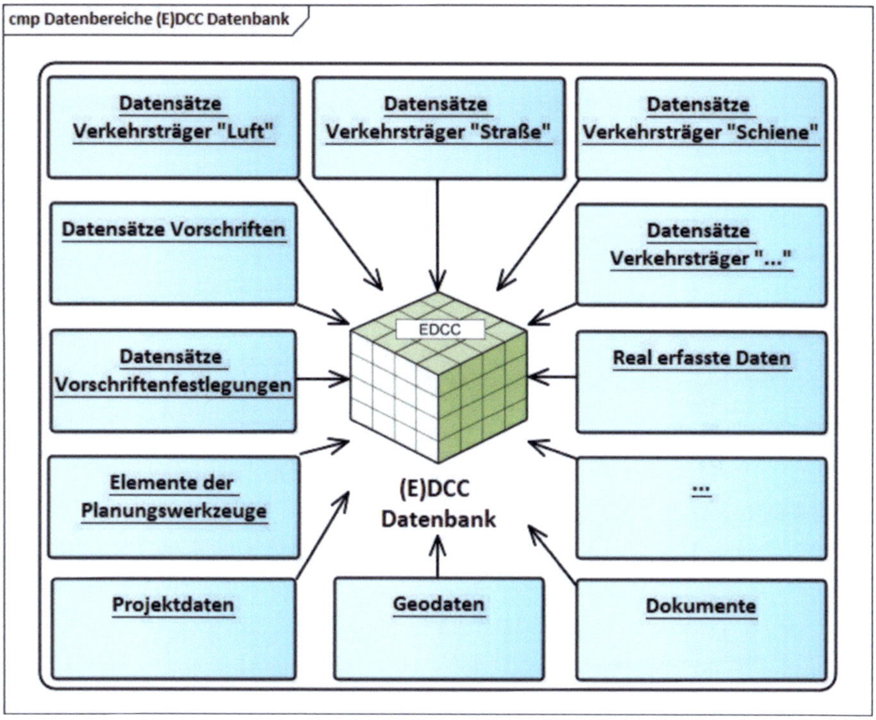

Abbildung 18: Datenbereiche der (E)DCC-Datenbank

Die digitale Abbildung von einzuhaltenden Vorschriften und die Herstellung einer direkten Verknüpfung zur betrachteten Planungsmaßnahme in einem Datenbanksystem kann die genannte Problematik reduzieren. Im Ganzen soll das zentral angedachte System die Kooperation und Kommunikation zwischen den Beteiligten an einem Infrastrukturprojekt bei der Umsetzung einer Infrastrukturmaßnahme, die Qualität der 6D-Planungsprozesse verbessern und die Anzahl der Planungssysteme reduzieren. In der (E)DCC-Datenbank sind deshalb folgende Datensätze und -bereiche vorgesehen: verkehrsträgerübergreifende Systemkomponenten und deren vorschriftkonformen Abhängigkeiten zueinander, Objekte wie z. B. Vorschriften und deren Festlegungen sowohl in dem Quellformat (PDF) als auch in der maschinenlesbaren übersetzten Form, Projektdaten, Geodaten, 2D- und 3D-Objekte zu den Systemkomponenten etc.), Elemente der Planungswerkzeuge und real erfasste Daten, welche künftig z. B. in einem Reallabor aus den Messfahrten gewonnen und im Rahmen einer Instandhaltungsmaßnahme zur Analyse verwendet werden (siehe auch Abbildung 18). Alle genannten Datensatzarten unterliegen dabei einem bestimmten Schema (hier: nach dem (E)DCC-Modell oder einem anderen speziellen Schema). Ansätze zur Modellierung eines Teils der genannten Datensatzarten in der DB sind in den Kapiteln 6 und 7 näher erläutert.

3.7 Planung und Entwurf von Verkehrswegen mittels (E)DCC-Modellansatzes

3.7.1 Entwurfsvorgänge

Zum Planen und Entwerfen einer Infrastruktur wird eine neue Planungsphilosophie vorgeschlagen, nach der man entweder strikt nach den Vorschriften, nach dem sogenannten „Geführten Entwurfsvorgang“, oder davon abweichend über die Schranken des gültigen Vorschriftenbereiches hinaus, nach dem sogenannten „Individuellen Entwurfsvorgang“, planen und entwerfen kann (vgl. Abbildung 95). Hierbei kommen die beiden Begriffe „Geführter Entwurfsvorgang“ und „Individueller Entwurfsvorgang“ ursprünglich aus der Straßenplanung bzw. aus dem innerörtlichen Straßenentwurf (FGSV, FGSV 200 2006) (eine nähere Erläuterung zur Definition in der Straßenplanung findet sich im Anhang XIV). Im Gegensatz zur Straßenplanung bekommen die Entwurfsmodi bei dem (E)DCC-Modellansatz eine neue Bedeutung, indem sie neudefiniert werden. Der Grund für die zwei Entwurfsmodi ist zum einen, um neben einem sogenannten softwaretechnischen auch ein modellierungstechnisches parametrisches Entwerfen (gemäß (IB&T Gruppe 2020) und (IB&T Gruppe 2019b) auch mit Parametrierung bezeichnet, welche das sogenannte Regel-Ausnahme-Prinzip erlaubt) von Verkehrswegen zu ermöglichen und somit eine von den Vorschriftenvorgaben abweichende, nach den individuellen Ansprüchen gestaltete Infrastrukturplanung zu erlauben. Hierbei bekommen die Attribute und Parameter der Infrastrukturobjekte/ -elemente von den kodifizierten Vorschriften abweichende Wertebereiche, welche in der GDB entweder klassenweise oder nur Instanz-bezogen angelegt werden können. Dem entsprechend müssen auch die Vorschriftenfestlegungen der nicht kodifizierten Vorschriften modelliert sein.

Das Einhalten von Vorschriftenfestlegungen ist nicht immer möglich und sobald diese nicht aus Gründen der Verkehrssicherheit streng einzuhalten sind sowie eine ausreichende Begründung nach ausführlicher Abwägung aller sicherheitsrelevanten Belange vorliegt (d. h. der Entwurf entspricht mindestens der Sicherheit, welche nach den Vorgaben der „anerkannten Regeln der Technik“ (a. R. d. T.) erreicht wäre), kann ein

Teil der Entwurfsaufgabe abweichend von den a. R. d. T. umgesetzt werden. Als weiterer Grund für die Einführung des „Individuellen Entwurfsvorganges“ kann die dynamische Weiterentwicklung des „Standes von Wissenschaft und Technik“ sowie des „Standes der Technik“ und somit der Vorschriften genannt werden. Es gibt zahlreiche Situationen, bei denen eine Überschreitung der Grenzen der Vorschriften notwendig und sinnvoll wird. Als Beispiele sind Trassierungsparameter wie die maximal zulässige Geschwindigkeit, Längsneigung, der Mindestbogenhalbmesser vertikal und horizontal oder der anders verwendete Gleisabstand zu nennen. Hinzu kommen die horizontalen und vertikalen geometrischen Abmessungen zur Dimensionierung und Querschnittsgestaltung des Bahnkörpers (Amtsblatt der Europäischen Union 2014), (DB Netz AG, Ril 413 2013), (DB Netz AG, Ril 458.0301 2015), (DB Netz AG, Ril 800.0110 2015), (DB Netz AG, Ril 800.0130 2018), (DB Netz AG, Ril 804 2018), (DB Netz AG, Ril 820 2020), (DB Netz AG, Ril 836 2019), (DB Netz AG, Ril 853 2018) u. a, wo unter Umständen eine individuelle Bemessung erforderlich werden könnte.

Zum anderen soll dadurch ein Entwurf gemäß den Vorschriften anderer Länder erlaubt werden, wenn die Vorschriften dieser Länder sowie sich daraus resultierende Abhängigkeiten zwischen den Systemkomponenten bzw. -gruppen/ Infrastrukturobjekten/ Entwurfselementen bzw. -gruppen und Schichten der Infrastruktur nicht in der DB hinterlegt sind. Dies hat den Vorteil, dass die Planung ohne die vorherige Eintragung und Modellierung der Vorschriften mit deren Vorschriftenfestlegungen in der DB beginnen kann, in dem bei der bereits in der Datenbank vorhandenen Modellierung die Parameter eines Landes entsprechend angepasst werden.

In beiden Fällen ist es möglich, die Untersuchung sowohl für einen neuen als auch für einen bereits vorhandenen Bahnkörper bzw. für eine neue oder vorhandene Infrastruktur durchzuführen. Unterschiedliche Analysetools sollen den Anwender bei der Dimensionierung des Bahnkörpers und der gesamten Infrastruktur unterstützen. Dabei können künftig unter anderem Spannungsnachweise auf der Grundlage anerkannter Methoden mit entsprechend hinterlegten Verfahren durchgeführt, Investitions- und Instandhaltungskosten ermittelt sowie die Wirkung von Instandhaltungsmaßnahmen untersucht werden.

3.7.2 Planungsarten

Der (E)DCC-Modellansatz sieht neben der eigentlichen Planungsart „Planung und Entwurf“ mit den darin zwei möglichen Entwurfsvorgängen zusätzlich auch die Betrachtung der Lebenszyklen einer Verkehrsanlage mit dem darin enthaltenen Betrieb und den Instandhaltungsmaßnahmen mit anschließender Ermittlung der Lebenszykluskosten vor (siehe Abbildung 19). Das bedeutet, dass die Ermittlung und Verwaltung der notwendigen Datenbasis für die effiziente Gestaltung von Instandhaltungskonzepten sowie die modellbasierte Zustandsauswertung und -darstellung ebenfalls Inhalt des (E)DCC-Modellansatzes sind.

Die Möglichkeiten moderner digitaler Verfahren werden immer mehr zur Grundlage für die Zustandsbewertung von Verkehrsinfrastrukturen in der Betriebsphase: Sensoren an Fahrzeugen, die den Zustand des Verkehrswegs erfassen, liefern Daten für eine KI-gestützte Zustandsbewertung. Instabilitäten und Schäden können so frühzeitig entdeckt und mit geringerem Aufwand behoben werden, was zu einer höheren Verfügbarkeit der Infrastruktur führt. Die Erkennung von Schäden bevor diese den Betrieb einschränken oder verhindern, bildet darüber hinaus auch die Basis zur Erstellung umfassender Instandhaltungskonzepte und Modernisierungsstrategien, bei denen beispielsweise Sperrpausen im Eisenbahnbetrieb effizienter genutzt werden können.

Für beide Planungsmodi werden Kosten ermittelt. Die Kostenermittlung erfolgt dabei beim Planungsmodus „Planung und Entwurf“ stufenweise, entsprechend den jeweiligen Entwurfs- bzw. Planungsstufen in Abhängigkeit von dem gewählten Verkehrsträger nach (Architektenkammer Nordrhein-Westfalen 2013), (DB Netz AG, Ril 809 2018) und (FGSV, FGSV 201 2012), (FGSV, FGSV 202 2008), (FGSV, FGSV 200 2006). Sowohl der Planungsmodus bzw. die Planungsart „Planung und Entwurf“ als auch der Planungsmodus „Instandhaltung“ stehen in einer direkten Interaktion mit der DB, dies bedeutet, dass die Planung von umzusetzenden Maßnahmen vollständig datenbankgestützt abläuft. Jede Planung bedarf zunächst der Anlage bzw. des Aufrufes eines Projektes. Am Ende jeder Planung bekommt man ein datenbankbasiertes 3D-Modell mit allen dazu gehörigen Analyse- und Planungsergebnissen inkl. Kosten, welche anschließend entweder direkt ausgegeben oder in der DB abgespeichert werden können.

Der Planungsmodus „Planung und Entwurf“ erlaubt sowohl die Trassierung eines völlig neuen als auch die Abbildung eines bereits sich im Bestand befindenden Verkehrsweges mit anschließender Dimensionierung, Analyse und Visualisierung im „Geführten Entwurfsvorgang“ oder im „Individuellen Entwurfsvorgang“. Der Instandhaltungsmodus bietet die Abbildung eines vorhandenen Verkehrsweges mit anschließender Analyse und Visualisierung, ermöglicht es aber auch eine Instandhaltungsstrategie für einen zu planenden Verkehrsweg aufzustellen. Dabei ist es möglich, dass die Analyse im Rahmen der Instandhaltung für unterschiedliche Instandhaltungsarten wie vorausbestimmte oder zustandsorientierte Instandhaltung durchgeführt werden kann, indem die Option einer Analyse des Bahnkörpers anhand der aus der Reallabor bzw. der Realität stammenden Messdaten genutzt wird.

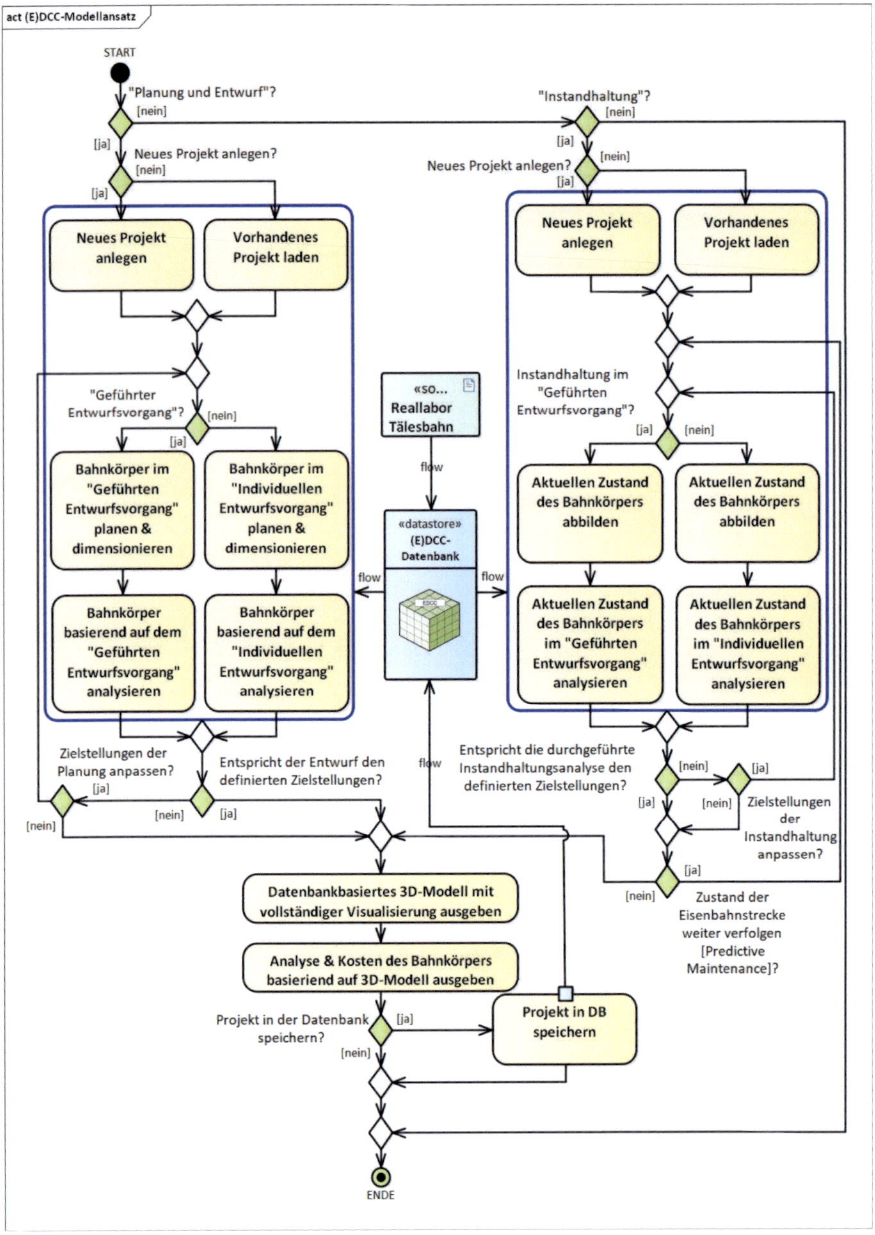

Abbildung 19: Realisierte Planungsarten im (E)DCC-Modellansatz

Das im Rahmen der Ausführungsplanung nach dem (E)DCC-Modellansatz erstellte Modell soll ab der Lph 5 nach (Architektenkammer Nordrhein-Westfalen 2013) als Basis für die Ausführung dienen.

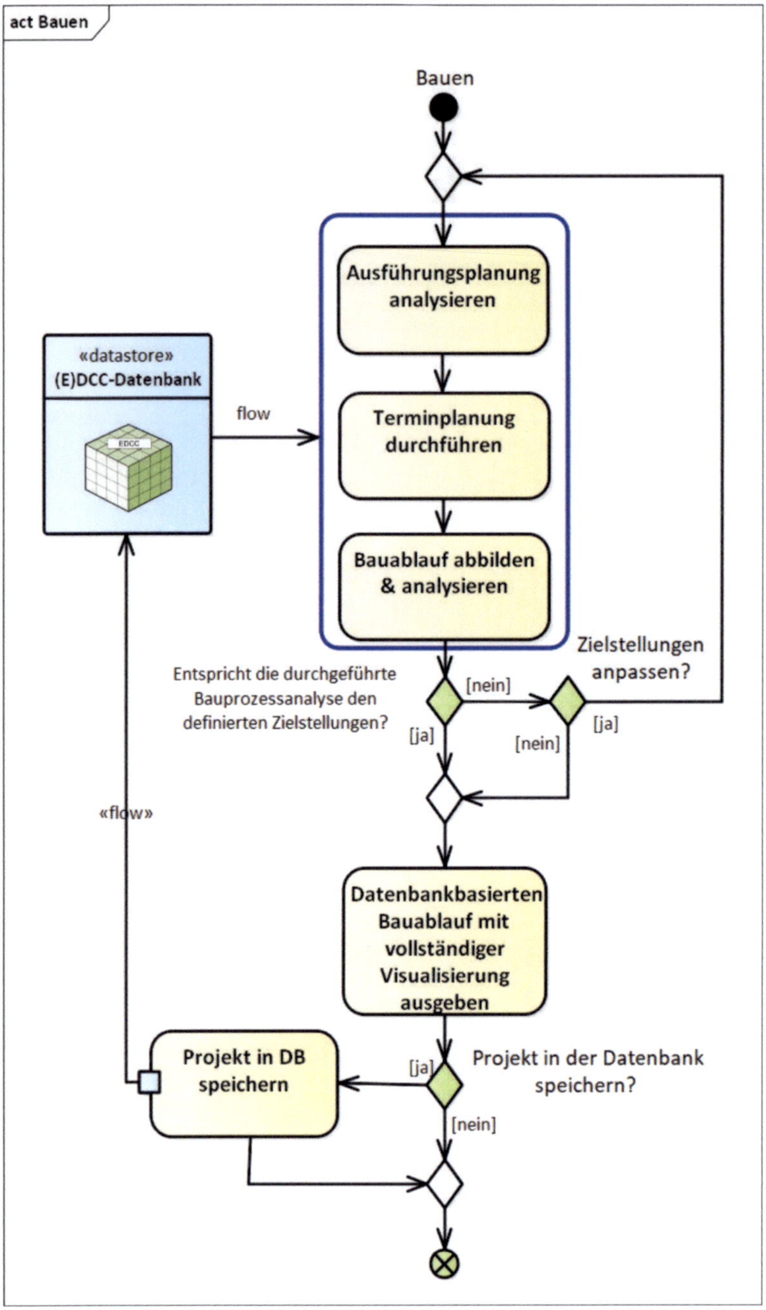

Abbildung 20: Bauprozessablauf nach dem (E)DCC-Modellansatz

Der digitale Soll-Ist-Abgleich bei der Herstellung, eine modellbasierte Terminplanung, die digitale Leistungsermittlung sowie der Einsatz von Virtual und Augmented Reality zur Unterstützung der Arbeiten auf der Baustelle sind Beispiele für Einsatzmöglichkeiten des Modells zur Effizienzsteigerung. Die Entwicklung dieser und weiterer Einsatzmöglichkeiten sowie der Rückschluss auf den Bereich der Planung sollen hierbei die entscheidenden Betrachtungsinhalte werden.

4 Grundlagenermittlung zum Planen und Instandhalten von Verkehrswegen

Das Kapitel 4 wird den planerischen Aspekten bei der Planung und dem Entwurf eines Verkehrsweges gewidmet und soll einen kurzen Überblick über die Planungsgrundlagen geben, welche im Rahmen der Software-Engineering in PULTrack berücksichtigt und eingearbeitet wurden. Auf eine ausführliche Diskussion aus Sicht eines Planers wird verzichtet. Stattdessen wird des Öfteren auf die technischen Planungsvorschriften und auf Fachliteratur verwiesen, in welchen bei Bedarf nachgeschlagen werden könnte. Die Diskussion bezieht sich hauptsächlich auf die Verkehrsträger Schiene und Straße und behandelt solche Themengebiete wie die Planungsstufen, die Infrastrukturgestaltung, die Linienführung des Verkehrsweges, den Aufbau des Bahn- und Straßenkörpers, die stufenweise Kostenermittlung sowie die Instandhaltung.

Bevor die DB von der OrientDB in das (E)DCC-Modell übernommen und mit Datensätzen gefüllt wurde, war eine tiefgreifende verkehrsträgerübergreifende Recherche in Hinblick auf die Systemkomponenten und -gruppen erforderlich. Darüber hinaus diente die Recherche der Erforschung von möglichen Festlegungen in den Vorschriften, welche in einer menscheninterpretierbaren Form (hier: Texte, Tabellen, Diagramme, Formeln, Parameter und Attribute bzw. Parameter und Attributsätze etc.) vorliegen. Dies sollte bereits im Vorfeld zu den ersten Überlegungen für mögliche Entwicklungen von Abhängigkeitsmodellen bzw. -logiken zur Abbildung von Vorschriftenfestlegungen und somit einer maschinenlesbaren Übersetzung und Abbildung der Vorschriften beitragen. Vorrangig wurden dabei die Richtlinien der DB AG und die Regelwerke der FGSV, unterstützt durch Fachliteratur, ausgewertet. Neben den eigentlichen planungstechnischen Richtlinien bzw. Regelwerken waren auch verkehrsträgerbezogene Gesetze und Rechtsverordnungen ausgewertet worden, welche bei der Planung von Infrastrukturmaßnahmen von Relevanz sind. Aus dem Bereich der DB AG wurden primär Richtlinien wie zum Beispiel (DB Netz AG, Ril 413 2013), (DB Netz AG, Ril 458.0301 2015), (DB Netz AG, Ril 800.0110 2015), (DB Netz AG, Ril 800.0120 2018), (DB Netz AG, Ril 800.0130 2018), (DB Netz AG, Ril 804 2018), (DB Netz AG, Ril 808.0210 2011), (DB Netz AG, Ril 808.0210 2016), (DB Netz AG, Ril 809 2018), (DB Netz AG, Ril 815 2012), (DB Netz AG, Ril 820 2020), (DB Netz AG, Ril 821 2019), (DB Netz AG, Ril 824 2017), (DB Netz AG, Ril 836 2019), (DB Netz AG, Ril 853 2018) ausgewertet. Zusätzlich wurde die Fachliteratur (Freystein, Muncke und Schollmeier 2015), (Göbel und Lieberenz 2013), (Lichtberger 2010), (Marx und Moßmann 2017), (Matthews und Reinhard 2017) berücksichtigt. Die Verweise auf die Regelwerke anderer normschaffenden Institutionen, Gesellschaften und Organisationen, hier insbesondere auf die FGSV-Regelwerke, wurden bei Bedarf einbezogen. Die ausgewerteten Daten wurden dabei in Excel-Tabellen eingetragen. Um dem (E)DCC-Modellansatz hinsichtlich der verkehrsträgerübergreifenden Planung und Entwurfes gerecht zu werden, wurden zum Trassierungstool die Trassierungsrichtlinien sowohl für Eisenbahn (EdB und NE), Straßenbahn als auch für die Straße (innerorts & außerorts) ausgewertet und ebenfalls, wie im Falle der Systemkomponenten und -gruppen, in Excel-Tabellen eingetragen. Zu diesem Zweck wurden folgende Regelwerke untersucht: (Amtsblatt der Europäischen Union 2014), (BLFABOStrab 2014), (DB Netz AG, Ril 413 2013), (DB Netz AG, Ril 800.0110 2015), (EBO 2019), (FGSV, FGSV 289 2013), (FGSV, FGSV 242 2006), (FGSV, FGSV 201 2012), (FGSV, FGSV 202 2008), (FGSV, FGSV 200 2006), (FGSV, FGSV 121 2008), (VDV, VDV 612 2018), (BOStrab 2019). Für den Verkehrsträger Straße wurden primär Regelwerke der Kategorie R 1 ausgewertet. Zu erwähnen ist dabei, dass bei der Auswertung von Regelwerken auch die älteren Versionen angeschaut und diese bei der Zusammenstellung der Daten berücksichtigt wurden. Dies wurde insbesondere vor dem Hintergrund gemacht, um später auch sich im Bestand befindende trassierte und dimensionierte Infrastrukturen analysieren zu können. Die gewonnenen Informationen zum Trassieren und Dimensionieren von Verkehrswegen in den Excel-Tabellen wurden anschließend als Basis zur Abbildung der Datenstrukturen in Form eines Graphen in der DB verwendet.

4.1 Planungsstufen

Bei den Planungsstufen bzw. Entwurfsstufen von Verkehrsanlagen und Ingenieurbauwerken orientiert man sich an die Leistungsphasen (Lph) 1-9 in (Architektenkammer Nordrhein-Westfalen 2013), welche in „Teil 3 Objektplanung" des „Abschnittes 3 Ingenieurbauwerke" und „Abschnittes 4 Verkehrsanlagen" aufgelistet sind und dort beschrieben werden. Die Bedarfsplanung (BP) wird gesondert berücksichtigt. Die Planung von Verkehrsanlagen ist ein komplexer Vorgang mit einer Vielzahl an Randbedingungen, begleitet von unterschiedlichen Verfahren und Beteiligten einschließlich

TÖB[13], wodurch eine intensive Zusammenarbeit und ein kooperativer Austausch an Informationen nötig ist. Um die Gesamtheit der Planungsprozesse zum Bauen einer Verkehrsanlage mit den darin enthaltenen Zielen, Aufgaben, Verantwortlichkeiten sowie Funktionen der Beteiligten und deren Ergebnisse zum Bauen eines Verkehrsweges wie Planunterlagen bei einem notwendigen Detaillierungsgrad und Maßstab übersichtlich zu halten, wird der gesamte Planungsprozess in Planungsstufen eingeteilt, welche in der Software PULTrack prototypisch berücksichtig werden. U. a. sollen die Planungsstufen auch eine Entscheidungshilfe zur Weiterverfolgung des angedachten Infrastrukturprojektes bieten.

Schwerpunktmäßig lag die Berücksichtigung des iterativen Planungsprozesses in Form von Lph in der Software PULTrack jedoch auf der VP (Lph 1 und 2), der EP (Lph 3), der GP (Lph 4) und der AP (Lph 5). Zusätzlich zu (Architektenkammer Nordrhein-Westfalen 2013) wurde bei dem Verkehrsträger Schiene (DB Netz AG, Ril 809 2018) berücksichtigt, um dadurch die Spezifika des Planungs- und Projektmanagements bzw. die Planungsphasen der EdB sowie die Komplexität und die strategische Bedeutung der Projekte zu berücksichtigen, indem bei den Projekten zwischen Großprojekten (synonym auch mit A1-Projekten bezeichnet) und üblichen Projektgrößen unterschieden wird. Bei dem Verkehrsträger Straße wurden zur Umsetzung einer stufenweisen Planung in PULTrack (FGSV, FGSV 201 2012), (FGSV, FGSV 202 2008), (FGSV, FGSV 200 2006) sowie (FGSV, FGSV 2070 2013) berücksichtigt. Unterstützt wurde die Implementierung der Planungsstufen in die Software durch (Jochem und Kaufhold 2016). Eine beispielhafte Darstellung der Planungsstufen nach (Architektenkammer Nordrhein-Westfalen 2013), (FGSV, FGSV 201 2012), (FGSV, FGSV 202 2008) und (FGSV, FGSV 200 2006) sowie Projektphasen nach (DB Netz AG, Ril 809 2018) finden sich im Anhang XV.

Zurzeit wird die Modellierung der Entwurfsstufen in der Software PULTrack rein informativ genutzt und diese haben auf die Funktionalitäten der Software keinen Einfluss. Künftig könnte die Auswahl der Entwurfsstufe sowohl modellierungs- als auch softwaretechnisch an die Planungswerkzeuge angebunden und dadurch sowohl der notwendige Entwurfsumfang als auch der Detaillierungsgrad beeinflusst werden, indem

[13] *„Behörden oder Stellen, denen durch Gesetz oder aufgrund eines Gesetzes die Wahrnehmung von öffentlichen Aufgaben übertragen ist."* (FGSV, FGSV 005/ 1 2020)

die einzelnen Funktionalitäten oder gar komplette Planungswerkzeuge der Software PULTrack in Abhängigkeit von der gewählten Entwurfsstufe beeinflusst werden. Des Weiteren sollte künftig auch das Leistungsbild Ingenieurbauwerke mit den dazugehörigen Lph gemäß §43 nach (Architektenkammer Nordrhein-Westfalen 2013) gesondert modellierungstechnisch ergänzt und an die Software PULTrack adaptiert werden. Das modellierte Lph Knoten-Kanten-Konstrukt könnte durch die dazugehörigen BIM-AWF (z. B. nach (DB Netz AG 2017)) und die geforderten Detaillierungsgrade der 3D-Modelle (vgl. (BIM4INFRA2020 2019c)) ergänzt werden und ebenfalls zur Erweiterung der Funktionalitäten der Planungswerkzeuge eingesetzt werden. Die Projektbeteiligten brauchen in Abhängigkeit von den Anforderungen der AWF Informationen darüber, welche Fachmodelle wann welche Informationen beinhalten und in welchem Detaillierungsgrad diese vorliegen müssen. Das um BIM-AWF und Detaillierungsgrade erweiterte Knoten-Kanten-Konstrukt könnte hierbei für ein Planungsinformationstool eingesetzt werden.

4.2 Infrastrukturgestaltung und Verkehrswegekategorien

Die Durchführung der betrieblichen Infrastrukturplanung (BIP) mit den daraus resultierenden 11 bekannten Streckenstandards gemäß (DB Netz AG, Ril 413 2013) ist ein wichtiger Schritt bei der technischen Planung jeder Eisenbahninfrastrukturmaßnahme, welche u. a. auf Grundlage der VAst zu erstellen ist. Denn die richtig gestaltete und dimensionierte betriebliche Infrastruktur ist die Voraussetzung für eine technisch-wirtschaftliche Eisenbahninfrastruktur bzw. eines Eisenbahnnetzes. Sie beginnt mit der Projektidee (Investitionswunsch) und geht über die Grundlagenermittlung (Lph 1; u. a. wird hier die BAst definiert) bis zum Ende der Vorplanungsphase (Lph 2) und kann sich begleitend bis zur Inbetriebnahme erstrecken (DB Netz AG, Ril 413 2013).

Durch die BIP soll der Planungsgrundsatz „zuerst das Betriebsprogramm, danach die Infrastruktur“ gewährleistet werden. Sie liefert streckenstandardbezogene Planungsparameter wie die Basisparameter (z. B. Streckenauslastung und Leitgeschwindigkeit) und die Standardelemente (z. B. Anzahl der Streckengleise, Gleisabstand, max. Längsneigung, Streckenklasse, Lichtraumprofil) auf Grundlage dessen u. a. die Linienführung mit den darin enthaltenen Trassierungsparametern sowie der Charakter einer Eisenbahnstrecke bestimmt werden (DB Netz AG, Ril 413 2013), (DB Netz AG, Ril

800.0110 2015), (Jochim und Lademann 2018). Vor diesem Hintergrund wurden die 11 Streckenstandards bei der Entwicklung der Software vollumfänglich einbezogen und in die DB inkl. sich daraus ableitenden Abhängigkeiten über die Modellierung integriert, so dass diese von den Planungswerkzeugen berücksichtigt werden können. Abbildung 21 zeigt die grundlegende Verfolgung der Netzstrukturierung im Rahmen der BIP für eine zu planende Infrastrukturmaßnahme. Weitere Beispiele zu den sogenannten Streckenstandards finden sich im Anhang XVI.

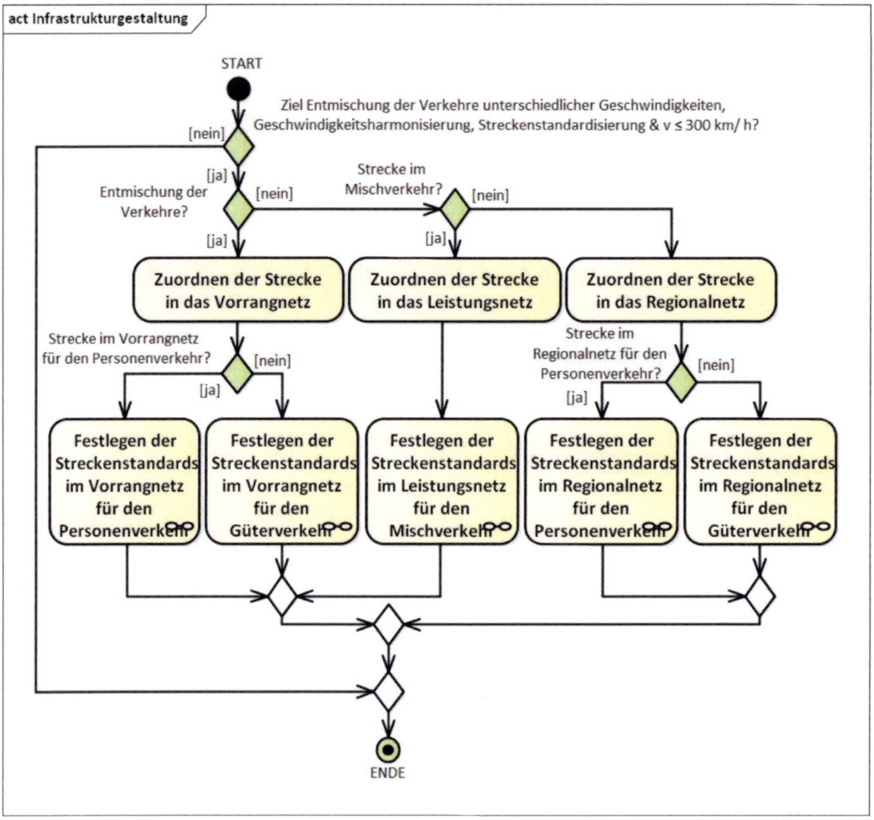

Abbildung 21: Entscheidungsdiagramm für die Zuordnung einer Eisenbahnstrecke in eine der drei Netzarten mit anschließender Bestimmung der Streckenstandards in Anlehnung an Ril 413 (DB Netz AG 2013)

Zusätzlich zur Einteilung der Eisenbahnstrecken nach (DB Netz AG, Ril 413 2013) in die Streckenstandards, bietet die Software PULTrack sowohl für die EdB und der NE-

Bahnen als auch für die Straßenbahnen (hier als Sammelbegriff für alle schienengebundenen Verkehrsmittel nach BOStrab) die Einteilung der Schienenverkehrswege in die Verkehrswegekategorien des öffentlichen Verkehrs gemäß (FGSV, FGSV 121 2008) an, welche zum einen die Kategoriengruppe und zum anderen die Verbindungsfunktionsstufe des zu planenden Schienenverkehrsweges beschreiben, um dadurch die Bedeutung des Verkehrsweges im Netz festzulegen. Die Bedeutung des (Schienen)Verkehrsweges wird durch die Verkehrsart (Fernverkehr/ Nahverkehr), Fahrwegart (unabhängiger, besonderer, straßenbündiger Fahrweg), Lage des Fahrweges zum bebauten Gebiet (innerhalb (einschließlich Übergangsbereiche)/ außerhalb bebauter Gebiete) sowie durch die Rolle der Orte, welche miteinander verbunden sind bestimmt, wobei bei der Verbindung der Ortschaften zwischen Austausch und Versorgung zu unterscheiden ist (FGSV, FGSV 121 2008). Diese Kategorisierung eignet sich im Bereich des öffentlichen Personenverkehrs auch für den ÖSPV und könnte im weiteren Verlauf der Entwicklung in dem (E)DCC-Modellansatz implementiert werden.

Die Ermittlung der Kategorien der Verkehrswege für den Straßenverkehr (hier: Autobahn (Kategoriengruppe AS), Landstraße (Kategoriengruppe LS), anbaufreie Hauptverkehrsstraße (Kategoriengruppe HV), angebaute Hauptverkehrsstraße (Kategoriengruppe HS) und Erschließungsstraße (Kategoriengruppe ES)) wurde in der Software PULTrack ebenfalls implementiert. Im Bereich des Straßenverkehrs findet die Kategorisierung der Verkehrswege ähnlich wie beim öffentlichen Personenverkehr anhand der Verbindungsfunktionsstufen und der Kategoriengruppen nach (FGSV, FGSV 121 2008) statt.

Kategoriengruppe		Fernverkehr	Nahverkehr				
			unabhängiger Fahrweg		besonderer Fahrweg	straßenbündiger Fahrweg	
			Außerhalb bebauter Gebiete	Innerhalb bebauter Gebiete (einschließlich Übergangsbereiche)			Außerhalb bebauter Gebiete
Verbindungsfunktionsstufe		FB	NB	UB	SB	TB	RB
kontinental[14]	**0**	FB 0					
großräumig	**I**	FB I	NB I				
überregional	**II**		NB II	UB II	SB II	TB II	RB II
regional	**III**		NB III	UB III	SB III	TB III	RB III
nah-/ kleinräumig	**IV/ V**				SB IV	TB IV	RB IV

Tabelle 1: Bestimmung von Verkehrswegekategorien im ÖPV (FGSV, FGSV 121 2008)

Diese Kategorisierung ist von großer Bedeutung sowohl bei der Planung von innerörtlichen als auch bei der Planung von außerörtlichen Straßen, denn diese bestimmen, u. a. unter Berücksichtigung weiterer Faktoren wie Straßenwidmung und Lage zu bebauten Gebieten, die Entwurfsklassen (EKL oder EKA) mit der sich daraus ableitenden grundsätzlichen Gestaltungsmerkmalen wie Betriebsform, Entwurfsparameter und Entwurfselemente (Linienführung und Dimensionierung bzw. Entwurfselemente im Lageplan, im Höhenplan und im Querschnitt) einer Straße (FGSV, FGSV 201 2012), (FGSV, FGSV 202 2008), (FGSV, FGSV 200 2006), (FGSV, FGSV 121 2008). Zur Kategorisierung der Straßen lassen sich die Straßen im PULTrack in das klassifizierte Straßennetz (BAB, B, L bzw. St und K) einteilen sowie die straßenrechtliche Widmung festlegen.

Abbildung 22: Einstellungsfelder für die Kategorien der Verkehrswege des Verkehrsträgers Schiene im EdB

[14] Verbindung zwischen zwei Metropolregionen (MR); eine MR umfasst i. d. R. mehrere OZ (FGSV, FGSV 121/ 1 2018), (FGSV, FGSV 121 2008).

Die Festlegung der Verkehrswegekategorien mit der Infrastrukturgestaltung bilden den Ursprung der Modellierung der modellierten Vorschriftenfestlegungen in der Software PULTrack, sind obligatorisch und können somit nicht weggelassen werden. Näheres dazu findet sich in Abschnitt 7.4 und in (Martin, Schuk, et al. 2021b).

4.3 Linienführung des Verkehrsweges

Das Trassierungstool PULTras ist ein zwingend erforderlicher Bestandteil des (E)DCC-Modellansatzes, da die Achse des zu planenden Verkehrsweges bzw. Achsenbauwerkes die Basis der gesamten Planung und des Entwurfes bildet.

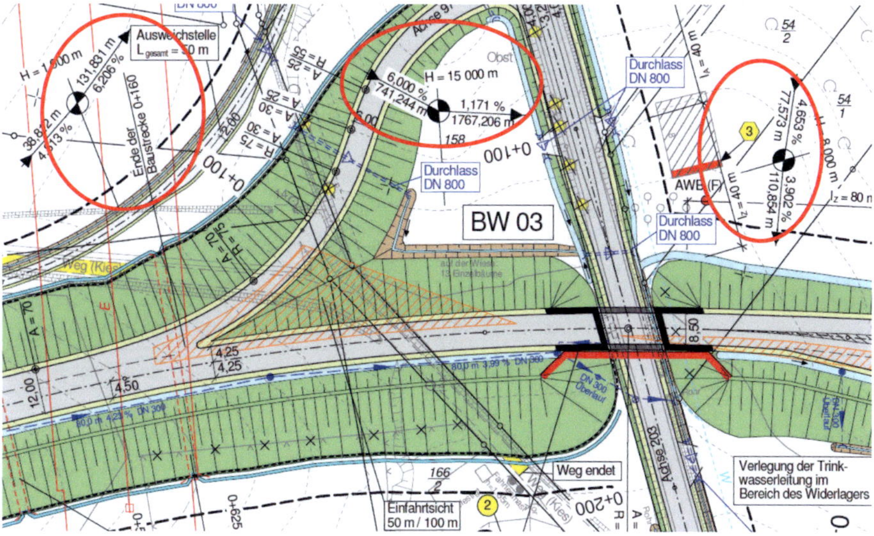

Abbildung 23: Lageplan einer Bundesstraße aus der Genehmigungsplanung nach der 2,5D-Planungsmethodik; die roten Kreise repräsentieren durch die Angabe der Neigungsbrechpunkte, Längsneigungen und Rampenlängen sowie Ausrundungsradien die 3te Dimension des entworfenen Straßenkörpers (FGSV, FGSV 2070 2013)

Sie soll die räumliche Führung eines Verkehrsweges anhand der üblichen 2D-Trassenplanung widerspiegeln, in dem die Trasse als 3D-Objekt implizit über die einzelnen 2D-Ansichten (hier: Grund- und Aufriss, Querschnitte) beschrieben wird (auch mit 2,5D-Planung bezeichnet). Das in der Software PULTrack zu implementierende Trassierungstool soll vollständig datenbankbasiert, verkehrsträgerübergreifend (hier zunächst nur Schiene und Straße) und generisch entwickelt werden. Der Verlauf der

Fahrwegachse in Bezug auf die Höhe und die Lage wird im Folgenden einheitlich mit der Linienführung bezeichnet. Auf den Begriff Gradiente wird verzichtet.

4.3.1 Linienführung im Grundriss

Die Trassierung im Grundriss erfolgt im „Geführten Entwurfsvorgang" für die EdB nach den Richtlinien der DB AG (hier nach (DB Netz AG, Ril 800.0110 2015), (DIN, DIN 13803-2 2010), (DIN, DIN EN 13803 2017), (EBO 2019) unter Berücksichtigung von (DB Netz AG, Ril 413 2013)). Im „Individuellen Entwurfsvorgang" kann davon abgewichen werden. In beiden Entwurfsvorgängen befinden sich die trassierten Verkehrswege in einem georeferenzierten Koordinatensystem. Die Entwurfselemente und -parameter können aus dem Ermessensbereich und Genehmigungsbereich gewählt werden, wobei PULTras standardmäßig (hier: Neubau) aus Gründen der Reduzierung der Beeinträchtigung des Fahrkomforts sowie der Reduzierung der einwirkenden Kräfte auf den Oberbau und somit der Instandhaltungsarbeiten an der Infrastruktur, im Allgemeinen die Regelwerte vorschlägt (Marx und Moßmann 2017). Werden die Werte der Ermessensgrenze vollständig ausgeschöpft, gibt PULTras einen entsprechenden Hinweis in einem separaten Fenster ergänzend zur Protokollführung. Des Weiteren ist die Software in der Lage, eine zu oft nacheinander angeordnete Anreihung von Trassierungsparametern aus dem Ermessensbereich zu erkennen und eine Warnung auszugeben (DB Netz AG, Ril 800.0110 2015), (Marx und Moßmann 2017). Im Falle der Linienverbesserung prüft die Software automatisch, ob sich die gewünschte Geschwindigkeit ohne die baulichen Maßnahmen anheben lässt, in dem zunächst die Werte für die Überhöhung u und den Überhöhungsfehlbetrag u_f überprüft werden. Zu diesem Zweck bildet der Algorithmus auf der bereits vorhandenen Gleistrasse zusammenhängende Abschnitte und unterzieht diese anschließend mit den darin vorhandenen Trassierungselementen sowie den dazu gehörigen Trassierungsparametern einer iterativen Anpassung maximal bis zu Werten der Ermessensgrenze. Einstellungen wie verkehrliche Bedeutung, Gleistyp (durchgehende Hgl, Nebengleise usw.), Anzahl der Gleise, Oberbauform und -art, Verkehrs- und Betriebsart werden davor über die Vorschriftenfestlegungen der Trassierung vorgenommen. Bei überhöhten Gleisen legt PULTras die bogenäußere Schiene höher an (DB Netz AG, Ril 800.0110 2015), (EBO 2019). Das fachgerechte Setzen der Trassierungselemente im Trassierungsfeld erfolgt über die vektorielle Mathematik. Die prototypische softwaretechnische Implementierung mit der Programmiersprache Java erfolgte in (Greif 2020).

Die Trassierung wird je nach gegebenen Randbedingungen mit oder ohne Übergangsbogen (UB) konzipiert. Generell arbeitet die Software jedoch mit einer klassischen Klothoide. Hierbei werden dem Planer zur Bestimmung der Klothoide die Verfahren nach Fresnel'schen Integralen und Taylorreihen nach (Pietzsch 2000) sowie mittels kubischen Parabel nach (Nördling 1867) zur Auswahl gestellt. Des Weiteren lässt sich der UB in Form der Darstellung nach (Bloss 1936) bestimmen. Zur Auswahl hat man dabei entweder die Bloss-Darstellung in Form eines Polynoms fünften Grades oder in Form einer Kosinusfunktion. Der UB nach Bloss lässt sich in der Software auch über die Fresnel'sche Integrale nach (Schuhr 2007) bestimmen. S-förmig geschwungene UB nach (Helmert 1872)/ (Schramm 1937) lassen sich im Rahmen der Trassierung anhand eines Polynoms vierten Grades bestimmen (Fendrich 2013). Die Trassierung von NE wird nach (VDV, VDV 612 2018) bei Berücksichtigung der Vorgaben aus (EBO 2019) durchgeführt, wohingegen die Trassierung von Straßenbahnstrecken vollumfänglich nach (BLFABOStrab 2014) implementiert ist.

Übergangsbogen Klothoide		
1	Fresnel'sche Integrale	$x = \int_0^{l_R} \cos(\frac{L^2}{2 \cdot A^2})\ dL$ $y = \int_0^{l_R} \sin(\frac{L^2}{2 \cdot A^2})\ dL$
2	Taylor-Reihen	$x = \sqrt{l_R \cdot r} \cdot \sqrt{2 \cdot \tau} \cdot \left(1 - \frac{\tau^2}{5 \cdot 2!} + \frac{\tau^4}{9 \cdot 4!} - \frac{\tau^6}{13 \cdot 6!} \pm \cdots\right)$ $y = \sqrt{l_R \cdot r} \cdot \sqrt{2 \cdot \tau} \cdot \left(\frac{\tau}{3} - \frac{\tau^3}{7 \cdot 3!} + \frac{\tau^5}{11 \cdot 5!} - \frac{\tau^7}{15 \cdot 7!} \pm \cdots\right)$
3	Kubische Parabel (Parabel 3.Ordnung)	$y = \frac{x^3}{6 \cdot r \cdot l_R}\ ; gute\ Näherung\ wenn\ l_R \leq \frac{r}{3{,}5}$
Übergangsbogen nach Bloss		
1	nach Bloss 1 (Parabel 5.Ordnung)	$y = \frac{x^4}{4 \cdot r \cdot {l_{RB}}^2} - \frac{x^5}{10 \cdot r \cdot {l_{RB}}^3}$

		Übergangsbogen Klothoide
2	nach Bloss 2 (Kosinusfunktion)	$y = \frac{x^2}{4 \cdot r} + \frac{{l_{RB}}^2}{2 \cdot r \cdot \pi^2} \cdot \cos\left(\frac{\pi}{l_{RB}} \cdot x\right) - \frac{{l_{RB}}^2}{2 \cdot r \cdot \pi^2}$
3	nach Bloss 3 (Fresnel'sche Integrale)	$x = \int_0^{l_{RB}} \cos \tau(l_{RB})\, dl_{RB}$ $y = \int_0^{l_{RB}} \sin \tau(l_{RB})\, dl_{RB}$ mit $\tau = \int_0^{l_{RB}} \mathrm{k}\,(l_{RB})\, dl_{RB} = \frac{l_{RB}^3}{r \cdot L_{RB}^2} - \frac{l_{RB}^4}{2 \cdot r \cdot L_{RB}^3}$
		Übergangsbogen nach Schramm
1	Parabel 4.Ordnung	$y = \frac{x^4}{6 \cdot r \cdot {l_{RS}}^2} \quad für\ 0 \leq x \leq \frac{l_{RS}}{2}$ $y = \frac{z^4}{6 \cdot r \cdot {l_{RS}}^2} \quad für\ 0 \leq z \leq l_{RS}$

Tabelle 2: Zusammenstellung der in PULTras implementierten Übergangsbogenarten mit den zugehörigen Berechnungsverfahren (Bloss 1936), (Fendrich 2013), (Helmert 1872), (Nördling 1867), (Pietzsch 2000), (Schramm 1937) und (Schuhr 2007)

Die Festlegung eines sicheren Trassenverlaufes im Grundriss für den Verkehrsträger Straße erfolgt im PULTras in Abhängigkeit von der gewählten EKL/ EKA (hier nach (FGSV, FGSV 201 2012) und (FGSV, FGSV 202 2008)) bzw. Straßenkategorie (hier: innerörtlicher Straßenentwurf) gemäß den Vorgaben aus (FGSV, FGSV 200 2006) und (FGSV, FGSV 121 2008). Bei Nichteinhalten der Grenz- und Richtwerte der Entwurfselemente, wie zum Beispiel der maximal zulässigen Geradenlänge oder des Mindestradius eines Kreisbogens, wird vom PULTras eine Warnung ausgegeben.

4.3.2 Linienführung im Aufriss

Die Trassierung im Aufriss mit den dazu vorgesehenen Entwurfselementen und -paramtern für die Verkehrsträger Schiene (hier EBO und BOStrab) und Straße erfolgt nach den bereits in Abschnitt 4.3.1 genannten Vorschriften. Ebenso wie bei der Linienführung im Lageplan kann auch die Linienführung im Höhenplan in dem „Individuellen Entwurfsvorgang" abweichend von den Vorschriftenvorgaben geplant werden. Beim Verkehrsträger Straße wird die Planung der Linienführung im Grund- und Aufriss aufeinander abgestimmt, indem PULTras die Standardraumelemente automatisch prüft, umso für eine befriedigende räumliche Linienführung einer Straße zu sorgen (FGSV, FGSV 201 2012), (FGSV, FGSV 202 2008).

4.4 Gestaltung der Strecken- und Regelquerschnitte

Die Bemessung der Querschnitte inkl. Fahrbahnhöhe, Gleisabstand, Zwischen- und Randwege, Schotterbreite vor Schwellenkopf, Planumsbreite u. v. m. für Eisenbahnstrecken im Bereich der freien Streckanschnitte erfolgt orthogonal zur Achse in der 2D-Ansicht abhängig von der Oberbauform und -art im Softwaretool PULDim als „Geführter Entwurfsvorgang" gemäß (DB Netz AG, Ril 800.0130 2018), (DB Netz AG, Ril 820 2020). Hierbei liegt das lokale Koordinatensystem im Schnittpunkt der Querschnittsebene und der Achse des Verkehrsweges. Unterschieden wird dabei zwischen eingleisigen und zweigleisigen Querschnitten auf Erdkörpern und in Trogbauwerken unter Einbezug der Streckenkategorie[15] (ABS, Neubau und S-Bahn).

Im Bereich der baulichen Anlagen Tunnel und Brücken werden die Streckenquerschnitte nach (DB Netz AG, Ril 804 2018) und (DB Netz AG, Ril 853 2018) bestimmt. Alle Parameter, die die Geometrie des Streckenquerschnittes beeinflussen, können in dem „Individuellen Entwurfsvorgang" bis zu festgelegten Grenzen abweichend von den Vorschriftenvorgaben modelliert werden (freie Parametrierung).

Bei NE wird der Querschnitt nach (VDV, VDV 612 2018) ausgewählt. Streckenquerschnitte der Straßenbahnstrecken werden im Softwaretool PULDim anhand der Richtlinien (VDV, VDV 604 1995) und (VDV, VDV 600 2009) bemessen. Die Wahl der RQ für den Straßenverkehr inkl. Tunnel und Brücken erfolgt aus Gründen der Förderung der Betriebsqualität und der Verkehrssicherheit des zu planenden Straßenweges in Abhängigkeit von der gewählten EKL/ EKA. Diese beinhalten in der Regel Fahrstreifen, Randstreifen, Bankette und ggf. Mittelstreifen. Der gesamte Querschnitt setzt sich allerdings je nach Straßenkategorie und der Lage des jeweiligen Straßenabschnittes zusätzlich aus den Rad- und Gehwegen, Seitentrennstreifen sowie Böschungen inkl. Entwässerungseinrichtungen zusammen (FGSV, FGSV 201 2012), (FGSV, FGSV 202 2008).

[15] Definition gemäß (DB Netz AG, Ril 800.0130 2018)

4.5 Bestandteile des Bahn- und Straßenkörpers und deren Dimensionierung

Die Verkehrswege werden im Softwaretool PULDim für beide Verkehrsträger nach den Methoden und Verfahren der bestehenden Vorschriften durchgeführt. Ein wichtiger Bestandteil jeder Dimensionierung stellt dabei die Baugrunduntersuchung dar, aus der sich wichtige geophysikalische Eigenschaften des Baugrundes inkl. Grundwasserverhältnisse ableiten lassen und dadurch die Tragfähigkeit und Eignung des Bodens zum Bau eines Verkehrsweges. Dies bildet die Basis in dem Softwaretool PULDim. Die Eigenschaften des Baugrundes als Planungsgrundlage werden dabei bei der Dimensionierung über die in der DB modellierten Bodenarten berücksichtigt. Neben der Dimensionierung der Verkehrswege der beiden Verkehrsträger werden im Folgenden auch der Aufbau des Bahn- und Straßenkörpers erläutert.

4.5.1 Bahnkörper und die Dimensionierung

Der typische Aufbau des Bahnkörpers kann der Abbildung 91 entnommen werden. Die Bestimmung der Schichtabfolge und -dicken erfolgt in dem „Geführten Entwurfsvorgang“ nach den Richtlinien (DB Netz AG, Ril 458.0301 2015), (DB Netz AG, Ril 800.0130 2018), (DB Netz AG, Ril 804 2018), (DB Netz AG, Ril 815 2012), (DB Netz AG, Ril 820 2020), (DB Netz AG, Ril 836 2019), (DB Netz AG, Ril 853 2018), (VDV, VDV 604 1995), (VDV, VDV 612 2018), (VDV, VDV 600 2009), ergänzt durch einschlägige FGSV-Regelwerke, sowie nach Angaben der Fachliteratur (hier: (Darr und Fiebig 2006), (Freystein, Muncke und Schollmeier 2015), (Göbel und Lieberenz 2013), (Lichtberger 2010), (Matthews und Reinhard 2017)). Das Dimensionierungstool bietet die Bestimmung des Oberbaus für sämtliche Oberbauformen und -arten und enthält abhängig von den Randbedingungen alle planungstechnisch möglichen Kombinationen und Variationen von Systemkomponenten bzw. Infrastrukturobjekten wie Schwellen und Schwellenbesohlung, Schienen, Befestigungsmitteln und Zwischenlagen (Zw), Unterschottermatten (USM), Schwellenanker (SV) und Sicherungskappen (Sik), Schutzschichten, Schutzschichten, EA u. v. m.

Die Basis für die Gestaltung des Oberbaus mit verschiedenen Oberbaukomponenten bildet bei EdB (DB Netz AG, Ril 820 2020) mit den darin enthaltenen Vorgaben zur konstruktiven Auslegung des Bahnkörpers in Abhängigkeit von der Gleisbelastung und der Geschwindigkeit im Wesentlichen in Form von Ausrüstungsstandards (Mindestanforderungen an Oberbaukomponenten des Bahnkörpers). Erdbauwerke, Schutzschichten und EA werden nach (DB Netz AG, Ril 836 2019) und (FGSV, FGSV 539 2005) dimensioniert. Unterstützt wird die Dimensionierung durch FGSV-Regelwerke sowie durch technische Lieferbedingungen der DB AG Deutsche Bahn-Standards (DBS). PULDim kann die Dimensionierung sowohl für die freien Strecken ohne bauliche Anlagen wie Tunnel, Brücken und ähnliches als auch mit diesen baulichen Anlagen durchführen.

4.5.2 Straßenkörper und die Dimensionierung

Der beispielhafte Aufbau eines Straßenkörpers ist in der Abbildung 92 dargestellt. Der Oberbau wird im Allgemeinen nach (FGSV, FGSV 499 2012), (FGSV, FGSV 799 2013), (FGSV, FGSV 698 2007) und nach weiteren Richtlinien ausgelegt. In PULDim ist aber auch eine rechnerische Dimensionierung des Oberbaus nach (FGSV, FGSV 498 2009) und (FGSV, FGSV 497 2009) vorgesehen. Die Verkehrsbelastung, welche zur Einordnung des Oberbaupakets in die Bauklasse erforderlich ist, wird anhand der dimensionierungsrelevanten Beanspruchung B aus den DTV-Daten abgeleitet (FGSV, FGSV 499 2012).

4.6 Instandhaltung

Die Instandhaltungstools werden in PULTrack zunächst nur ansatzweise für den Verkehrsträger Schiene in dem Entwurfsmodus bzw. in der Planungsart „Instandhaltung" eingebaut, um so die prinzipielle Implementierung von gegebenen Methoden und Verfahren der Instandhaltungsmaßnahmen zu untersuchen. Hierbei müssen die Planungswerkzeuge u. a. auf den einschlägigen Richtlinien der DB AG wie (DB Netz AG, Ril 413 2013), (DB Netz AG, Ril 458.0301 2015), (DB Netz AG, Ril 800.0110 2015), (DB Netz AG, Ril 800.0130 2018), (DB Netz AG, Ril 804 2018), (DB Netz AG, Ril 815 2012), (DB Netz AG, Ril 820 2020), (DB Netz AG, Ril 821 2019), (DB Netz AG, Ril 824 2017), (DB Netz AG, Ril 836 2019) und (DB Netz AG, Ril 853 2018) sowie auf Fachliteratur wie (DIN, DIN 31051 2018), (DIN, DIN EN 13306 2018), (Freystein, Muncke und Schollmeier 2015), (Göbel und Lieberenz 2013), (Hansmann und Nemetz 2019), (Lichtberger 2010), (Marx und Moßmann 2017), (Matthews und Reinhard 2017), basieren. Der grobe schematische Ablauf der Instandhaltungsanalyse mit den darin vorgesehenen Schritten wird im Abschnitt 3.7.2 gezeigt. In weiteren Entwicklungsstufen der Software könnten die Instandhaltungstools aber auch auf andere Verkehrsträger ausgeweitet und analog implementiert werden.

4.7 Stufenweise Kostenermittlung

Das Software PULTrack unterstützt im Bauwesen übliche Kostenplanung in Form einer stufenweisen Kostenermittlung (Kostenrahmen – Kostenschätzung – Kostenberechnung – Kostenvoranschlag – Kostenanschlag – Kostenfeststellung) entsprechend dem Planungsstand bzw. der Planungsstufe gemäß (Architektenkammer Nordrhein-Westfalen 2013) von geplanten und umzusetzenden Baumaßnahmen. Die Begrifflichkeit der Kostenermittlungsstufen ist u. a. aus bzw. in Anlehnung an (BMVI, AKVS 2014), (DB Netz AG, Ril 808.0210 2016), (DB Netz AG, Ril 809 2018), (DIN, DIN 276 2018) entnommen bzw. bestimmt. Zu beachten ist dabei, dass der Begriff „Kostenberechnung", welcher im Rahmen der Entwurfsplanung aufzustellen ist, bei der DB AG mit „Kostenveranschlagung" bezeichnet wird und nicht mit dem „Kostenvoranschlag" nach (DIN, DIN 276 2018) zu verwechseln ist, wo der „Kostenvoranschlag" auf Grundlage der Ausführungsplanung im Rahmen der Vorbereitung der Vergabe aufgestellt wird.

Die Gliederung der Projektkosten von bundeseigenen Eisenbahninfrastrukturmaßnahmen erfolgt abhängig von der Kostenermittlungsstufe nach dem Kostenkennwertekatalog (KKK) oder dem Kostengruppenkatalog gemäß (DB Netz AG, Ril 808.0210 2016). Hierbei kann bei der Aufstellung der Kosten zwischen zuwendungsfähigen und nicht zuwendungsfähigen Kosten unterschieden werden. Das Kostenermittlungstool KSTrack ist in der Lage, die Kosten aus der Planungsstufe „Vorplanung" mit den Kosten der Planungsstufe „Entwurfsplanung" miteinander zu vergleichen und bei Abweichungen von mehr als 10% eine Warnung auszugeben sowie den Planer aufzufordern eine Begründung vorzubereiten. Für die Bauvorhaben des Verkehrsträgers Straße sind in KSTrack die Kostengruppen nach (BMVI, AKVS 2014) vorgesehen. Diese gelten sowohl für einen innerörtlichen als auch für einen außerörtlichen Straßenentwurf. Die Berücksichtigung der Kostengruppen des Grunderwerbes aus (BMVI, AKVS 2014) und (DB Netz AG, Ril 808.0210 2016) erfolgt stets in Brutto-Werten, wohingegen andere Kostengruppen zunächst in Netto-Werten und anschließend unter Berücksichtigung des zugrunde gelegten Mehrwertsteuersatzes von KSTrack in Brutto-Werte umgerechnet sowie mit den Kosten des Grunderwerbes verrechnet werden. Zur vollständigen Berücksichtigung aller möglichen Kostengruppen sollte zur Mengenermittlung ähnlich wie in dem Trassierungstool Formeln zum Einsatz kommen. Dadurch soll die automatische Zuweisung von Parametern und Attributen mit den sich daraus direkt oder indirekt ableitbaren allgemeinen Angaben und Mengen wie Längen, Breiten, Stückzahlen, Flächen und Volumina zur Aufstellung des Kostenmodells zwecks Abbildung der 5ten Dimension erlaubt werden. Hierbei erfolgen die elementaren Beziehungen zwischen den Vorschriftenfestlegungen und den Kostenelementen mittels der Vorschriftenfestlegungskostengruppenkante (VKGK).

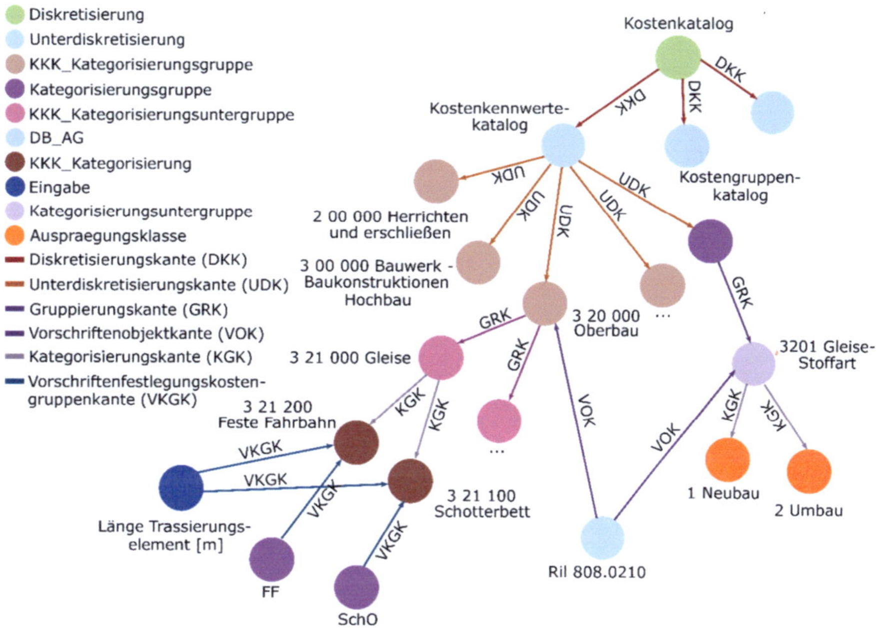

Abbildung 24: Teilkostenmodell zu der Kostengruppe 3 21 000 Gleise zwecks Abbildung der Kosten für den Oberbau gemäß KKK nach Ril 808.0210 (DB Netz AG 2011) im Rahmen einer Vorplanung

Die Verbindung zwischen den Infrastrukturobjekten und Kostengruppen erfolgt über die Komponentenkostengruppenkante (KKGK) (in Abbildung 24 nicht mitdargestellt). Somit erfolgt die eindeutige Identifizierung der zu ermittelnden Kosten sowohl über die Vorschriftenfestlegungen (hier: explizite Beziehungen zu den Eigenschaften einer Infrastruktur) als auch über die Infrastrukturobjekte (hier: explizite Beziehung zum Infrastrukturobjekt). Die Modellierung ist generisch, nicht softwarespezifisch und erfordert keine Programmierkenntnisse. Der Detaillierungsgrad der Kostenermittlung wird über die Vorschriften geregelt. Demgemäß wird in der Vorplanung einer Eisenbahnstrecke der KKK und ab der Vorplanungsphase der Kostengruppenkatalog gemäß (DB Netz AG, Ril 808.0210 2016) verwendet. Abbildung 24 zeigt beispielhaft einen Modellierungsausschnitt zwischen der Kostengruppe 3 21 000 Gleise und den Vorschriftenfestlegungen Oberbauform und Länge des betrachteten Trassierungselementes.

5 Grundlagenermittlung zur softwaretechnischen Implementierung des (E)DCC-Modellansatzes

Das Kapitel 5 behandelt primär die Untersuchung der Use-Cases der Software PULTrack sowie die zur Umsetzung des (E)DCC-Modellansatzes, mit der darin angedachten Abbildung von verkehrsträgerübergreifenden Modellen zum digitalen Planen von Verkehrswegen, im Rahmen des Software-Engineerings aufgestellten Requirements und vorgeschlagene statische Softwarearchitektur. Die Softwarearchitektur wird dabei anhand von UML-Diagrammen erklärt. Ziel des Kapitels ist es zum einen alle nötigen Informationen zur Implementierung der Software an die Entwickler zu liefern und zum anderen indirekt die Idee des (E)DCC-Modellansatzes, aber hier zunehmend aus programmier- und modellierungstechnischer Sichtweise, aufzuzeigen. Des Weiteren wird in diesem Kapitel die zum (E)DCC-Modellansatz passenden DB erläutert.

5.1 Use-Cases für PULTrack

Die Abbildung 25 veranschaulicht die Gesamtübersicht der Anwendungsszenarien in der Software PULTrack nach dem (E)DCC-Modellansatz und soll auf einem hohen Abstraktionsniveau die Funktionalität der Software PULTrack aus Sicht des Anwenders sowie die Zusammenhänge zwischen den Akteuren mit den dazugehörigen Rollen verdeutlichen.

Zum einen gibt es den sogenannten Datenbankteil, zu welchem die Verwaltungs-Use-Cases verwalten, exportieren, importieren, einsehen sowie Dynamische Toolentwicklung gehören. Zum anderen gibt es den Planungsteil mit den Use-Cases „Instandhaltung“ und „Planung und Entwurf“, welche die drei weitere Use-Cases Kosten ermitteln, Analysieren und Infrastruktur abbilden & visualisieren inkludieren. Der Use-Case „Planung und Entwurf“ und „Instandhaltung“ beinhalten zusätzlich das Trassierungs- (hier: PULTras) und das Dimensionierungstool (hier: PULDim). Diese bilden das Rückgrat der datenbankbasierten Planungswerkzeuge, mit welchen eine Infrastruktur ausführungsreif entworfen werden soll. Diese Tools sollen auch die Basis für die Tools Kosten ermitteln und Infrastruktur abbilden & visualisieren bilden und so die 5D-Planung (3D-Modell + Bauablaufsimulation + Kostenablauf) erlauben. Mit dem Anwendungsfall „Instandhaltung“ soll eine zusätzliche Planungsdimension gewonnen werden – die sogenannte 6D-Planung. Sowohl die Planung und der Entwurf als auch die Instandhaltung eines Verkehrsweges können in dem „Geführten Entwurfsvorgang“ und „Individuellen

Entwurfsvorgang“ geplant werden. Alle Planungswerkzeuge stehen in der permanenten Kommunikation mit der (E)DCC-Datenbank. Die detaillierte Betrachtung der Anwendungsfälle „Trassieren“ und „Dimensionieren“ findet sich im Anhang XVII.

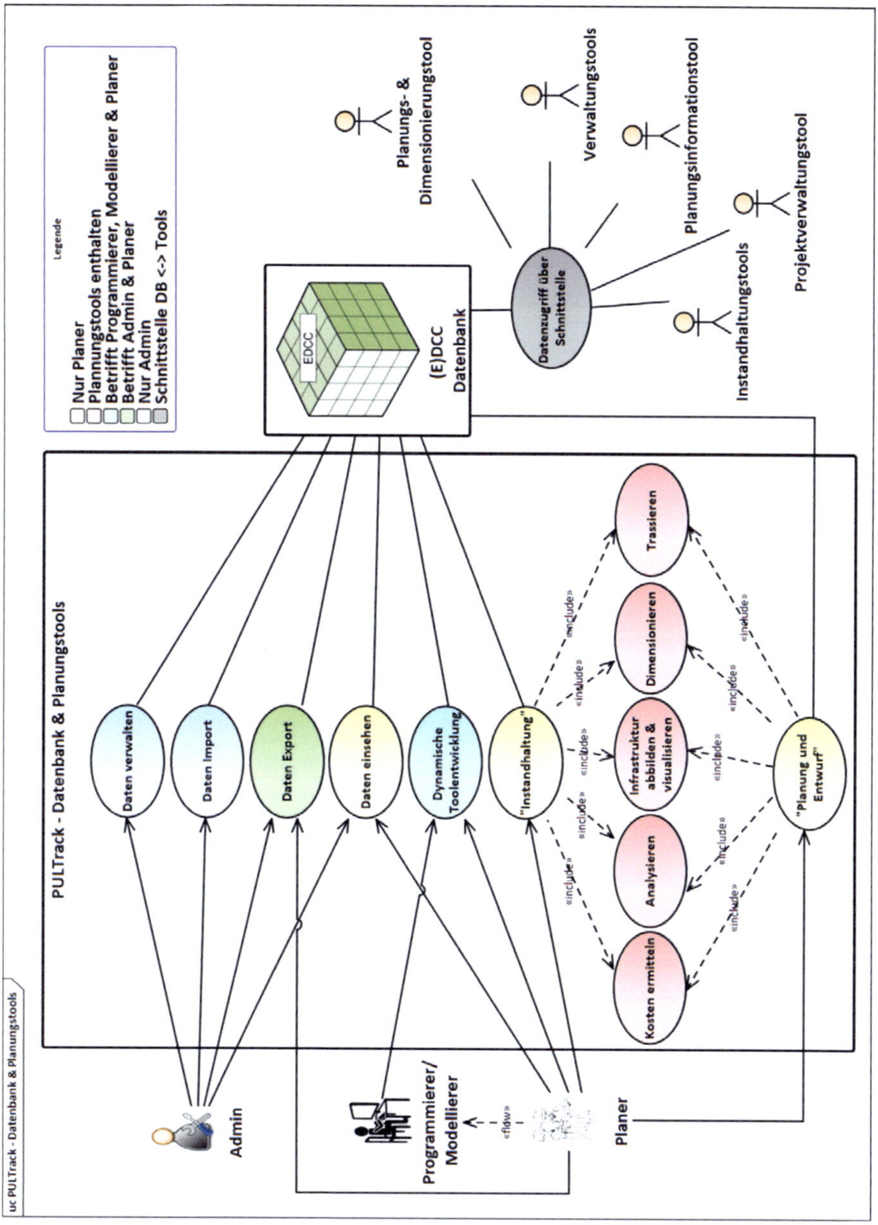

Abbildung 25: Anwendungsfälle des Gesamtsystems PULTrack nach dem (E)DCC-Modellansatz

Von den Use-Cases ist insbesondere der Fall Dynamische Toolentwicklung hervorzuheben, welcher zum einen mit den Akteuren Programmierer/ Modellierer (hier als Wissensingenieur) und zum anderen mit dem Akteur Planer (hier als Experte) interagiert, wobei der Planer einen direkten informativen, aufklärenden und richtungsführenden Einfluss auf den Programmierer und Modellierer hat. Dieser Use-Case soll die Möglichkeit der generischen Modellierung von Tools, Datensätzen und insbesondere Abhängigkeiten der Datensätze untereinander sowie von Interaktionen zwischen diversen Datensätzen innerhalb des Gesamtmodells im (E)DCC-Modellansatz anhand von Knoten und Kanten in der GDB unterstreichen, denn eine der wichtigsten Zielsetzungen bei der Entwicklung von PULTrack war es, das transparente Modellieren von Modellen und Funktionen direkt über den Quellcode der Kernsoftware zu vermeiden und stattdessen das Grundgerüst der Software in Form von Modellen in der GDB zu hinterlegen (siehe auch Anforderungen in Abschnitt 5.2).

Die transparente Modellierung der maschinenlesbaren Vorschriftenfestlegungen unter Einbezug der Planer ohne Programmierkenntnisse stellt heute immer noch eine Herausforderung dar. Das Problem wurde 2021 in (Häußler, Esser und Borrmann 2021) mit Verweis auf (Kim, et al. 2019) und (Preidel und Borrmann 2015) erwähnt. *"However, most studies are focused on a script language-based result. This type of result has a high threshold for the user, who requires a building rule-checking process but has little understanding of the computer-based process and the programming language. This causes the rule-checking process to require professional human resources. Therefore, the above users always require a rule-checking process with computer-related experts."* (Kim, et al. 2019) *"Most of the existing approaches lack because of the insufficient transparency and visibility of the processing steps for the user. Many methods focus too much on the automation of the checking process and do not consider the incorporation of the user and therefore the practical applicability."* (Preidel und Borrmann 2015)

Die Manipulation der Daten (Daten verwalten) in der DB erfolgt durch den Admin und kann von den anderen Nutzern nicht durchgeführt werden. Mit Eintragen, Löschen oder Ändern von Datensätzen sind insbesondere solche wie Vorschriften und Planungsdaten in Form von Knoten (Systemkomponenten) und Kanten (Abhängigkeiten, z. B. zwischen den Systemkomponenten oder Vorschriftenfestlegungen) gemeint. Neben den Systemkomponenten und Abhängigkeiten können in der DB auch die real erfassten Datensätze, die Geodaten, die Projekte sowie andere Daten (hier: Binärdaten) hinterlegt, bearbeitet oder gelöscht werden.

Die (E)DCC-Datenbank sieht für das Importieren von Daten eine Vielzahl von Dateiformaten vor. Binärdaten (PDF, Bilder u. v. m.), Projekte, Geodaten, Datensätze (hier Knoten und Kanten) sowie real erfasste Datensätze können importiert werden. Bevor die Daten importiert werden können, werden zwecks Kompatibilitätsprüfung das Format sowie die Struktur der Daten geprüft. Der Export von Daten erfolgt analog zum Import mit dem Unterschied, dass die Nutzerrechte nicht abgefragt werden und die Kompatibilitätsprüfung wegfällt.

Der Use-Case Daten einsehen beinhaltet unterschiedliche Arten der Datensuche wie die Einfache Suche, die Parametrische Suche und die Intelligente Suche, die der Datenbankkomponente nach dem (E)DCC-Modellansatz eine Besonderheit verleiht.

Die Einfache Suche erlaubt nur eine sogenannte „starre" Suche nach Datensätzen. Hierbei wird nur nach einer Systemkomponente oder -gruppe, einer Schicht, eines Entwurf- bzw. Infrastrukturobjektes ohne Berücksichtigung von Parametern und Attributen sowie ohne jegliche weitere Suchkriterien gesucht. Die Suche erfolgt dabei entweder gleichzeitig innerhalb aller in der DB befindlichen Ebenen oder nur innerhalb jeder einzelnen Ebene wie z. B. in der Diskretisierungs- oder Kategorisierungsebene einschließlich der Zwischenebenen. Das Suchen nach den Daten wird dabei nur innerhalb eines Verkehrsträgers erlaubt. Die von dem Anwender gemachten Tipp- und/ oder Rechtschreibfehler werden fortlaufend automatisch erkannt und korrigiert. Zu der einfachen Suche zählt auch das Suchen nach Projekten, Geodaten, Dokumenten u. v. m.

Die Zielsetzung der Parametrischen Suche ist es, dem Planer die Möglichkeit zu geben, die DB nach den Infrastrukturobjekten in Abhängigkeit von den vom Planer eingegebenen verkehrsträgerspezifischen Parametern und Attributen sowie kodifizierten/ nicht kodifizierten Vorschriften, zu durchsuchen und diese dem Planer in einer übersichtlichen Form anzuzeigen. Bei den Verkehrsträgern kann zwischen „Schiene", „Straße", „Luft", „Wasser" und „Seilbahn" gewählt werden.

Die Idee hinter der Intelligenten Suche besteht im Gegensatz zu der Parametrischen Suche in einer dynamischen Suchfunktion, welche ein Durchsuchen der DB nach gleichzeitig zwei, drei oder mehr Komponenten bzw. Komponentengruppen erlaubt und so zu einer schnellen und unkomplizierten Vordimensionierung der Infrastruktur im Querschnitt (Festlegung der Schichtabfolge und -dicken) führt, welche in der DB zur Abbildung einer Infrastruktur in Form von Modellen hinterlegt sind. Die dabei durch die DB zur Auswahl gestellten Suchergebnisse sollen unter Berücksichtigung der vom Planer gemachten Voreinstellungen in Form von Randbedingungen (hier: Vorschriftenfestlegungen) entsprechend dem „Geführten Entwurfsvorgang" oder „Individuellen Entwurfsvorgang" und der damit verbundenen Interpretation von bestimmten Einschränkungen (Zusammenspiel zwischen den Systemkomponenten) ausgegeben werden. Die Vordimensionierung sollte also von den in der Diskretisierungs- und Kategrosierungsebene inkl. deren Zwischenebenen diskret hinterlegten Systemkomponenten eine passende Kombination zwischen diesen anbieten. Die Funktion der Intelligenten Suche ist generisch umgesetzt und kann jeder Zeit vom Modellierer verkehrsträgerspezifisch erweitert werden. Die Basis für die Intelligente Suche bildet die Modellierung der Datensätze nach dem sogenannten VVFO-Modell (näheres dazu siehe Abschnitt 7.6.2).

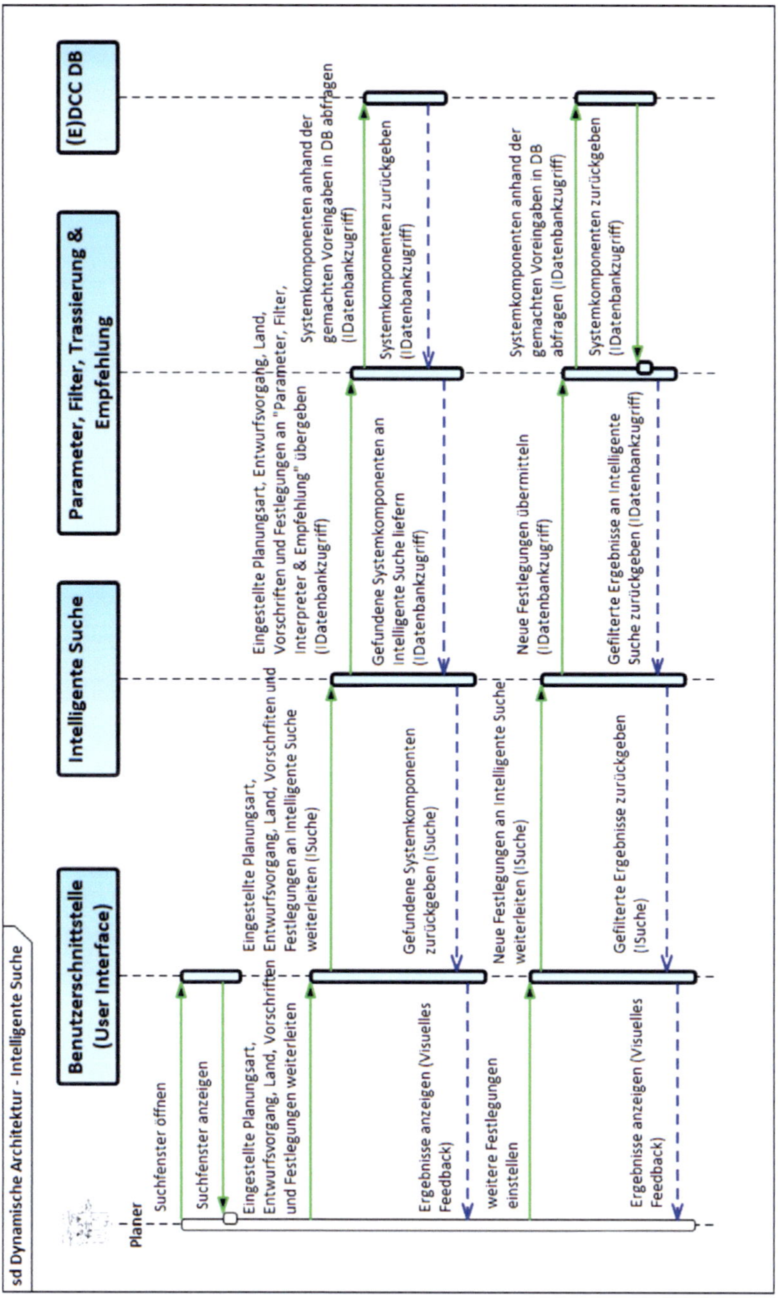

Abbildung 26: Suchablauf der Intelligenten Suche

Bei der Funktion Intelligente Suche wird mehr Wert auf die Genauigkeit der Ergebnisse unter Berücksichtigung komplexer planungstechnischer Sachverhalte gemäß den Vorschriften gelegt. Das heißt, dass der Aufwand bei der Eingabe der Suchkriterien eher eine untergeordnete Rolle spielt und daher nur von ausgebildeten Fachleuten durchgeführt werden sollte. Dennoch wurde bei der Entwicklung des Tools auf eine benutzerfreundliche, selbsterklärende sowie mit vielen unterstützenden Informationen versehene Benutzeroberfläche geachtet. Unter anderem werden deshalb die bereitgestellten Suchergebnisse zwecks besseren Verständnisses mittels eines D-Graphen visualisiert (siehe dazu Anhang XVIII). Ergänzt wird das gelieferte Ergebnis durch eine Begründung bzw. eine kurze Erläuterung, indem durch die voreingestellten Randbedingungen aus den Vorschriftenfestlegungen sowie im geführten Protokoll weitere Informationen mitangezeigt werden. Zu jeder vorgeschlagenen Systemkomponente wird das Fenster der Detailansicht mit den darin eingetragenen Eigenschaften angeboten. Der Suchablauf der Intelligenten Suche wird in Abbildung 26 dargestellt.

5.2 Requirements an die zu entwickelte Software PULTrack nach dem (E)DCC-Modellansatz

Der Abschnitt 5.2 behandelt die zur Umsetzung des (E)DCC-Modellansatzes aufgestellten Requirements. Diese basieren teilweise auf Grundlage der Eigenschaften einer GDB. Die Requirements sollen die an die zu entwickelnde Software mit den darin enthaltenen Datenbank- und Planungswerkzeugen, die gestellten obligatorischen Anforderungen und Erwartungen, aber auch Anforderungen mit einem empfehlenden Charakter aufzeigen und dadurch den Entwicklern anwendungsgerechte Anforderungen vorgeben. Zu beachten ist dabei, dass hier nur die Requirements gezeigt werden, welche einen unmittelbaren Bezug zur Entwicklung des (E)DCC-Modellansatzes mit den darin enthaltenen Modellen zur Abbildung von verkehrsträgerübergreifenden Infrastrukturdatensätzen zur Realisierung von Infrastrukturmaßnahmen haben. Eine vollständige Auflistung der Requirements zur Software PULTrack sowie deren Erläuterung kann (Martin, Schuk, et al. 2021b) entnommen werden. Die Auflistung der hier vorgestellten sowie weitere im Rahmen dieser Arbeit untersuchten funktionalen und nicht funktionalen Requirements in Form von UML-Diagrammen findet sich im Anhang XIX.

5.2.1 Festgelegte Randbedingungen

Die festgelegten Randbedingungen beschreiben die generellen Einschränkungen, welche bei der Aufstellung von Requirements sowie der darauf basierend entwickelten Software PULTrack nach dem (E)DCC-Modellansatz gelten und zu beachten (obligatorisch) sind. Eine der wichtigsten Randbedingungen bestand darin, eine DB mit einem passenden Datenbankmodell zu finden, welche nach den bereits in den Abschnitten 3.2 bis 3.4 beschriebenen Ebenen aufgebaut ist und somit dem (E)DCC-Modellansatz entspricht und der digitalen Abbildung von stark vernetzten, unstrukturierten Datensätzen (hier insbesondere Vorschriftenfestlegungen) genügt. Eine der weiteren einzuhaltenden Randbedingungen zur Umsetzung des (E)DCC-Modellansatzes besteht darin, dass die Stammdaten sowie die sogenannten Abhängigkeiten zwischen den Stammdaten aus der DB geholt werden müssen und auf keinen Fall in der Software in Form eines Quellcodes enthalten sein dürfen. Dadurch sollte sichergestellt werden, dass die Modellierung auf die DB beschränkt bleibt, um so die geforderte Generizität der Daten zu erzielen. Da die (E)DCC-Datenbank gleichzeitig für mehrere Verkehrsträger ausgelegt ist, war es erforderlich, dass die Infrastrukturdatensätze der unterschiedlichen Verkehrsträger gleichzeitig über die entsprechenden Vorschriften aufgerufen werden können.

5.2.2 Funktionale Anforderungen an die Datenbank sowie an die Planungs- und Analysetools

Die sogenannten funktionalen Requirements wurden aufgestellt, um in PULTrack die gewünschten grundlegenden bzw. wesentlichen Funktionalitäten näher zu spezifizieren, um diese später im Rahmen des Software-Engineerings in einer strukturierten Darstellung den Mitwirkenden wie Programmierern, Modellierern und Ingenieuren zur Verfügung zu stellen. Hierbei müssen die in der Software zu implementierenden funktionalen Requirements klar verständlich sein und so detailliert wie nötig einzelne Funktionen erklären.

Grundlegende Überlegungen zur Modellierung

Im Hinblick auf den (E)DCC-Modellansatz, insbesondere unter dem Gesichtspunkt der digitalen Abbildung von Vorschriften und deren Inhalte, wurden generelle Modellierungsanforderungen festgelegt. Diese wurden u. a. unter Berücksichtigung der in (Garrett, Palmer und Demir 2014) zur digitalen Abbildung der Vorschriftenfestlegungen abgegebenen Empfehlungen sowie der Berücksichtigung der GDB-Spezifika aufgestellt.

In (Garrett, Palmer und Demir 2014) werden fünf wichtige Empfehlungen (vgl. Tabelle 3) für die digitale Darstellung der Vorschriften für den Hochbau abgegeben, die auch vollständig auf den Infrastrukturbau ihre Übertragung finden können.

Nr.	Empfehlung
1	Das Modell der Vorschriftenfestlegungen sollte deklarativ und explizit dargestellt und von einer Inferenzmaschine interpretierbar sein
2	Das Modell der Vorschriftenfestlegungen sollte sowohl für den Modellierer, für die normschaffende Organisationen als auch für die Anwender (Planer) leicht verständlich und testbar sein
3	Die digitale Darstellung einer Vorschriftenfestlegung sollte nach Möglichkeit der textlichen Darstellung annähernd ähnlich sein
4	Die in den modellierten Vorschriften verwendete Fachterminologie sollte definiert und explizit dargestellt werden
5	Das Modell der Vorschriftenfestlegungen sollte in der Lage sein jeden Komplexitätsgrad von Vorschriftenfestlegungen digital abzubilden

Tabelle 3: Empfehlungen für die Entwicklung von Modellen zur digitalen Abbildung von Vorschriftenfestlegungen nach Garret, Palmer und Demir (2014)

Die Empfehlungen beziehen sich sowohl auf die Problematik der digitalen Übersetzungs-/ Abbildungskomponente (wie Syntax und Logik der Vorschriftenfestlegungen) als auch auf die Validierung und Wartung (Erweiterung und Aktualisierung) des Modells zur digitalen Abbildung von Vorschriften. Die Autoren in (Garrett, Palmer und Demir 2014) mit Verweis auf (Akin 2012) nennen drei entscheidende Faktoren zum Lösens des Problems der digitalen Abbildung von Vorschriftenfestlegungen: (1) Art der Darstellung des Übersetzungsmodells, die sowohl für den Verfasser einer Vorschrift als auch für den Modellierer leicht verständlich und hinreichend aussagekräftig (damit auch sehr komplexe Vorschriftenfestlegungen abgebildet werden können) sein sollte, (2) computergestütztes, benutzerfreundliches Modell, das eine einfache Abbildung, Prüfung und Pflege der Vorschriftenfestlegungen ermöglicht, (3) Möglichkeit die Angemessenheit und den Implementierungsaufwand bei der Übersetzung einer Vorschriftenfestlegung zu testen. Zur Berücksichtigung der drei oben genannten Faktoren werden fünf Empfehlungen ausgesprochen (siehe Tabelle 3).

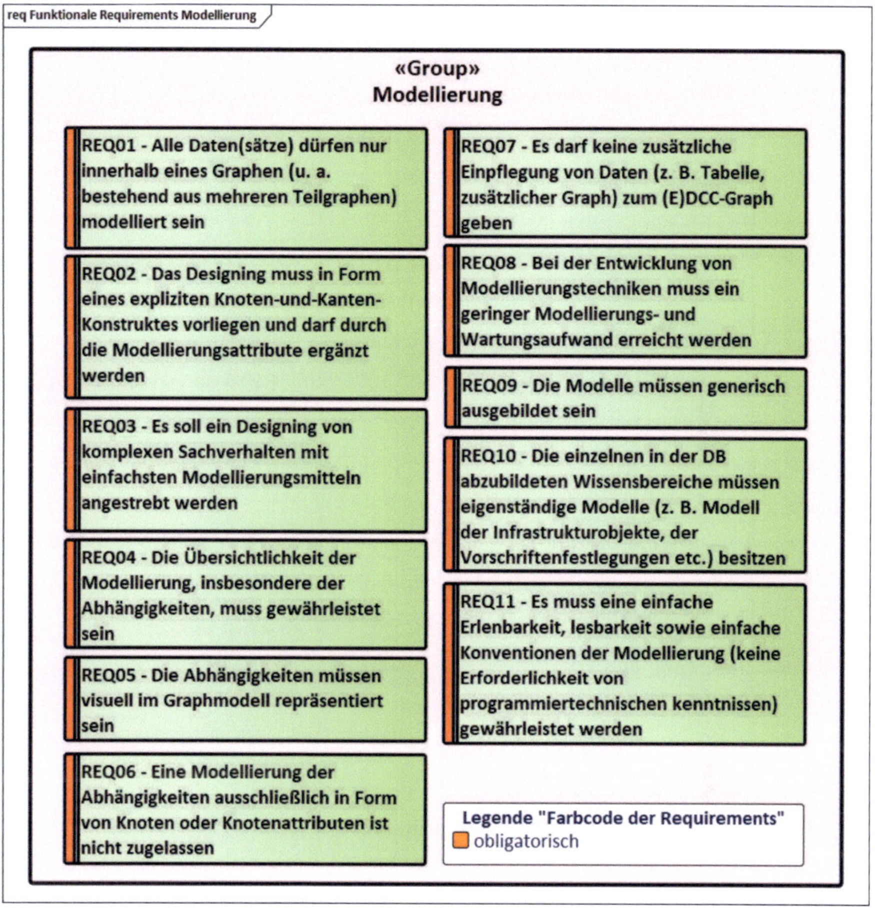

Abbildung 27: Modellierungs-Requirements

Die erarbeiteten Anforderungen zum (E)DCC-Modellansatz waren in erster Linie darauf abgezielt, das Modell generisch, nachvollziehbar und wartungsarm zu gestalten. Diese Anforderungen führten zu der ersten Überlegung, dass die Daten in Form von expliziten Knoten-Kanten-Konstruktes in einem einzigen zusammenhängenden Graphen vorliegen müssen. Der gesamte Graph repräsentiert dabei einzelne (Teil-)Modelle, die über den Kanten miteinander verbunden sind.

Die Darstellung aller (Teil-)Modelle innerhalb eines einzigen Graphen soll zum einen die Wartbarkeit der Daten und zum anderen die Nachvollziehbarkeit der Modellierung fördern. Dies hilft auch u. a. bei der Visualisierung der Abhängigkeiten zwischen den einzelnen Daten (z. B. Vorschriftenfestlegungen). Hierbei müssen gleichzeitig zwei gegenläufige Aspekte beachtet werden, zum einen wie man die Anzahl der Knoten und Kanten in Grenzen hält, aber dabei zum anderen die komplexen Beziehungen zwischen den einzelnen Daten (wie z. B. Vorschriftenfestlegungen) doch vollständig berücksichtigt. Zu diesem Zweck dürfte die Modellierung von Abhängigkeiten aus den Vorschriftenfestlegungen oder anderen Daten(sätzen) nicht in reiner Form von Knoten oder Knotenattributen modelliert werden und nur ergänzend zu der Kantenmodellierung (als Knoten- und Kantenattribute) herangezogen werden. In diesem Kontext soll die Kantenmodellierung das Rückgrat bilden und in einem Graph repräsentativ sein, um die Übersichtlichkeit der Modellierung zu fördern. Auch darf es keinen zusätzlichen Graphen (z. B. zusätzliche Graphen, Tabellen etc.)/ keine zusätzlichen Modellierungen geben, die den eigentlichen (E)DCC-Graph ergänzen, wodurch insbesondere der Modellierungs- und der Wartungsaufwand gering gehalten sowie zur besseren Übersichtlichkeit beigetragen werden soll. Eine der weiteren zu erfüllenden Randbedingungen für die Umsetzung des (E)DCC-Modellansatzes ist, dass die Stammdaten sowie die sogenannten Abhängigkeiten zwischen den Stammdaten aus der Datenbank geholt werden müssen und keinesfalls in der Software in Form eines Quellcodes enthalten sein dürfen. Damit soll sichergestellt werden, dass die Modellierung ausschließlich in der Datenbank verbleibt, um die geforderte Datengenerizität zu erreichen (keine Programmierkenntnisse erforderlich). Die gesamte Auflistung an Requirements im Hinblick auf die überlegten Modellierungsgrundsätze kann der Abbildung 27 entnommen werden. Eine weiterführende Diskussion unter Berücksichtigung der hier vorgestellten Modellierungsüberlegungen im Hinblick auf die digitale Modellierung der Vorschriften und Vorschriftenfestlegungen findet sich in Abschnitt 6.3.

Trassierungstool PULTras und Dimensionierungstool PULDim

Das in der DB zu modellierende Trassierungstool PULTras muss im (E)DCC-Modellansatz die Basis einer datenbankgestützten Abbildung von Verkehrswegen bilden. Hierbei sollte den Entwicklern (hier: Modellierer und Programmierer) der grundlegende Trassierungsvorgang mit den darin enthaltenen Trassierungselementen und -parametern sowie dessen Ergebnis auf der graphischen Benutzeroberfläche in Verbindung mit den im Abschnitt 3.7 aufgeführten beiden Entwurfsvorgängen und Planungsarten verdeutlicht werden. Dieses gilt es anschließend in einem Infrastrukturprojekt abzulegen, wobei sich das Infrastrukturprojekt in der DB befindet. Die im Anschluss an eine

Trassierung durchzuführenden Dimensionierungsschritte eines Verkehrsweges sollten ebenfalls aufgezeigt werden.

Datenbank und Datenbankschnittstelle

Die Anforderungen an die DB und Datenbankschnittstelle sollten die Struktur, den Inhalt bzw. die Arten der Datensätze sowie die Kommunikationsfähigkeit der DB mit den Planungswerkzeugen und den damit verbundenen Funktionalitäten verdeutlichen. Es sollten die geforderten internen und externen Schnittstellen im Hinblick auf den Austausch von möglichen Dateiformaten aufgezeigt werden.

5.2.3 Nichtfunktionale Anforderungen an die Datenbank sowie Planungs- und Analysetools

Die nichtfunktionalen Requirements dienen dazu, für PULTrack relevante leistungs-, sicherheits- sowie aussehens- und handhabungsbedingte Aspekte in groben Zügen aufzuzeigen. Diese werden oft im Vergleich zu den funktionalen Anforderungen nicht angemessen berücksichtigt und als Requirements von geringerer Bedeutung angesehen, was im fortgeschrittenen Implementierungszustand einer Software zu negativen Folgen führen kann bzw. auch die Anwenderfreundlichkeit einschränkt.

Wartungs- und Portierungsanforderungen

Die an die Software PULTrack gestellten Wartungs- und Portierungsanforderungen sind im Zusammenhang mit den gestellten Anforderungen im Hinblick auf die Generizität der Modellierung zu sehen und sind von großer Wichtigkeit. Aber auch die softwaretechnischen Lösungsansätze (hier: Softwareanwendungsteil mit Quellcode) inkl. statischer und der damit verbundenen dynamischen Architektur sollten pflegeleicht aufgebaut sein.

Sicherheitsanforderungen

Die Sicherheitsanforderungen zielen darauf ab, die grundlegenden sicherheitsrelevanten Aspekte nicht außer Acht zu lassen. Thematisch stand insbesondere der Schutz der Vorschrifteninhalte im Mittelpunkt, da diese oft geheim sind und für Dritte unzugänglich gehalten werden. Da es bei dem (E)DCC-Modellansatz in erster Linie um die strukturierte Ablegung von Infrastrukturdatensätzen inkl. Abhängigkeitsbeziehungen aus den Vorschriften geht, müssten von vorneherein nur solche Modellierungsansätze verfolgt werden, die ein direktes Rekonstruieren der Vorschrifteninhalte ausschließen.

5.3 Architektur der Software PULTrack

Der Abschnitt 5.3 greift die Thematik rund um die statische Architektur der Software PULTrack nach dem (E)DCC-Modellansatz auf, welche prototypisch die möglichen grundlegenden Komponenten der Software zeigen soll. Auf die dynamische Architektur, welche die umsetzungstechnischen Lösungsansätze der einzelnen Softwarekomponenten sowie die Interaktion zwischen diesen spezifiziert, wird aus Gründen der thematischen Irrelevanz verzichtet. Diesbezüglich wird bei Bedarf auf (Martin, Schuk, et al. 2021a) verwiesen. Zu beachten ist dabei, dass sowohl die statische Architektur der Datenbankwerkzeuge als auch die der Planungswerkzeuge unter Umständen im Rahmen der späteren Weiterentwicklung der Software PULTrack ggf. angepasst werden können.

5.3.1 Statische Softwarearchitektur des PULTracks nach dem 3-Schichten-Modell

Die zu Forschungszwecken entwickelte Software PULTrack ist nach der sogenannten 3-Schichten-Architektur (auch mit Three-Tier-Architektur bzw. -Pattern oder Model-View-Controller-Architektur bezeichnet) aufgebaut (siehe Abbildung 129 im Anhang XXI). Die hier genannte Architektur ermöglicht es, die zu entwickelnde Software in drei große Module einzuteilen – das Display (User Interface bzw. graphische Benutzeroberfläche), das Business Logic und das State (Database).

Dadurch ergibt sich eine klare Abgrenzung zwischen den Aufgaben und Funktionen der einzelnen Softwarekomponenten. Der Vorteil der 3-Schichten-Architektur liegt also in der klaren Trennung der Benutzeroberfläche von der DB und den logischen Strukturen der Software. Es kann eine unabhängige, schichtenbezogene Entwicklung (hier: Modifizierung, Wartung und Weiterentwicklung) der Software realisiert werden, was einem modernen Software-Engineering entspricht (Acervo Lima 2022), (ITWissen.info 2020). Aus diesem Grund eignet sich die 3-Schichten-Architektur hauptsächlich für verteilte Softwarearchitekturen wie im Fall PULTrack mit seinen vielen Planungs- und Datenbanktools.

Die Schicht Display stellt dabei eine Mensch-Maschine-Schnittstelle dar. Von dieser Ebene aus, sendet der Anwender die sogenannten Events[16] ab, welche von der Business Logic-Ebene zu empfangen und auszuführen sind. Die Schicht Display ist auch dazu da, um dem Anwender alle Informationen zu visualisieren. Der Zugriff auf die DB von der Display-Ebene aus erfolgt dabei in der Software PULTrack über die Business Logic-Ebene.

Die Business Logic-Ebene setzt sich bei der Software PULTrack aus drei Interpretern zusammen (hier: die Komponenten Trassierung, Parameter & Filter mit der darin enthaltenen Parameterplattform, Parameterevaluation sowie Parameterfilter, und Empfehlungen). Dort kommt insbesondere die Software PULTrack zum Einsatz, indem dort die in der DB hinterlegten Modellierungen ausgewertet werden. In ihr finden sich sowohl die grundlegenden als auch die komplexen Funktionalitäten der Planungswerkzeuge (z. B. PULTras), welche die in der DB modellierten Logiken auswerten und so die vom Planer gestellten Entwurfsaufgaben lösen. Je nach Eingabe leitet die Business Logic-Ebene dann Abfragen an die DB bzw. den Datenbankserver weiter.

Für das Modell der Vorschriftenfestlegungen ist insbesondere die Business Logic-Ebene mit dem Interpreter Parameter & Filter von großer Bedeutung und Relevanz. Dort findet die Auswertung der hinterlegten Modellierungen der Vorschriftenfestlegungen statt. Generelle Verwaltungsaufgaben bezüglich der Vorschriftenfestlegungen werden durch die Komponente Parameterplattform (vgl. Abbildung 131) realisiert. Diese Parameterplattform ist ebenfalls für das Generieren und Instanziieren von in der DB modellierten Vorschriftenfestlegungen verantwortlich. Sie stellt auch eine Schnittstelle zur Verfügung, um es anderen Komponenten in PULTrack zu ermöglichen, auf die Vorschriftenfestlegungen zugreifen zu können. Zu erwähnen wären beispielsweise das Dimensionierungs- und Trassierungstool. Nachdem die Instanziierung der Vor-

[16] Hierbei handelt es sich um ein Ereignis, welches für das Fortschreiten des Programms innerhalb einer Software benötigt wird. Es wird in der Gestaltung der Software als sogenanntes ereignisbedingtes Programmierparadigma verwendet. Dies bedeutet, dass der User durch seine über die Benutzeroberfläche getätigten Eingaben, sogenannte Ereignisse/ Events auslöst. In der Software existieren passive Listener für jeweils unterschiedliche Ereignisse, welche erst dann aktiv werden, wenn das für sie vorgesehene Ereignis eintrifft. Beispielsweise gibt es ein Listener für den Zurück-Button. Immer wenn der Nutzer auf den Zurück-Button klickt, wird das entsprechende Ereignis ausgelöst und der zugehörige Listener aktiv und führt die Programmbearbeitung fort. Hierbei kann im Listener exakt definiert werden, was passieren soll, wenn das entsprechende Ereignis eintrifft.

schriftenfestlegungen erfolgt worden ist, werden durch die Komponente Parameterevaluation (vgl. Abbildung 131) Auswertungsmodelle (Feld-Evaluations-Modelle) erstellt, evaluiert und in den entsprechenden Parametern gespeichert (siehe Abbildung 28).

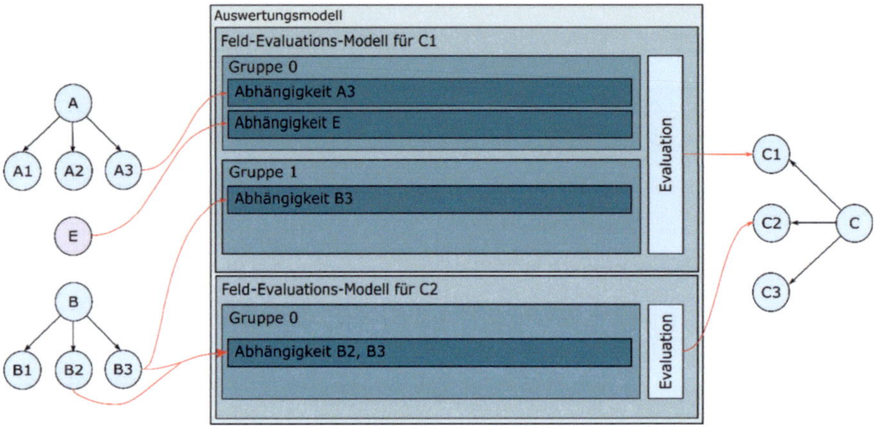

Abbildung 28: Schematische Darstellung des Auswertungsmodells, das durch die Komponente Parameterevaluation erstellt wird (Weiß 2020)

Das erstellte Modell wertet die Vorschriftenabhängigkeiten und die Attributierung dieser aus. Dieser Fall tritt ein, wenn über eine sogenannte Vorschriftenfestlegungsreihenfolgekante (im Wesentlichen) eine Änderung angeregt wird. Durch einen Parameterfilter werden aus der DB geladene Datenobjekte über die Kanten und deren Attributierung nach Vorschriftenfestlegungen gefiltert (Weiß 2020).

Die dritte und die letzte Schicht (hier: State) ist die (E)DCC-Datenbank, welche auf der GDB von OrientDB basiert, mit den dort modellierten Datensätzen, bestehend aus Knoten und Kanten. Die State-Ebene ist in zwei Teile aufgeteilt: in einen im Programm eingebundenen Server, der zur Laufzeit lokal gestartet wird (Embedded Server) und in einen externen Datenbankserver (Remote Server). Zu erwähnen ist dabei, dass die in der DB modellierten Abhängigkeitskanten zwischen den Datensätzen mit den darin implementierten Logiken keine eigene Logik-Ebene darstellen und dementsprechend der DB zugeordnet werden. Dadurch entsteht der Vorteil einer Trennung der Modellierungsteile der Vorschriften, Vorschriftenfestlegungen sowie Tools von den Interpretern, wodurch die Generizität sichergestellt bzw. die Programmierarbeit vermieden wird. Die gesamte Softwarearchitektur von PULTrack (Datenbankkomponente und Planungswerkzeuge) kann auf einer niedrigeren Abstraktionsebene in Form eines Komponentendiagramms und der dazugehörigen Erläuterung dem Anhang XXI entnommen werden.

5.4 Datenbanken und deren Anwendungen

5.4.1 Bestandteile eines Datenbanksystems

Ein Datenbanksystem (DBS) setzt sich aus zwei Komponenten zusammen. Zum einen ist das die DB, welche die zu verwaltenden und zu speichernden Datensätze enthält. Im Falle der (E)DCC-Datenbank sind das zum Beispiel Systemkomponenten einer Infrastruktur sowie zwischen den Systemkomponenten bestehende Abhängigkeiten. Zum anderen besitzt jedes DBS ein sogenanntes Datenbankmanagementsystem (DBMS; auch mit Datenbankverwaltungssystem bezeichnet [DBVS]) (Augsten 2017). Das DBMS ist die Verwaltungssoftware der DB, welches es erlaubt, die Datensätze intern strukturiert abzulegen. Eine der wichtigsten Funktion des DBMS liegt in der Festlegung des Datenbankmodells, auf Basis dessen die Verwaltung (speichern, löschen, ändern der Daten bzw. Datensätze) und Nutzung von Daten ermöglicht wird. Es legt also über das Datenbankmodell die Datenstruktur der DB fest, bietet eine Datenbankabfragesprache zum Verwalten der Datensätze an und sorgt für alle Lese- und Schreiboperationen. Des Weiteren bildet das DBMS die Schnittstelle zwischen den in der DB abgelegten Daten und der Datenbankanwendung (hier: PULTrack). Auch die Datenintegrität wird durch das DBMS geprüft (IONOS 2020), (Luber 2017), (Mullins 2020).

5.4.2 Datenbankanwendung

Eine Datenbankanwendung ist eine Software mit GUI, welche dem Anwender die Verwaltung von den in der DB abgelegten Daten bzw. den Zugriff auf das DBS erlaubt. Diese kann sowohl eine Desktop- als auch eine Webanwendung sowie beides gleichzeitig sein, was man im Falle der Software PULTrack mit der GDB von OrientDB hat. Die Webanwendung hat den Vorteil, dass diese vom Betriebssystem unabhängig ist, setzt aber eine Internetverbindung voraus.

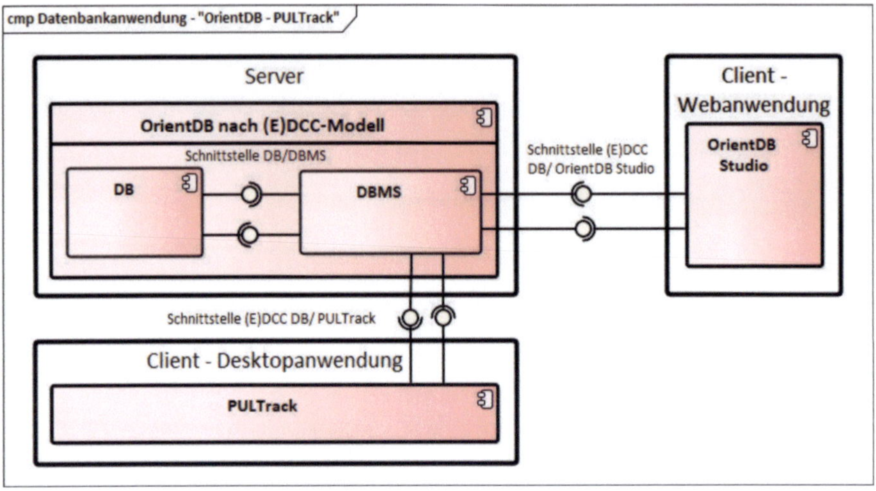

Abbildung 29: Schematische Darstellung der Datenbankanwendung PULTrack mit der Datenbank OrientDB

Beide Datenbankanwendungen (hier: PULTrack und OrientDB Studio) sind nach dem Client-Server-Modell17 aufgebaut, wobei die Anwendung die Client-Seite darstellt. Die Abbildung 29 zeigt den prinzipiellen Aufbau der DB für den (E)DCC-Modellansatz mit den beiden dazugehörigen Datenbankanwendungen. Die Hauptfunktionalität einer Datenbankanwendung liegt in dem Zugriff auf die DB gemäß den Anforderungen des Anwenders. Den Kommunikationsteil zwischen der DB und dem Anwender bildet dabei das DBMS (AFZ 2020).

5.4.3 Datenbankmodelle

Das Datenbankmodell ist eine der wichtigsten Komponenten jeder einzelnen DB, da dieses das grundlegende Datenbankschema festlegt, nach dem die Daten dort abgelegt werden. Es sorgt für die Inhalts-, Struktur- und Integrationsbedingungen bzw. -einschränkungen in der DB. Heute gibt es viele Datenbankmodelle, die zum Einsatz kommen, wobei das relationale Modell mit dem dazugehörigen RDBMS das bekannteste ist, in dem die Datensätze in Form von Tabellen gespeichert sind. Ferner gibt es u. a. objektrelationale, objektorientierte, dokumentenorientierte Datenbankmodelle sowie komplett neue, die sogenannten „NoSQL-Datenbanken“ mit hybriden oder nur mit

[17] Der Datenbankserver wartet passiv auf Abfragen des Clients, hier die Software PULTrack, bzw. ihre einzelnen Komponenten.

graphenorientierten Datenbankmodellen (Lucidchat 2020), (OrientDB Ltd. 2021b), (Schmeck 2016), (Zunino 2019). Von den graphenbasierten DB, welche sowohl rein graphenorientiert als auch hybrid ausgelegt sein können, gibt es mehrere Anbieter (Schürmann 2012). In (DB-ENGINES 2020) ist dazu eine Liste aufgeführt.

Für die zu entwickelnde Software PULTrack mit dem darin enthaltenen (E)DCC-Modell war der Aspekt Flexibilität von besonderer Bedeutung, da in der DB zwischen den abzulegenden Daten komplexe Abhängigkeiten mitmodelliert werden sollten. Hierbei kamen insbesondere DB mit hybriden Datenbankmodellen in Frage, um so ein weitgehend flexibles und multifunktionales Modellieren der verkehrsträgerübergreifenden Infrastrukturdaten in Abhängigkeit von Vorschriften (hier der Grundgedanke der Modellierung des Zusammenspiels Infrastrukturobjekte – Vorschriften – Vorschriftenfestlegungen) zu erlauben. Durch die Abbildung der drei genannten Komponenten entstehen komplexe, stark miteinander verkettete Beziehungen. Solche Zusammenhänge können nur in einer flexiblen und erweiterbaren DB abgebildet werden. Allein die digitale Abbildung von Vorschriftenfestlegungen weist einen hohen Komplexitätsgrad auf.

Die Vorschriftenvorgaben, aus welchen sich die einzelnen Abhängigkeiten zwischen den Systemkomponenten ergeben, haben meistens eine ungeordnete und komplexe Struktur. So können zum Beispiel sowohl innerhalb derselben Vorschrift als auch über mehrere Vorschriften hinweg mehrere Verweise zu mehreren planungstechnischen Sachverhalten existieren, welche es zu beachten gilt, wodurch eine große und unübersichtliche Verkettung entsteht.

Aus diesem Grund wurde eine graphenbasierte, schemalose DB gewählt, mit Hilfe derer die Abbildung komplexer planungstechnischer Sachverhalte zwischen stark vernetzten Informationen, u. a. dank der begleitenden Visualisierung in Form eines Waldgraphen bzw. Baumgraphen, gut geeignet ist. Dank ihres schemalosen Aufbaues erlaubt eine graphenbasierte DB ein schnelles und unkomplexes Modellieren sowie Anpassen und Erweitern von Datensätzen. Dies ist für den (E)DCC-Modelansatz erforderlich. GDB eignen sich gut zur digitalen Abbildung von stark netzartigen bzw. verketteten und heterogenen Daten(sätzen), insbesondere wenn die Datenkomplexität die Möglichkeit der Speicherung in einer relationalen DB übersteigt. Sie machen den Umgang mit komplexen Daten einfacher und erlauben diese für den Nutzer sichtbar zu machen (Angles und Gutierrez 2008), (Wirawan, et al. 2019).

Das umfangreiche Wissen im Verkehrswegebau kann anhand von formalisierten Modellen abgebildet werden. Die Modelle müssen gut strukturierbar sein und sowohl für den Modellierer der Daten(sätze) als auch für die Anwender gut visualisierbar sein. Ein Modell kann mittels objektorientierten Programmierens (hier: Klassen- und Vererbungshierarchie mit deren Ontologien[18] und Taxonomien[19]) gut implementiert werden. Das objektorientierte Paradigma erlaubt die Entwicklung von einfachen und benutzerfreundlichen Modellen ohne Programmierkenntnisse und ist deshalb für Ingenieure im Bauwesen von Vorteil (La Rocca 2012). Diese Modelle lassen sich wiederum gut in einem Graphen darstellen. In der DB können mittels Knoten und Kanten mehrere Ontologien und Taxonomien in Verbindung mit Modellierungsattributen gebildet und abgefragt werden, welche die einzelnen (Teil-)Modelle repräsentieren sollen. Diese wiederum bilden bestimmte Wissensbereiche ab.

Der (E)DCC-Modellansatz lässt sich deshalb mittels der Graphentheorie (Begrifflichkeiten der Graphentheorie finden sich im Anhang XXIII) bzw. der GDB problemlos in die Praxis umsetzen und anhand eines Graphen visualisieren. Kanten, welche ein wesentlicher Bestandteil einer GDB sind, erlauben im Allgemeinen eine einfache Darstellung der Beziehungen zwischen den Knoten.

Für die Umsetzung des (E)DCC-Modellansatzes wurde die plattformunabhängige, mit Java programmierte und als Open-Source-NoSQL – OrientDB-GDB der Version 3.0.21 (die Beschreibung der GDB von OrientDB mit dessen maßgebenden Charakteristika findet sich im Anhang XXIV) gewählt, da diese ein hybrides Datenbankmodell mit einem Graph-API besitzt, welches schemalos ausgelegt und genutzt werden kann. Das bedeutet unter Anderem, dass eine vollständige Attributierung und Parametrierung der Datensätze erlaubt wird, d. h. in jedem Datensatz können beliebig viele Attributfelder mit beliebigen Datentypen angelegt werden, was zur Modellierung des (E)DCC-Modellansatzes zwingend erforderlich war.

---

[18] Definition kann dem Glossar entnommen werden. Das schematische Darstellungsprinzip kann dem Anhang XXII entnommen werden.

[19] Definition kann dem Glossar entnommen werden. Das schematische Darstellungsprinzip kann dem Anhang XXII entnommen werden.

6 Modellierungstechniken und softwaretechnische Implementierung der Konzepte zum (E)DCC-Modellansatz

In Kapitel 6 werden die wichtigsten Klassenstrukturen (hier: Klassen- und Vererbungshierarchie) von den bisher vorgesehenen Datensätzen in der aufgesetzten GDB von OrientDB nach dem (E)DCC-Modellansatz sowie die entwickelte und implementierte generische Modellierungsmechanik der Konzepte mit deren Methoden zur digitalen Abbildung von Datensätzen wie Infrastrukturobjekte, Vorschriften und Vorschriftenfestlegungen inkl. deren Beziehungen untereinander vorgestellt und ausführlich erläutert. Zur digitalen Abbildung der Vorschriften mit deren Festlegungen werden in einem ersten Schritt die Schwierigkeiten und Herausforderungen genannt und erste Überlegungen zur möglichen digitalen Modellierung dieser in der gewählten GDB gemacht. In einem nächsten Schritt werden die entwickelten Modelle der Vorschriften und Vorschriftenfestlegungen mit den darin enthaltenen Konzepten präsentiert und ausführlich die Modellierungsmechanik der Logik und Abhängigkeitsbeziehungen zwischen den Datensätzen bzw. Konzepten aufgezeigt.

Die im Kapitel 6 gezeigten Klassenstrukturen stellen nur die wichtigsten Klassen- und Vererbungshierarchien (hier: vom (E)DCC-Modell, von den Vorschriften und Vorschriftenfestlegungen) der in der GDB modellierten Datensätze dar, welche zur Darstellung des Ansatzes zwingend erforderlich sind. Sie enthält nicht die Klassen- und Vererbungshierarchien der Binärdaten zum Ablegen von Text- und Bilddateien, der generischen Klassen zur Übersetzung der Instanzen bzw. deren Attributen in die anderen Sprachen und zur Durchführung von klassenweisen Attributgruppierungen, Objektstruktur der Bibliothek für Text- und Bilddateien, Objektstruktur von Leistungsphasen und Planungsstufen sowie Objektstruktur von abzulegenden Projekten.

6.1 Datenbankstruktur nach dem (E)DCC-Modell in der graphenbasierten Datenbank von OrientDB

Die Datensätze, welche in der DB nach dem DCC- bzw. (E)DCC-Modell modelliert sind, werden in den Knoten (Vertexes) gespeichert. Hierbei werden zu den Instanzen bzw. Objekten immer Klassen (Super- und Unterklassen) angelegt. Diese bilden die Basis der DB nach dem (E)DCC-Modell und sind als Baupläne anzusehen, nach denen die DB aufgebaut ist. Zur Darstellung des Ursprungs der Datensätze aus den drei Hauptebenen (Umgebung, Diskretisierung und Kategorisierung inkl. Zwischenebenen) wurde ein Startknoten (hier: Baumwurzel) der Superklasse „Start“ definiert, mit dem alle Knoten direkt oder indirekt verbunden sind. Demnach werden nur die Knoten der obersten Ebene der Umgebung direkt mit dem Startknoten verbunden. Die Idee dahinter ist es einen Knoten zu schaffen, von dem aus alle anderen in der DB vorhandenen Knoten durch die Kantentraversierung erreichbar sind. Ein weiterer Grund war zum einen die Schaffung eines zusammenhängenden Baumes und zum anderen die Festlegung des Ursprungs des (E)DCC-Modells. Bildlich kann man sich den (E)DCC-Graph als einen auf den Kopf gestellten Baum vorstellen. Ein kantenloser Graph ist in dem (E)DCC-Modell nicht vorgesehen. Das bedeutet, dass jeder Knoten entweder einen Vater- und Kindknoten, nur einen Vaterknoten oder nur einen Kindknoten besitzt.

Die direkten physischen Verbindungen und Abhängigkeiten zwischen den Datensätzen werden mittels Kanten (Edges) modelliert. Dabei stellen die Kanten ebenfalls wie Knoten Objekte bzw. Instanzen der Klassen dar bzw. sie werden wie Knoten als Objekte bzw. Instanzen einer Klasse gespeichert. Die Kanten werden bei OrientDB aus dem Grund wie Datensätze behandelt, da diese auch Informationen bzw. beliebig viele Eigenschaften in sich tragen können (hier: Prinzip des Labeled-Property-Graphen [LPG]). Beim (E)DCC-Modell werden durch das LPG u. a. Logiken der Vorschriftenfestlegungen sowie bestimmte Funktionalitäten der Software PULTrack modelliert. Im Grunde sind die Informationen einer GDB in Knoten, Kanten und durch Schaffung von Beziehungen zwischen Knoten und Kanten selbst abgelegt. Hierbei werden Datensätze bestehend aus Knoten, belegt mit unterschiedlichen Eigenschaften (Attribute und Parameter) in den (E)DCC-Ebenen hierarchisch abgelegt und mit Kanten zu einem Baumgraph verbunden. Die so erstellte Datenlogik in der DB wird anschließend an die Tools der Software PULTrack weitergegeben und dort entsprechend des gewählten Entwurfsvorganges verkehrsträgerübergreifend und fachplanungsspezifisch ausgewertet.

OrientDB erlaubt es, in den Kanten festzulegen und zu speichern, zwischen welchen Instanzen welcher Klassen eine Kante modelliert werden darf. Dies wird über die Attributfelder “out“ (von) und “in“ (nach) realisiert. Für die Abbildung des (E)DCC-Modells wurden die Kanten (hier: Navigationskanten) in ihrer Verbindungsmöglichkeit beschränkt, indem in jeder Kantenklasse die möglichen eingehenden (Attributfeld „in“) und ausgehenden Klassen (Attributfeld „out“) hinterlegt wurden. Die Verbindung, die eine Kante zwischen den zwei Knoten herstellt, wird nur zwischen den Knoten solcher

Klassen erlaubt, auf welche die Kantenklasse beschränkt wird. So können zum Beispiel die Datensätze der Diskretisierungsebene bzw. der Diskretisierungsklasse mit den Datensätzen der Unterdiskretisierungsebene bzw. Unterdiskretisierungsklasse nur über eine sogenannte Diskretisierungskante (DKK) miteinander verbunden werden, um so zum einen die Hierarchie des Modells zu bewahren bzw. abzubilden (vgl. Abbildung 30). Zum anderen soll dies dem Modellierer die Übersichtlichkeit verschaffen, welche Kanten für welche (Teil-)Modelle verwendet werden dürfen und dadurch die Fehlerquote beim Modellieren zu reduzieren.

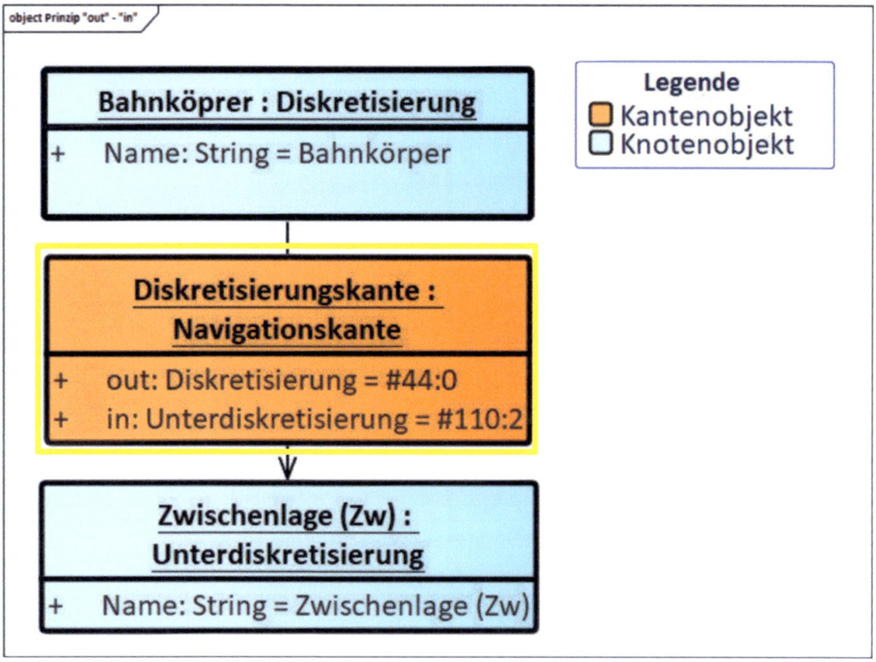

Abbildung 30: Beschränkung der Kantenverbindungsmöglichkeit am Beispiel Bahnkörper – Zwischenlage

Eine Modellierungsbeschränkung kann sowohl bei Navigationskanten als auch bei Verbindungskanten sinnvoll sein. Im Allgemeinen lässt sich durch diese Art von Einschränkungen in Verbindung mit den Klassennamen der Knoten und Kanten bestimmte Ontologien und Taxonomien der einzelne (Teil-)Modelle abbilden und neue dazu modellieren.

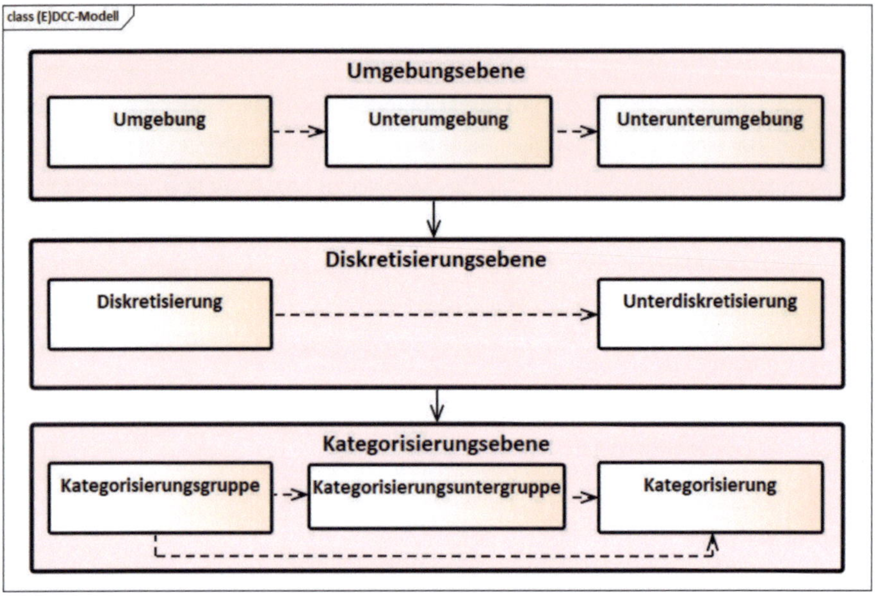

Abbildung 31: Haupttaxonomie der aufgesetzten GDB nach dem (E)DCC-Modell

Abbildung 31 zeigt den Aufbau der Ebenen in der DB nach dem (E)DCC-Modell auf hoher Abstraktionsebene, welche zusammen ein Klassifizierungssystem der Infrastrukturobjekte und die Haupttaxonomie des Gesamtmodells bilden. Dieses bildet also die Basis für alle anderen Konzepte (mit deren (Teil-)Klassifizierungen) bzw. (Teil-)Modellen in der DB. Die Ebenen sind dabei die acht gleichnamigen Superklassen. Zwischen den Klassen bestehen innerhalb einer Ebene sogenannte Abhängigkeitsbeziehungen, welche die generelle Zugehörigkeit unterstreichen sollen. Im Gegensatz dazu, werden die (E)DCC-Hauptebenen untereinander mit Hilfe von Assoziationen dargestellt. Das bedeutet, dass zwischen den Haupt- und Zwischenebenen des (E)DCC-Modells keine Klassen- und Vererbungshierarchie vorliegt. Näheres zur Klassenstruktur der Ebenen bzw. der Knoten findet sich im Anhang XXV. Die Charakterisierungsebene wurde aus Gründen der Übersichtlichkeit weggelassen (näheres dazu siehe Abschnitt 7.1.3).

Strukturell gesehen, folgt das vorgeschlagene Klassifizierungssystem zum (E)DCC-Modell den in (DIN, DIN EN ISO 12006-2 2020) beschriebenen Klassifizierungsgrundsätzen und kann dem 2020 in (bSD 2020) noch in der Entwicklung befindendem Klassifizierungssystem entsprechen, welches an (DIN, DIN EN ISO 23386 2020) angelehnt ist. Das Klassifizierungssystem in (bSD 2020) wird zunächst nach drei Ebenen strukturiert (hier: „Gesamtmodell“, „Fachmodell“ und „Gruppe“). Unterhalb der untersten Ebene befinden sich die einzelnen Klassen der Infrastrukturobjekte. Ob die drei zuvor genannten Ebenen ebenfalls in den Klassen strukturiert sind, wird von den Autoren nicht angegeben. In welchem Datenbankmodell die in (bSD 2020) präsentierte Strukturierung der Infrastrukturobjekte realisiert werden soll, wurde ebenso nicht angegeben. Aus Abbildung 4 kann abgelesen werden, dass ein Infrastrukturobjekt (repräsentiert in einer Klasse) einen Merkmalsatz (hier: Gruppe von Eigenschaften), welcher sich aus vielen Merkmalen mit den dazugehörigen Werten zusammensetzt. Die Typen/ Arten von Infrastrukturobjekten bzw. die fachliche Unterscheidung/ Spezifikation werden über die Werte des Merkmals Typ gekennzeichnet (in Abbildung 4 z. B. das Attributfeld „Typ“ mit dem Wert Hochbord und Tiefbord der Klasse „Bordstein“). Im Gegensatz dazu enthält das Klassifizierungssystem des DCC-Modells zur Abbildung der unterschiedlichen Typen von Infrastrukturobjekten zusätzliche Ebenen (hier: Klassen „Kategorisierungsgruppe“ und „Kategorisierungsuntergruppe“), welche bei Bedarf übersprungen werden können. Der Grund für diese Einteilung liegt in den teilweise recht unterschiedlichen Eigenschaften (unterschiedliche Merkmale und Infrastrukturobjekt-spezifische Besonderheiten) der einzelnen Infrastrukturobjekte, aber auch um dadurch eine feinere Dekomponierung und Strukturierung zu erreichen sowie zur getrennten Abbildung von Parametern und Attributen in Bezug auf die Prüfmethoden von Infrastrukturobjekten bei der Qualitätssicherung. Deshalb werden die Infrastrukturobjekte in unterschiedlichen Unterklassen mit entsprechenden Attribut- und Parameterfeldern modelliert. Würde man dieselbe Unterklasse gleichzeitig für mehrere Infrastrukturobjekte bzw. -gruppen verwenden, würde man unnötig viele Attribut- und Parameterfelder über mehrere Instanzen hinweg mitnehmen und dies würde nicht der eigentlichen Idee einer Klassenstrukturierung entsprechen (vgl. auch (DIN, DIN EN ISO 12006-2 2020)). Die in Abbildung 4 dargestellten Ebenen Fachmodell und Gruppe würden in dem (E)DCC-Modell den Ebenen Diskretisierung und Unterdiskretisierung entsprechen.

Die in Abbildung 5 gezeigte Strukturierung der Infrastrukturobjekte sieht ähnlich wie die der Strukturierung nach dem (E)DCC-Modell aus. Hierbei würde die Ebene „Trade“ auf der Unterunterumgebungsebene des (E)DCC-Modells für den Verkehrsträger entsprechen. Die Ebene „Subsection“ würde der Ebene Unterdiskretisierung entsprechen. Die Ebenen „Object“ und „Specification“ wären nach dem (E)DCC-Modell den Ebenen Kategorisierungsgruppe und Kategorisierung zuzuordnen. Das bedeutet, dass man die Ebene Kategorisierungsuntergruppe überspringen würde, was nach dem (E)DCC-Modell auch erlaubt ist. Zwischen den Ebenen „Trade“ und „Subsection“ wäre nach dem (E)DCC-Modell für die Ebene Diskretisierung ein zusätzlicher Knoten (z. B. Knoten „Bahnkörper“) erforderlich. Es sei denn, man ordnet die Ebene „Subsection“ aus (Häußler und Borrmann 2020) der Ebene Diskretisierung zu und geht von der Ebene Diskretisierung gleich auf die Ebenen Kategorisierungsgruppe und Kategorisierung über, wodurch die Ebene Unterdiskretisierung übersprungen wird. Im Gegensatz zum (E)DCC-Modell, welches in einer GDB implementiert ist, ist das Modell nach (Häußler und Borrmann 2020) in einer relationalen DB umgesetzt.

Im Vergleich zum Ansatz in (Seo und Lee 2020) besitzt das (E)DCC-Modell nur zwei Bibliotheken. Parametrierbare Infrastrukturobjekte der Querschnitte (in (Seo und Lee 2020) Typ 1) sowie Infrastrukturobjekte mit einer längenbezogenen Ausdehnung (in (Seo und Lee 2020) Typ 2) werden nach den fünf Ebenen des (E)DCC-Modells (hier: Klassen „Diskretisierung“, „Unterdiskretisierung“, „Kategorisierungsuntergruppe“, „Kategorisierungsgruppe“ und „Kategorisierung“) abgelegt.

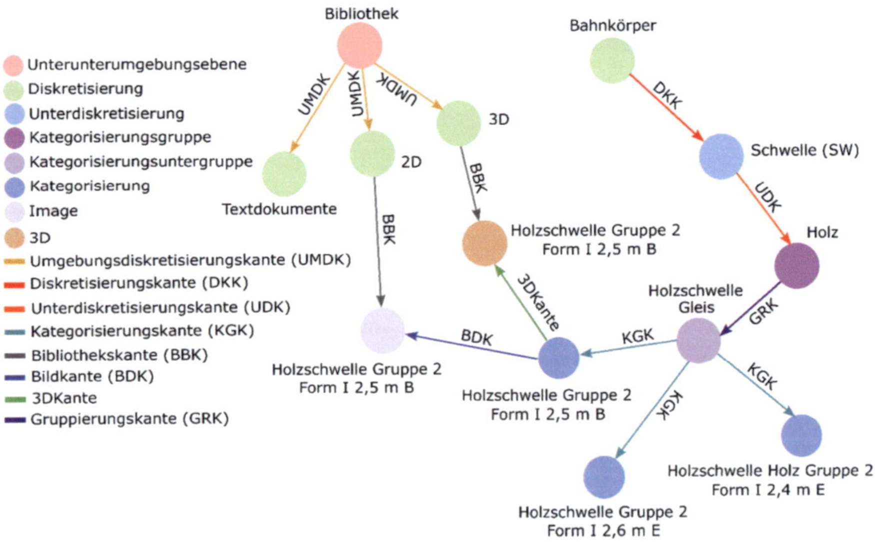

Abbildung 32: Verbindungen zwischen dem Infrastrukturobjekt und deren 2D- und 3D-Darstellung

Hierbei können die Infrastrukturobjekte der Querschnitte entweder als kompletter Querschnitt in einem Knoten oder getrennt nach den einzelnen Querschnittselementen abgelegt werden. Zusätzlich kann zu jedem Infrastrukturobjekt bei Bedarf eine starre 2D-Visualisierung hinterlegt werden. Die Modellierung der Instanzen dieser Objekte erfolgt in dem eigenen Teilklassifizierungssystem mit den Unterklassen „Image“ und „3D“. Zur Verbindung mit einem Knoten der Unterklasse „Image“ oder „3D“ werden Bildkanten und 3DKanten verwendet (vgl. Abbildung 32). Die auf diese Art und Weise in der DB hinterlegten Infrastrukturdaten (hier: Knoten der Infrastrukturobjekte mit deren Eigenschaften, Knoten mit 2D- und 3D-Objekten) werden anschließend an das Trassierungs- und Dimensionierungstool übergeben.

Zusammenfassend lässt sich sagen, dass es aktuell bereits erste Überlegungen zu den Klassifizierungssystemen mit den dazugehörigen Bibliotheken für den Bereich Infrastrukturbau gibt. Die Ansätze in (bSD 2020), (Häußler und Borrmann 2020) und (Seo und Lee 2020) sehen ähnlich dem des (E)DCC-Modell aus und weisen dennoch gewisse Unterschiede auf, auch wenn nicht alle Details bekannt sind.

Wie mit den 2D- und 3D-Objekten in den Klassifizierungssystemen nach (bSD 2020) und (Häußler und Borrmann 2020) umgegangen wird, wird von den Autoren nicht angegeben.

In allen drei bereits veröffentlichten Ansätzen nach (bSD 2020), (Häußler und Borrmann 2020) und (Seo und Lee 2020) wird ebenfalls nicht darüber berichtet, wie es und ob es überhaupt angedacht ist, die länderbezogenen Vorschriften mitabzubilden. Das gilt auch für die Abbildung der Abhängigkeitsbeziehungen, welche sich aus den Vorschriftenfestlegungen resultieren.

6.2 Klassen- und Vererbungshierarchie der Kanten

Die Kanten werden in die zwei Arten eingeteilt - in die sogenannten Navigations- (NVK) und Verbindungskanten (VBK), wobei beide Kantengruppen von der obligatorischen Superklasse Klasse „E“ (Edge) erben.

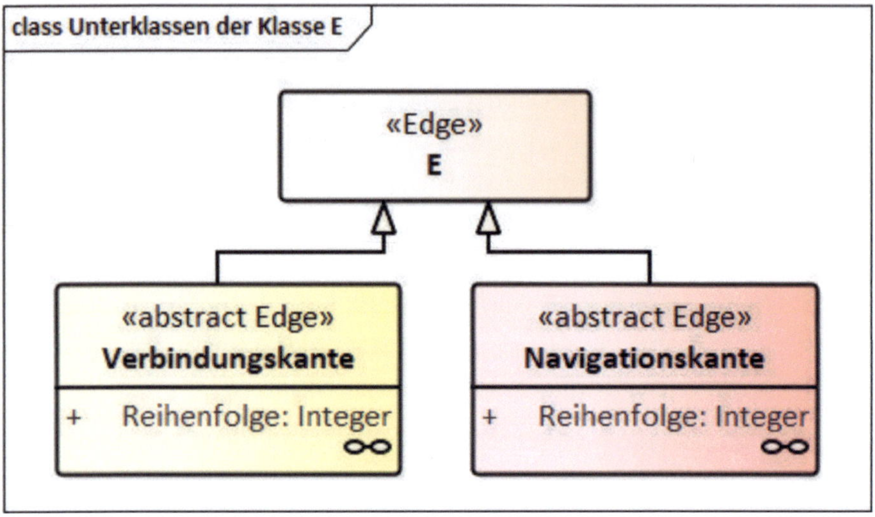

Abbildung 33: E-Superklasse mit den zwei wichtigsten Unterklassen zum Verbinden der Datensätze während des Modellierungsvorganges in der (E)DCC-GDB

Die in Abbildung 33 beiden dargestellten abstrakten Unterklassen VBK und NVK stellen wiederum die Superklassen für alle weiteren in der Hierarchie angelegten Modellierungskanten dar. Momentan existieren in der GDB inkl. E-Klasse 39 Modellierungskantenklassen (siehe Anhang XXVI). Die Modellierungsattribute werden in den jeweiligen Unterklassen, je nach der zugewiesenen Aufgabe, der Kanten zweckgebunden hinterlegt (siehe dazu Anhang XXVII).

Der Unterschied der beiden Superklassen (hier: NVK und VBK) besteht in deren eingeplanter Funktionalität. Die NVK bilden feste Schemata bzw. Konzepte ab, wie das (E)DCC-Modell oder andere feste Strukturen ab wie die der Vorschriftenfestlegungen. Das bedeutet, dass die NVK der Erstellung der Baumstruktur nach den Ebenen des (E)DCC-Modells mit den darin enthaltenen Konzepten ermöglichen. Hierzu zählen neben der hierarchischen Abbildung der Ebenen des eigentlichen (E)DCC-Modells, auch die Modellierung der Bibliothek, in welcher die Text- und Bilddateien hinterlegt sind, und der Struktur der Vorschriftenfestlegungen sowie das Ablegen von Infrastrukturprojekten. Des Weiteren dienen die NVK der Kantennavigation bzw. -traversierung. Die VBK hingegen dienen zur Beschreibung der sogenannten Abhängigkeiten oder Beziehungen zwischen den einzelnen Konzepten oder innerhalb eines Konzeptes. Zu diesen zählen u. a. die Beziehungen zwischen den einzelnen Infrastrukturobjekten, die

Beziehungen zwischen den Vorschriftenfestlegungen, die Beziehungen zwischen den Infrastrukturobjekten und den Vorschriftenfestlegungen, die Beziehungen zwischen den Vorschriften und den Vorschriftenfestlegungen sowie zwischen den Vorschriften und den einzelnen Infrastrukturobjekten. Die gesamte Klassen- und Vererbungshierarchie der NVK und VBK kann dem Anhang XXVIII entnommen werden.

Die Namen der einzelnen Kantenklassen und deren gleichnamigen Instanzen können frei gewählt werden. Diese sollten aber zwecks einfacher und übersichtlicher Modellierung der Daten(sätze) einen Sinn machen. So beschreiben die Kantennamen oft die Startinstanzen, von denen eine Kante ausgeht (z. B. wird die Umgebungskante genommen, um die Instanzen der „Umgebungsebene“ mit den Instanzen der Klasse „Unterumgebungsebene“ zu verbinden), zwei Instanzen, zwischen denen eine Verbindung hergestellt werden soll (z. B. wird die Umgebungsdiskretisierungskante genommen, um die Instanzen der Umgebungsebenen mit den Instanzen der Diskretisierungsebene zu verbinden) oder eine bestimmte Aufgabe oder Funktion in einem definierten Konzept (z. B. Ausschlusskante oder Vorschriftenassoziationskante).

6.3 Überlegungen zur Implementierung der Anforderungen an das grundsätzliche Modellierungswerkzeug sowie Modellierung der Vorschriften und Vorschriftenfestlegungen

6.3.1 Modellierungsgrundsätze

Primär wurde bei den Modellierungsansätzen von dem Grundprinzip einer GDB ausgegangen – Abbildung der netzwerkartigen Strukturen/ Beziehungen zwischen den Objekten (Knoten) mittels Kanten bei gleichzeitigem Verzicht auf Modellierungsattribute. Dadurch lässt sich jede Verbindung und Abhängigkeit explizit modellieren. Dies trägt stark zur Übersichtlichkeit und Nachvollziehbarkeit bei. Verstärkt wird der Effekt durch die klare Abgrenzung der einzelnen Modellierungsschritte und (Teil-)Modelle untereinander, auch wenn diese miteinander verzahnt sind. Dennoch konnte ein kompletter Verzicht auf die Modellierungsattribute nicht erreicht werden. Dementsprechend existiert eine Unterscheidung zwischen Modellierungskanten und Modellierungsattributen. Bildlich kann man sich dies so vorstellen, dass die Modellierungskanten für die Grobmodellbildung zuständig sind und das Grundgerüst des Modells bilden. Die Modellierungsattribute der Kanten und Knoten sind dagegen für die Feinmodellbildung erforderlich. Die Modellierungsattribute unterstützen die Entwicklung eines einfachen

Modells (Übersichtlichkeit und Wartbarkeit) und dienen darüber hinaus auch zur gezielten, über die DB zu beeinflussenden Steuerung der Funktionalitäten der Software PULTrack. Als hauptsächliches ergänzendes Hilfsmittel kommen sie in allen Bereichen des (E)DCC-Modellansatzes zum Einsatz. Auch wenn das Prinzip der Knoten-Kanten-Modellierung (KKM) verfolgt wurde, hat es sich an manchen Stellen angeboten, zwecks Reduzierung der Modellierungselemente und somit der Bewahrung der Übersichtlichkeit und Wartbarkeit statt Kanten Modellierungsattribute zu verwenden. Zu erwähnen ist hierbei, dass die Modellierungsattribute sowohl in den Knoten als auch in Kanten zum Einsatz kommen, wobei im Falle der Kanten parallel sowohl eine Kanten- als auch eine Attributmodellierung vorliegt. Als Beispiel lässt sich die Modellierung der Planungsarten bzw. des Planungsmodus nennen, deren Modellierung ausführlich im Abschnitt 7.2.2 diskutiert wird.

Bzgl. der Beschränkung werden die Modellierungsattribute in Anlehnung an (DIN, DIN EN ISO 16739-1 2019) und (IB&T Gruppe 2019a) mit obligatorischen und optionalen Attributen bezeichnet. Obligatorische Attribute sind die Attribute, ohne welche die Funktion des Modells bzw. implizit auch die Funktion der Software PULTrack nicht möglich wäre, während dessen die optionalen Attribute darauf keinen Einfluss haben und weggelassen bzw. vernachlässigt werden können. Das bedeutet, dass die Werte der obligatorischen Attribute stets immer vorhanden sein müssen, während bei den optionalen die Attributfelder auch nicht gesetzt sein bzw. leer bleiben dürfen. Die im Rahmen der entwickelten Modellierungskonzepte genutzten Modellierungsattribute sind dem Anhang XXVII zu entnehmen.

6.3.2 Generika

Die in der Software PULTrack zu entwickelnden Modellierungsansätze sollten generisch implementiert werden, in dem neu hinzukommende Modellierungen in der (E)DCC-Datenbank von der Software zum größten Teil ohne jegliche Anpassung am Quellcode der Softwareanwendung berücksichtigt und richtig ausgewertet werden. Dies betrifft sowohl die Infrastrukturobjekte bzw. Systemkomponenten des DCC-Modells zum Abbilden eines Verkehrsweges, die Abbildung der Vorschriften und deren Festlegungen und der Abhängigkeiten zwischen den Infrastrukturobjekten als auch die Komponenten der Software sowie Objekte der Umgebung (hier: E) zum Planen eines

Verkehrsweges. Die Generizität sollte dabei anhand von festgelegten Schemata (Ontologien und Taxonomien mit deren Klassenstrukturen) in der DB erreicht werden, u. a. unter Zuhilfenahme einfacher Knoten-Kanten-Konstrukten, welche anschließend von den entwickelten Algorithmen ausgewertet werden. Zu unterstreichen ist dabei, dass die Generizität nur bei genauer Einhaltung der festgelegten Modellierungsschemata und -regeln inkl. Modellierungsattribute gegeben ist.

6.3.3 Quasi-Dynamische Softwareentwicklung

Die Idee der sogenannten Quasi-Dynamischen Softwareentwicklung liegt in der generischen Erzeugung von GUI-Elementen zu den Planungswerkzeugen und der Erweiterung der Tools selbst als solche anhand von in der DB modellierten Datensätzen (Knoten bzw. Objekte). Nicht zuletzt wegen der Änderung der Restriktionen der Vorschriften soll die Software in Abhängigkeit von den gewählten Vorschrift(en) die dazu modellierten Abhängigkeiten dynamisch laden sowie auswerten und somit die Erweiterbarkeit und Flexibilität der Software sichergestellt werden. Dies soll den Vorteil mit sich bringen, dass die Sachkundigen (z. B. Planungsingenieure) die Funktionalitäten der Software weiterentwickeln bzw. modifizieren können, ohne dabei den Quellcode der Anwendung anzupassen zu müssen. Es werden also keine Programmierkenntnisse vom Anwender benötigt.

Das dynamische an den modellierten Datensätzen ist es, dass diese nach jeder Änderung (Löschen, Ergänzen usw.) von dem gegebenen Quellcode der Software PULTrack erkannt und automatisch aktualisiert werden. Hierzu zählen nicht nur die Stammdaten, sondern auch die in der DB modellierte Logik der Abhängigkeiten innerhalb eines Konzeptes oder im Konzeptsystem. Vor diesem Hintergrund wird die von der Software geltend gemachte datenbankgestützte Logik flexibel ausgelegt, indem die Logik jederzeit anpassbar und erweiterbar und dadurch die Quasi-Dynamische Entwicklung der Software gewährleistet ist. Das heißt so viel, dass die Software dynamisch konzipiert ist, indem der große Teil an Funktionen der Software dynamisch aus der DB geladen wird und der Quellcode nur bei Bedarf in geringem Umfang anzupassen ist. Da eine vollständige Weiterentwicklung der Software PULTrack ohne jegliche Anpassungen im Quellcode nicht möglich ist, wurde der Begriff „Dynamik“ auf „Quasi-Dynamik“ abgeändert.

Zum Steuern der Knoten als GUI-Elemente sind in den Knoten und Kanten bestimmte Attributfelder (siehe Beispiele in Tabelle 4) vorgesehen, wodurch sich das Erscheinen der Knoten als GUI-Elemente an einer bestimmten Stelle der Software bzw. in einem bestimmten Planungswerkzeug beeinflussen lässt. Zudem kann die vertikale und horizontale Verteilung, die Reihenfolge und u. a. auch die Funktionalität der GUI-Elemente festgelegt werden.

Attributfeld	Datentyp	Bedeutung
Reihenfolge	Integer	Attribut, mit welchem die horizontale Reihenfolge der Knoten festgelegt werden kann
Achspflicht	Boolean	Ordnet Vorschriftenfestlegungen dem Fenster „Achse anlegen" zu
nicht_editierbar	Boolean	Attribut, welches die Benutzung der Vorschriftenfestlegungen in dem Voreingabefeld unterbindet
Visualisierung	Boolean	Blendet Vorschriftenfestlegungen auf dem Voreingabenfeld in der horizontalen Verteilung auf der GUI aus
vVerteilung	Boolean	Blendet Vorschriftenfestlegungen auf dem Voreingabefeld in der vertikalen Verteilung aus
Trassierungstool	Boolean	Ordnet Vorschriftenfestlegungen dem Trassierungstool zu

Tabelle 4: Beispiele für die Modellierungsattribute zur Steuerung der Knoten als GUI-Elemente

Nähere Erläuterung der Attribute „Achspflicht", „nicht_editierbar", „vVerteilung" und „Trassierungstool" findet sich im Anhang XXIX.

Gegenwärtig sind in der Software folgende Teile generisch und dynamisch umgesetzt: das planungswerkzeugbezogene Voreingabefeld der Vorschriftenfestlegungen zu den unterschiedlichen Planungswerkzeugen (hier: Trassierungstool PULTras und Dimensionierungstool PULDim), das Vorauswahlmenü zu den Verkehrsträgern, das Auswahlmenü der Vorschriften im Rahmen des Festlegens eines Projektes, die zur Auswahl beim Trassieren zur Verfügung gestellten Trassierungselemente, Teile des Dimensionierungstools PULDim sowie der Navigationsbaum mit den Kostengruppen des Kostenermittlungstools KSTrack und der Navigationsbaum des Datenbanktools.

6.3.4 Schwierigkeiten und Herausforderungen bei der digitalen Abbildung von Vorschriften und deren Inhalte

Das Problem der digitalen Abbildung von Vorschriften mit deren Inhalten ist vielseitig und sollte auch deshalb auf verschiedenen Abstraktionsebenen unter Berücksichtigung unterschiedlicher Aspekte betrachtet werden. Anhand der Ergebnisse aus der Literaturrecherche (siehe Abschnitt 2.2) als auch durch eigene Überlegungen kann das

Problem der digitalen Vorschriftenabbildung unter folgenden übergeordneten Gesichtspunkten betrachtet werden: (1) die digitale Repräsentation der für die Planung wichtigen Vorschriftenfestlegungsinhalte einschließlich Zusatzinformationen, (2) die strukturierte Modellierung dieser Inhalte in einer DB und (3) die Darstellung/ Visualisierung der angewandten Vorschriftenfestlegungen/ Regeln für den Nutzer (Planer). Im Folgenden werden die vorgenannten übergreifenden Gesichtspunkte im Einzelnen erläutert. Diese Überlegungen sollen darlegen, welche Schwierigkeiten bei der Übersetzung der Vorschriften und deren Inhalten sowie Entwicklung eines ACCC-Tools auftreten könnten. In Zusammenhang mit einem ACCC-Tool werden primär Aspekte zur digitalen Abbildung der Vorschriften und Vorschriftenfestlegungen aufgegriffen, da diese die Basis bei der automatischen Vorschriftenkonformitätsprüfung bilden.

Digitale Repräsentation der Vorschriftenfestlegungsinhalte

Bei der Planung und Ausführung von Infrastrukturen zielen die Vorschriften im Allgemeinen darauf ab, Vorschriftenfestlegungen strukturiert zu organisieren, zu klassifizieren und zu definieren, um so bei der Planung und Ausführung von Infrastrukturen ein hohes Maß an Sicherheit, Effizienz und Wirtschaftlichkeit zu erreichen (N. Nawari 2012). Diese liegen in Textform vor und sind zur Benutzung durch Menschen bestimmt, jedoch nicht durch Maschinen. Bei der Übersetzung von Vorschriften in Textform in eine maschinenlesbare Form müssen unterschiedliche Aspekte berücksichtigt sowie Herausforderungen bewältigt werden. Zu nennen sind u. a. die quasi kontinuierliche Anpassung und Aktualisierung einer Vorschrift (Versionierung), komplexe Abstufungen einzelner Vorschriftenfestlegungen/ Regeln oder Regelaussagen und Ausnahmen bei der Anwendung einer Regel, unklare Definitionen einer Regelaussage (abstrakt und subjektiv) und/ oder unvollständige Definitionen (Lee, et al. 2020), (N. Nawari 2012), (Tan, Hammad und Fazio 2010). Darüber hinaus muss bei der digitalen Übersetzung von Vorschriften und Vorschriftenfestlegungen zusätzliche Informationen in Betracht gezogen werden. So müssen neben den eigentlichen Vorschriftenfestlegungen zusätzliche Informationen (Aspekte) zu den betrachteten Vorschriften wie die Landes- und Regionszugehörigkeit, der technische Standard (z. B. anerkannter Stand der

Technik, Stand der Technik und Stand der Wissenschaft und Technik), der Verbindlichkeitsgrad[20] (obligatorisch/ nicht obligatorisch) der Vorschrift bzw. einzelner Vorschriftenfestlegungen, der Herausgeber (verschiedene normschaffende Institutionen, Gesellschaften und Organisationen), die kodifizierten/ nicht kodifizierten Vorschriftenfestlegungen (offiziell/ nicht offiziell), der technischer Einsatzbereich/ das Sachgebiet (z. B. Verkehrsplanung, Trassierung, Verkehrssicherheit, Wirtschaftlichkeit, Ingenieurbauwerke wie Tunnel, Brücken, EA etc.), die Vorschriftart (z. B. Gesetze, Rechtsnormen einschließlich Verwaltungsvorschriften, Regelwerke/ Richtlinien, technische Spezifikationen, Praxisanweisungen, Empfehlungen etc.), usw. berücksichtigt werden (Amor und Dimyadi 2021), (BMJ 2008), (Dimyadi und Amor 2013), (DIN, DIN 820-2 2018), (DIN, DIN EN 45020 2007), (FGSV 2013), (Lee, et al. 2020), (Schuk, Pombo Jiménez und Martin 2022). Die vorgenannten Aspekte und Probleme sowie weitere Überlegungen zur digitalen Abbildung der Vorschriftenfestlegungen werden in (Schuk, Pombo Jiménez und Martin 2022) ausführlich erörtert. In (Schuk, Pombo Jiménez und Martin 2022) werden insgesamt 16 Aspekte (detaillierte Erläuterung siehe Anhang XXX) betrachtet (siehe Abbildung 34) und für jeden ein möglicher Lösungsansatz vorgeschlagen.

[20] Über den Verbindlichkeitsgrad lässt sich der Freiheitsgrad der Einhaltung einer Festlegung feststellen (z. B. Empfehlung, Zulässigkeit, Möglichkeit). Näheres zum Verbindlichkeitsgrad einer Festlegung kann dem Glossar entnommen werden.

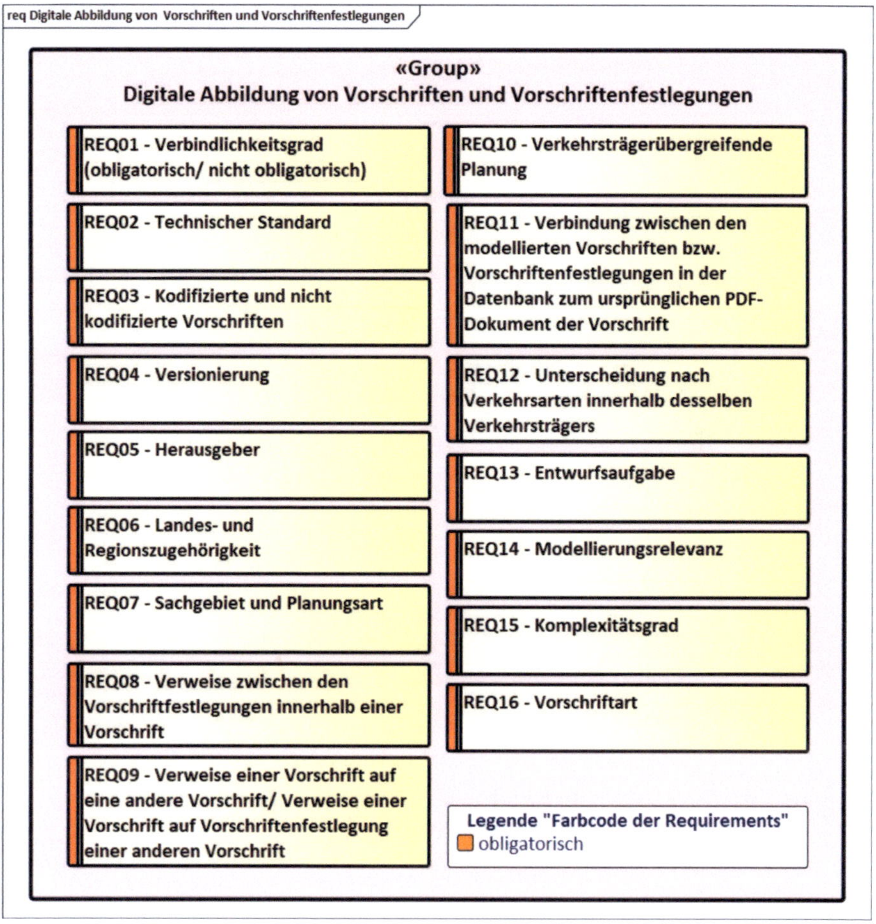

Abbildung 34: Anforderungen, die bei der digitalen Übersetzung der Vorschriften berücksichtigt werden sollten (Schuk, Pombo Jiménez und Martin 2022)

Die Autoren in (Schuk, Pombo Jiménez und Martin 2022) stellen fest, dass bei der digitalen Abbildung von Vorschriften sowohl Aspekte auf der Ebene der Vorschriften als auch auf der Ebene der Vorschriftenfestlegungen berücksichtigt werden müssen, da die Aspekte entweder die gesamte Vorschrift oder nur einige einzelne Festlegungen betreffen können. Daraus ergibt sich die generelle Notwendigkeit, zwei miteinander interagierende Modelle in einer DB zu entwickeln – eines für Vorschriften und eines für Vorschriftenfestlegungen. Dabei muss eine klare (explizite) Verbindung zwischen diesen beiden Modellen hergestellt werden.

Strukturierte Modellierung der Vorschrifteninhalte in einer Datenbank

Vorschriftenfestlegungen beschreiben meist bestimmte Einschränkungen von Parametern und Attributen eines Objekts, sowie Beziehungen zwischen einzelnen Objekten, die eingehalten werden müssen (Garrett, Palmer und Demir 2014), (Ismail, Ali und lahad 2017), (Schuk, Pombo Jiménez und Martin 2022). Diese können sowohl sehr einfach als auch sehr komplex sein, mit umfangreichen Überlegungen, die mehrere Restriktionen und Beziehungen gleichzeitig enthalten (Garrett, Palmer und Demir 2014). Deshalb sollte die zur Darstellung der Semantik und Logik der Vorschriftenfestlegungen einzusetzende DB und das Modell selbst eine hohe Flexibilität besitzen. Zur strukturierten Organisation der Daten gibt es viele Arten von DB, wobei das bekannteste Datenbankmodell das relationale ist. Allerdings ist jedoch die Abbildung von komplex strukturierten Daten sehr eingeschränkt, sodass die Vorschriftenfestlegungen mit hoher Wahrscheinlichkeit nicht im hinreichenden Umfang in der DB hinterlegt werden können. Vor diesem Hintergrund sollte eine DB mit einem flexiblen Datenbankmodell ausgewählt werden. GDB eignen sich gut zum Speichern von heterogenen Datenstrukturen. Sie erleichtern den Umgang mit komplexen Daten und ermöglichen gleichzeitig eine einfache Datenvisualisierung für den Nutzer (Angles und Gutierrez 2008) (hier: einfache Darstellung von Beziehungen/ Verweisen zwischen den einzelnen Vorschriftenfestlegungen in einem Graphen). Eine GDB erfüllt damit die mit einer digitalen Abbildung von Vorschriften und deren Inhalten verbundenen Anforderungen.

Darstellung/ Visualisierung der angewandten Vorschriftenfestlegungen für den Nutzer (Planer)

Bei der Übersetzung von Vorschriften in eine digitale Form können grundsätzlich zwei Ansätze verfolgt werden. Nach (Ismail, Ali und lahad 2017) mit Verweis auf (Eastman, et al. 2009) wird zwischen den hartkodierten Lösungsansätzen und den Logik-basierten Ansätzen unterschieden. Diese Ansätze lassen sich wiederum in die sogenannten Black-Box- und White-Box-Methoden unterteilen (Borrmann, König, et al. 2021) (vgl. Abschnitt 2.2). Bei der White-Box-Methode gibt es ein bestimmtes Modell für die digitale Darstellung von Vorschriftenfestlegungen, das nicht nur von der Maschine, sondern auch vom Benutzer (Planer) gelesen werden kann. Dadurch kann der Planer besser verstehen und nachvollziehen, welche Vorschriftenfestlegungen oder Informationen gerade geprüft wurden, wodurch die Ergebnisse der Maschine plausibler werden.

Der Planer kann an jeder Stelle eine gezielte manuelle Selbstkontrolle durchführen. Dies ist ein großer Vorteil gegenüber Verfahren mit versteckten Hintergrundprozessen. Die Ansätze, bei denen die Überprüfungsprozesse verborgen bleiben und nur die Ergebnisse eingesehen werden können, nennt man Black-Box-Methode. Hier sind die Vorschriftenfestlegungen oder deren Abhängigkeiten hart kodiert (Borrmann, König, et al. 2021). Sie folgen nicht einem spezifischen Modell.

Als Fazit lässt sich sagen, dass bei der digitalen Übersetzung der Vorschrifteninhalte darauf geachtet werden muss, dass die anzuwendenden und auszuführenden Inhalte (Vorschriftenfestlegungen/ Regeln) und damit die Überprüfungsprozesse für den Benutzer sichtbar bleiben bzw. ihm angezeigt werden können (Garrett, Palmer und Demir 2014). Der Ansatz sollte zudem generisch sein. Das heißt, es muss ein spezifisches Übersetzungsmodell für die digitale Abbildung von Vorschriften geben, das ohne Anpassung des Quellcodes erweitert werden kann, so dass keine Programmierkenntnisse erforderlich sind. In den folgenden Abschnitten werden Lösungsansätze unter Berücksichtigung der vorhin genannten Aspekte vorgestellt und diskutiert.

6.3.5 Überlegungen zur Abbildung der Vorschriften

Da die Vorschriftenfestlegungen in einer Vorschrift enthalten sind, war es unabdingbar ebenfalls ein Modell für die Vorschriften zu überlegen. Darüber hinaus gibt es Aspekte, die auf der Ebene der Vorschrift und Aspekte, die auf der Ebene der Vorschriftenfestlegung zu berücksichtigen sind (siehe Abschnitt 6.3.4). Hierbei kann eine Vorschrift in Form eines Knotens modelliert werden und über die Kanten mit ihren Festlegungen verbunden werden (explizite Kantenmodellierung). Um die Anzahl der Kanten von einer Vorschrift zu ihren einzelnen Festlegungen zu reduzieren, wäre es darüber hinaus sinnvoll, die Festlegungen kontextbezogen/ sachverhaltsbezogen in Gruppen zu halten (siehe Abschnitt 6.4.2). Es ist zu überlegen, wie die einzelnen Informationen, die direkt einer Vorschrift zugeordnet sind, abgebildet werden können. Es ist möglich, eine spezifische Klassenstruktur zu definieren und diese zusätzlich mit vorschriftbezogenen Attributfeldern zu versehen. Eine detaillierte Darstellung des Modells der Vorschriften wird in Abschnitt 6.4.1 vorgestellt.

6.3.6 Überlegungen zur Abbildung der Vorschriftenfestlegungen

Wesentlich schwieriger ist die Abbildung der Vorschriftenfestlegungen. Zur möglichen Ausbildung des Modellierungswerkzeuges von Vorschriftenfestlegungen, welche auch bei den anderen (Teil-)Modellen ihren Einsatz gefunden haben, wurden mehrere Methoden geprüft. Dazu zählen u. a. die softwaretechnische Implementierung inkl. sogenannter Parameter & Filter mit den darin enthaltenen Algorithmen, die die generische Auswertung der Vorschriftenfestlegungen erlaubt. Eine ausführliche Untersuchung der Umsetzungsmöglichkeiten in der GDB von OrientDB findet in (Weiß 2020) statt.

(Garrett, Palmer und Demir 2014) identifiziert für eine günstige Abbildung von maschinenlesbaren Festlegungen einen wichtigen Punkt, welcher bei der Entwicklung mitberücksichtigt werden soll. Demnach ist insbesondere die Entwicklung einer einfachen und leicht für die Vorschriftenverfasser und Softwareentwickler verständlichen Darstellungsart in den Vordergrund zu stellen. Dennoch sollte die Darstellungsart aussagekräftig genug sein, damit die Komplexität der Vorschriftenfestlegungen abbildbar bleibt. Als weiterer wesentlicher Punkt wird die angemessene Umsetzbarkeit genannt.

Zunächst war zu entscheiden, ob die Abhängigkeiten zwischen den Daten innerhalb oder außerhalb des eines zusammenhängenden (E)DCC-Graphen abgebildet werden sollen. Innerhalb des zusammenhängenden Graphen könnten die Abhängigkeiten entweder direkt mittels der LPG-Eigenschaften (attributierbare Kanten) der Kanten bzw. anhand reiner Kantenmodellierung ohne Attributierung oder indirekt unter zusätzlicher Zuhilfenahme der Abhängigkeitsknoten als Knotenoperator realisiert werden. Außerhalb des Graphen kann die Abbildung von Abhängigkeiten in Form einer Tabelle und somit ohne eine zusammenhängende Verbindung über die Kanten und Knoten oder in Form eines zusätzlichen Graphen umgesetzt werden. Eine weitere zu beantwortende Frage war, ob die Abhängigkeiten besser über reine Knotenattribute und somit ohne die explizite graphische Visualisierung in Form von Kanten modelliert werden können. Eine graphische Abbildung hätte den Vorteil, dass der Designer die Modellierung direkt sehen, besser verstehen und anschließend validieren kann. Bei der Modellierung der Abhängigkeiten außerhalb des (E)DCC-Graphen würde eine zusätzliche Datenquelle entstehen. Die Visualisierung der Abhängigkeiten würde dadurch fehlen, was zu einer starken Einschränkung der Übersichtlichkeit und Wartbarkeit führt. Hierbei ist insbesondere der Aspekt der Weitermodellierung wichtig, in dem die Planer o. ä. die Logik der Abhängigkeiten in der GDB alleine abbilden können. Im Falle der Modellierung über reine Knotenattribute ergibt sich der Vorteil im Hinblick auf die Abbildung komplexerer Abhängigkeiten über die Operatoren direkt in den Knoten, zwischen denen Abhängigkeiten bestehen.

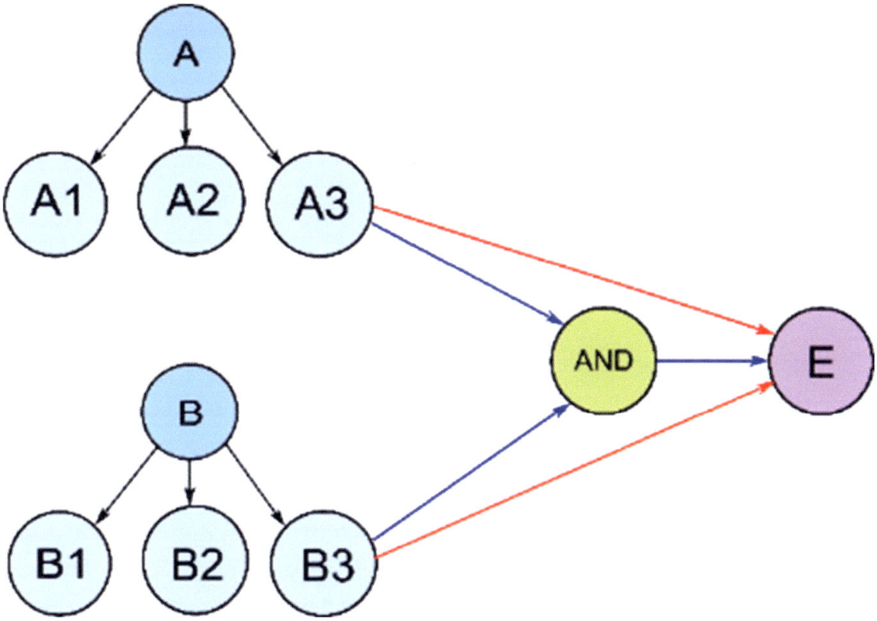

Abbildung 35: Indirekte Abbildung von Abhängigkeiten mittels Kanten mit dem dazwischen geschalteten Knotenoperator „UND" und explizite Abbildung von Abhängigkeiten über die attributierbare Kanten (rote Kanten) (Weiß 2020)

Aufgrund der fehlenden Modellierungskanten und ergänzenden Knotenoperators würde sich die Anzahl der Modellierungselemente reduzieren. Die graphische Repräsentation der Abhängigkeiten würde allerdings fehlen, so dass die Übersichtlichkeit, die Verständlichkeit und die Validierung der Modellierung herabgesetzt und damit auch die Fehleranfälligkeit gesteigert wird.

Es lässt sich feststellen, dass die Modellierung in Form eines Knoten-Kanten-Konstruktes die bessere Wahl ist, da dies viele Vorteile mit sich bringt. Zu nennen sind dabei solche Vorteile wie die Modellierung der Abhängigkeiten in einem einzigen Graph ohne zusätzliche Datenquellen, gute Übersichtlichkeit und Nachvollziehbarkeit der Modellierung, Reduzierung der Anzahl der Kanten bei gleichzeitigem Beibehalten der Möglichkeit zur Abbildung komplexer Sachverhalte dank der attributierbaren Kanten, Visualisierung der Abhängigkeiten anhand eines Graphen. Nichtdestotrotz sollte bei der KKM unterschieden werden, ob die Abhängigkeitsbeziehungen nur über die attributierbare Kanten oder zusätzlich über die Knoten (hier: Knotenoperatoren) realisiert werden.

Innerhalb des (E)DCC-Graphen	Außerhalb des (E)DCC-Graphen
LPG-Kanten & Knotenmodellierungsattribute ohne Knotenoperatoren	Tabellen
LPG-Kanten, Knotenmodellierungsattribute & Knotenoperatoren	Extra Baumgraph zusätzlich zum (E)DCC-Graph
Nur Knotenmodellierungsattribute ohne Kanten	-

Tabelle 5: Überlegte Modellierungsmethoden zur Abbildung der Vorschriftenfestlegungen in der GDB

Der Nachteil einer Modellierung mit zusätzlichen Knoten besteht darin, dass die Anzahl der Modellierungselemente stark anwächst und dadurch die Übersichtlichkeit, insbesondere beim Abbilden komplexer planungstechnischer Sachverhalte, beeinträchtigt wird. Vor diesem Hintergrund wurde bei der Implementierung des (E)DCC-Ansatzes die Methode der Modellierung über attributierbare Kanten ohne zusätzliche Modellierungsknoten (hier: Knotenoperatoren) gewählt. Allerdings gibt es bei der gewählten Methode auch Knotenmodellierungsattribute (LPG-Kanten und Knotenmodellierungsattribute).

6.4 Implementierung der digitalen Abbildung von Vorschriften und Vorschriftenfestlegungen

Der Abschnitt 6.4 wird primär den Modellen der Vorschriften und Vorschriftenfestlegungen gewidmet. Die hierzu gezeigten Modellierungstechniken basieren in erster Linie auf der sogenannten KKM und werden stellenweise durch die Modellierungsattribute nur ergänzt. Die im Rahmen des Software-Engineerings untersuchten Modellierungstechniken wurden unter anderem in (Belz 2020), (Greif 2020), (Koch 2020), (Schwarz 2020) und (Weiß 2020) mituntersucht und programmiertechnisch implementiert.

Die gesamte digitale Repräsentation der Vorschriften und deren Festlegungen in der DB basiert im Grunde auf drei (Teil-)Modellen: 1) das (Teil-)Modell der Vorschriften, 2) das (Teil-)Modell der Vorschriftenfestlegungen und 3) das (Teil-)Modell der Länder sowie Modellierungsattributen. Dabei werden die modellierten Vorschriften und die zugehörigen Vorschriftenfestlegungen durch Kanten miteinander verbunden. Gleichzeitig werden die (kodifizierten) Vorschriften mit den entsprechenden Ländern, in denen sie gelten, verbunden. Die Modellierung der Vorschriftenfestlegungen in Abhängigkeit von Ländern soll eine internationale Nutzung ermöglichen und erlaubt es die Modellierung in der DB länderspezifisch zu implementieren. Auch hier wird die Verbindung mit Hilfe von Kanten hergestellt. Somit liegt die gesamte Abbildung in Form eines expliziten Knoten-Kanten-Konstrukts vor, welche in der DB eine dazu vorgesehene Klassenstrukturen besitzen. Darüber hinaus werden die digital modellierten Vorschriften mit ihren ursprünglichen in Textform vorliegenden Vorschriften (PDF-Dokument) verknüpft.

6.4.1 Modell der Vorschriften

Das Modell der Vorschriften besitzt in der DB eine eigene Klassenstruktur. Diese ist gleichzeitig ein Teil der Ebenen des (E)DCC-Modells und wird daher im Folgenden mit (Teil-)Klassifikationssystem bezeichnet. Bei der Modellierung wird grundsätzlich zwischen kodifizierten und nicht kodifizierten Vorschriften unterschieden. Dementsprechend existiert ein Klassifikationssystem sowohl für kodifizierte als auch für nicht kodifizierte Vorschriften.

Die Klassenstruktur der kodifizierten Vorschriften ist 3-stufig ausgelegt (siehe Abbildung 36). Diese Struktur, in Verbindung mit anderen (Teil-)Modellen, berücksichtigt Aspekte wie:

- Kodifizierte/ nicht kodifizierte Vorschriften
- Versionierung einer Vorschrift,
- Herausgeber einer Vorschrift (normen-/ vorschriftenschaffende Institutionen, Gesellschaften und Organisationen)
- Landeszugehörigkeit (z. B. Deutschland, Spanien, Italien etc.)
- Vorschriftart (z. B. Gesetze, Rechtsnorme, Richtlinie, technische Spezifikationen, Empfehlungen etc.)
- Verkehrsträgerübergreifende Planung (z. B. Schiene, Straße etc.)
- Verweise einer Vorschrift auf eine andere Vorschrift/ Verweise einer Vorschrift auf eine Vorschriftenfestlegung einer anderen Vorschrift
- Verbindung zwischen einer digitalisierten und in Textform vorliegender Vorschrift (PDF)
- Sachgebiete (z. B. Trassierung, Brückenbau, EA etc.) und Planungsarten
- Planungsarten

Der 3-stufige modulare Aufbau mit den darin enthaltenen Klassen- und Vererbungshierarchie kam aus zwei Gründen zustande – zum einen aus Gründen einer strukturierten Organisation der Klassen nach den Vorschriftarten (hier: Unterscheidung zwischen den Objekten Gesetz, Rechtsnorm und Richtlinie), Verkehrsträgern, Ländern und Ändern in der DB und zum anderen aus einem funktionalen Grund, indem die Vorschriftarten anhand der Klasse als solche in der Software PULTrack erkannt werden können. Darüber hinaus soll die feine Gliederung eine detaillierte Modellierung der Vorschriften in der DB sicherstellen. Das bestehende Klassensystem in der DB kann auf andere Vorschriftarten erweitert werden. Die dreistufige Klassen- und Vererbungshierarchie gilt für alle kodifizierten Vorschriften und Länder. Die gesamte Abstufung erlaubt es, die Vorschriften in der DB über die Klassen nach der Vorschriftart, den Ländern und normgebenden Organisationen (z. B. DB AG, FGSV, etc.) zu strukturieren. Optional können die jeweiligen länderbezogenen Vorschriften zwecks Einteilung dieser nach den Herausgebern und/ oder Organisationen einer weiteren Klasseneinteilung unterzogen werden, indem diese eigene Unterklassen wie zum Beispiel „DB_AG“ für die Richtlinien der DB AG, „FGSV“ für die Richtlinien bzw. Regelwerke der Forschungsgesellschaft für Straßen- und Verkehrswesen etc. bekommen (vgl. Abbildung 36).

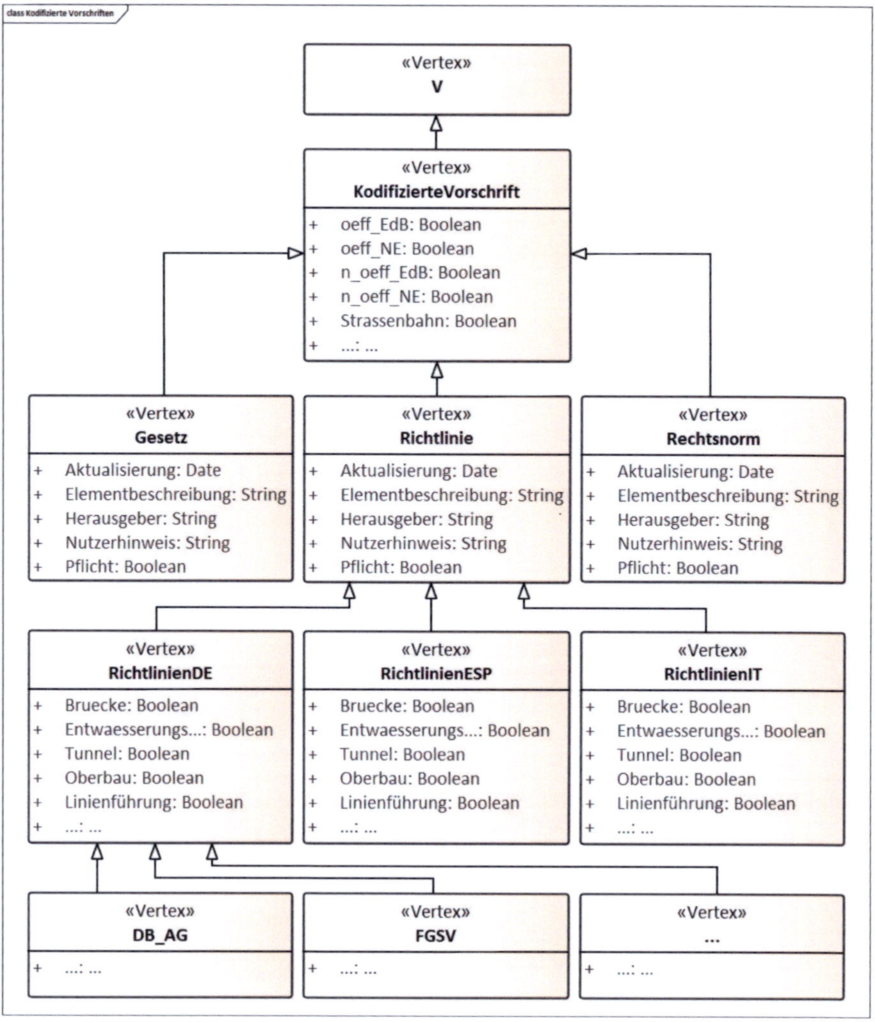

Abbildung 36: Auszug aus der Klassen- und Vererbungshierarchie von kodifizierten Vorschriften

Die erste Superklasse ist die „KodifizierteVorschrift“, in welcher als Attribute nur die Verkehrsträger, zu welchem eine Vorschrift gehören soll, hinterlegt sind. Diese stellt die allgemeine Klasse dar, welche in weiteren Schritten in spezifische Klassen unterteilt wird. Weiter unten in der Hierarchie werden die Vorschriften in die Klassen „Gesetz“, „Rechtsnorm“ und „Richtlinie“ eingeteilt, die die Unterscheidung der Sammlung nach dem Verbindlichkeitscharakter einer Vorschrift bzw. nach der Vorschriftart erlauben. Diese Klassen („Gesetz“, „Rechtsnorm“ und „Richtlinie“) besitzen eigene Attribute, wobei das Attributfeld „Aktualisierung“ vom Datentyp Date eines der wichtigsten Attribute darstellt, da die gesamte Modellierung der Planungswerkzeuge im „Geführten Entwurfsvorgang“ auf den Vorschriften basiert und somit in einer direkten Abhängigkeit zu deren Aktualität steht. Ein weiteres wichtiges Attribut ist das Attributfeld „Herausgeber“. Der Aspekt Herausgeber kann somit unter Umständen zweifach festgelegt werden – über das Attributfeld „Herausgeber“ und zusätzlich über eine zum Herausgeber angelegte Unterklasse.

Unterhalb der Superklassen „Gesetz“, „Rechtsnorm“ und „Richtlinie“ wird die jeweilige Superklasse in die Unterklassen nach Ländern geordnet eingeteilt, wie zum Beispiel für den Fall der Klasse „Richtlinie“ in die Unterklassen „RichtlinienDE“ (Richtlinien für Deutschland), „RichtlinienESP“ (Richtlinien für Spanien), „RichtlinienIT“ (Richtlinien für Italien) u. v. m (vgl. Abbildung 36). In diesen Unterklassen befinden sich weitere wichtige Attribute wie z. B. zur Einteilung der Vorschriften nach den Einsatzbereichen/ Sachgebieten wie z. B. Brücke (Attribut „Bruecke“), EA (Attribut „Entwaesserungsanlagen“) usw., welche in der Software als Filter beim Wählen der Vorschriften in einem Projekt verwendet und dem Anwender bei der Einstellung der Vorschriften gruppiert/ sortiert werden. Auf dieser Strukturebene kommt auch die von OrientDB erlaubte Mehrfachvererbung zustande, indem die zuvor genannten Unterklassen („RichtlinienDE“, „RichtlinienESP“ und „RichtlinienIT“) zusätzlich von der Klasse „Kategorisierung“ und somit auch indirekt von der Superklasse „Datensatz“ erben (in Abbildung 36 nicht mitdargestellt). Dadurch bekommen die Unterklassen zwei weitere wichtige Attribute „Planung_und_Entwurf“ und „Instandhaltung“. Die Attribute „Planung_und_Entwurf“ und „Instandhaltung“ dienen dazu eine Vorschrift der Planungsart zuzuordnen und müssen, beim Modellieren gesetzt werden. Die Planungsart wird über dieselben Attribute auch auf Ebene der Vorschriftenfestlegungen mitberücksichtigt (vgl. Abschnitt 6.4.2). Somit können die Objekte bzw. Instanzen erst von den länderbezogenen Unterklassen erzeugt werden. Dies bedeutet auch, dass die Instanzen aller Vorschriften auf der Kategorisierungsebene angesiedelt sind. Aktuell sind nur zwei Planungsarten vorgesehen, welche aber künftig über das Einfügen von zusätzlichen Attributfeldern „Ausführung“ und „Betrieb“ ohne einen großen Aufwand erweitert werden könnten.

Ergänzend zur Zuordnung einer Vorschrift zu einem bestimmten Land über Unterklassen des Vorschriftenklassensystems existiert in der DB ein separates (Teil-)Modell der Länder, dessen Instanzen über die Kanten mit zugehörigen Instanzen der Vorschriften verbunden werden (vgl. Abschnitt 7.3.1).

Anmerkung zu den Vorschriften der Eisenbahnen: Die Einordnung einer Vorschrift nach dem Zuständigkeits- bzw. Verantwortungsbereich (hier: EdB und NE) erfolgt über die Modellierungsattribute „oeff_EdB“, „n_oeff_EdB“, „oeff_NE“ und „n_oeff_NE“. Die schematische Darstellung der Einordnung von Vorschriften nach dem Zuständigkeits- und Verantwortungsbereich findet sich im Anhang XXXII. Die Einteilung der Strecken nach deren Bedeutung (hier: Streckencharakteristik in Form von Hauptbahn und Nebenbahn) und die dazu gehörigen Inhalte der Festlegungen werden über das Modell der Vorschriftenfestlegungen realisiert.

Die modellierten kodifizierten Vorschriften können über die Kanten mit den in der Datenbank in Textform hinterlegten Vorschriften verknüpft werden. Über die Kantenmodellierung wird auch der Aspekt Verweise einer Vorschrift auf eine andere Vorschrift bzw. Verweise einer Vorschrift auf Vorschriftenfestlegungen implementiert. Allerdings geschieht es nicht auf Ebene der Vorschriften, sondern auf Ebene der Vorschriftenfestlegungen, wobei es zwischen einer Vorschriftenfestlegung bzw. -sgruppe und einer Vorschrift immer eine Kantenverbindung gibt.

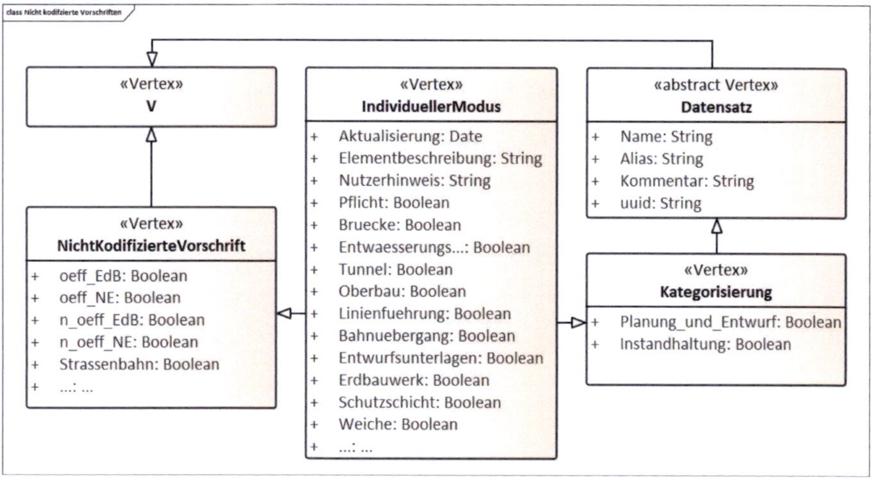

Abbildung 37: Klassen- und Vererbungshierarchie von nicht kodifizierten Vorschriften

Die Klassen- und Vererbungshierarchie der nicht kodifizierten Vorschriften weicht von der Klassenstruktur der eigentlichen kodifizierten Vorschriften zum Teil deutlich ab. Diese sehen aufgrund der Tatsache, dass es keine Länder und Vorschriftarten gibt, weniger ausgeprägt aus. Deshalb ist die Klassenstruktur der nicht kodifizierten Vorschriften nur 2-stufig angelegt (siehe Abbildung 37). Die Modellierungsattribute bleiben aber bei den nicht kodifizierten Vorschriften überwiegend dieselben wie die der kodifizierten Vorschriften. Die Superklasse „NichtKodifizierteVorschrift" enthält die einzelnen Verkehrsträger. Die Unterklasse „IndividuellerModus" (benannt nach dem „Individuellen Entwurfsvorgang") enthält als Attribute die technischen Einsatzbereiche/ Sachgebiete sowie allgemeine Informationen einer nicht kodifizierten Vorschrift. Die Instanzen beider Typen von Vorschriften (kodifiziert/ nicht kodifiziert) werden über die Entwurfsvorgänge in der DB gespeichert (siehe Abbildung 51).

Die so modellierten Vorschriften (nur kodifizierte) werden dann mit den Ländern verbunden. Anschließend werden die modellierten kodifizierten/ nicht kodifizierten Vorschriften mit den einzelnen Infrastrukturobjekten verbunden, wodurch sich die Infrastrukturobjekte in der DB in Abhängigkeit von Vorschriften aufrufen lassen. Darüber hinaus sind die Vorschriften mit den modellierten Vorschriftenfestlegungen und diese mit den Infrastrukturobjekten verknüpft, so dass die Infrastrukturobjekte in Abhängigkeit von bestimmten Randbedingungen aus den Vorschriftenfestlegungen abgerufen werden können.

6.4.2 Modell der Vorschriftenfestlegungen

Vorschriften mit ihren vielfältigen Regeln spiegeln die a. R. d. T. und/ oder den „Stand der Technik" etc. wider und sind insbesondere im Bereich der Sicherheit von großer Relevanz. Die Einhaltung dieser Regeln erfordert von den Planern ein hohes Fachwissen, eine große Erfahrung sowie hohe Konzentration. Sie können nach der im Abschnitt 3.2.3 und 6.3.4 vorgestellten Definition sowohl ein Parameter und Attribut (hier: Parameter- und Attributkonventionen) oder auch eine bestimmte Beziehung (z. B. zum Feststellen der Existenz eines Objektes) aus den Vorschriften sein und im Rahmen der Planung eines Verkehrsweges entweder für die gesamte Strecke oder nur für einen Streckenabschnitt eines Verkehrsweges innerhalb eines Projektes geltend sein. Das entwickelte Modell der Vorschriftenfestlegungen überführt diese zuvor in Textform vorliegenden Festlegungen/ Regeln in eine maschinenauswertbare Form. In dem Modell werden die digital übersetzten Vorschriftenfestlegungen als eine Vorwärts-/ Rückwärtsverkettung von Bedingungen modelliert. Sie werden mit Hilfe von logischen Ausdrücken („UND"- / „ODER"- / „WENN-DANN"-Regeln, mathematische Regeln und Mischformen aus den beiden) sowie Beziehungen in der DB dargestellt, welche anschließend vom System als ein vorschriftenkonformer Inferenzmechanismus zum Finden (Matching) von z. B. passenden Typen von Infrastrukturobjekten und deren Kompatibilität zueinander genutzt wird.

Die einzelnen Sets von Vorschriftenfestlegungen werden dabei getrennt nach den Verkehrsträgern erstellt. Diese können in Form von gleichzeitig mehreren Parametern, Attributen sowie Beziehungen bestehen oder in Form einer Kombination aus allen drei vorkommen. Sie stellen bestimmte Eigenschaften und Beziehungen dar, welche zum Einhalten von Regeln verwendet werden. Sie beschreiben also die Soll/ Muss-Eigenschaften eines zu planenden Verkehrswegs wie zum Beispiel im Falle einer Eisenbahnstrecke die vorgegebene oder zulässige Entwurfsgeschwindigkeit, die zulässigen Radsatzlasten, die Kategorie des Verkehrsweges, den Bahntyp (Vollbahn/ S-Bahn), die verkehrliche Bedeutung (Hauptbahn/ Nebenbahn), den Gleistyp (durchgehende Hgl, Hgl usw.), den Gleisabstand, die geometrischen Abmessungen des Bahnkörperaufbaus und der Entwurfselemente der Fahrbahnquerschnitte (wie z. B. Bettungsdicke, Schotterbreite vor dem Schwellenkopf, Schwellenabstand, Abstand Gleismitte/ Planumsbreite, Planumsbreite, Fahrbahnhöhe) u. v. m. Die zulässigen Werte der Vorschriftenfestlegungen sowie Abhängigkeiten zwischen diesen leiten sich primär aus den kodifizierten (hier: Gesetze, Rechtsverordnungen und Richtlinien/ Regelwerke) oder nicht kodifizierten Vorschriften (gelten für den „Individuellen Entwurfsvorgang") ab. Diese sind stets nur in Verbindung mit der Planungsart und dem Entwurfsvorgang zu sehen.

Die Vorschriftenfestlegungen werden in der DB als Knoten modelliert und mit Kanten zu Gruppen zusammengefasst (siehe Abbildung 38). Zu diesem Zweck werden die komplexen Festlegungen einer Vorschrift in der DB Schritt für Schritt in einfachere, kleinere Elemente zerlegt und anhand von Knoten und Kanten abgebildet, wodurch der Komplexitätsgrad der Zusammenhänge von kettenartigen Festlegungen herabgesetzt und die Aussage einer Vorschrift präzise formuliert wird. Auch die Verweise oder

Zusammenhänge zwischen den einzelnen Festlegungen sowohl innerhalb derselben Vorschrift als auch die Verweise zwischen zwei oder mehreren Vorschriften werden über die Kanten modelliert. Somit sind die Verweise auf der Ebene der Vorschriftenfestlegungen realisiert.

Das Modell der Vorschriftenfestlegungen mit dessen Klassenstruktur berücksichtigt folgende Aspekte:

- Unterscheidung nach Verkehrsarten innerhalb desselben Verkehrsträgers
- Verweise zwischen den Vorschriftenfestlegungen innerhalb der Vorschrift
- Verweise einer Vorschrift auf eine andere Vorschrift/ Verweise einer Vorschrift auf eine Vorschriftenfestlegung einer anderen Vorschrift
- Planungsarten
- Modellierungsrelevanz (nur indirekt bzw. subjektiv)

Zur Strukturierung der Vorschriftenfestlegungen ist eine Klassenstruktur vorgesehen (siehe Abbildung 39). Die in Abbildung 38 dargestellte Struktur der Vorschriftenfestlegungen gilt sowohl für die Modellierung der Regel der kodifizierten als auch für nicht kodifizierten Vorschriften. Von den modellierten Vorschriftenfestlegungen existieren momentan vier Arten – die sogenannten Eingabeknoten, die Auswahlknoten, die Multiauswahlknoten21 und die Anzahlmultiplikatorknoten. In Abbildung 38 ist exemplarisch der Aufbau von Vorschriftenfestlegungen dargestellt, welcher in Verbindung mit den Abhängigkeitskanten (Aspekt Verweise zwischen den Vorschriftenfestlegungen innerhalb der Vorschrift) zwischen den einzelnen Festlegungen in der DB zum Modellieren der Semantik der Vorschriftenfestlegungen verwendet wird.

[21] Funktionieren wie die Auswahlparameter mit dem Unterschied, dass sich diese innerhalb einer Auswahlgruppe (hier: Multiauswahlgruppe) bei Bedarf gleichzeitig parallel auswählen lassen.

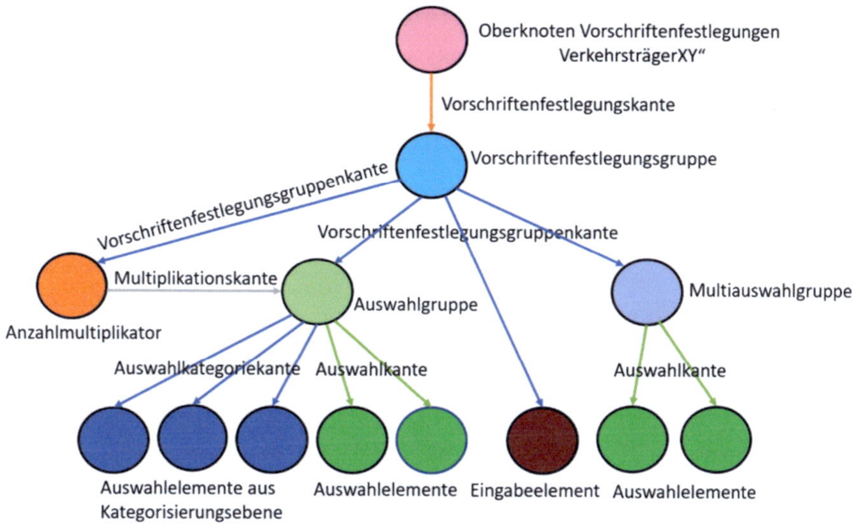

Abbildung 38: Schematische Darstellung der Struktur von Vorschriftenfestlegungen auf der Objektebene als Knoten-Kanten-Konstrukt in der (E)DCC-Datenbank; die Abhängigkeiten zwischen den Vorschriftenfestlegungen sind in der Abbildung nicht mitdargestellt

Die Eingabeknoten/-elemente (Klasse „Eingabe") werden benötigt, um direkte zahlenmäßige Eingaben zu tätigen, wie zum Beispiel die Angabe der Entwurfsgeschwindigkeit oder anderer numerischer Größen. In den Eingabeknoten werden die Zahlen nicht nur erfasst, sondern auch übergeben.

Die Auswahlknoten/-elemente (Klasse „Auswahlelement") erlauben eine direkte Auswahl an Angaben, welche als Namen der Auswahlelemente repräsentiert sind. Hierbei kann die Auswahl entweder manuell getätigt werden oder die Auswahl ergibt sich aus einer Abhängigkeit.

Die Multiauswahlknoten/-elemente werden wie die normalen Auswahlelemente behandelt, mit dem einzigen Unterschied, dass dort gleichzeitig mehrere Angaben berücksichtigt werden können. Zu diesem Zweck müssen diese unterhalb des Knotens „Multiauswahlgruppe" (Klasse „Multiauswahlgruppe") gruppiert modelliert werden.

Der Anzahlmultiplikator(knoten) (Klasse „Anzahlmultiplikator") dient dazu, um bestimmte Festlegungen (Auswahlelemente) mit den dazugehörigen Auswahlgruppe vervielfältigen zu können.

Der hier vorgestellte Ansatz zur Abbildung von Vorschriftenfestlegungen ist eine hybride Methode. Der Ansatz ist sowohl Objekt-, Logik- als auch Ontologie-basiert.

Bei einem Objektorientierten Ansatz geht es um die strukturierte Darstellung und Übersetzung der Vorschriftenfestlegungen anhand von Klassen mit deren Attributen sowie der Herstellung einer Verbindung zwischen diesen und den Klassen der Infrastrukturobjekte sowie der Vorschriften. Es wird also mit den Instanzen der drei genannten Komponenten modelliert.

Der Logik-basierte Teil (hier: „UND“/ „ODER“/ „WENN-DANN“) ist für die Abbildung der logischen Zusammenhänge der Regeln zuständig, welcher sowohl über die Kanten als auch Modellierungsattribute in der GDB realisiert und anschließend von entwickelten Algorithmen (hier: Interpreter) ausgewertet wird.

Die hier präsentierte Methode der Abbildung von Vorschriftenfestlegungen ist gleichzeig ein Ontologie-basierter Ansatz. Bei einem Ontologie-basiertem Ansatz werden die Beziehungen zwischen den betrachteten Objekten (hier: zwischen den Regelobjekten untereinander sowie zwischen Regelobjekten und Infrastrukturobjekten) in einer festdefinierten Form (hier: Einschränkung) dargestellt. Das System enthält außerdem Logiken. Eine bestimmte Ontologie wird aber auch zur Strukturierung der Vorschriftenfestlegungen selbst genutzt (hier: Einschränkung). In diesem Fall bietet es sich auch an, anstatt Ontologie den Begriff Taxonomie zu verwenden, da die Struktur des Modells auf der Objektebene eine hierarchische, kontrollierte Sammlung von bestimmten, expliziten und nicht redundanten Begriffen ist (vgl. (ISO, ISO/ IEC TR 11179-2 2019)). Durch die festgelegten Ontologien sind auch die richtungsbezogenen Modellierungsregeln festgelegt (z. B. eine Kante zwischen zwei Objekten darf nur von links nach rechts und nicht umgekehrt angelegt werden). U. a. wird dadurch die geforderte Generizität erzielt.

Abbildung 39 veranschaulicht die gesamte Klassen- und Vererbungshierarchie der Vorschriftenfestlegungen unter Einbezug von Modellierungskanten zum Abbilden der Struktur in der GDB. Diese wird in der GDB im Wesentlichen durch sieben Unterklassen (hier: Klassen „Vorschriftenfestlegung“, „Vorschriftenfestlegungsgruppe“, „Anzahlmultiplikator“, „Eingabe“, „Auswahlelement“, „Auswahlgruppe“ und „Multiauswahlgruppe“) repräsentiert. Eine indirekte Erläuterung zur Klassenstruktur der Vorschriftenfestlegungen in Verbindung mit der Modellierung findet sich im Abschnitt 7.4. Weitere

Darstellungsarten der Klassen- und Vererbungshierarchie der Vorschriftenfestlegungen findet sich im Anhang XXXIII.

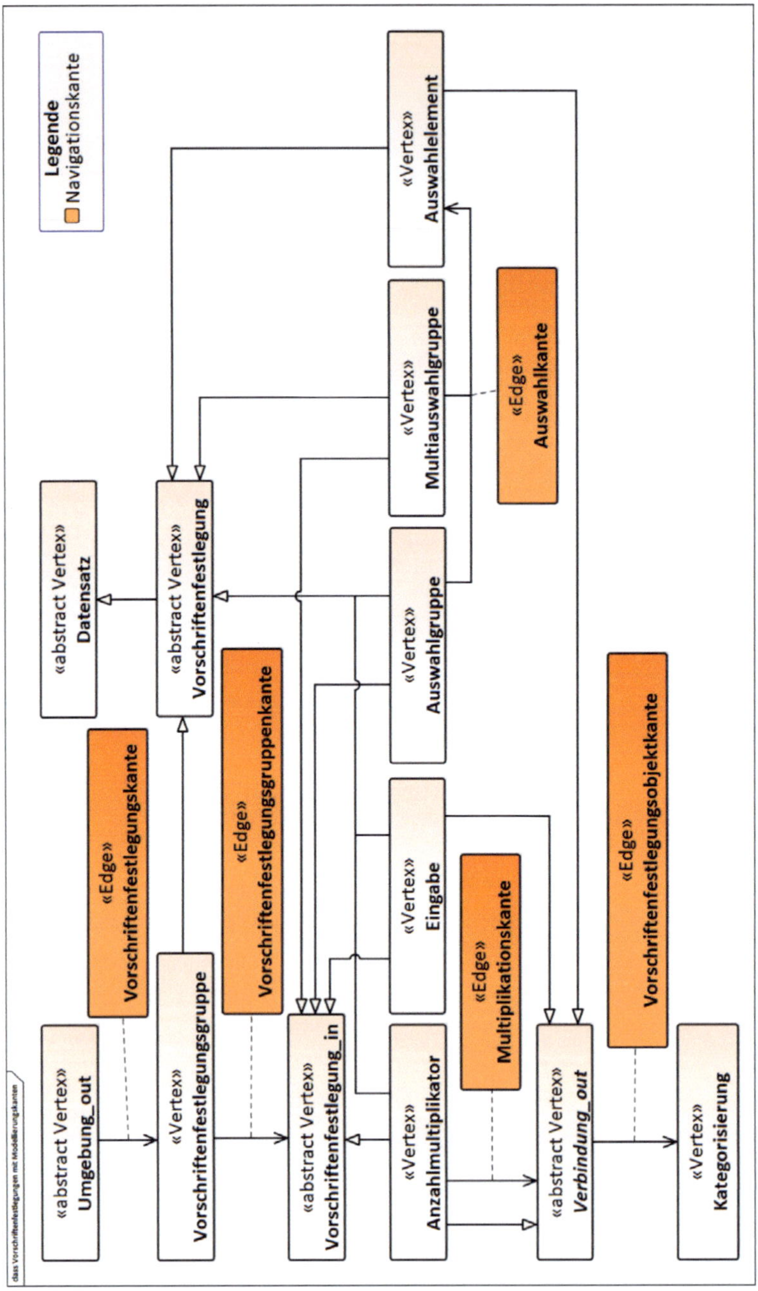

Abbildung 39: Klassenaufbau der Vorschriftenfestlegungen nach dem (E)DCC-Modells in der DB unter Zusammenwirkung der Navigationskanten in Anlehnung an Belz (2020)

Eine Übersicht über die Kantenklassen zum Modellieren der Struktur von Vorschriftenfestlegungen (hier bestimmte Navigationskanten) und der Beziehungen/ Abhängigkeiten zwischen den einzelnen Festlegungen sowie zur gesamten digitalen Abbildung der Vorschriftenkonformität (hier: bestimmte VBK) in der DB kann dem Anhang XXVIII entnommen werden. Dessen Erläuterung und Bedeutung inkl. Attributierung kann dem Anhang XXVI und Anhang XXVII und entnommen werden.

Nach der Herkunft werden die modellierten Vorschriftenfestlegungen in die direkten und abgeleiteten Parameter und Attribute eingeteilt, wobei die Namen in Anlehnung an (DIN, DIN EN ISO 16739-1 2019) verwendet werden. Hierbei sind die direkten Vorschriftenfestlegungen von den restlichen Parametern und Attributen völlig unabhängige Größen, die einen autonomen Einfluss auf die Abbildung der Randbedingungen und Einschränkungen haben. Abgeleitete Parameter und Attribute werden anhand von bereits festgelegten direkten oder zuvor bestimmten berechneten Parametern und Attributen ermittelt.

Nach der Komplexitätsgradeinteilung der Vorschriftenfestlegungen gemäß (Solihin und Eastman 2015) deckt das hier vorgestellte Modell der Vorschriftenfestlegungen folgende Vorschriftenfestlegungsklassen ab:

- *"Rules that require a single or small number of explicit data*
- *Rules that require simple derived attribute values*
- *Rules that require extended data structure"* (Solihin und Eastman 2015)

Allerdings ist dieser Aspekt weder über die Klassen- noch über die Modellierungsattribute als solche berücksichtigt.

Die Entscheidung über die Bedeutung einzelner Vorschriftenfestlegungen oder über die Bedeutung der Informationen aus einer Vorschriftenfestlegung/ Regel einer Vorschrift (Modellierungsrelevanz) muss vom Modellierer erkannt werden und hängt somit von seinem technischen Planungsverständnis ab. Somit sind auch hier keine bestimmte Klassen- oder Modellierungsattribute vorgesehen. Einen bestimmten modellierungstechnischen Ansatz dazu gibt es derzeit nicht.

Die Aspekte Planungsart und Unterscheidung nach Verkehrsarten innerhalb desselben Verkehrsträgers sind über die Attributfelder in den Knoten der Vorschriftenfestlegungen implementiert (in Abbildung 39 nicht mitdargestellt).

Das Modell der Vorschriftenfestlegungen ist ein wichtiger Bestandteil sowohl des prototypisch entwickelten Trassierungstools PULTras als auch des Dimensionierungstools PULDim. Zu erwähnen ist hierbei, dass es modellierte Vorschriftenfestlegungen gibt, welche nur für das Dimensionierungstool, nur für das Trassierungstool oder für beide gleichzeitig modelliert sein können. Hervorzuheben sind besondere Fälle mit einer starken Interaktion zwischen dem Trassierungs- und dem Dimensionierungstool, in denen das Trassierungstool einen Wert einer Vorschriftenfestlegung bearbeitet, bestimmt oder überschreibt und diesen zur Weiterbearbeitung an das Dimensionierungstool übergibt.

6.4.3 Modellierungslogik der Abhängigkeitskanten

Die für den (E)DCC-Modellansatz entwickelten Abhängigkeitslogiken in der DB betreffen bislang die Beziehungen zwischen:

- den Vorschriftenfestlegungen untereinander inkl. Logiken für das Trassierungstool,
- zwischen den Vorschriftenfestlegungen und Systemkomponenten sowie zwischen den Systemkomponenten untereinander,
- zwischen den Vorschriften und Vorschriftenfestlegungen und Vorschriften und Systemkomponenten.

Im Folgenden werden diese Arten von Abhängigkeiten anhand von einfachen schematischen Beispielen näher vorgestellt.

6.4.3.1 Abhängigkeitskanten zwischen den Vorschriftenfestlegungen

Im Rahmen der Entwicklung hat sich gezeigt, dass sich die Abbildung von langen Abhängigkeitsketten, welche zum Teil komplex im Text einer Vorschrift formuliert sind und eine ungeordnete Struktur aufweisen, am einfachsten auf Basis eines logischen Systems (auch als Aussagenlogik bezeichnet) maschinenlesbar realisieren lässt.

Die Idee der Abbildung von Vorschriftenfestlegungen über Logiken ist nicht neu und hat ihren Ursprung im Jahr 1966. Fenves erforschte die Abbildung von Vorschriftenfestlegungen in den sogenannten Entscheidungstabellen (Fenves 1966). Basierend darauf wurden später Prädikatenlogiken und Entscheidungsbäume untersucht (Fenves und Wright 1977), (Jain, Law und Karwinkler 1989), (Kerrigan und Law 2003),

(Nyman, Fenves und Wright 1973), (Rasdorf und Lakmazaheri 1990). Eine Diskussion über die wichtigsten entwickelten Methoden findet sich in (Fenves, et al. 1995).

Bei dem Modell der Vorschriftenfestlegungen werden die Aussagen der Vorschriftenfestlegungen über die Auswertung der sogenannten „UND“-/ „ODER“-Junktoren (auch als logische Operatoren bezeichnet) und „WENN-DANN“-Bedingungen implementiert. Somit entspricht das logische System den Prädikatenlogiken 1.Ordnung (auch mit First Order Logic bezeichnet), welches für die Modellierer nur über die Kanten wahrnehmbar ist. Dabei wird die Logik nicht nur über die Junktoren dargestellt, sondern zusätzlich über die Knoten (hier: Auswahlgruppen mit deren Auswahlelementen und Eingabeelementen) selbst und Attributfelder in den Abhängigkeitskanten sowie Knoten gebildet. Hierbei kann je nach Schwierigkeitsgrad einer Abhängigkeit zwischen zwei Vorschriftenfestlegungen, ein logischer Ausdruck durch eine reine Kantenverbindung eine Abhängigkeitsbeziehung herstellen. Die Methode der vorgeschlagenen Modellierung der Abhängigkeiten zwischen den modellierten Vorschriftenfestlegungen ist so umgesetzt, dass die Parameter und Attribute bei Bedarf erst bei bestimmten eingegebenen Informationen vom Planer aufgrund der existierenden Abhängigkeiten nach und nach fortlaufend freigeschaltet werden. Das Gesamtsystem kann im Grunde als Bedingung-(Verhalten)-Konsequenz-Ansatz angesehen werden. Folgende Kombinationen an Logiken sind bei dem Modell der Vorschriftenfestlegungen umgesetzt:

1) Auswahlelement – Auswahlelement
2) Auswahlgruppe – Auswahlelement/ Auswahlelement – Auswahlgruppe/ Auswahlgruppe – Auswahlgruppe
3) Eingabeelement – Auswahlelement/ Auswahlelement – Eingabeelement
4) komplexe Kombinationen

Die logischen Operatoren der Form reiner Kantenverbindung bzw. Kantenmodellierung können in bestimmten Fällen über die Attributierung der Vorschriftenfestlegungsreihenfolgekante (VFRK) (hier: Attribut „Ausschluss“ vom Datentyp Boolean, Attribut „GruppenID“ von Datentyp String, Attributpaar „Maximum“ und „Minimum“ je vom Datentyp Double) ergänzt werden, um dadurch die Logik mittels Attributmodellierung zu erweitern. Durch diese Modellierungsattribute wird eine detaillierte Beschreibung der Abhängigkeiten aus den Vorschriftenfestlegungen ermöglicht.

Bei vielen gleichzeitig eingehenden Kanten in einen Zielknoten lassen sich die Abhängigkeiten nach der Beschreibung unterschiedlicher Sachverhalte gruppieren. Diese stellen in Verbindung mit der Attributierung der VFRK auch die komplexesten Kombinationen der Abhängigkeiten dar. Hierbei werden die gruppierten VFRKs (Kantengruppen) innerhalb einer Gruppe von der Parameterevaluation (Teil des Interpreters Parameter & Filter) als „UND“-Logik interpretiert, zwischen den unterschiedlichen Gruppen als „ODER“-Logik. Die Bildung der Kantengruppen erfolgt mittels des Kantenattributes „GruppenID“ vom Datentyp Integer. Die Anzahl der eingehenden Kanten in einen Zielknoten ist dabei nach oben unbegrenzt. Zusätzlich zu den Gruppierungen kann die sogenannte „Basiskante“ modelliert werden. Diese wird von dem Interpreter als solche erkannt, sobald das Attributfeld „GruppenID“ leer ohne einen Wert gelassen wird. Die „Basiskante“ bzw. die sogenannte „Basisabhängigkeit“ wird bei allen gruppierten Kanten mit einer „UND“-Logik berücksichtigt. Die Erläuterung der vier Modellierungsfälle anhand von beispielhaften Skizzen kann dem Anhang XXXIV entnommen werden.

6.4.3.2 Abhängigkeitskanten zwischen den Vorschriften und Vorschriftenfestlegungen

Die modellierten Vorschriftenfestlegungen werden von der Software PULTrack in Abhängigkeit von während der Projekterstellung vom Planer ausgewählten Vorschriften gefiltert und ausgewertet. Die Zuweisung der Vorschriftenfestlegungen zu den einzelnen Vorschriften erfolgt über eine explizite Kantenmodellierung (hier: Vorschriftenzufestlegungskante (VZFK)). Die VZFK zeigen dabei je nachdem, ob die Auswahlelemente sich unterhalb einer Auswahlgruppe nur einer einzigen oder mehreren Vorschriften angehören, entweder auf die gesamte Auswahlgruppe oder auf die einzelnen Auswahlelemente (vgl. Abbildung 40). Die Eingabeknoten bekommen immer eine direkte Verbindung zu einer Vorschrift.

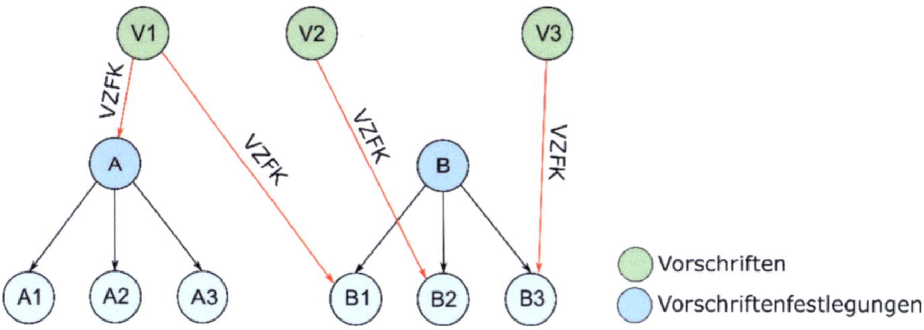

Abbildung 40: Modellierung der Abhängigkeiten zwischen den Vorschriften und Vorschriftenfestlegungen

Eine Attributierung der Kanten ist hierbei aktuell nicht vorgesehen, was einen großen Vorteil im Sinne einer einfachen Modellierung mit sich bringt. Die Beachtung der Modellierungsrichtung der Kanten ist zwingend erforderlich und geht immer von einer Vorschrift zu einer Vorschriftenfestlegung.

6.4.3.3 Abhängigkeitskanten zwischen den Vorschriftenfestlegungen und Systemkomponenten

Die Filterung der Infrastrukturobjekte/ -elemente/ Systemkomponenten u. ä. nach den gewählten bzw. eingestellten Vorschriftenfestlegungen und somit nach den festgelegten Randbedingungen und Einschränkungen zum Lösen einer Entwurfsaufgabe wird, wie im Falle der Modellierung anderer Abhängigkeiten, über die explizite Kantenmodellierung (hier: Vorschriftenfestlegungsobjektkante (VFOK)) erreicht. Die VFOK verläuft immer von einer Vorschriftenfestlegung zu einer Systemkomponente. Ergänzt wird die Modellierung durch die Modellierungsattribute.

Systemkomponenten haben bestimmte Eigenschaften, die den Einsatzbereich bzw. -grenzen bestimmen. Dieser Sachverhalt wird über die Vorschriftenfestlegungen mit anschließender Zuweisung mittels der VFOK zu den Systemkomponenten modelliert, um so gezielt nur die Systemkomponenten zu finden, welche der gestellten Entwurfsaufgabe gerecht werden. Die Identifikation einer entsprechend den Vorschriftenfestlegungen passenden Systemkomponente wird somit entweder direkt über eine reine Kantenverbindung oder über den Abgleich der Attribute und Parameter der Vorschriftenfestlegungen mit denen einer Systemkomponente vollzogen (hier: attributierte Kantenverbindung). Die Modellierung des Abgleichs von Parametern und Attributen erfolgt über die Attributfelder der VFOK „Typ" und „Zielattribute". Handelt es sich bei einer Vorschriftenfestlegung um die Art „Eingabeparameter", wird in das Attributfeld „Typ" Eingabe, bei der Art „Auswahlparameter" Auswahl eingetragen. Über einen „Auswahlparameter" wird eine Systemkomponente oder eine Gruppe an Systemkomponenten einer bestimmten diskreten Auswahl zugeordnet. Dagegen muss im Falle der Art „Eingabeparameter" in dem Attributfeld „Zielattribut" der Name des Attributfeldes der Systemkomponente eingetragen werden, mit dessen Werten der Abgleich erfolgt (z. B. vom Planer wurde die Entwurfsgeschwindigkeit mit 100 km/ h voreingestellt und es muss nun geprüft werden, ob das Schienenprofil 49E5 (zul. Geschwindigkeit 120 km/h) in den Geschwindigkeitsbereich fällt). Zum einen sollen damit die Namen der Attribute der Systemkomponenten unabhängig von den Attributfeldern der VFOK gestaltet werden. Zum anderen wird dadurch die Modellierung einfach gehalten, indem die von einer VFOK in den Systemkomponenten zu prüfenden Werte der Attribute nicht jedes Mal in der VFOK selbst modelliert werden müssen.

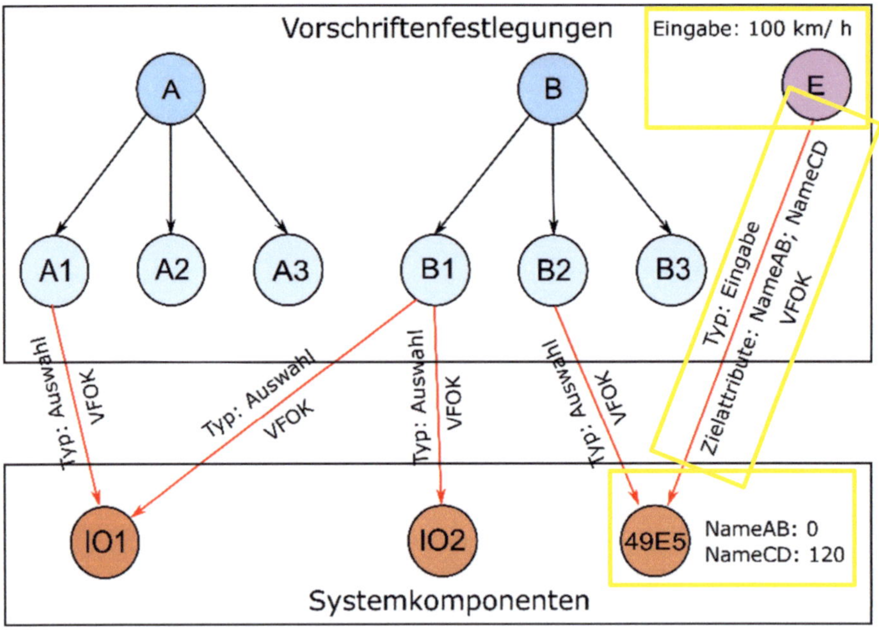

Abbildung 41: Prinzip der Filterung der Systemkomponenten anhand von Vorschriftenfestlegungen

Bei vielen gleichzeitig in eine Systemkomponente eingehenden VFOK werden die Kanten mit, einer „UND"-Logik interpretiert. Bei komplexeren Abhängigkeiten können die einzelnen „UND“-Kanten wie bei den Abhängigkeiten zwischen den Vorschriftenfestlegungen über das Attributfeld „GruppeID“ zu Gruppen zusammengefasst und zwischen den gruppierten Kanten „ODER“-Logiken implementiert werden.

6.4.3.4 Abhängigkeitskanten zwischen den Systemkomponenten

Die Abhängigkeiten im Sinne der Kompatibilität von Systemkomponenten untereinander wird genauso wie im Falle von modellierten Vorschriftenfestlegungen mittels der expliziten Kantenmodellierung (hier: Kategorieverbindungskante (KVK)) in der DB realisiert. Die KVK werden nur in Zusammenarbeit mit den Kategorievergleichskanten (KVGK), die auf der Unterdiskretisierungsebene modelliert werden, abgebildet. Auf der Diskretisierungs- und Unterdiskretisierungsebene erfolgt die grobe Dekomponierung der Infrastruktur in der DB. Diese Modellierung ist verpflichtend, weil erst damit die Filterung der Abhängigkeiten zwischen den Systemkomponenten ermöglicht wird. Die KVGK wird zum gezielten Querbündeln bzw. Gruppieren von Infrastrukturobjekten im DCC-Modell (Datenbankbereich der Infrastrukturobjekte) verwendet, wenn zwischen ihnen Abhängigkeiten modelliert sind oder modelliert werden sollen (vgl. Abbildung 42). Das Querbündeln soll zum einen dem Modellierungsdesigner die Möglichkeit geben, die Übersichtlichkeit während der Modellierungsarbeiten zu behalten und zum anderen eine hohe Performance in der Anwendung bei der Auswertung der vielen Abhängigkeiten zwischen den Systemkomponenten sicherstellen, indem die zu traversierende Anzahl der Abhängigkeitskanten reduziert wird.

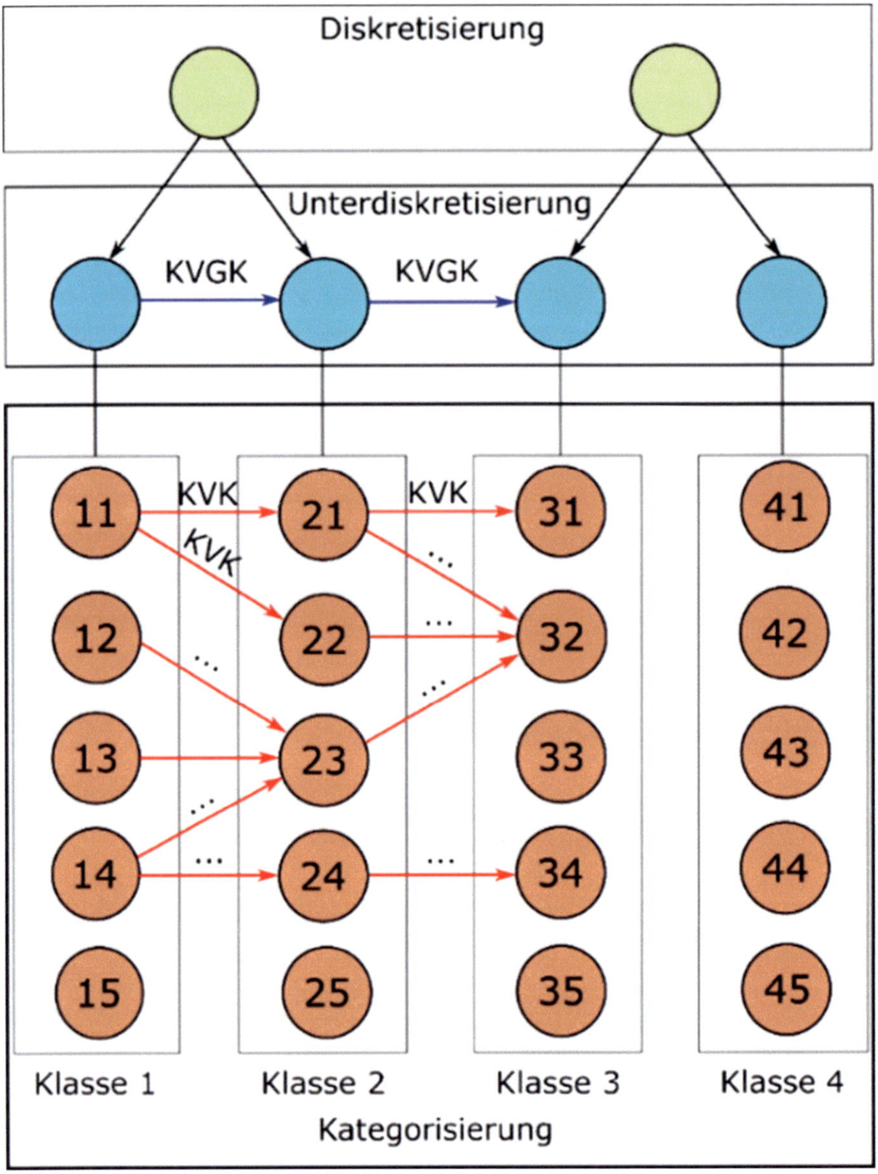

Abbildung 42: Schematische Darstellung des Modellierungsprinzips der Abhängigkeiten zwischen den Systemkomponenten

Dies wird sich wiederum in einer günstigen Wartung der modellierten Datensätze in Form von Abhängigkeitskanten widerspiegeln. Sobald zwischen den betrachteten Instanzen mit den entsprechenden Unterklassen der Superklasse „Kategorisierung" die KVK angelegt und die dazugehörigen Unterdiskretisierungsinstanzen der Superklasse „Unterdiskretisierung" mittels einer KVGK miteinander verbunden sind, werden die KVK in Abhängigkeit der vom Planer gewählten Planungsart sowie dem Entwurfsvorgang von der Software PULTrack ausgewertet. Bislang erfolgt die Modellierung ohne Kantenattribute nur durch Kantenmodellierung, da diese in dem bisherigem Entwicklungsstadium nicht erforderlich gewesen sind. Die Attributmodellierung könnte aber in der Zukunft vorgesehen werden und ähnlich der Modellierung der Abhängigkeiten zwischen den Vorschriftenfestlegungen untereinander und zwischen den Vorschriftenfestlegungen und Infrastrukturobjekten gestaltet werden.

6.4.3.5 Abhängigkeiten zwischen den Vorschriften und Systemkomponenten

Ein Infrastrukturobjekt muss im (E)DCC-Modellansatz immer an eine Vorschrift (hier: kodifizierte und nicht kodifizierte Vorschriften) gebunden werden und kann sonst nicht als solche existieren. Genauso wie modellierte Vorschriftenfestlegungen aus den Vorschriften stammen, werden auch Infrastrukturobjekte innerhalb der Vorschriften vorgegeben und zur Dimensionierung eines Verkehrsweges aufgelistet.

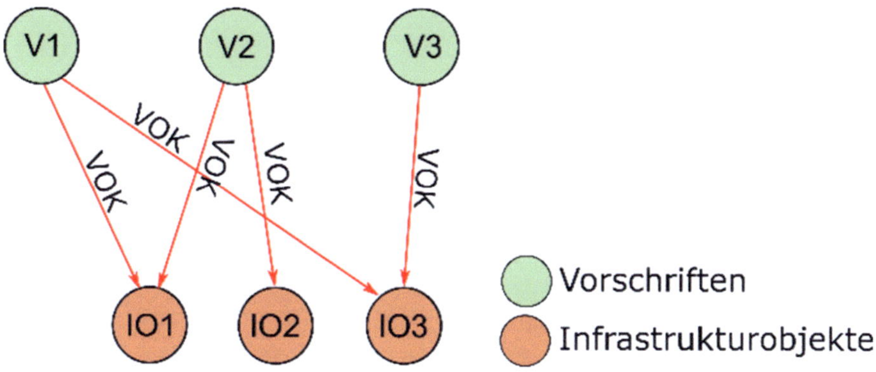

Abbildung 43: Schematische Darstellung der Abhängigkeitskanten zwischen den Vorschriften und Systemkomponenten

Das Modell zwischen den Vorschriften und Infrastrukturobjekten sieht deshalb dem Modell zwischen den Vorschriften und Vorschriftenfestlegungen ähnlich. Die explizite Verbindung zwischen einer Vorschrift und einem Infrastrukturobjekt wird mittels der

Vorschriftenobjektkante (VOK) realisiert. Eine ergänzende Attributmodellierung ist nicht vorgesehen.

7 Dynamische Modellierung der Objekte in der Datenbank nach den definierten Konzepten

Kapitel 7 behandelt ausführlich die Beispiele der Modellierung der ausgewählten relevanten Daten(sätze) nach den in der DB hinterlegten Konzepten bzw. Modellen (hier: Knoten-Kanten-Modelle (KKM) inkl. Modellierungsattribute) auf der Instanzebene, die zusammen das in der DB bereits modellierte Ingenieurwissen zum Planen und Bauen von Infrastrukturen repräsentieren. Am Ende des Kapitels werden anschließend zusammenfassend die erzielten Ergebnisse zum entwickelten Modellansatz diskutiert.

7.1 Dynamische Modellierung der Objekte nach den Ebenen des (E)DCC-Modells

7.1.1 Modellierung der Umgebungsebenen

Zum Modellieren der Datensätze stehen dem Designer vier Navigationskanten (NVG) zur Verfügung: Startkante (STK), Umgebungskante (UMK), Unterumgebungskante (UUK) und Umgebungsdiskretisierungskante (UMDK), die zusammen die Hierarchie des Umgebungsmodells bilden. Oben in dem (E)DCC-Gesamtmodell werden die Instanzen der Umgebungsebenen durch den Baumwurzel „Startknoten" der Superklasse „Start" (Ursprung des gesamten (E)DCC-Modells) über die Startkanten (STK) begrenzt. Mit der STK wird die Baumwurzel des Baumgraphes mit den Instanzen der Klasse „Umgebungsebene" verbunden. Die UMK verbindet die Instanzen der Umgebungsebene mit den Instanzen der Unterumgebungsebene. Die Datensätze der Unterumgebungsebene werden mit den Datensätzen der Unterunterumgebungsebene mittels der UUK verbunden. Die Verbindung zum DCC-Modell erfolgt wiederum über die Modellierung der UMDK zwischen den Umgebungs-, Unterumgebungs- und Unterunterumgebungs- und der Diskretisierungsebene. Dies stellt auch die untere Begrenzung der Umgebungsebenen dar. Alle Kanten sind gerichtet und dürfen jeweils nur von den Instanzen der oberen Ebene zu den Instanzen der unteren Ebene angelegt werden. Ein Beispiel zu den Datensätzen auf den Umgebungsebenen kann Abbildung 16 entnommen werden.

7.1.2 Modellierung der Diskretisierungs- und Unterdiskretisierungsebene

In Abbildung 44 wird eine beispielhafte Modellierung der Datensätze des Verkehrsträgers Eisenbahn auf der Diskretisierungs- und Unterdiskretisierungsebene dargestellt.

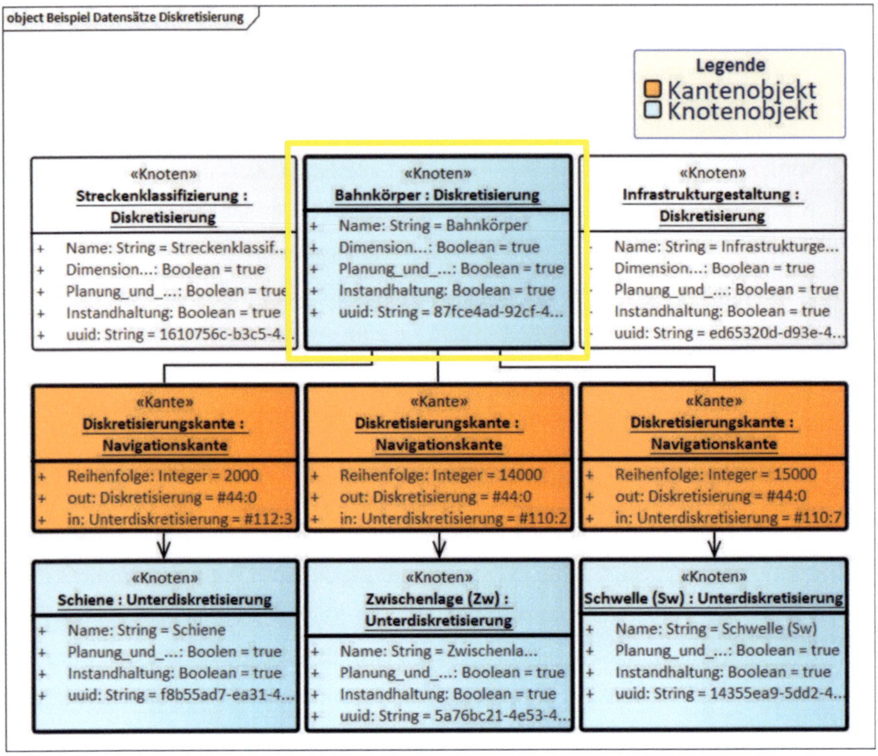

Abbildung 44: Beispielhafte Modellierung der Knoten auf der Diskretisierungs- und Unterdiskretisierungsebene

Die Verbindung der Instanzen der beiden Ebenen erfolgt über die gerichtete Diskretisierungskante (DKK), welche nur zum Verbinden dieser Ebenen genommen werden darf. Genauso wie bei den Umgebungsebenen können auch hier zu den Superklassen „Diskretisierung" und „Unterdiskretisierung" optional zwecks besserer Strukturierung Unterklassen angelegt werden.

7.1.3 Modellierung der Kategorisierungs- und Charakterisierungsebene

Die Modellierungskanten, mit welchen die Instanzen der drei Kategorisierungsebenen verbunden werden, sind die Unterdiskretisierungskante (UDK), die Gruppierungskante (GRK) und die Kategorisierungskante (KGK). Diese sind gerichtet und können stets nur zum Einhalten der DCC-Hierarchie zum Verbinden der Instanzen der genannten Ebenen verwendet werden. Wie bereits bei den Umgebungsebenen und Diskretisierungsebenen können auch im Bereich der Kategorisierung Unterklassen angelegt werden. Es empfiehlt sich zu der Superklasse „Kategorisierung" zwecks klassenbezogener Attributierung der Infrastrukturobjekt(-)/ Systemkomponenten(gruppen) und besserer Übersichtlichkeit stets immer Unterklassen zu modellieren. Bei einzelnen Systemkomponenten(gruppen) einer Infrastruktur werden vielfältige Attribut- und Parameterfelder von unterschiedlichen Datentypen benötigt, welche von den Attributen der anderen Systemkomponenten(gruppen) zum größten Teil stark unterschiedlich ausfallen. Deshalb sind für die einzelnen Systemkomponenten oder auch Gruppen eigene Unterklassen erforderlich, wobei die Attributierung nicht nur klassenweise möglich ist, sondern auch rein Instanz-bezogen sein kann. Dies ist dann notwendig, wenn ein bestimmtes Attribut- oder Parameterfeld nur bei einer geringen Menge von Knoten erforderlich ist.

Die Parameter- und Attributfelder der Instanzen einer Klasse stellen in der GDB die Charakterisierungsebene des theoretischen DCC-Modells dar. Die Berücksichtigung der Charakterisierungsebene des (E)DCC-Modells findet aus Gründen der Übersichtlichkeit und Handhabbarkeit direkt auf der Kategorisierungsebene statt, indem die Eigenschaften unterschiedlichster Art entweder Instanz-bezogen direkt in den Knoten oder in den Klassen der einzelnen Systemkomponenten(gruppen) gespeichert werden. Dies hat den Vorteil der Reduzierung der in der DB zu modellierenden Kanten und Knoten zur Abbildung der Eigenschaften eines bestimmten Objektes. Das Einhalten der real in dem theoretischen (E)DCC-Modell enthaltenen Charakterisierungsebene würde für jede Eigenschaft einen zusätzlichen Knoten bedeuten, wobei jede einzelne Eigenschaft zu der jeweiligen Systemkomponente zugeordnet werden müsste. Alternativ könnte zu jeder Systemkomponente bzw. -gruppe ein zusätzlicher Knoten mit den darin abgelegten Eigenschaften modelliert werden. Realisiert werden könnte dieser Ansatz nur mittels einer Vielzahl von Kanten und Knoten, was schnell zur starken Vernetzung und dadurch zur Unübersichtlichkeit innerhalb des Graphenbaumes sowie zum Herabsetzen der Wartbarkeit führen würde. In Abbildung 45 wird anhand des Beispiels Schwelle die Modellierung der Datensätze auf der Kategorisierungsebene gezeigt. Ein weiteres Beispiel findet sich im Anhang XXXV.

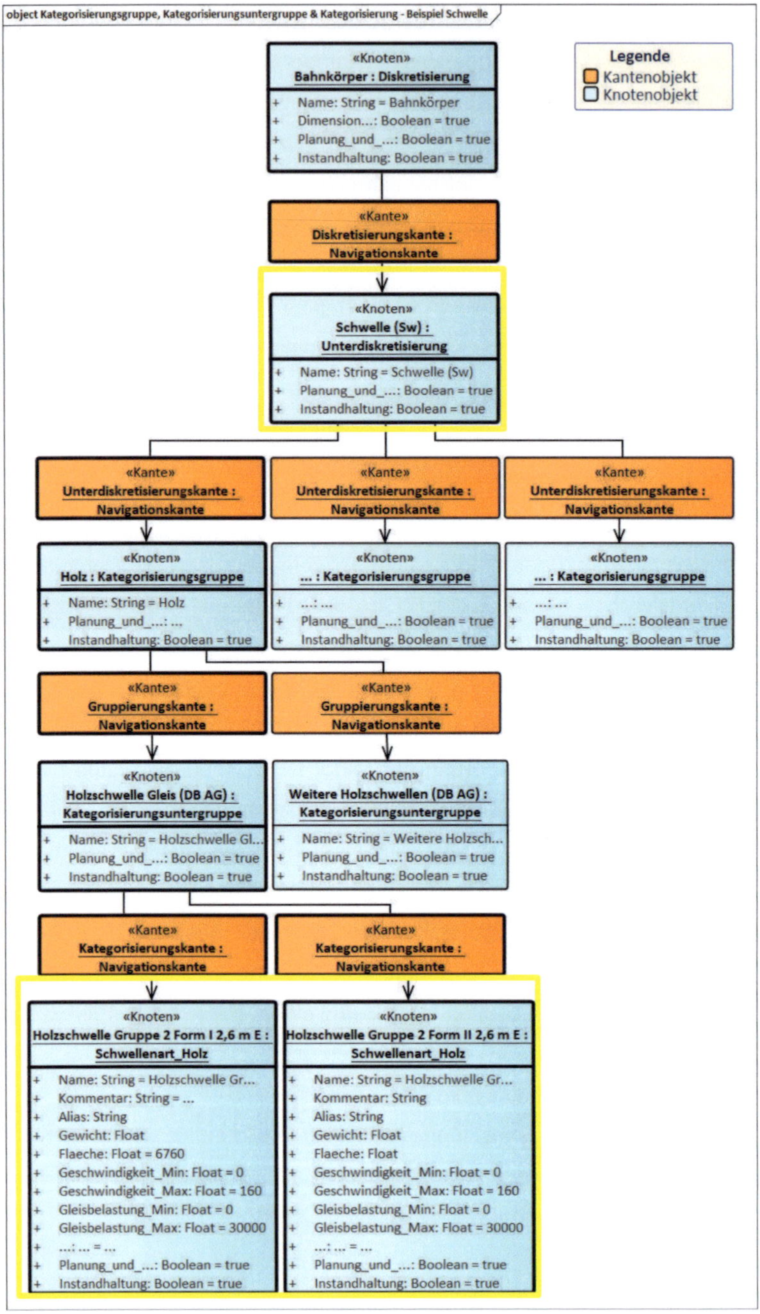

Abbildung 45: Modellierung der Systemkomponenten am Beispiel Schwelle

7.2 Dynamische Modellierung der Entwurfsvorgänge, Planungsarten und der Verkehrsträger

7.2.1 Entwurfsvorgänge

Die Datensätze des DCC-Modells werden u. a. über die Kantentraversierung ausgehend von den in der DB modellierten Entwurfsvorgängen aufgerufen. Die zwei nach dem (E)DCC-Modellansatz möglichen Entwurfsvorgänge sind auf den Umgebungsebenen (hier: Umgebungs-, Unterumgebungs- und Unterunterumgebungsebene) hierarchisch verteilt modelliert. Den Ursprung bildet der Knoten „Entwurfsvorgang“, unter welchem über die UMK auf die Knoten „Geführter Entwurfsvorgang“ und „Individueller Entwurfsvorgang“ verzweigt wird. Die beiden Knoten führen anschließend zu den Oberknoten der kodifizierten und nicht kodifizierten Vorschriften „Gesetze, Richtlinien und Rechtsverordnungen“ und „IndMod“.

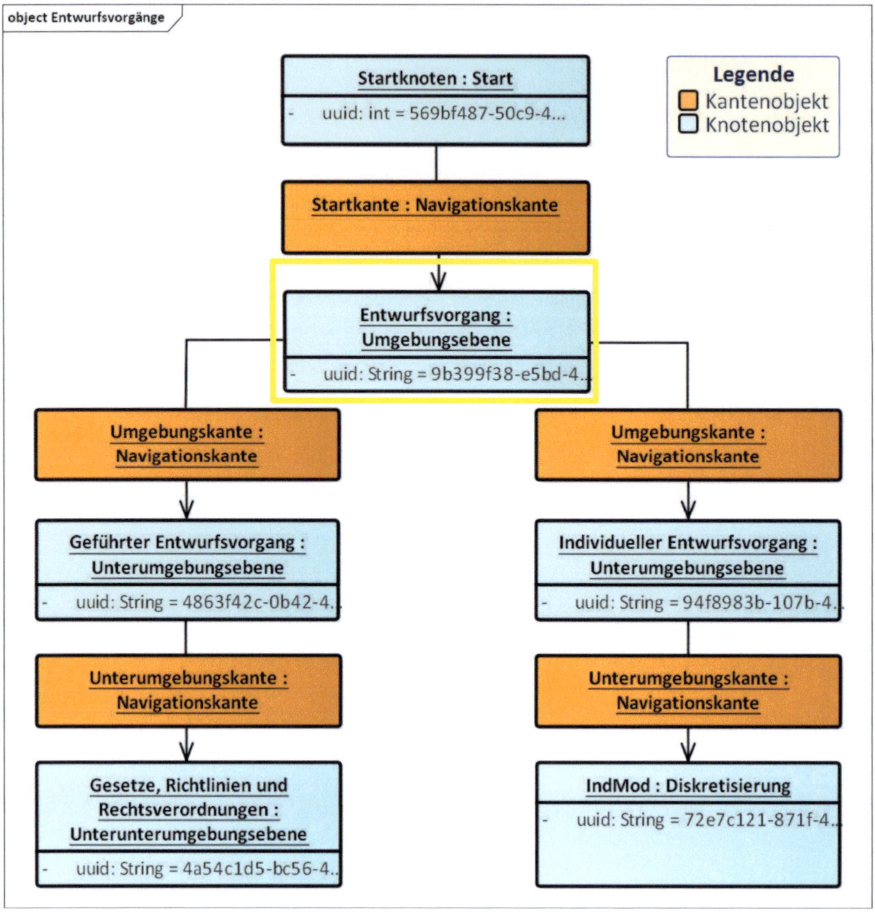

Abbildung 46: Modell „Entwurfsvorgänge“

Abbildung 46 zeigt das in der GDB von OrientDB erstellte Modell als Teilmodell des (E)DCC-Modellansatzes der beiden zuvor beschriebenen Entwurfsvorgänge (vgl. Abschnitt 3.7.1). Das ausgebildete Schema zu den Entwurfsvorgängen ist festgelegt und wird im Laufe der Weiterentwicklung anhand von neuen Vorschriftenmodellierungen ergänzt. Das Schema zählt zum Grundgerüst in der Software PULTrack und kann nicht umgangen werden, denn die sich unterhalb der Entwurfsvorgänge befindenden Vorschriften bilden das Rückgrat des (E)DCC-Modellansatzes (vgl. Abbildung 51). So sind unterhalb der beiden Entwurfsvorgänge in dem Baumgraph modellierten Vorschriften mit den Vorschriftenfestlegungen und Systemkomponenten.

7.2.2 Planungsarten

Das Modell Planungsarten liegt nicht in Form eines Knoten-Kanten-Konstrukts vor und wird in der Gesamtmodellierung als Knotenattribut hinterlegt, welche von der Software PULTrack über die Attributfelder „Planung_und_Entwurf“ und „Instandhaltung“ vom Datentyp Boolean identifiziert werden.

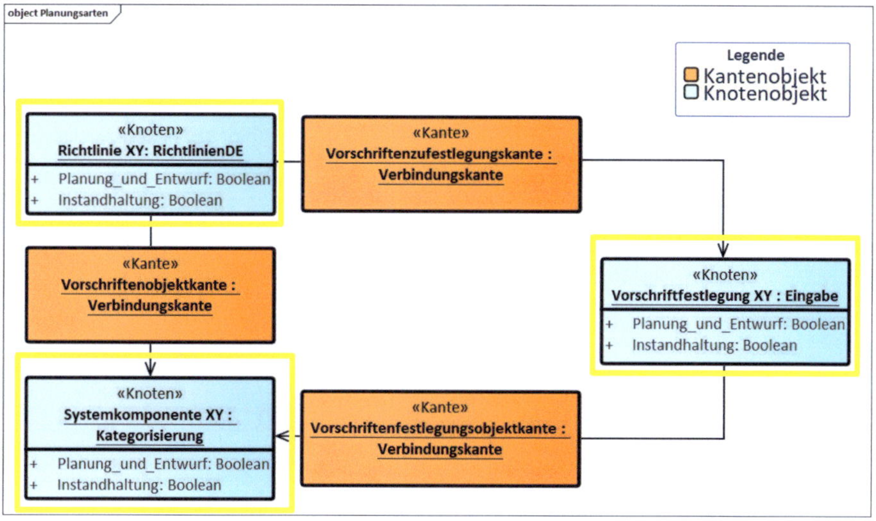

Abbildung 47: 3-fache Identifikation der Planungsarten

Würde man die Planungsarten über die KKM abbilden, müssten z. B. die Objekte einer Infrastruktur meistens doppelt oder gar mehrfach angelegt werden – Infrastrukturobjekt nur für die Planungsart „Planung und Entwurf“, „Instandhaltung“ und sowohl für „Planung und Entwurf“ als auch für „Instandhaltung“. Dies würde die Anzahl der Knoten und Kanten stark anwachsen lassen und dadurch die Übersichtlichkeit und Wartbarkeit herabsetzen.

Eine Planungsart muss immer durch eine 3-fache Identifizierung als Modell gegeben sein, indem das Objekt der Vorschrift, das Objekt einer Vorschriftenfestlegung und das Objekt einer Systemkomponente in den Attributfeldern „Planung_und_Entwurf“ und „Instandhaltung“ die booleschen Werte gesetzt bekommen haben. Hierbei können alle zuvor genannten Objekttypen entweder nur einen wahren booleschen Wert von den beiden Attributen oder auch gleichzeitig bei beiden Attributen einen wahren booleschen Wert haben. Sobald ein Objekt bei beiden Attributfeldern keinen Wert eingetragen bekommen haben, wird das betrachtete Objekt von der Software PULTrack komplett ignoriert und als quasi nicht vorhanden ausgewertet. Das Modell der Planungsarten ist vollständig generisch und verkehrsträgerübergreifend.

7.2.3 Modellierung der Verkehrsträger und des Verkehrsträgervorauswahlmenüs als GUI-Element

Zur Modellierung der Verkehrsträger werden 3 Ebenen der Umgebung (E) in Anspruch genommen. Der Beginn der Modellierung befindet sich immer auf der Umgebungsebene. Die feinere Zerlegung eines Verkehrsträgers erfolgt auf den zwei weiteren Ebenen der Umgebung – auf der Unter- und Unterunterumgebungsebene.

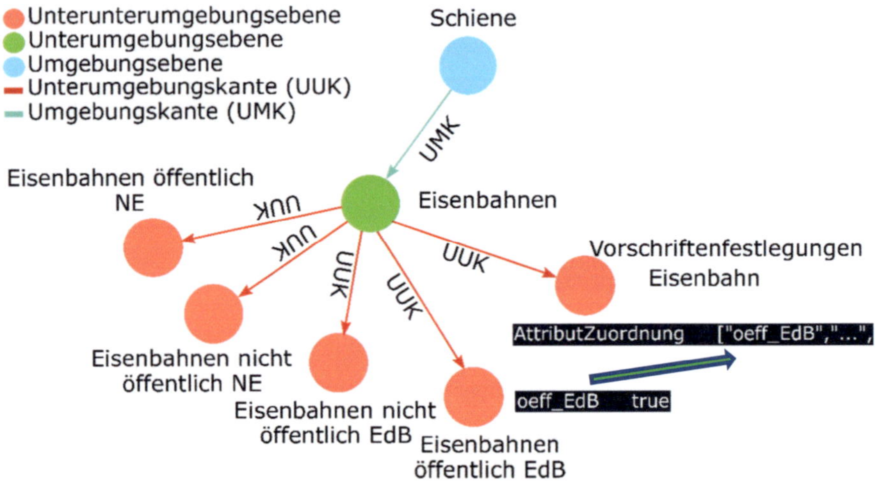

Abbildung 48: Modellierung der Verkehrsträgergruppe „Eisenbahnen" in Verbindung mit dem dazugehörigen Oberknoten „Vorschriftenfestlegungen Eisenbahn"

Hierbei erfolgt die eigentliche Auswahl des Verkehrsträgers, welche dem Anwender von der Software PULTrack auf der Benutzeroberfläche beim Anlegen eines Projektes zur Verfügung gestellt wird, immer auf der Unterunterumgebungsebene. Die Objekte (Knoten) der Verkehrsträger werden mit Hilfe von Modellierungskanten, den Umgebungs- (UMK) und Unterumgebungskanten (UUK) modelliert. Sobald ein Verkehrsträger angelegt wurde, sollte zum betrachteten Verkehrsträger(gruppe) immer ein Oberknoten für die Vorschriftenfestlegungen mitmodelliert werden (vgl. Abbildung 48). Die Modellierung dieses Oberknotens erfolgt ebenfalls wie die des Verkehrsträgers auf der

Unterunterumgebungsebene. In der Klasse „Unterunterumgebungsebene“ muss hierbei zum modellierten Verkehrsträger das Attribut „NAMEVERKEHRSTRÄGER“ vom Typ Boolean angelegt werden. Damit diese Modellierung von der Anwendung berücksichtigt werden kann, muss das zuvor genannte Attribut einen wahren booleschen Wert erhalten. Den Namen des Attributes „NAMEVERKEHRSTRÄGER“ des modellierten Verkehrsträgers ist anschließend direkt in den Oberknoten der Vorschriftenfestlegungen in das Attributfeld „AttributZuordnung“ vom Datentyp Embeddedset einzutragen bzw. zu übertragen.

Ein Verkehrsträger ist nur in Verbindung mit seinem Oberknoten für die Vorschriftenfestlegungen zu sehen. Fehlt der Oberknoten, so wird der modellierte Verkehrsträger von der Software ignoriert.

Ein Verkehrsträger sollte außerdem immer auf allen drei Umgebungsebenen präsent sein. Dies wurde aus dem Grund so ausgelegt, damit die in der DB modellierten Verkehrsträger gleichzeitig als GUI-Elemente für das „Vorauswahlmenü der Verkehrsträger“ genommen werden könnten. Die Modellierung eines Verkehrsträgers ist stets als Obligat anzusehen, da ohne einen Verkehrsträger die Software PULTrack nicht funktioniert. Ohne einen modellierten Verkehrsträger kann das Vorauswahlmenü der Verkehrsträger in Form von GUI-Elementen nicht geben.

Das „Vorauswahlmenü der Verkehrsträger“ benutzt als Pfad immer den Weg über die Umgebung. Die Kantentraversierung, welche beim Laden der Verkehrsträger erfolgt, ist in der Abbildung 49 zu sehen. Die Traversierung startet immer bei dem Startknoten und läuft nach unten bis zur Unterunterumgebungsebene.

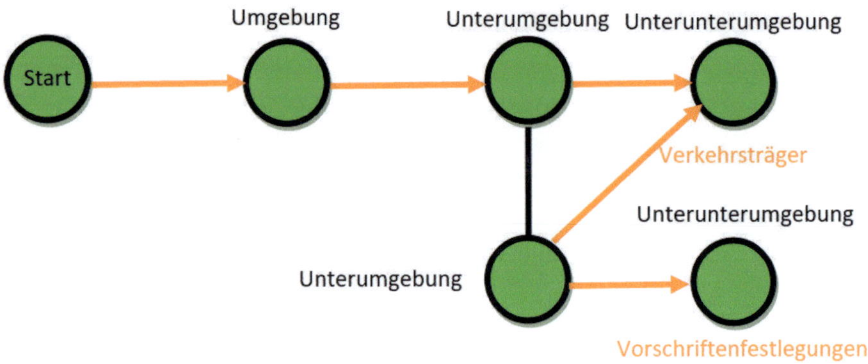

Abbildung 49: Kantentraversierung „Vorauswahlmenü Verkehrsträger"

Auf der Unterunterumgebungsebene angekommen, werden das Attribut „NAMEVERKEHRSTRÄGER" vom Datentyp Boolean in dem Verkehrsträgerknoten mit dem Attribut des Oberknotens der Vorschriftenfestlegungen „AttributZuordnung" vom Datentyp Embeddedset abgeglichen. Stimmen die Attribute des Verkehrsträgerknotens mit denen des Oberknotens Vorschriftenfestlegungen überein, wird der Verkehrsträger dynamisch in das Vorauswahlmenü geladen und dem Anwender in der Software PULTrack angezeigt. Wichtig ist dabei, dass der Wert des Attributfeldes im Verkehrsträgerknoten mit dem Namen des Wertes des Attributfeldes „AttributZuordnung" im Oberknoten der Vorschriftenfestlegungen übereinstimmt.

7.3 Dynamische Modellierung der kodifizierten und nicht kodifizierten Vorschriften

7.3.1 Länderspezifik

Die Länderspezifik wird im (E)DCC-Modell anhand eines eigenen Teilmodells auf den Umgebungsebenen (Umgebungs- und Unterumgebungsebene (hier: Unterklasse „Laender")) abgebildet und muss für eine eindeutige Zuordnung der kodifizierten Vorschriften eines bestimmten Landes zwingend berücksichtigt werden.

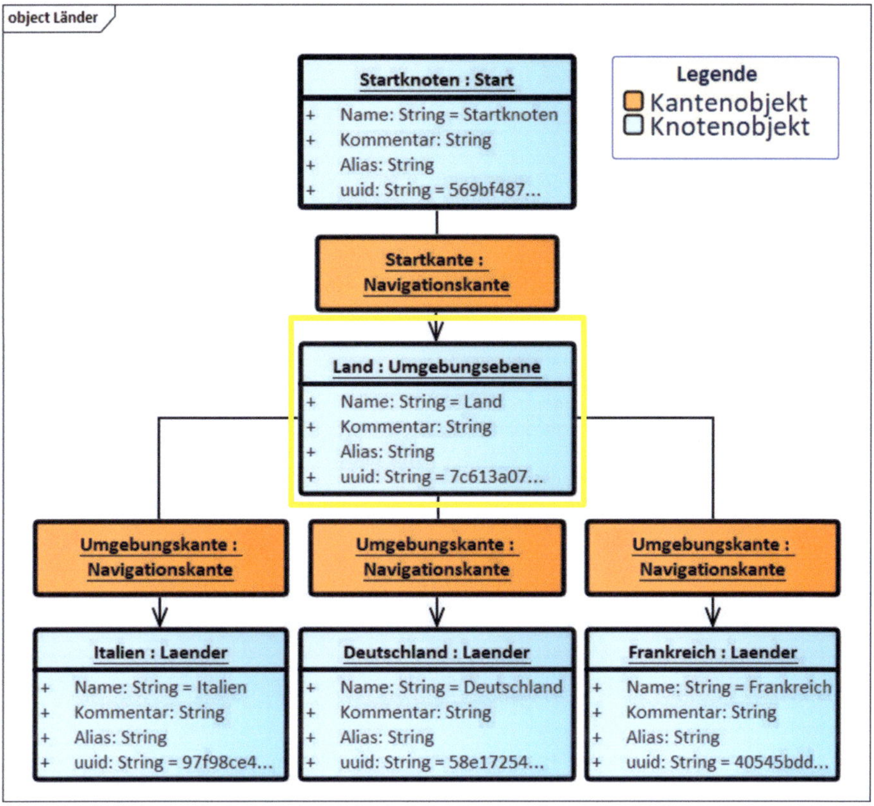

Abbildung 50: Auszug der modellierten Länder aus der GDB

Mittels der Laendervorschriftenkanten (LVK) erfolgt eine Verbindung mit den spezifischen Vorschriften (vgl. Abbildung 51). Eine Attributmodellierung ist aufgrund der Einfachheit des Ansatzes ist derzeit nicht vorgesehen.

7.3.2 Vorschriften

Die Modellierung der Vorschriften hat ihren Ursprung implizit auf der Umgebungsebene oder auf der Diskretisierungsebene (bei nicht kodifizierten Vorschriften wird die Unterunterumgebungsebene übersprungen) über die Entwurfsvorgänge bzw. quasi als deren Fortsetzung (vgl. Abschnitt 7.2.1). Diese werden somit nach den zwei entwickelten Entwurfsvorgängen unterschieden nach kodifizierten und nicht kodifizierten Vorschriften modelliert (vgl. Abbildung 51). Die Modellierungskanten, mit denen die

Hierarchie der kodifizierten und nicht kodifizierten Vorschriften sowie die Instanzen abgebildet werden, sind die gerichteten Navigationskanten (NVK) des (E)DCC-Modells.

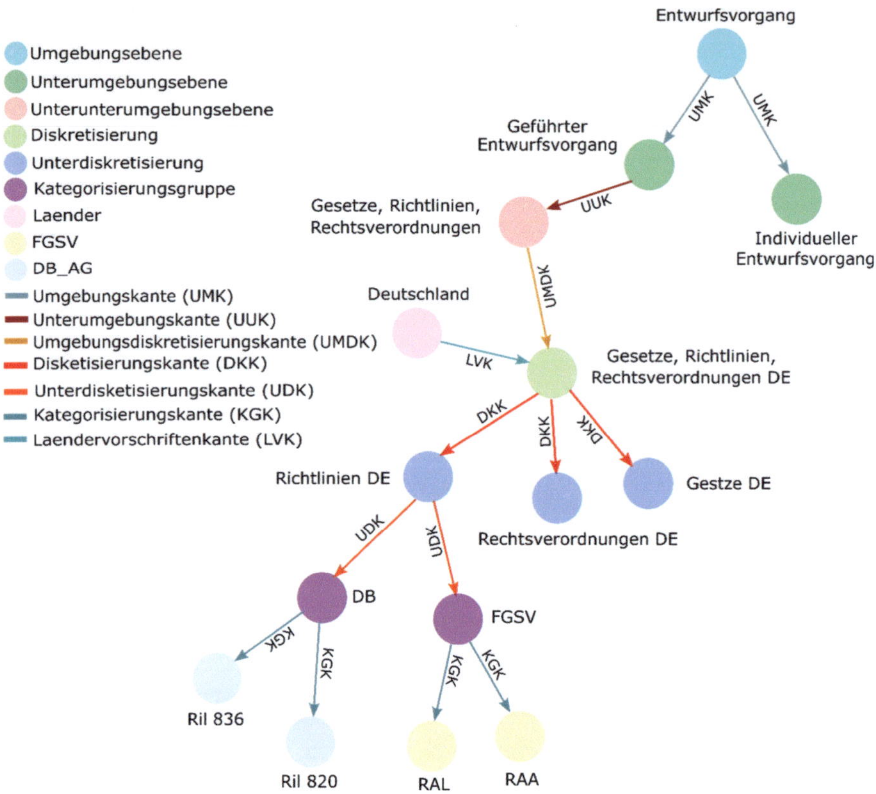

Abbildung 51: Auszug aus der Modellierung der kodifizierten Vorschriften und nicht kodifizierten Vorschriften über den „Geführten Entwurfsvorgang" und unter Berücksichtigung der Landeszugehörigkeit am Beispiel der deutschen Vorschriften Ril 820 (DB Netz AG 2020), Ril 836 (DB Netz AG 2019), FGSV 201 (FGSV 2012) und FGSV 202 (FGSV 2008)

Damit die kodifizierten Vorschriften von der Software PULTrack erkannt und geladen werden können, muss auf den Oberknoten der Vorschriften bzw. Gruppierungsknoten der Vorschriften des jeweiligen Landes mit der Laendervorschriftenkante (LVK) gezeigt werden, damit die Vorschriften eindeutig einem Land zugeordnet werden können. Hierbei kann in der Software PULTrack zum bearbeitenden Projekt stets nur ein Land ausgewählt und somit die Vorschriften nur eines Landes geladen werden. Beim Modellieren der LVK spielt die Richtung eine Rolle. Eine LVK darf nur vom Knoten „Land XY" zum Oberknoten der Vorschriften bzw. Gruppierungsknoten der Vorschriften eines

Landes angelegt werden und nicht umgekehrt! Die Gruppierung der kodifizierten Vorschriften nach den einzelnen Ländern findet auf der Diskretisierungsebene (z. B. werden die deutschen Vorschriften unterhalb des Knotens „Gesetze, Richtlinien, Rechtsverordnungen DE“ modelliert) statt. Beim Beispiel deutscher Vorschriften bleibend, werden diese auf der Unterdiskretisierungsebene in die Gruppen „Gesetze DE“, Richtlinien DE“ und „Rechtsverordnungen DE“ eingeteilt. Diese Gruppen werden von der Anwendung nur erkannt, wenn die zuvor genannten Knoten die Attribute „gesetz“, „richtlinie“ und „rechtsverordnung“ den booleschen Wert gesetzt bekommen haben. Die nicht kodifizierten Vorschriften erhalten keine Gruppierung nach den Ländern. Diese werden einheitlich auf der Diskretisierungsebene unter dem Knoten „IndMod“ modelliert. Anschließend werden diese auf der Unterdiskretisierungsebene in die einzelnen planungsbezogenen Sachgebiete (wie z. B. „IndModTrassierung“, „IndModErdbauwerke“ etc.) eingeteilt. Die Namen der modellierten Knoten der nicht kodifizierten Vorschriften können völlig frei gewählt werden. Generell beeinflussen die Namen der Instanzen aufgrund der entwickelten Generika die Funktionsweise der Software PULTrack nicht.

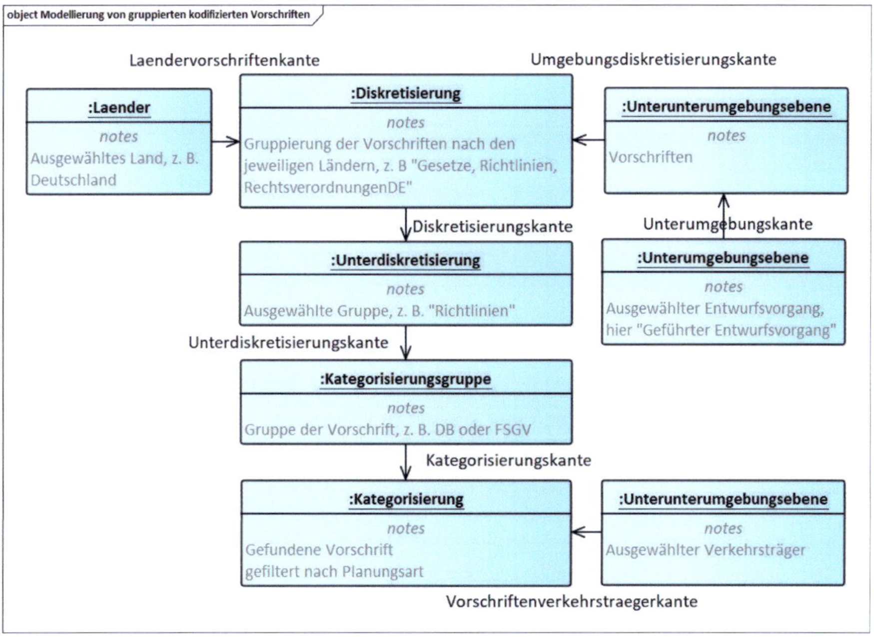

Abbildung 52: Modell von gruppierten kodifizierten Vorschriften

Kodifizierte Vorschriften können nach normenschaffenden Institutionen, (Normungs-)Organisationen und Gesellschaften gruppiert und danach in der Software PULTrack gefiltert werden. Die Gruppierung erfolgt hierbei auf der Ebene Kategorisierungsgruppe. Die Möglichkeit der Gruppierung von Vorschriften ist optional und kann übersprungen werden. Für den Fall, wenn dies zutreffend ist, erfolgt die Modellierung von der Unterdiskretisierungsebene direkt zu der Kategorisierungsebene.

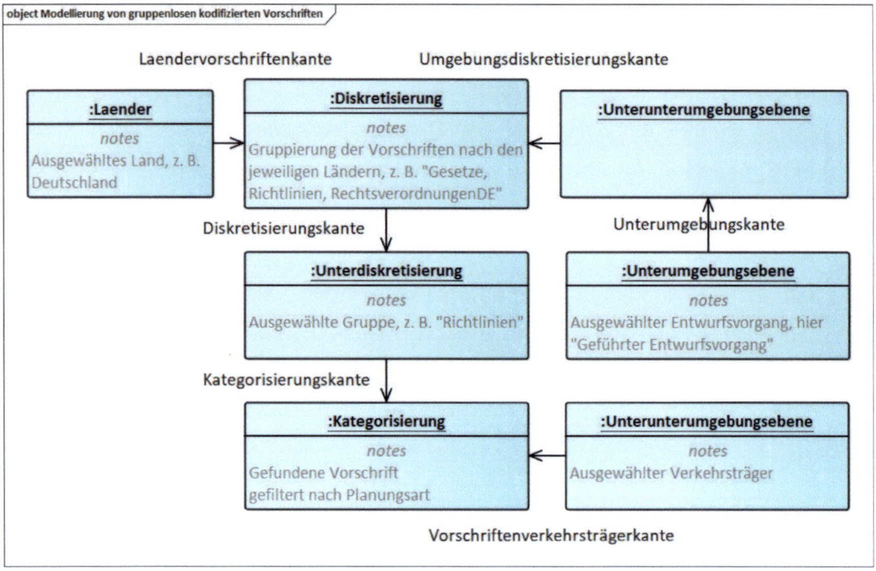

Abbildung 53: Modell von gruppenlosen kodifizierten Vorschriften

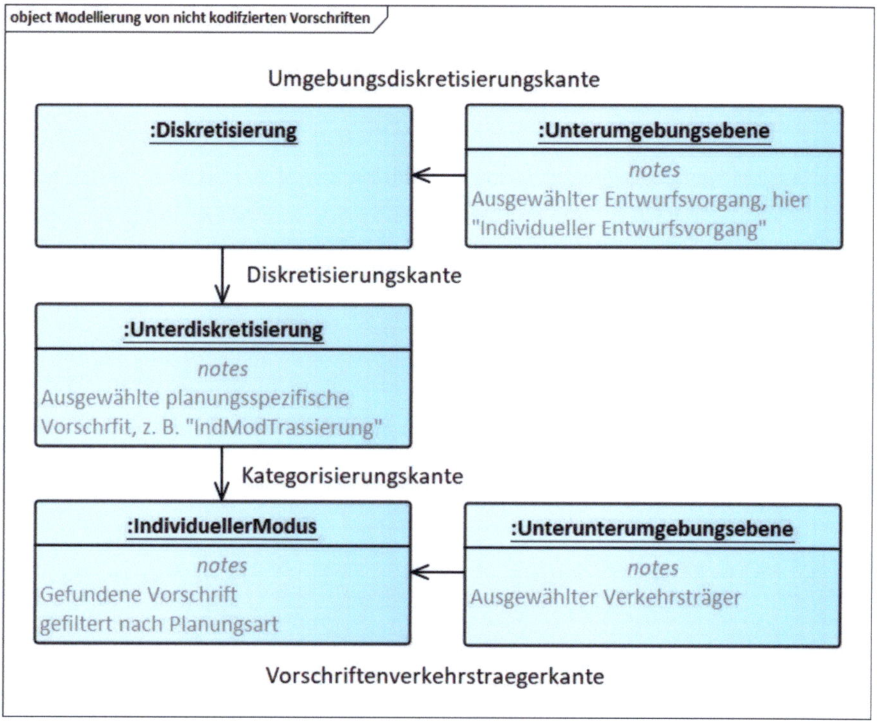

Abbildung 54: Beispiel für die Modellierung der nicht kodifizierten in Form eines Objektdiagramms

Bei der Modellierung der nicht kodifizierten Vorschriften fehlt gegenüber den kodifizierten Vorschriften lediglich die Angabe zum Land und es sind keine Gruppierungen auf der Ebene der Kategorisierungsgruppe vorgesehen, da diese keine normenschaffenden Institutionen etc. haben können.

Die Zuordnung der Vorschriften zu den beiden Planungsarten erfolgt über die Modellierungsattribute. Der Grund dafür liegt, genauso wie im Falle der Infrastrukturobjekte, in der Vermeidung der doppelten/ mehrfachen Modellierung desselben Sachverhalts. Vorschriften können sowohl für die Planung, für die Instandhaltung als auch für beide Fälle gleichzeitig gelten.

7.3.3 Prinzip des verkehrsträgerspezifischen Vorschriftenfilters

Eine erste grobe Zuweisung der Vorschriften einer Verkehrsträgergruppe erfolgt über eine explizite Kantenmodellierung (hier: Vorschriftenverkehrstraegerkante (VVK)), welche ausgehend von dem Oberknoten der „Vorschriftenfestlegungen Verkehrsträger

XY“ eines betrachteten Verkehrsträgers auf eine bestimmte Vorschrift zeigt. Beim Modellieren der VVK spielt dabei die Richtung eine Rolle, die es zwingend einzuhalten gilt. Die VVK darf nur vom Oberknoten „Vorschriftenfestlegungen Verkehrsträger XY“ zum Knoten einer Vorschrift angelegt werden und nicht umgekehrt! Das bedeutet, dass die Kantentraversierung zum Feststellen und Laden der Vorschriften aus der DB ihren Anfang an dem/ (der vom) Planer ausgewählten Verkehrsträger(gruppe) hat.

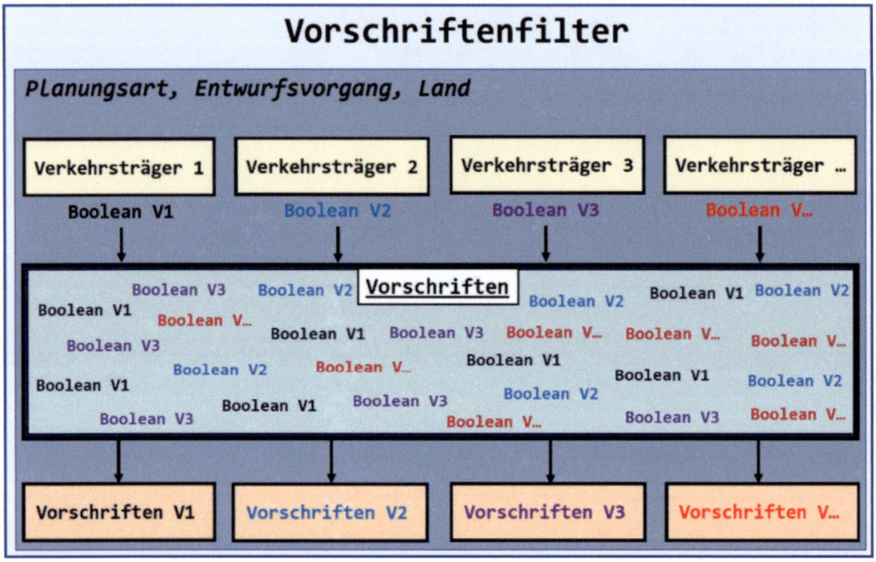

Abbildung 55: Schematische Darstellung des parallelen verkehrsträgerübergreifenden Funktionsprinzips vom Vorschriftenfilter

Zur eindeutigen Zuordnung einer Vorschrift zu einem der Verkehrsträger einer Verkehrsträgergruppe wird anschließend das Attribut namens „NAMEVERKEHRSTRÄGER“ vom Typ Boolean verwendet, welches ebenfalls in den auf der Unterunterumgebungsebene modellierten Verkehrsträgerknoten zu finden ist (vgl. auch Abschnitt 7.2.3), in dem aus den bereits im Hintergrund zu einer Verkehrsträgergruppe geladenen Vorschriften, nach den Vorschriften eines bestimmten Verkehrsträgers gefiltert wird. Hierbei können alle in der DB modellierten Vorschriften gleichzeitig parallel für unterschiedliche Verkehrsträger unabhängig voneinander aufgerufen werden, auch wenn es Vorschriften gibt, die gleichzeitig bei mehreren Verkehrsträgern verwendet werden.

Abbildung 55 zeigt die prinzipielle Funktionsweise der Unterscheidung der Vorschriften nach den Verkehrsträgern, welche in Software PULTrack generisch umgesetzt wurde.

7.3.4 Verbindung der modellierten Vorschriften mit den Vorschriften der Bibliothek im Textformat

Modellierte Vorschriften können in der DB mit den in dieser abgelegten Vorschriften in Form von PDF-Dateien (Quelldokument einer Vorschrift) verbunden werden. Die Verbindung wird mittels der Textkante (TTK) hergestellt (Kantenmodellierung). Die so verbundenen modellierten Vorschriften können über das Bibliothekstool PULReader zu jeder Zeit geöffnet und angeschaut werden. Durch diese Verbindung kann der Benutzer leicht nachschlagen, was genau das Quelldokument über einen bestimmten technischen Sachverhalt aussagt.

Ziel ist dabei, die Planer während der Planung eines Verkehrsweges zu unterstützen, indem er über die in Software PULTrack vorgesehene Funktion zu jeder Zeit im Planungsverlauf eine entsprechende Vorschrift aufrufen kann, um dort die planungsspezifischen Vorschriftenfestlegungen, die die Software PULTrack berücksichtigt, nachzulesen. Die dazu vorgesehene Funktion soll künftig nicht nur die gesamte Vorschrift aufrufen, sondern auch die Vorschrift nach der konkreten Textstelle mit der darin enthaltenen Festlegung finden können.

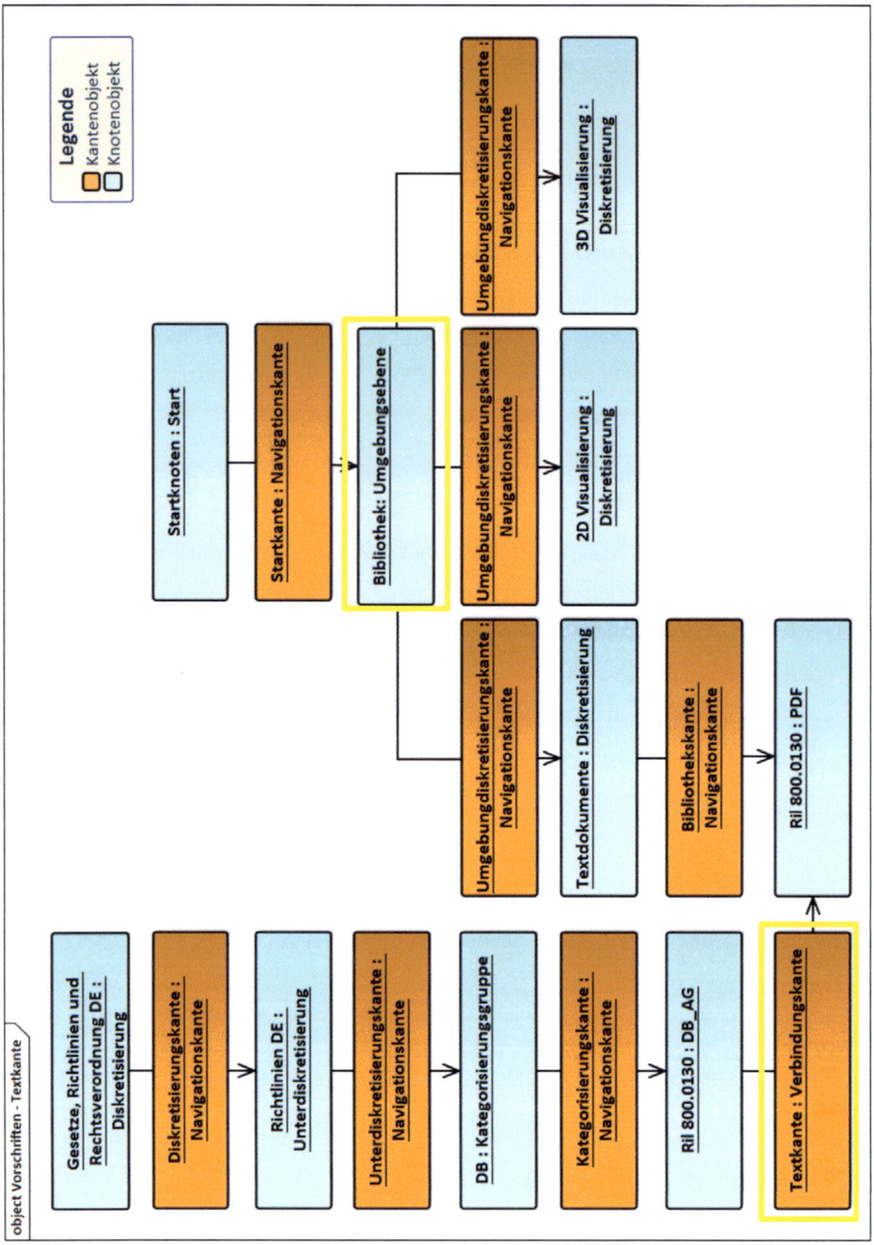

Abbildung 56: **Modellierung der virtuellen Vorschriften mit den Vorschriften in Textformat am Beispiel der Ril 800.0130 (DB Netz AG 2018) der DB AG**

Beim Modellieren der TTK spielt die Richtung eine Rolle. Die TTK darf nur vom Knoten „Vorschrift XY“ der Klasse „Kategorisierung“ zum Knoten der Vorschrift der Klasse „PDF“ angelegt werden und nicht umgekehrt! Ein Beispiel für die Modellierung der Vorschrift in Textform und deren Verbindung mit der zugehörigen in der DB hinterlegten Textdatei kann der Abbildung 57 entnommen werden.

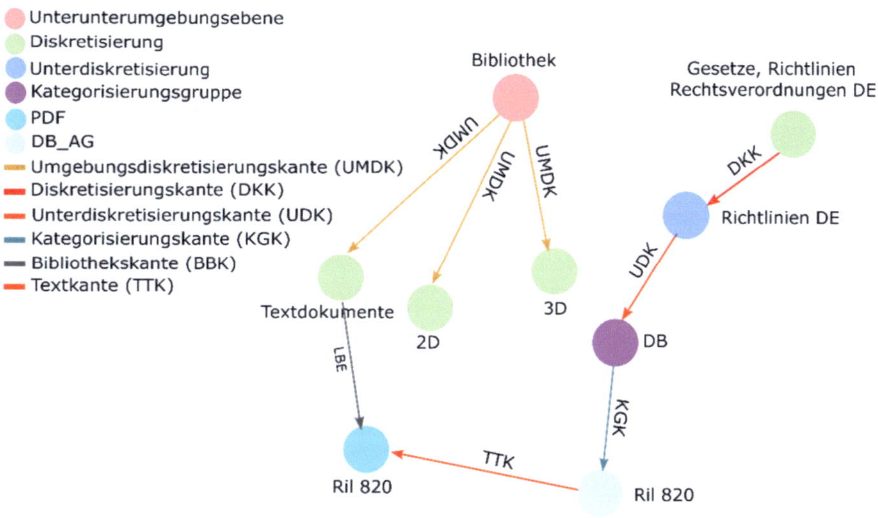

Abbildung 57: Verbindung der modellierten Richtlinie Ril 836 (DB Netz AG 2019) der DB AG mit der zugehörigen in der DB hinterlegten Textdatei

7.3.5 Modellierung von „Ausschluss- und Vorschriftenassoziationskanten“ und des Attributes „Pflicht“

Mit der Ausschlusskante (ASK) kann zwischen den einzelnen Vorschriften der Fall modelliert werden, wo eine Vorschrift die andere ausschließt, das bedeutet, dass diese Vorschriften miteinander unvereinbar sind und somit nicht gleichzeitig innerhalb desselben Projektes zur Verfügung gestellt werden können. Dieser Fall kann auftreten, wenn zwei Vorschriften, welche zwar denselben technischen Sachverhalt beschreiben, aber aufgrund des großen Zeitabstandes zwischen diesen, eine große Differenz bzgl. der einzuhaltenden Festlegungen aufweisen. Es macht folglich keinen Sinn, in den Planungswerkzeugen die Planung eines Verkehrsweges gleichzeitig mit solchen Vorschiften durchzuführen. Beim Modellieren einer ASK zwischen zwei Vorschriften spielt die Modellierungsrichtung der Kante keine Rolle.

Die Vorschriftenassoziationskante (VAK) ist dazu angedacht, um bei bestimmten Vorschriften eine Assoziierung zu einer anderen Vorschrift anzuzeigen/ zu schaffen. Die Modellierungsrichtung der Kante ist im Gegensatz zur ASK zwingend einzuhalten. Sollte die Assoziation zwischen zwei Vorschriften in beide Richtungen geben, so sind die VAK in beide Richtungen anzulegen. Ein Beispiel zur Modellierung der genannten Kanten finden sich im Anhang XXXVI.

Durch das Attributfeld „Pflicht“ vom Datentyp Boolean wird die Obligation einer Vorschrift modelliert. Das bedeutet, dass solche Vorschriften von der Software PULTrack automatisch ausgewählt werden und diese unter keinen Umständen abwählbar sind. Die Idee des Attributfeldes „Pflicht“ liegt in der Schaffung einer ständigen Verfügbarkeit an Vorschriften in der Software PULTrack, um so die Software mit der sogenannten Kernmodellierung permanent zu versorgen. Dies gilt insbesondere für das entwickelte Trassierungstool PULTras, denn darauf basieren die anderen Planungs- und Dimensionierungstools.

Abbildung 58: Beispiel für eine Vorschrift mit dem gesetzten booleschen Attribut „Pflicht“

Die Kernmodellierung soll die grundlegende Funktion der Software PULTrack sicherstellen. Deshalb muss dieser Umstand beim Modellieren berücksichtigt werden.

7.4 Dynamische Modellierung der Vorschriftenfestlegungen und deren Abhängigkeiten

Vorschriftenfestlegungen werden entsprechend dem betrachteten Sachgebiet stets zu planungsspezifischen Vorschriftenfestlegungsgruppen modelliert. Die Struktur der Vorschriftenfestlegungen wird mit Hilfe von NVG modelliert, die Abhängigkeiten bzw. Beziehungen zwischen den Vorschriftenfestlegungen untereinander sowie zu den anderen Datensätzen der DB mittels der VBK. Zum Modellieren der Struktur von Vorschriftenfestlegungen stehen vier Verbindungskanten zur Verfügung. Diese sind die Auswahlkategoriekanten (AKK), die Auswahlkanten (AUK), die Vorschriftenfestlegungsgruppenkanten (VFGK), die Vorschriftenfestlegungskanten (VFK). Die Multiplikationskanten (MUK), welche man ebenfalls der Gattung der Struktur bildenden Kanten zuordnen könnte, gehört dagegen der VBK an.

In der obersten Hierarchieebene werden die Vorschriftenfestlegungsgruppen über die Vorschriftenfestlegungskanten (VFK) mit dem Oberknoten der Vorschriftenfestlegungen verbunden. Zu jedem Verkehrsträger bzw. Verkehrsträgergruppe existiert ein eigener Oberknoten „Vorschriftenfestlegungen VerkehrsträgerXY". In der DB wird damit der Oberknoten der Vorschriftenfestlegungen eines bestimmten Verkehrsträgers mit den dazu modellierten Vorschriftenfestlegungsgruppen verbunden. Wichtig ist dabei die Kennzeichnung eines solchen Knotens. Damit der Oberknoten von der Software PULTrack als solcher erkannt werden kann, muss das Attributfeld „vorschriftenfestlegung" vom Datentyp Boolean einen wahren Wert haben. Um den Oberknoten der Vorschriftenfestlegungen einem/ einer Verkehrsträger(gruppe) zuordnen zu können, müssen im Oberknoten in dem Attributfeld „AttributZuordnung" vom Datentyp Embeddedset noch die Namen der/ des Verkehrsträger(s) eingetragen werden (siehe auch Abschnitt 7.2.3). Unterhalb dieses Knotens befinden sich alle für den betrachteten Verkehrsträger relevanten Vorschriftenfestlegungen. Das bedeutet, dass die VFK die Knoten der Klasse „Umgebung_out" (hier: die Unterklassen „Umgebungsebene", „Unterumgebungsebene" und „Unterunterumgebungsebene") mit den Knoten der Klasse „Vorschriftenfestlegungsgruppe" verbindet.

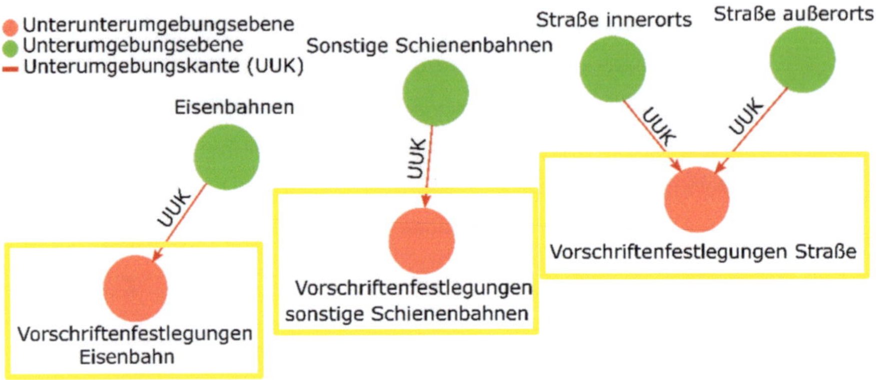

Abbildung 59: Aktuell in der GDB von OrientDB nach dem (E)DCC-Modellansatz modellierten Oberknoten der Vorschriftenfestlegungen zu den drei Verkehrsträger(gruppen)

Die Vorschriftenfestlegungsgruppen werden in der Hierarchie in die Auswahl-, Multiauswahlgruppen und Eingabeelemente unterteilt (Kantenverbindung erfolgt über die Vorschriftenfestlegungsgruppenkanten (VFGK), unter welchen sich die eigentlichen Parameter und Attribute (mit Auswahl- und Eingabeelementen bezeichnet) befinden sowie Beziehungen/ Abhängigkeiten modelliert sind. Das bedeutet, dass mittels der VFGK die Instanzen der Klasse „Vorschriftenfestlegungsgruppe“ mit den Instanzen der Klasse „Vorschriftenfestlegung_in“ (hier: die Unterklassen „Auswahlgruppe“, „Multiauswahlgruppe“, „Eingabe“ und „Anzahlmultiplikator“) verbunden werden. Die VFGK ermöglicht es also, unterschiedliche Festlegungen, welche in der abstrakten Klasse „Vorschriftenfestlegung_in“ gebündelt werden, einer Vorschriftenfestlegungsgruppe zuzuordnen. Die Verbindung der Auswahlelemente mit den Auswahl- und Multiauswahlgruppen erfolgt über Auswahlkanten (AUK). Die Vorschriftenfestlegungsart „Eingabe“ enthält keine weiteren Parametergruppierungsobjekte und wird deshalb direkt an den Knoten der Vorschriftenfestlegungsgruppe angehängt. Eine Ausnahme für die Modellierung der Auswahl- und Eingabeelemente ergibt sich, wenn die Auswahlelemente einer Auswahlgruppe/ Multiauswahlgruppe Instanzen der Klassen der Kategorisierungsebene sind. In diesem Fall müssen diese statt mit AUK durch AKK verbunden werden (vgl. Abbildung 38). In der DB gibt es im Bereich des DCC-Modells Daten, welche nicht als Infrastrukturobjekte/ -elemente benutzt werden können, sondern nur in Form von Vorschriftenfestlegungen. Als Beispiel lässt sich die Spurweite nennen, die man als Planer im Rahmen der Planung eines Schienenweges über die Vorschriftenfestlegungen vorauswählt.

Die Vervielfältigung der Parameter und Attribute wird über den Anzahlmultiplikator realisiert, indem von dem Knoten Anzahlmultiplikator mittels der Multiplikationskante (MUK) auf die zu vervielfältigende Auswahlgruppe gezeigt wird (vgl. Abbildung 38).

Die Abhängigkeiten zwischen den Vorschriftenfestlegungen werden mit Hilfe von Vorschriftenfestlegungsreihenfolgekanten (VFRK) modelliert. Modelliert wird immer rückwärtsdenkend, was so viel heißt, dass man sich beim Modellieren immer zuerst den Zielknoten, also das gesuchte Ergebnis, anschaut und davon ausgehend, rückwärts die Abhängigkeiten (hier: eingehende VFRK) anlegt. Die Modellierung der Vorschriftenfestlegungsabhängigkeiten mittels VFRK ist dahingehend einfach, da das zu modellierende Modell aufgrund der Tatsache, dass die vorgeschlagene Methode als Knoten-Kanten-Konstrukt vorliegt und somit in einem Baumgraph repräsentativ ist, davor immer skizziert und leicht nachvollzogen werden kann.

Die Weitergabe der Werte der Vorschriftenfestlegungen bzw. die Verbindungen/ die Abhängigkeiten (hier: mittels Vorschriftenfestlegungsobjektkante (VFOK)) zwischen den Vorschriftenfestlegungen und den Instanzen der Kategorisierungsebene (hier: Klasse „Kategorisierung“ und deren Unterklassen) geschieht über die abstrakte Klasse „Verbindung_out“ (vgl. Abbildung 39). Dadurch können zwischen den Vorschriftenfestlegungen und den nach den Vorschriftenfestlegungen passenden Infrastrukturobjekten Verbindungen geschaffen werden.

7.4.1 Modellierung der Manipulation der Wertebereiche von Vorschriftenfestlegungen

Mittels Parametermanipulationskanten (PMK) kann eine Abhängigkeit zwischen zwei Vorschriftenfestlegungen angelegt werden, welche in dem Zielknoten hinterlegten Attribut-/ Parameterwerte überschreibt. Diese Modellierung stellt sowohl eine Kanten- als auch eine Attributmodellierung dar. Die untenstehende Abbildung 60 zeigt beispielhaft eine Abhängigkeit zwischen der gewählten Verkehrsart (hier: S-Bahn) und der Geschwindigkeit mit dem darin erlaubten maximalen Wertebereich für die Geschwindigkeit (Attributfelder „Min“ und „Max“). Der Zielknoten „Geschwindigkeit“ der Klasse „Eingabe“ erlaubt im Regelfall gemäß (DB Netz AG, Ril 800.0110 2015) eine Eingabe der Geschwindigkeit zwischen 0 und 300 km/ h. Dies ist bei der Verkehrsträgergruppe Eisenbahn die Grundeinstellung und muss z. B. für die Fälle NE-Bahnen und S-Bahnen anders gesetzt werden. Wurde von dem Planer als Verkehrsart S-Bahn gewählt bzw.

die Verkehrsart ergab sich über die Abhängigkeitsbeziehungen über die davor gewählten Vorschriftenfestlegungen, so verändert die PMK den oberen Grenzwert der möglichen Eingabe für die Geschwindigkeit von 300 km/ h auf 120 km/ h. Das bedeutet, dass bei dem Attributfeld „Max“ der im Knoten eingetragene Wert von 300 km/ h auf 120 km/ h überschrieben wird, da die Trassierung von reinen S-Bahn-Strecken nach (DB Netz AG, Ril 800.0130 2018) nur bis 120 km/ h erlaubt ist. Damit die PMK die gewünschte Veränderung erkennen kann, müssen auf der Kante dieselben Attributfelder wie die in dem Zielknoten eingetragen und dort die Werte neu definiert werden. Die Grenzwerte auf der Kante können dabei entweder komplett oder einzeln getrennt nach der oberen und der unteren Schranke festgelegt werden. In dem gezeigten Beispiel in Abbildung 60 werden durch die PMK beide Grenzen überschrieben. Der Vorteil der Modellierung mittels PMK liegt in der Vermeidung des Anlegens von mehreren Knoten zur Beschreibung desselben Sachverhaltes (hier im Beispiel der Geschwindigkeitsknoten).

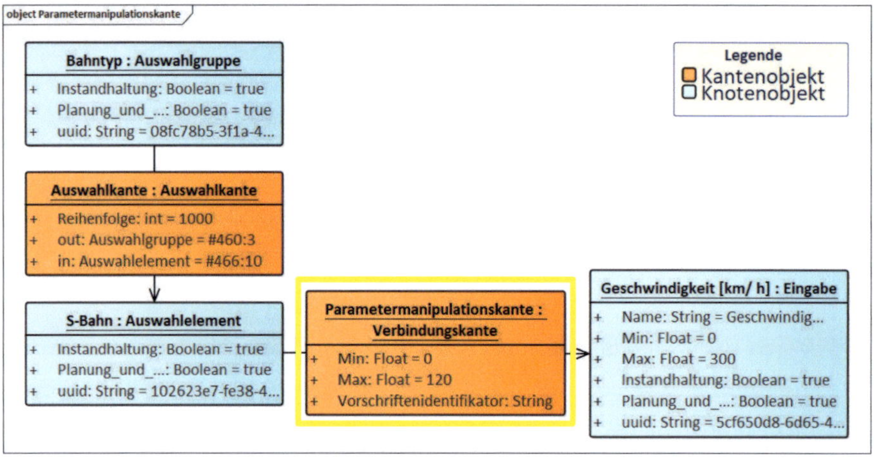

Abbildung 60: Einsatz der Parametermanipulationskante am Beispiel Geschwindigkeit

Sollte die Funktionalität der PMK nur in Zusammenhang einer bestimmten Vorschrift angewandt werden, so kann zusätzlich das Attribut „Vorschriftenidentifikator“ in Anspruch genommen werden. In so einem Fall muss dann in das genannte Attributfeld die UUID-Nummer[22] der mit PMK in Verbindung gebrachten Vorschrift übernommen werden. Der Vorschriftenidentifikator lohnt sich insbesondere, wenn auf ein Zielknoten gleichzeitig mehrere PMK zeigen sollen. Das in Abbildung 61 gezeigte Objekt-Diagramm stellt eine komplexere Modellierung der PMK dar. Aus dem Diagramm ist ersichtlich, dass der Knoten mit zulässiger Geschwindigkeit zwischen 0 und 300 km/ h sich mittels PMK auf mehrere andere Grenzwerte anpassen lässt.

[22] Für jeden Datenbankknoten wird zur eindeutigen Identifikation und Unterscheidung sowie Konsistenzhaltung eine Nummer generiert. Diese Nummer wird jeder Datenbankinstanz einmalig zugeordnet und darf nicht geändert werden.

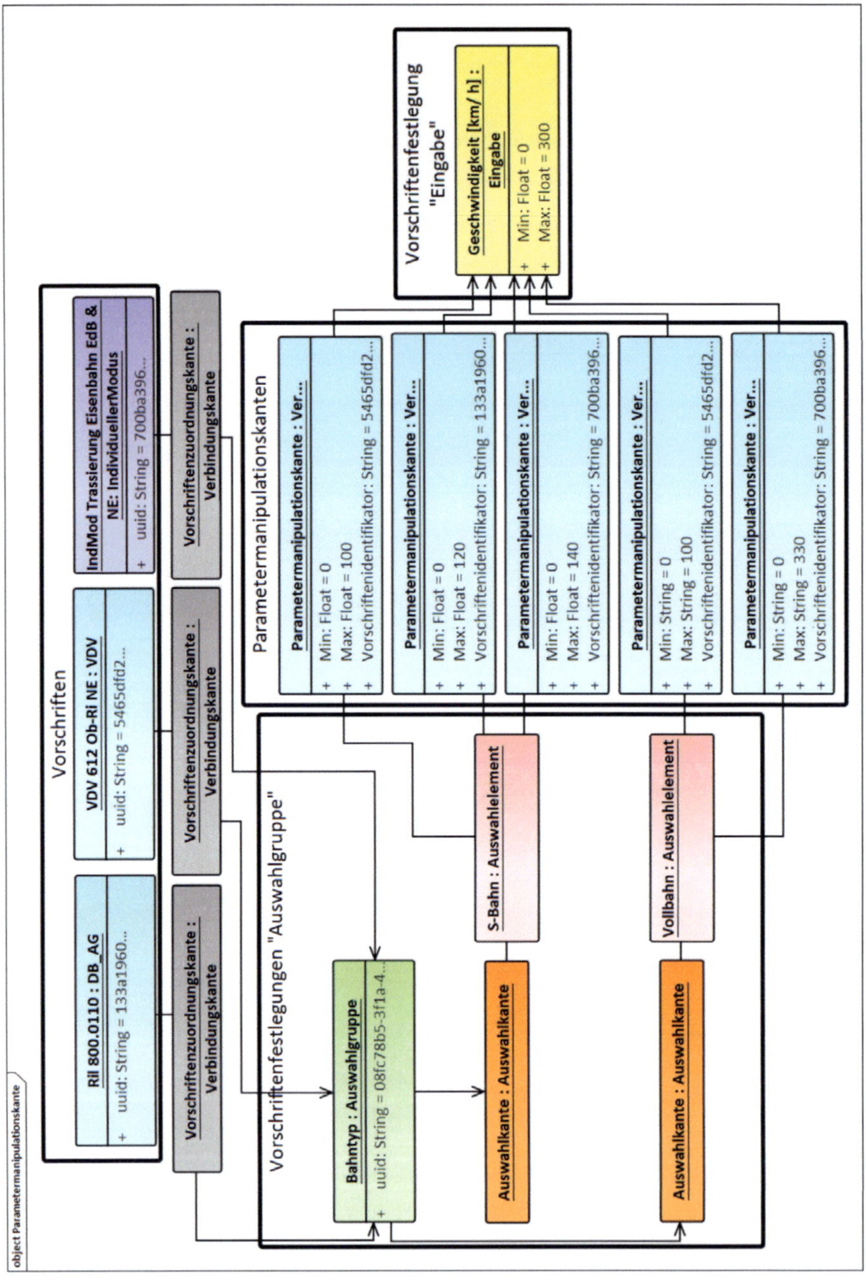

Abbildung 61: Einsatz der Parametermanipulationskanten in Verbindung mit unterschiedlichen Vorschriften

Damit die Software PULTrack erkennen kann, wann welche Geschwindigkeitsbereiche verwendet werden sollen, wird eine Veränderung an die jeweilige Vorschrift aus der sich eine bestimmte Vorgabe ergibt, gebunden, indem auf der PMK im Attributfeld „Vorschriftenidentifikator“ die UUID der dazugehörigen Vorschrift eingetragen wird.

7.5 Dynamische Modellierung des Trassierungstools

Das in der GDB entwickelte und modellierte Trassierungstool wird in diesem Kapitel anhand der verwendeten Methoden und Verfahren erläutert. Die Diskussion richtet sich dabei viel mehr nach der Sicht des Designers und nicht aus dem Betrachtungswinkel eines Programmierers. Auf die jeglichen programmier- bzw. softwaretechnische Implementierungen inkl. angewandten höheren vektoriellen Mathematik wird nicht eingegangen und nur tangierend erwähnt. Eine erste Umsetzung der softwaretechnischen Implementierung des datenbankbasierten Trassierungstools PULTras wird in (Greif 2020) beschrieben.

7.5.1 Datenbankbasierte Modellierung von Trassierungsformeln

Das zur Software PULTrack entwickelte Trassierungstool arbeitet beim Entwerfen einer Achse zum Verkehrsweg eines Verkehrsträgers nach der bekannten Methode, indem die Achse Schritt für Schritt von dem Planer durch die eingegebene Abfolge von geometrischen Trassierungselementen (hier: Gerade (g), Übergangsbogen (UB) und Kreisbogen (B)) unter Berücksichtigung von Trassierungsparametern erstellt wird, welche anschließend tangential aneinander angeschlossen werden. Die in dem Trassierungstool umgesetzten Arten von Übergangsbögen können dem Abschnitt 4.3 entnommen werden.

Das Modell des Trassierungstools setzt sich dabei aus zwei wichtigen Komponenten zusammen – aus den Formeln (Funktionen und Prädikate) und den Vorschriftenfestlegungen, welche eng miteinander interagieren. Beide Bestandteile des Trassierungstools sind in Form von Knoten und Kanten modelliert. Somit liegt das Trassierungstool in Form eines Knoten-Kanten-Konstrukts vor, bei dem auch die Modellierungsattribute berücksichtigt werden. Hierbei werden die Vorschriftenfestlegungen zum einen als GUI-Elemente zwecks Steuerung der Trassierungsarbeitsweise und zum anderen zur Einstellung von trassierungsrelevanten Parametern und -attributen verwendet.

Die Funktionalität wird durch die Interpreter Parameterplattform und Parameterevaluation mit dem darin enthaltenen Evaluationsmodell (vgl. das Komponentendiagramm zur statischen Softwarearchitektur im Anhang XXI) sichergestellt. Die Erstellung der Achse selbst wird durch den Interpreter Trassierung des Trassierungstools funktional ausgewertet und überwacht, wobei eine ständige Interaktion der genannten Interpreter stets vorliegt. Hierbei wertet der Interpreter des Trassierungstools die Funktionen und Prädikate der Trassierungsformeln unter Berücksichtigung der Vorschriftenfestlegungen aus.

Jede Funktion erhält einen eigenen Knoten. Der Modellierungsursprung der Formel liegt immer auf der Unterunterumgebungsebene, unterhalb des Oberknotens Formeln mit der Unterklasse „Formel“ der Superklasse „Unterunterumgebungsebene“ des betrachteten Verkehrsträgers.

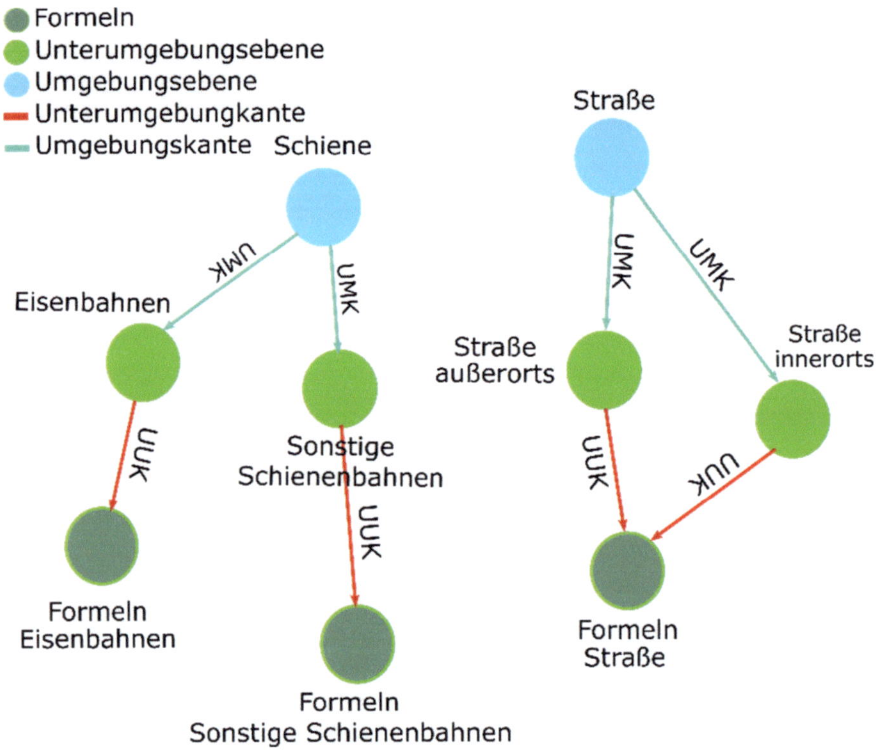

Abbildung 62: Aktuell in der DB modellierte Oberknoten der Formeln

Angehängt werden die Formeln mittels der attributlosen Formelkanten (FMK). Die Formeln selbst liegen auf der Kategorisierungsebene und sind Instanzen bzw. Objekte der Unterklassen „ScripFunktion“ und „TagFunktion“ der Superklasse „Funktion“, welche wiederum die Unterklasse der Superklasse „Kategorisierung“ ist. Das Schema der Modellierung von Trassierungsformeln entspricht dabei nicht dem DCC-Modell und ähnelt eher dem Modellierungsschema von Vorschriften in der DB.

Die Andienung der hinterlegten Formeln auf der Kategorisierungsebene, falls dieses zutreffend ist, kann verkehrsträgerübergreifend erfolgen. Das bedeutet, dass dieselbe Formel gleichzeitig über die FMK mit mehreren Oberknoten Formeln der einzelnen Verkehrsträger(gruppen) verbunden sein kann. Dies ist zum Beispiel der Fall bei den Verkehrsträgern "Schiene" (Eisenbahn), "Schiene" (Straßenbahn) und "Straße" bei der Verwendung der "klassischen" Klothoide über das Berechnungsverfahren nach den Fresnel'schen Integralen. Der Vorteil dieser Modellierung liegt in der Vermeidung einer mehrfachen Ablage derselben Formel in der DB.

Um Funktionen in der DB zu speichern, gibt es zwei Methodiken. Zum einen gibt es die Knoten der Klasse „ScriptFunktionen“, die in dem Attributfeld „script“ einen mathematischen Ausdruck in textueller Form zum Berechnen eines Wertes enthalten, welcher von der Software PULTrack bzw. von dem Trassierungstool PULTras mit Hilfe eines sogenannten Parsers evaluiert wird. Der große Vorteil der Formel der Form „ScripFunktion“ besteht darin, dass diese komplett in der DB abgespeichert werden können. Somit ist die Modellierung uneingeschränkt generisch. Die Methode der ScriptFunktion kann aber nur mit einfachen mathematischen Operatoren wie Addition, Subtraktion, Multiplikation, Division sowie Klammerausdrücken arbeiten, jedoch nicht mit komplexeren Funktionen/ Formeln wie Integralen (z. B. Berechnung des klassischen UB nach Fresnel'schen Integralen) oder Taylor-Reihen. Darüber hinaus gibt es Formelausdrücke, deren Teile nur bedingt mit einer ScripFunktion beschrieben werden können. Aus diesem Grund wurden unter anderem die sogenannten Tag-Funktionen eingefügt. Hierbei wird mit den Knoten der Klasse „TagFunktionen“ mit dem darin enthaltenem Attributfeld „tag“ eine Funktion in der Software identifiziert, welche die Funktion in dem Knoten (Tag-Knoten) evaluiert und dem Attributfeld „konstanten“ Werte liefert. Dieser Ansatz ist nicht komplett generisch umgesetzt und müsste bei Erweiterung des Funktionalitätsspektrums des Trassierungstools PULTras auch in der Software (hier: Einbindung von neuen Java-Bibliotheken bzw. Java-Methoden) entwickelt werden. Eine Formel kann sich gleichzeitig aus einer „ScriptFunktion" und „TagFunktion" zusammensetzen.

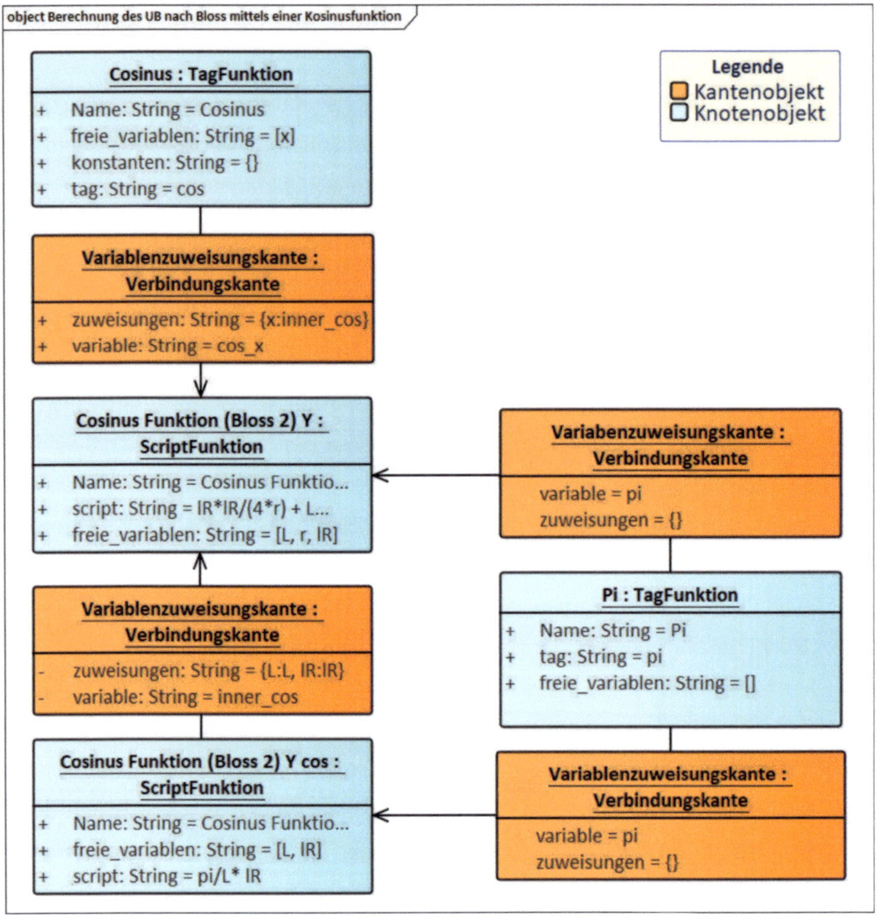

Abbildung 63: Beispielhafte Darstellung der Modellierung des UB nach Bloss über die Kosinusfunktion

Abbildung 63 zeigt die Modellierung des UB nach Bloss mittels einer Kosinusfunktion (vgl. auch Tabelle 2), welche aus dem Teil „ScriptFunktion" und dem Teil „TagFunktion" besteht. Die im Trassierungstool PULTras verwendeten Formeln können dem Planer im Fenster „Achse anlegen" angezeigt werden. Näheres dazu findet sich im Anhang XXXVII.

7.5.2 Modellierung von trassierungstechnischen Sachverhalten über Vorschriftenfestlegungen

Die Überprüfung von bestimmten Bedingungen aus den Trassierungsvorschriften wird über die Vorschriftenfestlegungen erzielt. Zu diesem Zweck werden die Vorschriftenfestlegungen und die Modellierungsattribute um die Prädikatsfunktionen erweitert. Hierbei werden in die Vorschriftenfestlegungen Attributfelder „variable“ und „konstanten“ eingetragen und die Variablenparameterkante (VPK) mit „variable“ und „relative_position“ attributiert, mit einem bestimmten Zielknoten einer Vorschriftenfestlegung zu einer Regel zusammengeführt und anschließend, ggf. in Verbindung mit einer Trassierungsformel, von dem Trassierungstool PULTras ausgeführt. Die VPK bilden zwischen den Vorschriftenfestlegungen die zusätzlichen trassierungstechnischen Abhängigkeiten ab. Die einzuhaltende Regel wird in dem betrachteten Zielknoten der Vorschriftenfestlegung in dem Attributfeld „Einschraenkungen“ vom Datentyp EmbeddedMap eingetragen. Die Methode ist in Software PULTrack generisch umgesetzt und kann auf einen beliebigen Trassierungssachverhalt angewandt werden.

Im Folgenden wird beispielhaft die Modellierung der Regel zur Einhaltung der Planungswerte bei der Länge des Kreisbogens und der Gerade nach (DB Netz AG, Ril 800.0110 2015) aus Sicht des Designers gezeigt. Die Modellierung in der GDB wird in Abbildung 64 veranschaulicht. Die attributierten Abhängigkeitskanten (hier: VPK) sind in Gelb dargestellt und zeigen auf das Objekt bzw. auf die Instanz namens „Länge Trassierungselement [m]“ (Zielknoten), in welchem es gilt, die Regel einzuhalten. Beim Modellieren einer VPK spielt die Modellierungsrichtung der Kante eine Rolle und ist zwingend einzuhalten. Das bedeutet, dass die VPK immer auf den Zielknoten zeigen müssen, in dem die Regel definiert wird. Der Zielknoten der Instanz „Länge Trassierungselement [m]“ ist von der Geschwindigkeit, den Planungswerten (hier: Mindestwerte und Regelwerte der Trassierungselemente) und von dem Gleistyp abhängig. Diese Abhängigkeiten werden in den VPK je in das Attributfeld „variable“ eingetragen (hier: „v“, „plan“ und „gleistyp“). Die Namen der Attributwerte können dabei beliebig gewählt werden, sollten aber aus Gründen der Übersichtlichkeit und besserer Nachvollziehbarkeit passend zu den Namen der Abhängigkeitsknoten (hier: Instanzen „Geschwindigkeit [km/h]“, „Planungswerte Gerade & Kreisbogen“ und „Gleistyp“ der Vorschriftenfestlegungen) gewählt werden. Die Werte der Attribute „variable“ in den VPK werden anschließend von der Anwendung durch die Namen der Abhängigkeitsknoten ersetzt und mit den Werten der Attribute „variable" der jeweiligen Abhängigkeitsknoten belegt. Diese werden wiederum von der definierten Regel in Verbindung mit den eingetragenen Konstanten (hier: Attributfeld „konstanten") ausgewertet. Die in das Attributfeld „Einschraenkungen" des Zielknotens eingetragene Regel lautet wie folgt:

```
{
"Regelwert und Mindestlänge": "(plan = plan_gb_reg & gleistyp = durchgehende_hgl => self >= reg_lgb*v) & (plan = plan_gb_min | gleistyp != durchgehende_hgl => (v <= 70 => self >= min_lgb_70*v) & (70 < v & v <= 100 => self >= min_lgb_70100*v) & (v > 100 => self >= min_lgb_100 * v))"
}
```

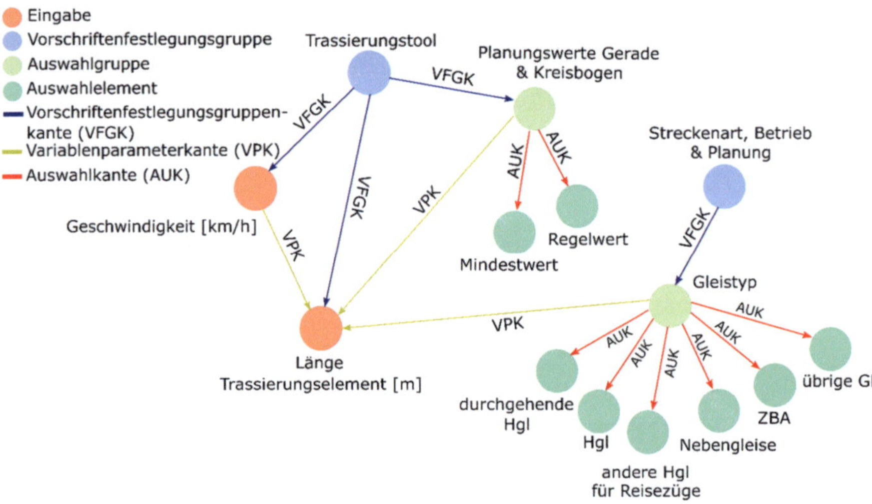

Abbildung 64: Graphmodell zu der oben beschriebenen Regel in der GDB von OrientDB

Übersetzt bedeutet die Regel, dass wenn für den B oder g der Planungswert vom Typ Regelwert gewählt ist, soll die Länge des B oder des g bei durchgehenden Hauptgleisen mindestens $0{,}4 \cdot v$ m betragen (v steht für die Entwurfsgeschwindigkeit); wenn der Planungswert vom Typ Mindestwert gewählt und die Geschwindigkeit kleiner gleich 70 km/ h ist, soll die Länge des B und des g bei durchgehenden Hauptgleisen größer gleich $0{,}1 \cdot v$ m betragen; wenn der Planungswert vom Typ Mindestwert gewählt und die Geschwindigkeit zwischen 71 km/ h und 100 km/ h ist, soll die Länge des B und des g bei durchgehenden Hauptgleisen größer gleich $0{,}15 \cdot v$ m betragen; wenn der Planungswert vom Typ Mindestwert gewählt und die Geschwindigkeit größer gleich 100 km/ h ist soll die Länge des B und des g bei durchgehenden Hauptgleisen größer gleich $0{,}2 \cdot v$ m betragen.

Die Modellierung der zuvor beschriebenen Trassierungsregel mit den Modellierungsattributen und deren Werten in Form eines Objektdiagrammes kann dem Anhang XXXVIII entnommen werden.

7.5.3 Modellierung von Trassierungsformeln in Abhängigkeit von Planungswerten

Das Objektdiagramm in Abbildung 65 zeigt zum einen ein Beispiel für die Modellierung der GUI-Elemente (hier: Planungswerte und Trassierungselemente zum UB mit gerader Überhöhungsrampe) im Trassierungstool PULTras, welche in der DB in Form von Vorschriftenfestlegungen vorliegen und zum anderen ein Beispiel zur Identifikation der Trassierungsformel (hier: Formel für die gerade Überhöhungsrampe).

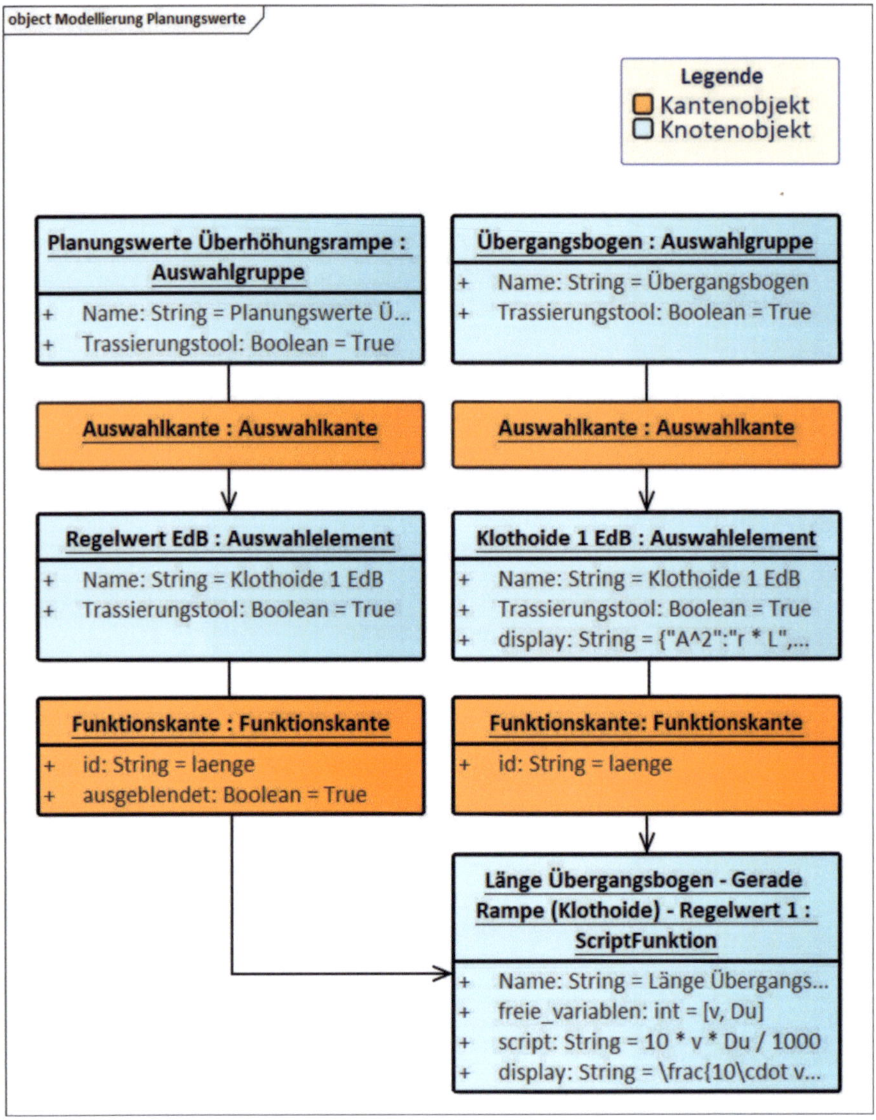

Abbildung 65: **2-fache Identifikation der Formel im Trassierungstool PULTras anhand der modellierten GUI-Elemente**

Beim Trassieren einer Eisenbahnstrecke wird dem Entwerfenden im „Geführten Entwurfsvorgang“ nach (DB Netz AG, Ril 800.0110 2015) bei der Wahl der Trassierungselemente und -parameter der Mindest-, der Regelwert-, der Ermessenswert-, der Zustimmungs- sowie der Genehmigungsbereich zur Verfügung gestellt. Diese Instanzen bzw. Objekte (im Beispiel nur „Regelwert EdB“ gezeigt) in Verbindung mit den GUI-Elementen der Trassierungselemente (im Beispiel nur „Klothoide 1 EdB“ gezeigt) im Grund- und Aufriss sowie im Querschnitt (hier: Gerade (g), Übergangsbogen (UB), Kreisbogen (B), Überhöhung (u) und Überhöhungsrampe (R)) erlauben eine genaue Identifikation der in der DB zu verwendenden Formel. Sie müssen vom Planer im Trassierungstool PULTras vorausgewählt werden. Die Zuweisung der GUI-Elemente zur eindeutigen Identifikation der Formel erfolgt mittels der Funktionskanten (FKK) und des darin enthaltenen Attributfeldes „id“ mit dem Wert laenge. Die zusätzliche Identifikation der Formel anhand von Planungswerten (im Beispiel „Regelwert EdB“) wird mittels des Attributfeldes „ausgeblendet“ vom Datentyp Boolean realisiert.

Wie das in Abbildung 65 gezeigte Beispiel in der GDB in Form eines Graphenbaumes modelliert ist, kann der Abbildung 66 entnommen werden:

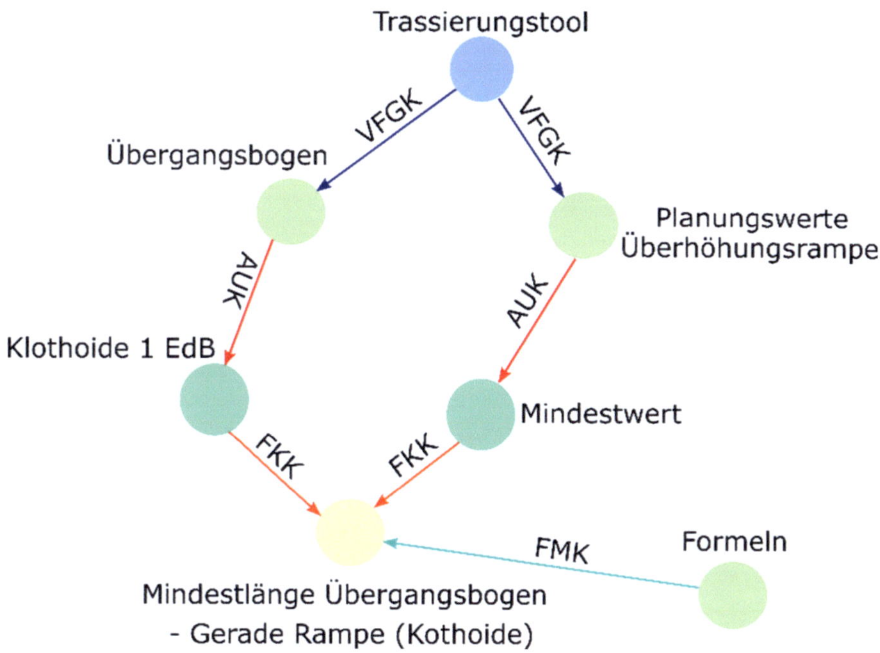

Abbildung 66: Modellierung der 2-fachen Identifikation der Formel im Trassierungstool anhand der modellierten GUI-Elemente in der GDB

7.5.4 Modellierung von Trassierungsformeln mit unterschiedlichen Wertebereichen

Die Modellierung der Formel in der DB für das Trassierungstool PULTras für unterschiedliche Wertebereiche in einem einzigen Knoten geschieht in dem Attributfeld „script*“ der Knotenklasse „ScriptFunktion“. In der Abbildung 67 wird ein Beispiel für die Modellierung der von der Software auszuwertender Formel für die Länge des Trassierungselementes Überhöhungsrampe bei NE-Bahnen in Abhängigkeit von der Geschwindigkeit gezeigt.

Abbildung 67: Modellierung der Formel für die Überhöhungsrampe unter Berücksichtigung der unterschiedlichen Geschwindigkeitsbereiche am Beispiel der NE-Bahnen

Dabei stellt der in der Abbildung gezeigte Ausdruck folgendes dar:

$$l_R = \begin{cases} 300 \cdot \Delta u/1000 \; [m], & x \leq 30 \; [km/\,h] \\ 10 \cdot v \cdot \Delta u/1000 \; [m], & x > 30 \; [km/\,h] \end{cases}$$

Der Ausdruck ist so zu interpretieren: Wenn die Geschwindigkeit kleiner gleich 30 km/ h ist, welche vom Planer einzustellen ist, dann (in der Modellierung mit „?“ geschrieben) wird von der Anwendung die Formel „300*Du“ genommen, ansonsten (in der Modellierung mit „:“ geschrieben) wird die Formel „10*Du*v“ verwendet.

7.6 Dynamische Modellierung des Dimensionierungstools

7.6.1 Modellierung der Infrastrukturobjekte für das Dimensionierungstool

Die Modellierung der Infrastrukturobjekte sowie Infrastrukturobjektgruppen für das Dimensionierungstool PULDim erfolgt nach der zuvor in Abschnitt 7.1 erläuterten Modellierung der Objekte bzw. Instanzen gemäß den Ebenen des DCC-Modells mit hierzu vorgesehenen Navigationskanten.

Wichtig ist beim Modellieren der Datensätze, dass diese stets einen Wert in den Attributfeldern „Planung_und_Entwurf“ und/ oder „Instandhaltung“ haben (entweder nur in einem der beiden oder in beiden gleichzeitig). Sollte entlang des Baumastes an einer Stelle das Setzen des Attributes „Planung_und_Entwurf“ und „Instandhaltung“ vergessen werden, wird an dieser Stelle der Kantentraversierungsvorgang unterbrochen und die Objekte, welche sich unterhalb der Unterbrechungsstelle befinden, werden von der Software nicht berücksichtigt. Ein weiteres wichtiges und zwingend erforderliches Attributfeld ist die „Dimensionierung" vom Datentyp Boolean, welches auf der Diskretisierungsebene zur Identifikation des Anfanges der Datensätze für das Dimensionierungstool PULDim gesetzt sein muss. Hierbei erfolgt die Kantentraversierung von der Diskretisierungsebene (hier: Baumwurzel des Dimensionierungstools) aus fortlaufend über die gesamte Ebenenhierarchie des DCC-Modells hinweg.

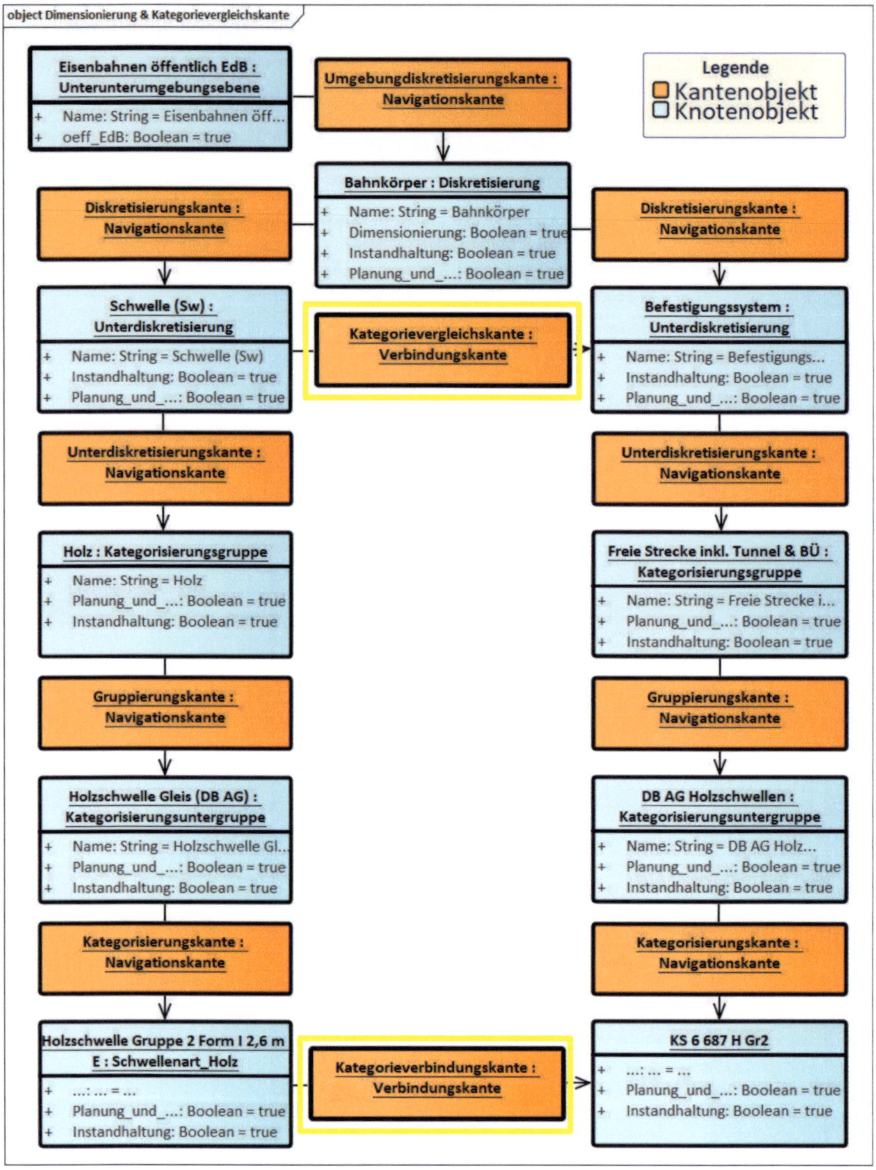

Abbildung 68: Modellierung der Datensätze für das Dimensionierungstool PULDim

Das Arbeiten auf der Diskretisierungsebene während der Kantentraversierung auf der obersten Stufe der Hierarchie der Datensätze für das Dimensionierungstool PULDim bedingt die Wahl eines Verkehrsträgers (hier: Verbindung des Verkehrsträgers mittels der Umgebungsdiskretisierungskante (UMDK) mit den Datensätzen des Dimensionierungstools (in Abbildung 68 Knoten „Eisenbahnen öffentlich EdB“)). Eine weitere Voraussetzung für die Funktionalität des entwickelten Dimensionierungstools ist die Existenz der Datensätze auf der Unterdiskretisierungsebene.

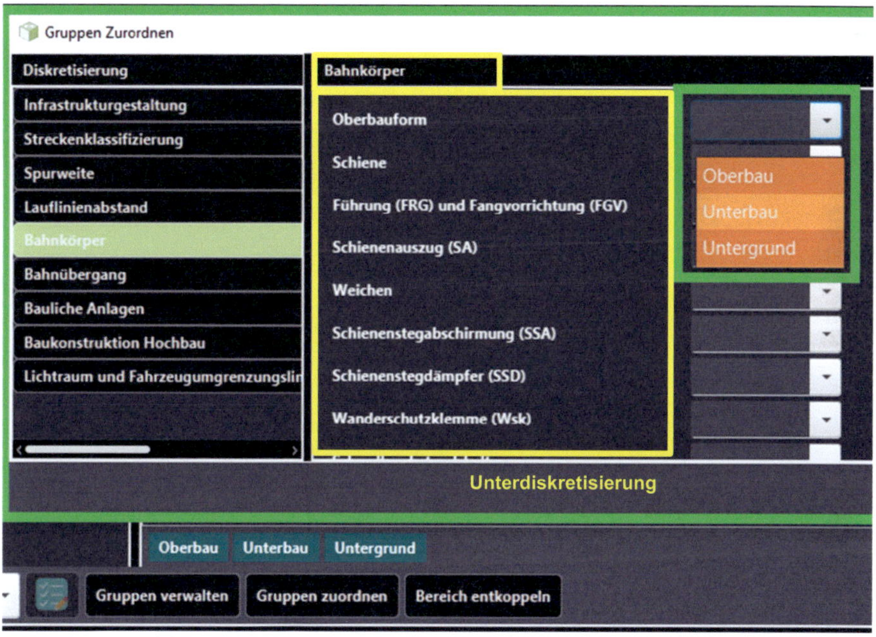

Abbildung 69: **Ansichtsfenster in dem Dimensionierungstool PULDim zur Einteilung der Systemkomponenten**

Der Grund für eine derartige Modellierung, neben den bereits im Abschnitt 6.4.3.4 genannten, liegt in der gezielten Schaffung der Filterungsmöglichkeit der Datensätze in dem Dimensionierungstool nach den Ebenen des Modells. Auf der Unterdiskretisierungsebene erfolgt die Unterteilung einer Infrastruktur in die einzelnen Komponenten. Nach den Instanzen dieser Komponenten kann anschließend gefiltert werden (vgl. Abbildung 69).

7.6.2 Modellierung der Interaktion Vorschriften-Vorschriftenfestlegungen-Infrastrukturobjekte

Die sogenannte **V**orschrift**V**orschriftenfestlegung**O**bjekt-Modellierung (auch mit VVFO-Dreieck bezeichnet) stellt das Grundschema der generischen Modellierung des Dimensionierungstools für die Software PULTrack dar und beschreibt die Interaktion zwischen den modellierten Vorschriften, Vorschriftenfestlegungen und Infrastrukturobjekten/ -elementen. Beim Trassierungstool PULTras sieht das Modell ähnlich aus. Der Unterschied liegt lediglich in der Verwendung der Formel statt einer Systemkomponente sowie in der anderen Verwendung der Modellierungskanten (hier: Funktionskante (FKK) statt Vorschriftenfestlegungsobjektkante (VFOK)).

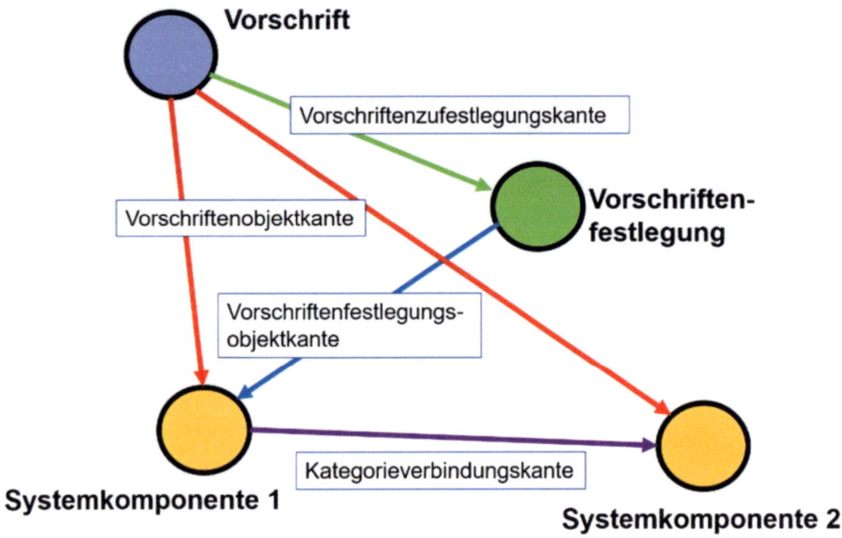

Abbildung 70: Schematische Darstellung des VVFO-Modells inkl. Querverbindung zwischen zwei Systemkomponenten

Das VVFO-Modell ist ebenfalls ein wesentlicher Bestandteil der Intelligenten Suche[23] und ein Teil der Parametrischen Suche[24], welche in dem Datenbanktool der Software PULTrack erfolgreich implementiert wurde. Zum Modellieren eines entwurfs-/ planungstechnischen Sachverhalts sind drei wichtige Angaben erforderlich: 1) Angaben

[23] Vgl. Abschnitt 5.1

[24] Vgl. Abschnitt 5.1

zur Vorschrift (kodifiziert oder nicht kodifiziert), 2) zu den Vorschriftenfestlegungen sowie 3) zur Systemkomponente.

Die explizite Kantenmodellierung erfolgt über die Vorschriftenzufestlegungskante (VZFK) die Vorschriftenfestlegungsobjektkante (VFOK) und die Vorschriftenobjektkante (VOK). Eine Systemkomponente wird dabei i. d. R. gleichzeitig anhand von zwei Modellierungskanten (hier: VFOK und VOK) identifiziert. Das bedeutet, dass die Kantentraversierung von beiden Seiten kommend erfolgt – aus Richtung einer Vorschrift und einer Vorschriftenfestlegung. Fehlen in einem bestimmten Fall zu einer Systemkomponente die Vorschriftenfestlegungen bzw. eine Systemkomponente kann ohne einer Vorschriftenfestlegung eindeutig bestimmt werden, so entsteht aus einem VVFO-Modell ein reines VO-Modell (**V**orschrift**O**bjekt), so dass die Systemkomponente nur mit einer Vorschrift verbunden ist. Die Zuordnung von Vorschriften zu einer der Systemkomponenten mittels einer Kante ist auch erforderlich, um eine Doppelmodellierung von derselben Systemkomponente zu vermeiden. So gibt es Fälle, in denen eine Systemkomponente gleichzeitig in zwei oder mehreren Vorschriften vorkommt. Stattdessen bekommt die Systemkomponente mehrere eingehende VOK.

Statt über einer Vorschriftenfestlegung kann eine Systemkomponente über die „Querverbindung“ mittels Kategorieverbindungskante (KVK), ausgehend von einer anderen Systemkomponente bestimmt werden (vgl. Abbildung 70). Die Entscheidung darüber, ob dieser Modellierungsweg zielführenderer ist, obliegt dem Designer und sollte gut modellierungstechnisch durchdacht sein.

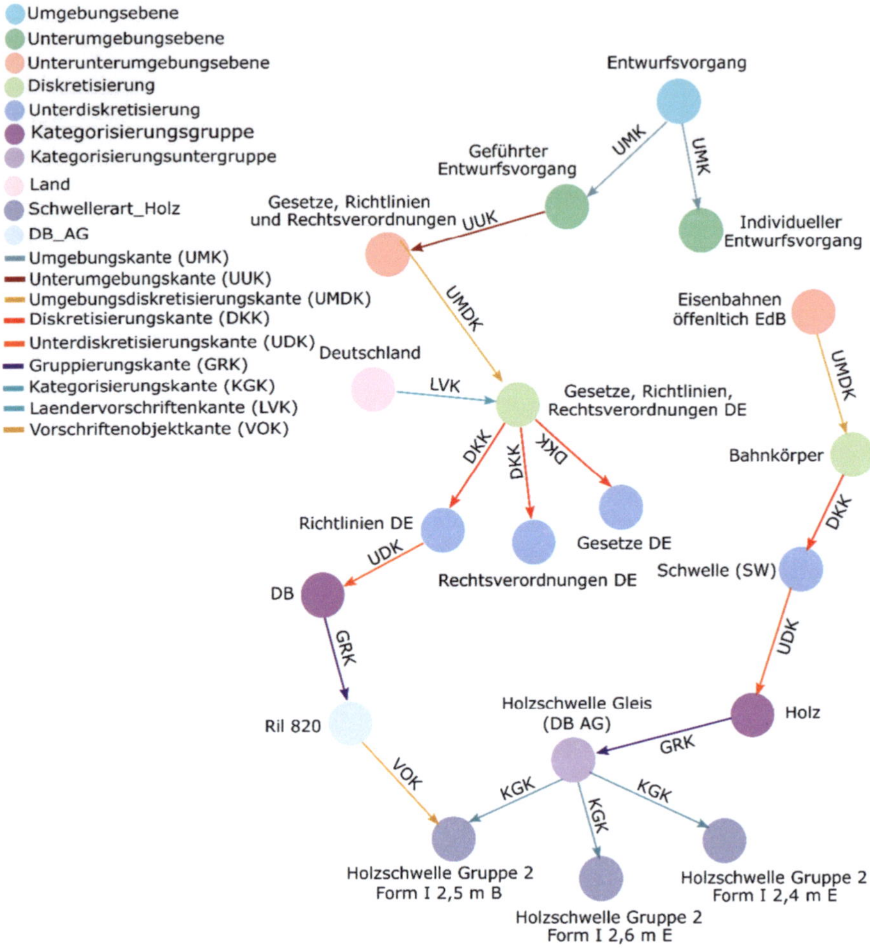

Abbildung 71: Beispielhafte Darstellung des Zusammenhangs zwischen dem Infrastrukturobjekt „Holzschwelle Gruppe 2 Form I 2,5 m B“ und der Vorschrift Ril 820 (DB Netz AG 2020)

Die Zusammenarbeit der drei genannten Modellierungskomponenten des VVFO-Modells interagiert in Abhängigkeit der gewählten Planungsart (hier: „Planung und Entwurf“ und „Instandhaltung“) und des Entwurfsvorganges (hier: „Geführter Entwurfsvorgang“ und „Individueller Entwurfsvorgang“).

7.7 Zusammenfassende Darstellung der Ergebnisse zum entwickelten Modellansatz und Diskussion

Eines der Hauptziele dieser Arbeit ist es, möglichst viel Ingenieurwissen aus dem Infrastrukturbau in einer einzigen DB abzubilden. Fachleute (Planer, Projektingenieure, Bauleiter und Bauleiterinnen) verfügen auf dem Gebiet der Planung, des Baus, des Betriebs und der Instandhaltung von Infrastrukturen über ein enormes Fachwissen. Dieses Wissen ist jedoch nicht in kompakter/ expliziter Form in einem digitalen System (Wissensdatenbank) verfügbar (vgl. Kapitel 2). Hierzu soll insbesondere gezeigt werden, ob eine GDB zum Einsatz der digitalen Abbildung von Vorschriften und Vorschriftenfestlegungen im Infrastrukturbau gewachsen ist und ob diese in der Zukunft für den BIM-Anwendungsfall der automatischen Vorschriftkonformitätsprüfung genutzt werden können.

Zur Implementierung des im Kapitel 3 präsentierten theoretischen (E)DCC-Modellansatzes wurde ein neuer, zuvor nicht bekannter Ansatz entwickelt, in dem eine neue Datenbanktechnologie als Grundlage verwendet wurde. Das Besondere an dem entwickelten Ansatz ist es, dass die DB für unterschiedliche Verkehrsträger verwendet werden kann und die einzelnen Objekte in Abhängigkeit von länderspezifischen Vorschriften mit den darin enthaltenen Vorschriftenfestlegungen innerhalb einer einzigen DB digital abgebildet sind.

GDB sind auf dem Markt neu und werden im Verkehrswesen nach derzeitigem Stand (vgl. Kapitel 2) nahezu gar nicht eingesetzt, obwohl diese viele Vorteile mit sich bringen. Im Gegensatz zu den sich bereits seit Jahren auf dem Markt etablierten relationalen DB, in denen die Modellierung von ausgeprägten Abhängigkeiten zwischen den Datensätzen nur begrenzt möglich ist, bietet eine GDB einen großen Vorteil im Hinblick auf die Abbildung von großen stark miteinander vernetzen Datensätzen. Verstärkt wird der Effekt durch die mögliche Visualisierung der Datensätze in einem Baumgraph, wodurch insbesondere komplexe Modellierungen deutlich einfacher sind und dadurch leichter nachvollziehbar bleiben.

Ein gutes Mittel, das explizite Wissen zu formalisieren, stellt die Kategorisierung dar, welche das Wissen aufgrund einer strukturierten Organisation einfacher erscheinen lässt und das Verständnis für dieses fördert. Für den (E)DCC-Modellansatz wurde ein Hauptklassifizierungssystem entwickelt, welches sich aus drei Hauptebenen und fünf

Zwischenebenen zusammensetzt. Dieses Klassifizierungssystem bildet die Basis für die weiteren Teilklassifizierungssysteme zum digitalen Formalisieren des expliziten Ingenieurwissens aus dem Infrastrukturbau in einem bestimmten Kontext in der DB. Das vorgeschlagene Gesamtframework ist generisch und erfordert nur das Ingenieurwissen zur Planung der Infrastruktur des betrachteten Verkehrsträgers, jedoch keine Programmierkenntnisse. Hierbei wird die Generizität unter Zuhilfenahme des Klassenaufbaus inkl. definierten Ontologien und Taxonomien umgesetzt, sodass der Interpreter, welcher die Daten(sätze) auswerten soll, nicht ständig weiterentwickelt werden muss. Die Ontologien und Taxonomien werden anhand von Klassennamen der Kanten und Knoten sowie der Attributierung (hier: Modellierungsattribute) der Objekte bestimmter Knoten und Kanten gebildet und abgefragt. Mittels der Ontologien und Taxonomien werden in der DB bestimmte Konzepte modelliert, welche je nachdem auf welcher Abstraktionsebene man diese betrachtet, entweder ein Modell oder (Teil-)Modell darstellen. Diese (Teil-)Modelle wiederum bilden bestimmte Wissensbereiche des Verkehrswegebaus ab. Die Beziehungen innerhalb eines Konzepts und des Konzeptsystems können dabei in der eingerichteten (E)DCC-Datenbank sowohl hierarchisch als auch assoziativ sein. Die wichtigsten (Teil-)Modelle sind die zur Erstellung von Infrastrukturobjekten, Vorschriften und Vorschriftenfestlegungen sowie die Interaktion zwischen diesen (siehe Abbildung 72). Alle Beziehungen zwischen den einzelnen Elementen des in Abbildung 72 gezeigten Konzeptes werden durch explizite Kantenmodellierung hergestellt.

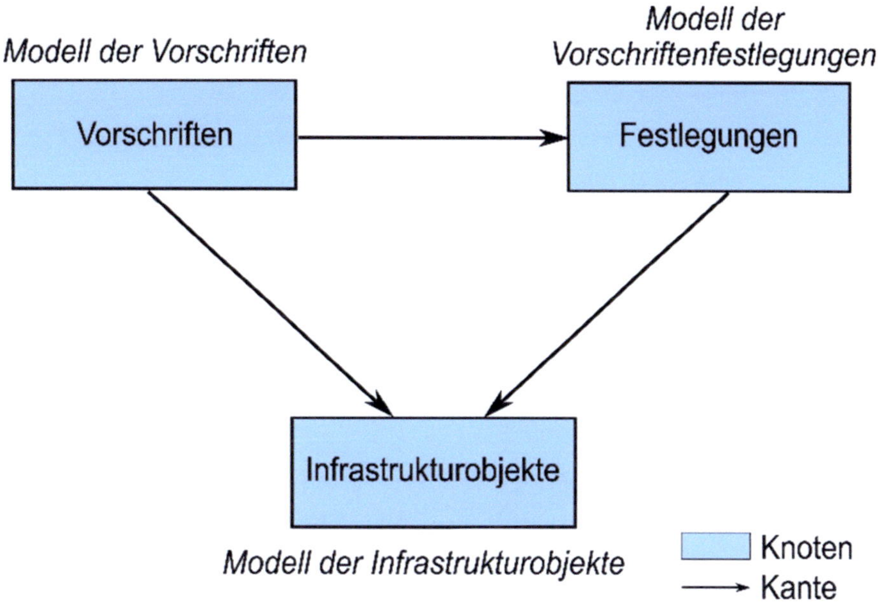

Abbildung 72: Konzept der Interaktion Vorschriften – Vorschriftenfestlegungen – Infrastrukturobjekte (VVFO-Modell)

Der gesamte (E)DCC-Modellansatz setzt sich nach derzeitigem Stand aus folgenden (Teil-)Modellen zusammen:

1. Teilmodell Umgebung (E) (vgl. Abschnitt 7.1.1 und Abbildung 162 im Anhang XXXIX)
2. Teilmodell DCC (vgl. Abschnitt 7.1.2 und 7.1.3 und Abbildung 163 im Anhang XXXIX)
3. Teilmodell Entwurfsvorgänge (vgl. Abschnitt 7.2.1 und Abbildung 164 im Anhang XXXIX)
4. Teilmodell zur Abbildung der kodifizierten und nicht kodifizierten Vorschriften (vgl. Abschnitt 7.3 und Abbildung 165 im Anhang XXXIX)
5. Teilmodell Länder (vgl. Abschnitt 7.3.1 und Abbildung 166 im Anhang XXXIX)
6. Teilmodell Vorschriftenfestlegungen (vgl. Abschnitt 7.4 und Abbildung 167 im Anhang XXXIX)
7. Teilmodell Bibliothek (vgl. Abbildung 168 im Anhang XXXIX)
8. Teilmodell Verkehrsträger (vgl. Abschnitt 7.2.3 und Abbildung 169 im Anhang XXXIX)

9. Teilmodell Formel (vgl. Abschnitt 7.5 und Abbildung 170 im Anhang XXXIX)
10. Teilmodell Vorschriften – Vorschriftenfestlegungen (vgl. Abschnitt 7.6.2 und Abbildung 171 im Anhang XXXIX)
11. Teilmodell Vorschriften – Systemkomponenten (vgl. Abschnitt 7.6.2 und Abbildung 172 im Anhang XXXIX)
12. Teilmodell Vorschriftenfestlegungen – Systemkomponenten (vgl. Abschnitt 7.6.2 und Abbildung 173 im Anhang XXXIX)
13. VVFO-Modell (vgl. Abschnitt 7.6.2 und Abbildung 174 im Anhang XXXIX)
14. Teilmodell Abhängigkeiten zwischen den Systemkomponenten (vgl. Abschnitt 7.6 und Abbildung 175 im Anhang XXXIX)
15. Teilmodell Planungsarten (vgl. Abschnitt 7.2.2)

Das im Anhang XXXIX gezeigte Beispiel der einzelnen (Teil-)Modelle dient nur zu Demonstrationszwecken und der Nachvollziehbarkeit des Prinzips der einzelnen Modellierungen. Sie stellen aus Gründen der Übersichtlichkeit nur einen Auszug aus der GDB für den Verkehrsträger Schiene dar und gelten analog auch für alle anderen Verkehrsträger. Eine Diskussion der ausgewählten Beispiele und der Vergleich des entwickelten Modells zur Abbildung der Vorschriftenkonformität mit der in (Häußler, Esser und Borrmann 2021) vorgestellten Methode findet sich im Anhang XL.

Der im Rahmen dieser Arbeit entwickelte Ansatz kann als KBS (Knowledge-based System) betrachtet werden, das verschiedene Wissensdomänen in einer einzigen DB speichert und diese Daten miteinander verknüpft. In Bezug auf das KBS wird in (La Rocca 2012) zwischen sogenannten RBS (Rule-based System) und FBS (Frame-based System) unterschieden. Hierbei wird in einem RBS das Wissen in Form von reinen „WENN-DANN“-Regeln dargestellt. In einem FBS existiert dagegen ein sogenanntes Frame, in welchem das Wissen formalisiert hinterlegt wird. Der Frame stellt dabei ein Klassifizierungssystem mit dessen Ontologien und Taxonomien, Instanzen bzw. Objekten, dar und entspricht somit in diesem Sinne dem objektorientierten Programmierparadigma ((La Rocca 2012) mit Verweis auf (Auty 1988), (Lassila 1990), (Negnevitsky 2005), (Rumbaugh, et al. 1991)). Solche Systeme können im Vergleich zu den reinen RBS ein deutlich umfangreicheres, komplexeres Wissen widerspiegeln (La Rocca 2012). Der hier vorgestellte Ansatz entspricht im Grunde einem FBS und enthält zwischen den Daten(sätzen) logische Ausdrücke und Beziehungen. In diesem

KBS sind auch Planungswerkzeuge integriert (vgl. Abbildung 9 und Abbildung 10). Die wesentlichen Charakteristika des hier vorgestellten Modellansatzes mit den darin enthaltenen (Teil-)Modellen kann der Tabelle 6 entnommen werden.

Dank der einfachen Grundgedanken der Teilkonzepte mit den darin enthaltenen einfachen Modellierungslogiken (hier: Kantenmodellierung des Knoten-Kanten-Konstruktes, logische Operatoren und Modellierungsattribute) und der generischen Erweiterbarkeit besitzt der Gesamtansatz ein hohes Potential zur Weiterentwicklung. Verstärkt wird der Effekt durch die klare Abgrenzung der einzelnen (Teil-)Modelle, selbst wenn diese miteinander verzahnt sind.

Mit dem gewählten Ansatz wurde bestätigt, dass die einfachen Techniken, wie die logischen Operatoren (Prädikatenlogik 1.Ordnung) in Verbindung mit den Eigenschaften einer GDB ausreichen, um die Semantik und Logik der Vorschriftenfestlegungen praktisch jeglicher Art digital darstellen zu können. Die Aussage in (Ismail, Ali und Iahad 2017), dass logische Interpretationen der Vorschriftenfestlegungen den Programmieraufwand reduzieren können (keine Programmierkenntnisse), kann ebenfalls bestätigt werden. Die bereits prototypisch entwickelten Modelle wie z. B. das VVFO-Modell mit dem darin enthaltenen Teilmodell der Vorschriftenfestlegungen, aber auch das Teilmodell der Vorschriften erlauben eine feindetaillierte Modellierung von planungstechnischen Anforderungen und Sachverhalten zum Planen eines Verkehrsweges.

Datenbankmodell	Multi-Modell (Graph- und Document-API)
Datenbankkonzept	LPG-Konzept
Programmierparadigma	Objektorientierung (Klassen und Objekte)
Strukturierungstechnik der Daten	Dekomposition, Ontologie und Taxonomie
Modellierungsprinzip	Explizites Knoten-Kanten-Konstrukt und Modellierungsattribute
Programmierkenntnisse erforderlich (Generizität)	Nein
Zweck der GDB	Multifunktional (Infrastrukturbau)
KBS-Typ	FBS mit integriertem CAD-System
Vorschriftenkonformitätsprüfung	Ja
Methode der digitalen Abbildung der Vorschriftenfestlegungen	Prädikatenlogiken 1.Ordnung, Knoten und Kanten, Modellierungsattribute
Darstellungsmethode der Vorschriftenfestlegungen (Logiken)	White-Box

Tabelle 6: Haupteigenschaften des (E)DCC-Modellansatzes

Die digitale Abbildung von Vorschriften und deren Inhalte erfolgt über zwei (Teil-)Modelle. Beide Modelle sind so entwickelt worden, dass eine detailreiche Abbildung möglich ist. Die Vorschriften haben ihre eigene Klassenstruktur. Sie haben drei bzw. zwei Klassenebenen für die kodifizierten und nicht kodifizierten Vorschriften. Mit dieser Klassenabstufung soll die Feinmodellierung von unterschiedlichen Vorschriftarten erreicht werden. Die Modellierung der kodifizierten Vorschriften erfolgt in Abhängigkeit zu den dazugehörenden Ländern (siehe Abschnitte 6.4.1 und 7.3). Die Vorschriftenfestlegungen werden ebenfalls in einem eigenen Klassifizierungssystem modelliert und mit den dazugehörigen Vorschriften verbunden (siehe Abschnitte 6.4.2 und 6.4.3.2).

Die Modellstruktur der Vorschriftenfestlegungen ist einfach aufgebaut und eignet sich gut, um die Semantik der Vorschriftenfestlegungen abzubilden. Von Vorteil bei der gewählten Modellierungsmethode der Vorschriftenfestlegungen ist die explizite Darstellung von Abhängigkeiten und Beziehungen zwischen den einzelnen/ innerhalb derselben Vorschriftenfestlegung(en) in Form einer Kantenmodellierung sowie die einfachen Logiken (hier: „UND“- und „ODER“-Logik), welche auch von softwaretechnisch ungeschultem Personal nachvollzogen und modelliert werden kann (vgl. Abschnitte 6.4.2,

6.4.3 und Anhang XXXIV). Verstärkt wird der Effekt durch die Verfügbarkeit der vorteilhaften Eigenschaft einer GDB im Hinblick auf die Abbildung komplexer und vernetzter Strukturen, wodurch jede Festlegung in Form einer Angabe (wie z. B. (Richt-)(Grenz-)Wertangaben), einer Zulässigkeit, einer Anweisung, Empfehlung, Möglichkeit oder Anforderung aus einer Vorschrift modelliert werden kann.

Der große Vorteil von dem Modell der Vorschriftenfestlegungen besteht darin, dass diese detailliert die Regeln gezielt entsprechend der gestellten Entwurfsaufgabe beim gewählten Entwurfsvorgang berücksichtigen Die nicht erforderlichen planungstechnischen Sachverhalte werden von vornerein ausgefiltert. Somit handelt es sich bei dem Modell der Vorschriftenfestlegungen, um die Einhaltung der Regel während der Planung. Das bedeutet, dass die Plausibilitätsprüfung nicht wie üblich nach der Planung, sondern kontinuierlich während der Planung stattfindet, so dass diesbezügliche Fehler weitgehend vermieden werden (vorbeugende Maßnahme). Da es sich bei der Modellierung um einen Graphen bestehend aus Knoten und Kanten handelt, kann dieser gut visualisiert werden. Das bedeutet, dass die Abarbeitung einzelner Vorschriftenfestlegungen durch die Maschine und die Zusammenhänge sowie Abgrenzungen zwischen den einzelnen Festlegungen transparent bleiben, so dass dadurch die Mensch-Maschine-Kommunikation sichergestellt wird. Insgesamt lässt sich das Modell der Vorschriftenfestlegungen der sogenannten White-Box-Methode zuordnen, da der Ansatz explizit ist und folgt einem bestimmten Modell, kann strukturiert visualisiert werden und erfordert keine Programmierkenntnisse (generisch). Dadurch bleiben die Hintergrundprozesse der Vorschriftenkonformitätsprüfung bzw. der Regellogik nicht verborgen und eine Plausibilitätskontrolle (Überprüfung der Maschine auf mögliche Fehler durch den Planer) ist grundsätzlich gegeben. Hierbei steht dem Modellierer völlig frei, welche Teile des Prozesses auf der GUI abgebildet und welche ausgeblendet bleiben sollen. Vorgesehen ist zusätzlich über das Attributfeld „Elementbeschreibung“ und „Nutzerhinweis“ die Erfassung und Anzeige von zusätzlichen Informationen zu den Vorschriftenfestlegungen (hier: modellierte Knoten der Vorschriftenfestlegungen), welcher der Planer bei Bedarf über die Mouseover-Funktion aufrufen kann. Denkbar wäre künftig den Interpreter um eine zusätzliche Hilfefunktion zu erweitern, welche bei Bedarf eine modellierte Vorschriftenfestlegung in der DB hinterlegte Vorschrift in Textform aufruft. Die Verbindung einer modellierten Vorschriftenfestlegung mit der zugehörigen Vorschrift in PDF hat den Vorteil, dass die Vorschriftenfestlegung bei Bedarf zur besseren

Nachvollziehbarkeit direkt in der ursprünglich in Textform vorliegenden Vorschrift nachgeschaut werden kann, erfordert jedoch die Entwicklung von intelligenten Algorithmen. Eine Verbindung zwischen den modellierten und den in einer Textform hinterlegten Vorschriften existiert bereits in der DB. Die Kantentraversierung würde in diesem Fall über den Teilgraph Vorschriftenfestlegungen – Vorschrift Modell – Vorschrift Text erfolgen.

Nichtdestotrotz haben sich im Rahmen der digitalen Entwicklung und Validierung von Vorschriftenfestlegungen auch gewisse „Nachteile" herausgestellt. Das fachliche Spezialwissen im Bereich des Verkehrswegebaus ist vielfältig und stellt den Planer schon innerhalb eines Verkehrsträgers vor großen Herausforderungen. Es hat sich gezeigt, dass eine „elegante" Modellierung von Vorschriftenfestlegungen, über die einzelnen Fachplanungen und Teilfachgebiete hinweg, ein hohes Wissen verlangt. Dadurch lässt sich in der Modellierung eine Vielzahl an Knoten und Kanten einsparen. Des Weiteren hat sich gezeigt, dass trotz des einfachen Modellierungsansatzes, die Vorschriftenfestlegungen doch komplex und umfangreich sein können, so dass es sich auf jeden Fall empfiehlt, eine Modellierung zunächst einer strukturierten Analyse zu unterziehen und mittels VPL (z. B. mit Hilfe von UML-Diagrammen) darzustellen. Für diese Arbeitsmethode wäre es von Vorteil gewesen, dass diese bereits erstellten Diagramme im Weiteren als graphische Elemente zum Visualisieren des Vorschriftenkonformitätsprozesses verwendet werden könnten. Zu empfehlen ist hierbei die Verkettung der Abhängigkeitsbeziehungen an gut durchgedachten Stellen gezielt zu unterbrechen, was wiederum aber einen Nachteil mit sich bringt, da dadurch ein beinahe vollständiger Ablaufprozess der Erstellung von modellierten Vorschriftenfestlegungen, welche durch die VFRK sichergestellt werden, unterbrochen wird.

Abschließend lässt sich festhalten, dass die Modellierung der Vorschriftenfestlegungen stets nur unter Einbeziehung bzw. Rücksprache von erfahrenen Planungsingenieuren (Experten) durchgeführt werden sollte. Bezüglich der Komplexität von kettenartigen Inhalten der Vorschriften sollte auch festgehalten werden, dass diese stark von dem gewünschten Detaillierungsgrad abhängig sind (siehe dazu REQ14 in Verbindung mit REQ01 und anderen REQ in Abbildung 34). Hierbei sollte geklärt werden, welche Informationen einer Vorschrift für die Planung eines Verkehrsweges aus Sicht der Verkehrssicherheit oder anderen Aspekten wichtig sind und welche nur dazu dienen, die

Interpretierbarkeit und Verständlichkeit zu verbessern. In Zusammenhang mit Modellierungsrelevanz ergibt sich ein weiterer großer Nachteil. Derzeit werden die Vorschriftenfestlegungen komplett manuell modelliert, welches mit einem hohen Aufwand verbunden ist und zu Fehlern in der Modellierung führen kann.

Bei der Entwicklung des Modells der Vorschriften und der Vorschriftenfestlegungen wurden die Erkenntnisse und Empfehlungen der bisherigen Forschungsarbeiten (auch aus dem Hochbau) zur digitalen Übersetzung und Abbildung von Vorschriftenfestlegungen (z. B. (Akin 2012), (Amor und Dimyadi 2021), (Dimyadi und Amor 2013), (Garrett, Palmer und Demir 2014), (Ismail, Ali und Iahad 2017), (Lee, et al. 2020), (N. Nawari 2012), (Schuk, Pombo Jiménez und Martin 2022), (Tan, Hammad und Fazio 2010)) berücksichtigt und um eigene Überlegungen, insbesondere im Hinblick auf eine GDB, ergänzt. Darauf wird in den Abschnitten 0 und 6.3 ausführlich eingegangen.

Im vorgestellten Ansatz (hier: Vorschriften und Vorschriftenfestlegungen) konnten viele der in (Schuk, Pombo Jiménez und Martin 2022) genannten Aspekte (hier: REQ03-REQ12, REQ14 und REQ16 in der Abbildung 34) umgesetzt und die in (Garrett, Palmer und Demir 2014) gemachten Empfehlungen (siehe Tabelle 3) berücksichtigt werden. Es ist zu erwähnen, dass bislang noch nicht alle zu berücksichtigenden Aspekte und Empfehlungen bereits in dem hier vorgestellten Prototyp implementiert sind. So wurden die Aspekte Verbindlichkeitsgrad (auch mit Rechtsverbindlichkeit, Rechtscharakter bezeichnet), technischer Standard, Entwurfsaufgabe und Komplexitätsgrad (Schuk, Pombo Jiménez und Martin 2022) bisher außer Acht gelassen und sollen in Zukunft noch umgesetzt werden. Dazu sollte in erster Linie überlegt werden, ob diese Aspekte über Klassen oder Modellierungsattribute, oder in Form einer Mischung aus beiden realisiert werden können. Zu überlegen wäre darüber hinaus in diesem Zusammenhang wie detailliert sollten noch die beiden Klassifizierungssysteme der Vorschriften und der Vorschriftenfestlegungen entwickelt werden. Im Hinterkopf sollte behalten werden, dass die Kategorisierung hinreichend detailliert sein und viel mehr als Framework entwickelt werden sollte, um eine starke Standardisierung/ Einschränkung der Flexibilität und dadurch die Anwendungsmöglichkeiten zu vermeiden. Die in (Garrett, Palmer und Demir 2014) abgegebene Empfehlung *„Die in den modellierten Vorschriften verwendete Fachterminologie sollte definiert und explizit dargestellt werden.“* blieb bis dato ebenfalls unberücksichtigt (siehe Tabelle 7).

Nr.	Empfehlung	Umgesetzt
1	Das Modell der Vorschriftenfestlegungen sollte deklarativ und explizit dargestellt und von einer Inferenzmaschine interpretierbar sein	Ja
2	Das Modell der Vorschriftenfestlegungen sollte sowohl für den Modellierer, für die normschaffende Organisationen als auch für die Anwender (Planer) leicht verständlich und testbar sein	Ja
3	Die digitale Darstellung einer Vorschriftenfestlegung sollte nach Möglichkeit der textlichen Darstellung annähernd ähnlich sein	Ja
4	Die in den modellierten Vorschriften verwendete Fachterminologie sollte definiert und explizit dargestellt werden	Nein
5	Das Modell der Vorschriftenfestlegungen sollte in der Lage sein jeden Komplexitätsgrad von Vorschriftenfestlegungen digital abzubilden	Ja

Tabelle 7: Umgesetzte der in Garrett, Palmer und Demir (2014) abgegebenen Empfehlungen zum zu entwickelndem Modellierungswerkzeug zur digitalen Abbildung von Vorschriftenfestlegungen

Auch die Kategorisierung/ Klassifizierung (hier: geometrische Informationen, nicht geometrische Informationen, Trassierung) der Vorschriftenfestlegungen hinsichtlich eines technischen Sachverhaltes (Schuk, Pombo Jiménez und Martin 2022) erscheint sinnvoll umgesetzt zu werden. Hierzu würde man bei Kategorisierung der Vorschriftenfestlegungen hinterfragen, ob eine Vorschriftenfestlegung einen geometrischen/ nicht geometrischen Sachverhalt beschreibt oder sich auf das Sachgebiet Trassierung bezieht.

Im Verkehrswegebau geht es oft um geometrische Sachverhalte, welche es aus bautechnischen, sicherheitsrelevanten etc. Gründen einzuhalten gilt. Hierbei kann es um die vertikalen, horizontalen oder längsbezogenen geometrischen Größen gehen. Diese Größen werden in den Fachplanungen Dimensionierung, Querschnittsgestaltung und Trassierung gefordert, wobei die Fachplanung Trassierung hier besonders hervorzuheben ist.

Die Trassierung bildet die Basis jeder Planung eines Verkehrsweges, auf die schließlich der zu bauende Verkehrsweg referenziert wird. Sie stellt einen speziellen Planungsschritt dar, bei welchem spezielle mathematisch beschriebene Zusammenhänge und physikalische Größen beachtet werden müssen. Diese Fachplanung bekommt deshalb eine eigeständige Kategorie, welche weiter in die Unterkategorien Trassierungselemente und -parameter untergeteilt wird.

Neben den geometrischen Sachverhalten existieren auch nicht geometrischen Sachverhalte. Diese können zum Beispiel die Materialeigenschaften, die Art des zu verwendeten Infrastrukturobjektes, die Reihenfolge von bestimmten Objekten, die Ausstattung und Anzahl der Elemente etc. sein, welche es zu berücksichtigen gilt.

Zur Kategorisierung der Vorschriftenfestlegungen nach diesen Aspekten könnten auf Ebene der Vorschriftenfestlegungen zusätzliche Klassen angelegt und mit den bereits vorhandenen verzahnt werden. Eine Alternative dazu würde die Attributmodellierung darstellen. Aktuell ist das Modell der Vorschriftenfestlegungen ein integrativer Teil des Gesamtsystems, so dass die Klassifizierung erst gar nicht erforderlich ist. Sollte das vorgeschlagene Modell der Vorschriftenfestlegungen künftig nach dem Prinzip eines ACCC-Tools (vgl. Abbildung 73) auf die bereits vorhandenen Planungen eingesetzt werden, wäre es durchaus sinnvoll, die Regeln nach dem technischen Sachverhalt zu kategorisieren. Dies hätte im Rahmen einer Vorschriftenkonformitätsprüfung den Vorteil für die Planer, dass diese gezielt die Einhaltung bestimmter Regeln prüfen können, in dem sie zunächst deren Einstellung im Prüftool einfordern.

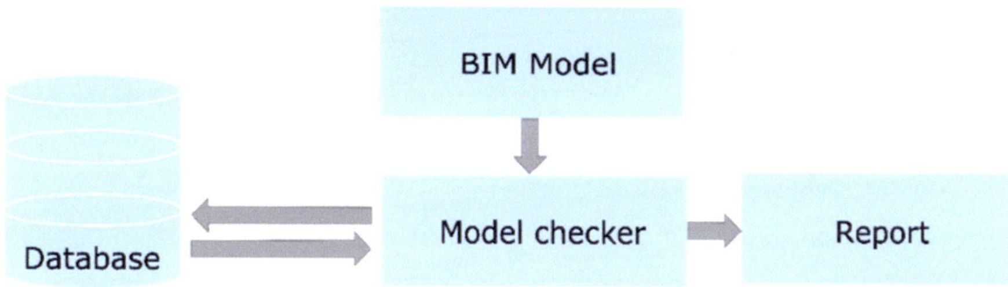

Abbildung 73: Prinzip der Arbeitsweise eines Automated Code Compliance Checking (Häußler und Borrmann 2020)

Ein weiterer Aspekt, welcher u. a. im Rahmen einer Vorschriftenkonformitätsprüfung von Bedeutung werden könnte, ist der Verbindlichkeitsgrad einer ganzen Vorschrift bzw. der Vorschriftenfestlegungen einzelner Vorschriften (siehe REQ01 in Abbildung 34 und Erläuterung in Anhang XXX). Dazu könnte man auf der Ebene der Vorschriftenfestlegungen in den Knoten ein bestimmtes Attributfeld vorsehen, welches anschließend vom Interpreter auf der GUI in Form einer farblichen Absetzung oder eines Textes den Verbindlichkeitsgrad der betrachteten Festlegung angegeben wird. Die Angabe zum Verbindlichkeitsgrad einer Vorschrift (für den Fall, wenn der Verbindlichkeitsgrad für das gesamte Normdokument gilt) könnte ebenfalls über ein Attributfeld in der modellierten Vorschrift erfolgen. Sowohl für die Vorschriften als auch für die Vorschriftenfestlegungen würde auch die Angabe des Verbindlichkeitsgrades mittels der Klassenkategorisierung gehen. Die modellierungstechnische Berücksichtigung des Verbindlichkeitsgrades würde eine gute Hilfestellung für den Aspekt Modellierungsrelevanz geben.

Schwieriger sieht es mit der Kennzeichnung der Vorschriften inkl. deren Inhalte mit dem technischen Standard (vgl. REQ02 in Abbildung 34 und Anhang XXX), welchen sie beschreiben, aus. Denn zu den technischen Standards gibt es zum einen mehrere „Stufen-Theorien“ (z. B. „Drei-Stufen-Theorie“ (BMJ 2008), (BVerfGE 1979), „Zwei-Stufen-Theorie“ (Battis und Gusy 1988) und „Einheitstheorie“ (Nicklisch 1983)) und zum anderen bis zu 35 verschiedene technischen Standards ((Nicklisch 1983), (Seibel 2013)). Auf eine tiefgreifende Diskussion bzw. einer eigenen Stellungnahme bzgl. der verschiedenen Ansichten wird an dieser Stelle verzichtet. Der technische Standard wurde deshalb in der vorliegenden Arbeit bei der Entwicklung der Modelle zur digitalen Abbildung von Vorschriften und Vorschriftenfestlegungen unberücksichtigt. Stattdessen wurde vereinfacht und einheitlich alle Vorschriften und deren Inhalte mit a. R. d. T. festgehalten. Das bedeutet, dass eine Unterscheidung nach den a. R. d. T. nach dem „Stand der Technik“ und „Stand von Wissenschaft und Technik“ sowie weiteren technischen Standards nicht stattfindet. Diese gibt ausschließlich die Meinung des Autors wieder. Nichtdestotrotz kann der technische Standard genauso wie im Falle der anderen Aspekte sowohl auf der Ebene der Vorschriften als auch auf der Ebene der Vorschriftenfestlegungen entweder über Modellierungsattribute oder über eigene Unterklassen implementiert werden.

Die Aspekte Entwurfsaufgabe und Komplexitätsgrad (vgl. REQ13 und 15 in Abbildung 34 und Anhang XXX) werden derzeit indirekt über reine KKM der Vorschriftenfestlegungen umgesetzt, ohne dabei eine bestimmte Kategorisierung auf Ebene der Klassen vorzusehen. So gesehen werden die beiden genannten Aspekte über den Aspekt Modellierungsrelevanz berücksichtigt. Denkbar wäre künftig für beide Aspekte eine Klassenkategorisierung vorzusehen.

8 Mögliche Anwendung des (E)DCC-Modellansatzes in den Planungsprozessen von Verkehrswegen nach der BIM-Methodik

Das Kapitel 8 wird der Thematik BIM gewidmet. Es werden erste Überlegungen und theoretische Ansätze gezeigt, inwiefern sich der entwickelte (E)DCC-Modellansatz in digitale BIM-konforme Planungsprozesse einbinden lässt.

Die Einführung der BIM-Methodik soll zunehmend die bisherige konventionelle 2,5D-Planungsmethodik ablösen bzw. stark erweitern/ ergänzen und kann insbesondere bei großen Projekten für eine hohe Planungsqualität und damit für eine hohe Zeit- und Kostensicherheit sorgen. Es hat sich mittlerweile bestätigt, dass BIM den gesamten Projektablauf in Bezug auf Kommunikation, Koordination, Qualität, Zeit und Kosten verbessert. Die Ziele sollen u. a. auch durch die Weiterentwicklung der BIM-Autorenwerkzeuge unter Einsatz neuer Technologien erreicht werden. Dies soll den manuellen Anteil der Planungsaufgaben reduzieren bzw. den Automatisierungsgrad anheben, um dadurch die Fehlerquote zu reduzieren. Die Ansätze der BIM-Methodik, insbesondere im Infrastrukturbau, sind noch längst nicht abgeschlossen und benötigen einen weiteren, fortlaufenden Digitalisierungsprozess. Hierbei ist die Erstellung eines 3D-Modells, welches die Basis im BIM-Prozess bildet, aber auch das 4D-, 5D- und 6D-Modell zu verbessern.

Viele der neuen Technologien wurden in Verbindung mit neuentwickelten Methoden bzw. Verfahren bis heute verstärkt im Hochbau umgesetzt (vgl. Kapitel 2, u. a. mit Verweis auf Anhang VI und Anhang XII), während im Infrastrukturbereich noch ein enormer Forschungsbedarf besteht. Zu überprüfen ist hierbei auch die Übertragbarkeit der bereits im Hochbau zum Einsatz kommenden Technologien, Methoden und Verfahren. Eine tiefgreifende Literaturrecherche hat gezeigt, dass im Infrastrukturbau zur vollständigen Implementierung der BIM-Methodik nach wie vor viele offene Punkte existieren. Zu nennen sind insbesondere solche Themen wie:

- das einheitliche Klassifizierungssystem für die Infrastrukturobjekte,
- die automatische Vorschriftenkonformitätsprüfung (hier: fachliche Überprüfung der Planung gemäß den Vorschriftenfestlegungen, die gegenwärtig zum größten Teil immer noch manuell durch die Planer durchgeführt wird) des 3D-Modells, welche u. a. unter Einbezug der Attribute und Parameter erfolgen soll,

- die informationsverlustfreie Erstellung des Bauabschnittsbezogenen 4D-Modells mit der darin enthaltenen automatischen Baufortschrittssimulation und -überwachung unter Einbezug von Fertigungsverfahren und -maschinen,
- sowie die Erstellung des 5D-Modells (Kostenmodell) anhand des 3D-Modells/ der 3D-Fachmodelle mit der vollständig automatischen Ermittlung der Mengen und Kosten inkl. Kostenverlaufssimulation,
- Automatische Erstellung von Mustervorlagen für die Planung neuer Verkehrswege
- Lebenszyklusbetrachtungen einer Infrastruktur,
- Gemeinsame Datenumgebung

So sorgt z. B. ein gutes 4D-Modell für eine hohe Transparenz in den Bauabläufen und für eine frühzeitige Erkennung von Bauverzögerungen. Dadurch können Gegenmaßnahmen schneller ergriffen und die Abweichungen vom Soll-Terminplan reduziert werden. Die automatisierte Kostenermittlung anhand des 3D-Modells sorgt für eine bessere Überprüfungsmöglichkeit der Baukosten und reduziert Fehler bei einer Kostenermittlung.

Eine der möglichen Lösungen zu den vorgenannten Problemen sind die Technologien einer GDB, welche zu einem effizienten digitalen Werkzeug bei der Anwendung der BIM-Methodik werden können. Neben der Flexibilität und Erweiterbarkeit kann als weiterer Vorteil einer GDB die gute Visualisierung der Daten genannt werden. GDB werden in Bereichen eingesetzt, in denen die Informationen über die Verflechtung der Daten genauso wichtig ist wie die Daten selbst. Eine GDB hat gegenüber anderen Datenbankmodellen als Modellierungswerkzeug den großen Vorteil die zu speichernde Daten „natürlich" zu modellieren und die Datenstruktur dem Anwender sichtbar zu machen, wodurch der Umgang mit komplexen Daten einfacher wird. Eine GDB kann die Speicherung von unterschiedlichen Datenarten sowie Daten für unterschiedliche Einsatzzwecke innerhalb nur einer DB ermöglichen. Im Infrastrukturbau kann eine GDB dank der drei wesentlichen Eigenschaften multifunktional in unterschiedlichen BIM-AWF eingesetzt werden.

Klassifizierung der Infrastrukturobjekte

Das DCC-Modell des (E)DCC-Modellansatzes könnte man als Klassifizierungssystem für die sogenannten BIM-Verkehrswege zum Ablegen der Infrastrukturobjekte und als verkehrsträgerübergreifende Wissensdatenbank im Verkehrswegebau als Lösung eingesetzt werden. Dazu gibt es bereits erste Überlegungen. Jedoch fehlt dafür bislang ein einheitliches und allgemein anerkanntes Klassensystem. Der Vorteil der DCC-DB würde in der besseren, feineren Einteilung der Infrastrukturobjekte nach den Eigenschaften, welche sich in den strukturierten Klassen wiederfinden, liegen (vgl. dazu Abschnitt 6.1). Hierbei lassen sich die einzelnen Infrastrukturobjekte in Abhängigkeit von länderspezifischen Vorschriften und Vorschriftenfestlegungen aufrufen. Das Modell in dieser Dissertation besitzt fünf Klassenebenen, ist verkehrsträgerübergreifend und intuitiv aufgebaut. Die Klassen- und Vererbungshierarchie des vorgestellten Klassifizierungssystems kann für eine einheitliche Attributierung der Objekte (hier sind sowohl die Attribut- als auch die Parametereigenschaften eines Objektes gemeint) verwendet werden, welche u. a. für die automatisierte Vorschriftenkonformitätsprüfung der Planung zwingend erforderlich ist (vgl. z. B. (ARGE BIM4RAIL 2019)). Die zu prüfenden Eigenschaften könnten dabei über die in der DB erstellten generischen Klassen Planungsstufen-bezogen (hier: Vor-, Entwurfs-, Genehmigungs- und Ausführungsplanung) gruppiert werden.

Durch die besondere Möglichkeit der DCC- bzw. (E)DCC-Datenbank zur Abbildung von Abhängigkeiten zwischen den Systemkomponenten kann die DB als Wissensdatenbank eingesetzt werden. Das eigenständige Klassifizierungssystem der Vorschriften und der Vorschriftenfestlegungen könnte in der Zukunft in Verbindung mit einem entwickelten und implementiertem KI-System (hier: selbstlernender, gedächtnis- und vorschlagsbildender Algorithmus) mehrere heute geforderte BIM-AWF (wie z. B. automatische Vorschriftenkonformitätsprüfung, Erstellung von Mustervorlagen für die zu planende und bauende Verkehrsanlage, einheitliches Klassifizierungssystem der Infrastrukturobjekte, 4D- und 5D-Modellierung (vgl. Kapitel 2, z. B. (BIM4INFRA2020 2019b), (BMVI 2018b), (DB Station&Service & DB Netz AG 2021), (Häußler und Borrmann 2021), (Häußler und Borrmann 2020)) im Infrastrukturbau abdecken.

Digitale Abbildung von Vorschriftenfestlegungen und automatische Vorschriftenkonformitätsprüfung

Die Planung von Verkehrsanlagen ist ein höchst komplexer Prozess mit vielen iterativen Vorgängen sowie umfangreichen Einflussgrößen in gesellschaftlicher, politischer, wirtschaftlicher, umweltbezogener und technischer Hinsicht. Hierbei müssen viele Vorschriften eingehalten werden, so dass man schnell die Übersicht verlieren kann. Das Nichteinhalten von Vorschriftenfestlegungen kann zu schwerwiegenden Fehlern führen, welche sich zwangsläufig in der Projektlaufzeit und Kosten des Projektes widerspiegeln können.

Die automatische Vorschriftenkonformitätsprüfung als Teil der Qualitätssicherung in der Planung stellt deshalb einen wichtigen BIM-AWF dar, welcher äußerst gefragt und bis heute im Infrastrukturbau nur wenig erforscht ist. Das in dem (E)DCC-Modellansatz entwickelte Klassifizierungssystem der Vorschriften mit dem generischen Modell der Vorschriftenfestlegungen könnte künftig als Plug-In Tool zur automatischen Vorschriftenkonformitätsprüfung verwendet werden und die heute aufwendige und fehleranfällige visuell-manuelle Plausibilitätsprüfungen von 2D-Planungsunterlagen durch die Planer unterstützen (oder gar ersetzen). Das entwickelte Modell der Vorschriftenfestlegungen erfordert keine Programmierkenntnisse, kann gut komplexe planungstechnische Sachverhalte aus den Vorschriften abbilden und diese gut visualisieren und damit als White-Box-Methode eingesetzt werden. Bei dem hier entwickelten Ansatz handelt es sich um die Nachbildung einer Planung in einer GDB. Es wird anhand von dem Planer ausgewählten Vorschriften mit den darin enthaltenen Vorschriftenfestlegungen in der DB ein Entwurfsmodell (hier: Infrastruktur) zum Lösen einer bestimmten Entwurfsaufgabe erstellt. Im Falle der Realisierung einer automatischen Vorschriftenkonformitätsprüfung in Form eines ACCC-Tools wird das Modell (der digitale Zwilling aus der DB) anschließend zum Abgleich des BIM-Modells aus der realen Planung genommen, um so die Planung auf die Einhaltung der Vorschriftenfestlegungen zu überprüfen. Um dies zu realisieren, sollte zusätzlich ein Modell zur Strukturierung und Vernetzung des BIM-Modells entwickelt werden. Dieses könnte man mit Hilfe des D-Graphen implementieren. Hierbei sollte auch gleichzeitig der Aufbau der IFC-Datei näher erforscht und ggf. erweitert werden (z. B. Berücksichtigung in dem IFC-Aufbau der Vorschriften mit allen dazugehörigen Informationen (vgl. Abschnitt 6.3.4)). Denkbar wäre das Plug-In Tool auch bei den Instanzen zum Überwachen der Einhaltung von wichtigen sicherheitsrelevanten Aspekten (hier: Verkehrssicherheit) einzusetzen. Künftig sollte darüber nachgedacht werden, ob alle in den Abschnitten 2.2, 0 und 6.3.4 genannten Hürden bei der Entwicklung eines leistungsfähigen ACCC-Tools über die Kombination von bereits erforschten und sich noch in der Erforschungsphase befindenden Ansätzen überwunden werden könnten.

Das vorgestellte VVFO-Modell bildet in der GDB die Basis des expliziten Ingenieurwissens und wird nicht nur in den entwickelten Planungswerkzeugen angewandt, sondern auch bei der Suche nach Daten(sätzen) (hier: Intelligente Suche) in der Datenbankkomponente. Die Datensuche erfolgt dabei unter Berücksichtigung des ausgewählten Landes und der damit verbundenen Vorschriften für einen bestimmten Verkehrsträger (vgl. auch Abschnitt 5.1 und Anhang XVIII). Die Intelligente Suche kann ergänzend zur automatischen Vorschriftskonformitätsprüfung genutzt werden.

Abbildung von 4D- und 5D-Planungsprozessen

Die neuen Technologien wie die der GDB, welche bereits im Hochbau für das 4D-Modell der BIM-Planungsprozesse oder als CDE für die Versionierung der 3D-Modelle auf Forschungsebene erprobt sind (vgl. Abschnitt 2.5 mit Verweis auf Anhang XII), könnten in der nahen Zukunft eine führende Rolle bei der Umsetzung der BIM-AWF im Infrastrukturbau einnehmen. Im Vordergrund würde dabei der geforderte vollständige Automatisierungsgrad der BIM-AWF des 4D- und 5D-Modells stehen.

Das entwickelte Frame in der hier vorgestellten GDB könnte als Basis nicht nur zur Abbildung von explizitem technischem Wissen in Form von Infrastrukturobjekten und deren vorschriftenkonformen Einsetzbarkeit im Rahmen einer Infrastrukturplanung verwendet werden (Wissensdatenbank), sondern auch als Werkzeug bzw. Prozessmodell zur Abbildung von Planungsprozessen in den Bauabläufen zur Optimierung der Bauverfahrensweise und der Zeit, des Einsatzes von Baustoffen und somit der Kosten.

Eine wichtige Voraussetzung bei der Umsetzung einer Infrastrukturmaßnahme stellt ein reibungsloser Bauablauf dar. Die Möglichkeit der Bausimulation inkl. integrierter Terminplanung (Baureihenfolge) mit der Visualisierung des Baufortschrittes unter Einbezug der Bauverfahren und -maschinen sorgt für eine bessere Kommunikation zwischen den Baufirmen untereinander und zwischen den Baufirmen, Lieferanten und

Auftraggebern sowie Genehmigungs- bzw. Aufsichtsbehörden. Darüber hinaus sorgt es für eine bessere Koordination der Baufirmen mit dem Baupersonal sowie der Baumaschinen und vermeidet somit Verzögerungen (z. B. durch noch nicht auf die Baustelle gelieferte Baustoffe) im Bauablauf, welche sich negativ in den Baukosten (hier: Kostensicherheit) widerspiegeln. Dank der datenbankgestützten Planung und Erstellung von 3D-Modellen wurde dieses Paradigma im Hochbau bereits zur Realität (vgl. Abschnitt 2.5 mit Verweis auf Anhang XII). Inwiefern diese Methoden zur digitalen Abbildung des Bauablaufes (hier: 4D = 3D-Modell + Semantikinformationen (im Sinne der räumlichen, strukturellen und funktionalen Verknüpfungen und Beziehungen der Objekte untereinander) + Terminplan), welche u. a. auf der Technologie einer GDB gestützt sind, sich im Infrastrukturbau realisieren lassen, muss noch geklärt werden.

Eine GDB eignet sich generell gut zur Darstellung der Semantik von 3D-Modellen einer IFC-Datei, welche man anschließend zur automatischen Erstellung des 4D-und 5D-Modells bzw. -Simulation verwenden kann.

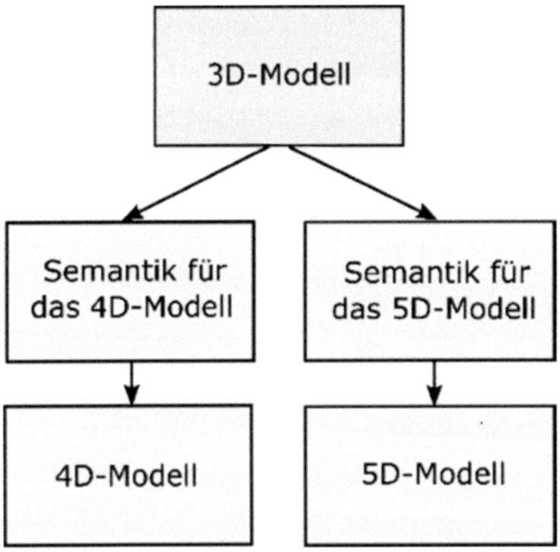

Abbildung 74: Prinzip der Arbeitsweise mit der Semantik für 4D- und 5D-Planungsprozesse

Hierbei könnte zur Abbildung des vertikalen Aufbaus eines Infrastrukturkörpers (z. B. Bahnkörper) und zur Generierung des 4D-Modells der in Abschnitt 3.2.1 vorgestellte

Diskretisierungsgraph (D-Graph, vgl. Abbildung 11), ergänzt um die semantischen Informationen, genommen werden. Zu diesem Zweck würde man den 3D-Verkehrsweg bzw. den Volumenkörper eines Verkehrsweges in die zwei Dimensionen zerlegen – in die vertikale Ausdehnung mit den dazugehörigen Querschnittselementen (hier: Breite) und die horizontale Ausdehnung entlang der Achse. Der Grund dafür liegt im Bauablauf eines Verkehrsweges. Ein Verkehrsweg besteht aus einem Schichtpaket, welches von unten nach oben nacheinander entsprechend der eingeplanten bzw. festgelegten Verkehrsweglänge gebaut wird. Diese Betrachtungsweise könnte dabei abschnittsweise (z. B. nach PFA, VKE, Bauabschnitten, Baulosen oder Vergabeeinheiten) realisiert werden.

Die vertikale Ausdehnung des 3D-Verkehrsweges, wiedergegeben über die Länge des Verkehrsweges müsste zusätzlich mit der horizontalen Zerlegung (im Falle einer Eisenbahninfrastruktur z. B. Systemkomponenten wie Schienen, Befestigungssysteme, Zwischenlagen, Schwellen, Gleisjoche etc.) der betrachteten Infrastruktur und der physikalischen Größe Zeit verknüpft werden (in der Summe eine vertikale und longitudinale (ggf. ergänzt durch die repetitive laterale Verbindungen quer zur betrachteten Achse) räumliche Betrachtungsweise einer Infrastruktur).

Die Instanzen der Zerlegungen würden dabei durch die entsprechenden IFC-Klassen repräsentiert, welche wiederum durch die Superklassen des (E)DCC-Modells gestützt würden. Die Zeit würde dabei der bautechnischen und -technologische Arbeitsfortschrittsmöglichkeit beim Bauen eines Verkehrsweges entsprechen.

Denkbar wäre es, diese Methode unter Einbezug der Baumaschinen mit den Fertigungsverfahren zu verknüpfen. Jede Schicht des Infrastrukturkörpers würde dabei über die entsprechende in der DB definierten Ontologie mit den Fertigungsverfahren und einzusetzenden Baumaschinen modelliert vorliegen sowie mit der modellierten Logik der Vorschriftenfestlegungen verknüpft werden.

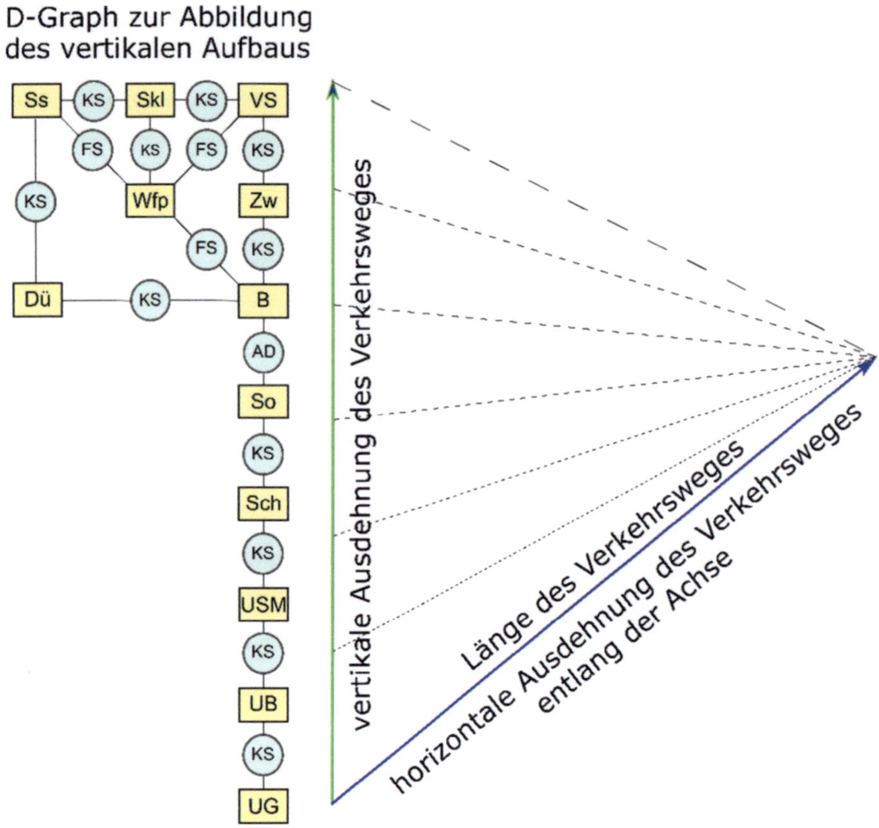

Abbildung 75: Idee der Ausnutzung des D-Graphen für die 4D- und 5D-Simulation, dargestellt auf hoher Abstraktionsebene

Ergänzt werden könnte die hier vorgeschlagene Methode mit den bereits im Hochbau eingesetzten Technologien (vgl. Kapitel 2). In der Summe würde sich die Bausimulation (4D-Modellierung) mit der Baufortschrittsüberwachung inkl. „Termin-“ und „Baumaschineneinsatzplanung steuern“ ergeben. Dies würde für einen reibungsarmen Bauablauf und somit für ein Bauen unter minimalem Einsatz an finanziellen Mitteln sorgen. Eine weiterführende tiefergehende Untersuchung sowie prototypische Umsetzung mittels einer theoretisch entwickelten Ontologie auf Basis einer GDB am Beispiel einer Eisenbahninfrastruktur zur hier gezeigten Überlegung findet sich im (Schäfer 2023).

Die Idee der Anwendung des D-Graphen könnte auch auf die 5D-Simulation übertragen werden. Sinnvoll wäre in der Zukunft zu prüfen, ob sich eine GDB im Vergleich zu den DB mit anderen DBMS besser für den BIM-AWF einer vollständig automatisierten Kostenermittlung einsetzen lässt. Die ersten prototypischen Überlegungen mit der expliziten Modellierung des Kostenmodells wurden bereits in Abschnitt 4.7 gezeigt.

Mit dem D-Graph könnte auch versucht werden, ein weiteres Problem zu lösen. Im Schienenwegebau existieren physische Überschneidungen mit dem Verkehrsträger Straße (z. B. BÜ, innerörtlicher Straßenentwurf → Nutzung des gleichen Verkehrsraumes durch mehrere Verkehrsarten). Hinzu kommen noch z. B. die PVA wie z. B. Bf, welche dem Hochbau zugeordnet sind. Dadurch hat man im Rahmen eines Schienenwegentwurfes defacto einen hybriden, verkehrsträgerübergreifenden Entwurf. Ein möglicher Umgang mit der zuvor erläuterten Problematik wäre die Abbildung der IFC-Inhalte (hier: IFC Rail, IFC Road und IFC Hochbau), oder nur Inhalte einer IFC-Datei, wenn künftig alle drei genannten Fachplanungen in einer einzigen IFC-Datei integriert sein sollten, d. h. in einem einzigen Graph. Die dynamische Erstellung des groben Graphen würde dabei durch die feineren D-Graphen ergänzt werden. Diese D-Graphen könnte man anschließend zur Erstellung der 4D- und 5D-Modelle benutzen. Die Erstellung der Semantik mittels eines groben und feineren D-Graphen könnte, ergänzt durch die bereits im Hochbau erforschten und entwickelten Methoden und eingesetzten Technologien, über die Umgebungsebene des (E)DCC-Modells erfolgen.

Automatische Erstellung von Mustervorlagen

In (Bawono, von Schumann und Lechner 2020) werden die Ergebnisse einer interessanten Fallstudie präsentiert, in der fünf Unternehmen ausführlich bzgl. der BIM-Thematik zum Verkehrsträger Schiene in Form von Interviews befragt wurden. Hierbei wurden technische (z. B. Umgang mit einer „BIM-geeigneten“ Software) und prozessuale Aspekte sowie persönliche Einstellungen (u. a. bedingt durch mental-kulturelle Probleme) mit den sich daraus resultierenden Herausforderungen angesprochen. Unter anderem wurden der hohe zeitliche Aufwand für die Herstellung der BIM-Modelle (bedingt durch ausgeprägte Softwarekombinatorik) sowie die geringe Akzeptanz der BIM-Methodik bei den Planern als Nachteile gegenüber dem alten Paradigma bzw. der alten 2,5D-Planungsmethodik genannt. Bezweifelt wurde auch, dass die BIM-Methodik bei allen Bahnprojekten ihren Einsatz finden sollte.

Die (E)DCC-Datenbank kann unter Einsatz von KI-Methoden zur Bildung von Mustervorlagen für neue Planungen von Verkehrswegen eingesetzt werden (automatische Erstellung von BIM-Modellen) und damit den in (BMVI 2018b) geforderten BIM-AWF der Erstellung von 3D-BIM-Mustervorlagen ermöglichen und das in (Bawono, von Schumann und Lechner 2020) erläuterte Problem lösen. Folglich würde dies die Akzeptanz der Planer bei der Anwendung der BIM-Methodik fördern, da dadurch der Planungsaufwand deutlich verringert wäre.

Lebenszyklusbetrachtungen einer Infrastruktur

GDB eignen sich gut zum Anwenden der Big Data-Technologien (vgl. Abschnitt 2.5 mit Verweis auf Anhang XI). Hierbei könnte die gewählte GDB in Verbindung mit KI-Methoden zur Lebenszyklusbetrachtungen von Verkehrsanlagen (hier: 6D) herangezogen werden. Zu diesem Zweck muss zur Beschreibung der 6ten Dimension eine separate Ontologie entwickelt werden, welche die Instandhaltungsstrategien abbildet und die Verknüpfung mit den anderen bereits in DB modellierten Wissensbereichen ermöglicht.

Gemeinsame Datenumgebung (CDE)

Die (E)DCC-Datenbank eignet sich auch als Arbeitswerkzeug zum Ablegen, Austausch, Verwalten etc. von Planungsdaten im Sinne einer CDE. Solche Überlegungen wurden bereits im Hochbau gemacht (vgl. (Esser 2021) und Abbildung 90 im Anhang XII). In (Esser 2021) wird als eine der Funktion der CDE zwecks Verbesserung der Kommunikation und Zusammenarbeit zwischen den Beteiligten an einer Planungsmaßnahme ein Instanzmodell bzw. Instanzgraph vorgeschlagen mit Hilfe dessen die Versionierung eines BIM-Modells gestattet werden wird. Inwiefern diese Methode sich auf Infrastrukturbau übertragen lässt, muss noch erforscht werden.

Schlussfolgernd lässt sich sagen, dass eine GDB sich vielfältig und multifunktional, über alle Planungsdimensionen mit den darin enthaltenen BIM-AWF hinweg, einsetzen lässt und auch künftig im Infrastrukturbau ihren ausgeprägteren Einsatz finden wird. Zu beachten ist, dass die vorgestellten Anwendungsfälle zum (E)DCC-Modellansatz nur einige der möglichen Beispiele darstellen und weitere nicht auszuschließen sind. Vor diesem Hintergrund sollen insbesondere die bereits im Hochbau vorhandenen Einsatzgebiete geprüft und deren Übertragbarkeit erforscht werden. Festzuhalten ist, dass eine GDB sich sowohl gleichzeitig als reine strukturierte Ansammlung von digitalen Daten mit deren Informationen im Sinne einer DB als auch sich als ein Arbeitswerkzeug (vgl. z. B. (Daum und Braun 2014), (Esser 2021), (Ismail, Ali und lahad 2017), (Lee, et al. 2020), (Möller 2019), (Vilgertshofer und Borrmann 2017)), auch wenn zurzeit eine GDB als Arbeitswerkzeug viel mehr im Hochbau ausprobiert wurde, zum Abbilden bestimmter Prozesse, einsetzen lässt. Hierbei sollen die Technologien einer GDB nicht die etablierten Datenbanktechnologien wie die einer relationalen DB ersetzen, sondern die neuen Möglichkeiten zur vollständigen Implementierung des neuen Planungsparadigmas der BIM-Methodik im Verkehrswegebau eröffnen und sollen die bereits vorhandenen DB ergänzen. Primär soll vielmehr das Ziel der Reduzierung der Anzahl der DB/ IT-Systeme verfolgt werden.

9 Zusammenfassung und Ausblick

Nachfolgend werden die in der vorliegenden Arbeit aus den durchgeführten Forschungsarbeiten erreichten neuen Erkenntnisse zusammenfassend präsentiert und anschließend eine Empfehlung zur Weiterverfolgung der präsentierten Ideen abgegeben sowie über den weiteren Forschungsbedarf diskutiert.

9.1 Neue Erkenntnisse und Schlussfolgerungen

In der vorliegenden Dissertation wurde ein Modellansatz entwickelt, nach welchem sich die DB in die acht Hauptklassenebenen einteilen lässt, welche zum strukturierten Ablegen der Systemkomponenten und -gruppen einer Infrastruktur für unterschiedliche Verkehrsträger wie Schiene, Straße, Luft und Wasser zur Verfügung steht und die Basis für alle anderen Kategorisierungskonzepte zur digitalen Abbildung des expliziten Ingenieurwissens im Verkehrswegebau bildet. Dadurch wurde ein einheitliches, generisches und neues, bis jetzt noch nicht vorhandenes Framework implementiert, welches im Verkehrswegebau unter Einbezug der BIM-Methodik eingesetzt werden könnte. Neben der starren Modellierung der Infrastrukturdatensätze wurde stets das vorschriftenabhängige Zusammenspiel zwischen diesen mitmodelliert, um so eine fachgerechte Planung unter Berücksichtigung der Randbedingungen aus der gestellten Entwurfsaufgabe zu erlauben. Durch das Modell der Vorschriften und Modell der Vorschriftenfestlegungen mit den darin enthaltenen (Teil-)Klassifizierungssystemen wurde eine neue hybride Methode entwickelt, mit deren Hilfe die Festlegungen der Vorschriften länderbezogen maschinenlesbar gemacht werden können. Die Modellierung der Methode ist explizit, intuitiv und gut visualisierbar und vollständig generisch (erfordert keine Programmierkenntnisse). Entwickelt wurde darüber hinaus eine multifunktionale DB, die die unterschiedlichsten Datenarten enthalten kann. Diese sind neben den eigentlichen Infrastrukturdatensätzen der genannten Verkehrsträger, u. a. auch die Daten der zum Planen von Verkehrswegen angelegten und in der DB gespeicherten Projekte, aber auch solche wie Text- und Bilddokumente, 3D-Objekte, Elemente der Planungswerkzeuge etc.

Die hier vorgestellte Forschung befasst sich damit, eine möglichst große Menge an unterschiedlichen Daten mit den darin enthaltenen Informationen zur Ableitung des Ingenieurwissens systematisch strukturiert in einer einzigen DB zu integrieren. Darüber hinaus müssen die Fähigkeiten einer GDB auf den Prüfstand gestellt werden.

Unter anderem soll anhand dieser Untersuchung gezeigt werden, ob der Einsatz von GDB zum digitalen Abbilden von Vorschriften und Vorschriftenfestlegungen im Infrastrukturbau gewachsen ist und ob sie in Zukunft für den BIM-AWF der automatischen Überprüfung der Einhaltung von Vorschriften genutzt werden können. Die hier vorgestellte Forschung befasst sich also einerseits mit den Überlegungen zur digitalen Abbildung von expliziten Ingenieurwissen und andererseits mit der Frage, ob diese in einer GDB modelliert werden können. Im Allgemeinen könnte die hier vorgestellte (E)DCC-GDB auch als Werkzeug für viele Zwecke (BIM-AWF) verwendet werden. Dank des gewählten Konzepts (hier: Framework) kann der Ansatz leicht erweitert werden. Dazu müssen neue Konzepte entwickelt und mit bereits bestehenden verknüpft werden.

Zur Realisierung des (E)DCC-Modellansatzes wurde dabei die schemalose GDB von OrientDB genommen, in der die Datensätze in Form von Knoten und die Verbindungen zwischen den Datensätzen in Form von Kanten modelliert wurden. Die einzelnen (Teil-)Modelle zur Repräsentation des Ingenieurwissens bestehen somit immer aus einem expliziten Knoten-Kanten-Konstrukt und werden bei Bedarf über die sogenannten Modellierungsattribute ergänzt. Die Basis der kompletten DB bildet hierbei die nach dem (E)DCC-Modell hinterlegten Superklassen (Hauptklassenebenen), welche in der DB als Baupläne anzusehen sind. Die Gesamtstruktur der Klassen- und Vererbungshierarchie inkl. deren Einschränkungen zwecks Abbildung des (E)DCC-Modells wird ausführlich in Kapitel 6 diskutiert.

Zu der GDB mit den darin enthaltenen Modellkonzepten wurden Planungswerkzeuge entwickelt, welche selbst auf der DB basieren und die die in der DB abgelegten Infrastrukturdatensätze dynamisch laden und anschließend auswerten. Zur aufgesetzten GDB wurde prototypisch die datenbankbasierte Desktopanwendung PULTrack in der Programmiersprache Java entwickelt. Im Wesentlichen sind es das Datenbankverwaltungstool, das Trassierungs- und das Dimensionierungstool. Auf die ausführliche Diskussion der entwickelten Datenbankverwaltungs- und Planungswerkzeuge zum Trassieren und Dimensionieren von Verkehrswegen wurde verzichtet und kann in (Martin, Schuk, et al. 2021a) (nicht veröffentlicht) und (Martin, Schuk, et al. 2021b) (nicht veröffentlicht) nachgeschlagen werden. Der in dieser Arbeit vorgestellte Ansatz entspricht einem mit CAD-System integriertem KBS. Die Erforderlichkeit der Werkzeugentwicklung war zum einen um die Leistungsfähigkeit sowie Fähigkeiten der gewählten und nach dem (E)DCC-Modellansatz aufgesetzten GDB in Bezug auf die Planung von Verkehrswegen zu prüfen (Schaffung einer DB mit CAD-Fähigkeiten) und zum anderen um das Modellierungswerkzeug zum Planen und Entwerfen von Verkehrswegen zu validieren.

Die in Kapitel 3 gezeigten theoretische Ansätze mit den darin enthaltenen Ideen ließen sich ohne große Probleme vollumfänglich implementieren. Die an die Entwicklung des (E)DCC-Modellansatzes mit der dazugehörigen Software PULTrack in Kapitel 5 gestellten Anforderungen und Anwendungsfälle konnten dank der hohen Flexibilität der GDB und nicht zuletzt aufgrund der visuellen Darstellung des Knoten-Kanten-Konstruktes zum größten Teil ohne wesentliche Einschränkungen umgesetzt werden. Es wird davon ausgegangen, dass die komplette Entwicklung nur eine Frage der Zeit und in der absehbaren Zukunft implementierbar ist. Die Ergebnisse der Forschung bestätigen, dass die einfachen Techniken des expliziten Knoten-Kanten-Konstrukts ausreichen, um komplexe technische Sachverhalte darzustellen. Zusammenfassend lässt sich feststellen, dass die vorgeschlagenen Modellierungstechniken zu einem anforderungsgerechten Ansatz führten, mit dem sowohl explizites technisches Wissen als auch Planungsprozesse im Verkehrswegebau abgebildet werden können. Dank der einfachen Grundideen der (Teil-)Modelle (mit ihren Klassenstruktur-/Instanzen-Prinzipien) mit den darin enthaltenen Modellierungslogiken (Kantenmodellierung des Knoten-Kanten-Konstrukts, einfache „UND“-/ „ODER“-/ „WENN-DANN“-Logiken und Modellierungsattribute) und der generischen Erweiterbarkeit hat der Modellansatz ein hohes Potenzial zur Weiterentwicklung.

Die gesamte Abbildung des Modells (hier: Modellierung der beiden Entwurfsvorgänge „Geführter Entwurfsvorgang“ und „Individueller Entwurfsvorgang“, Modellierung der Planungsarten „Planung und Entwurf“ und „Instandhaltung“, Modellierung der verkehrsträgerbezogenen Vorschriften und sich daraus ergebenden Abhängigkeiten zwischen den Systemkomponenten und -gruppen) wurde unter der in den Abschnitten 0, 6.3 und 6.4.3 geforderten Generizität und Modellierungstechniken implementiert.

9.2 Forschungsbedarf

In der vorliegenden Dissertation werden die grundlegenden Möglichkeiten des Einsatzes des (E)DCC-Modellansatzes in der Planung und dem Entwurf von Verkehrswegen mittels einer GDB gezeigt. Auf Basis des (E)DCC-Modellansatzes konnten bereits die ersten Modellierungsmethoden und Planungswerkzeuge implementiert werden. Aufbauend auf den bereits umgesetzten Ansätzen ist in der Zukunft eine Weiterentwicklung des (E)DCC-Modellansatzes möglich, in dem die (Teil-)Modelle mit wachsender Zahl von Anwendungsfällen und erweiterten Funktionalitäten weiter prototypisch ausgebaut und die DB selbst um neue Konzepte ergänzt werden. Eine diesbezügliche modular nach dem 3-Schichten-Modell aufgebaute Softwarearchitektur sowie Framework sind bereits vorhanden.

Das Modell der Vorschriftenfestlegungen könnte um weitere Funktionalitäten erweitert werden, indem man die Methodika der Modellierung des Trassierungstools (hier: Modellierung von Formeln) in Verbindung mit den weiteren an die Vorschriftenfestlegungen gestellten Anforderungen auf die Modellierung der Vorschriftenfestlegungen überträgt. Das bedeutet, dass die Vorschriftenfestlegungen in Form von Lösungswerten aus den Formeln vorliegen (hier: Werteabhängigkeiten der Formeln). Diese Werte werden anschließend entweder als endgültige Lösung verwendet oder an andere Formeln oder Knoten der Vorschriftenfestlegungen, die keine Formeln sind, übergeben. Im Falle der Weitergabe der Werte würden sie die Parameter und Attribute zur Bestimmung weiterer Vorschriftenfestlegungen liefern. Als Beispiel ist hierzu die Bemessung der MFS-Fahrbahn im Schienenverkehr zu nennen, bei welcher die Bemessung über mehrere Formeln hinweg erfolgt. Eine weitere Ergänzung zum bereits vorliegendem Modellierungskonzept der Vorschriftenfestlegungen wäre die Schaffung der Möglichkeit, dass auf den Vorschriftenfestlegungsreihenfolgekanten (VFRK) die Logiken zum Modellieren von Wertekombinationen abgebildet werden können, welche anschließend als Bedingung an die weiteren Knoten der Vorschriftenfestlegungen übergeben werden. Diese Empfehlungen bedürfen sowohl die Erweiterung des Modellierungskonzeptes als auch die Erweiterung des Interpreters zu den Vorschriftenfestlegungen. Bei dem VVFO-Modell könnten die Funktionalitäten der Kategorieverbindungskanten (KVK) bei Bedarf ebenfalls erweitert werden. Beispielsweise durch die teilweise Verlagerung der Funktionalitäten der VFRK und VFOK auf die KVK. Die Gründe hierfür könnten vielfältig sein. Zu nennen sind hierbei solche Faktoren wie die Übersichtlichkeit und die Wartbarkeit der Modellierung, aber auch aus Gründen der Funktionalität, welche sich im Rahmen weiterer Forschungsarbeiten herausstellen könnten. Wichtig ist hierbei zu nennen, dass das Grundgerüst der entwickelten (Teil-)Modelle nicht geändert und nur auf Kantenebene erweitert werden müssten.

Vorschriftenfestlegungen sind von einer vielfältigen Natur. Jeder Typ kann mit der einen oder anderen Übersetzungstechnik besser oder schlechter abgebildet werden. Mittlerweile wurden einige Methoden erforscht, welche über eine gemeinsame Forschungsarbeit für eine vollumfängliche Übersetzung zu einem Gesamtsystem zusammengeführt werden können. Im Falle der Nutzung des Modelles Vorschriftenfestlegungen als sogenanntes ACCC-Tool, sollte überlegt werden, ob die Benutzeroberfläche auf eine formalisierte Art und Weise implementiert werden kann. Hierzu eignen sich die visuellen Programmiersprachmethoden (wie z. B. UML, vgl. Abbildung 189 im Anhang XL) gut. Dazu müssten die Vorschriftenfestlegungsknoten einschließlich ihrer Logik in Form von Kanten und Modellierungsattributen über ein zu entwickelndes Schema mit den grafischen Elementen (Notationen) der gewählten VPL verbunden werden.

Eine weitere Herausforderung, die in Zukunft gelöst werden muss, ist die automatische digitale Übersetzung der Vorschriftenfestlegungen. Zu diesem Zweck sollten Algorithmen in Betracht gezogen werden, die die Vorschriftenfestlegungen aus einer Vorschrift in Form eines Textdokumentes automatisch in Form von Knoten und Kanten in die DB überführen (automatische Übersetzung). Dies würde jedoch eine detaillierte bzw. vollständige Klassifizierung der Vorschriften und Vorschriftenfestlegungen voraussetzen (vgl. Abschnitte 6.3.4 und 6.4.2 sowie Anhang XXX). Da die Vorschriftenfestlegungen in Form von Knoten und Kanten manuell in der DB modelliert werden, wurde bisher bei der Entwicklung der Modelle in der DB viel Wert auf die modellierungstechnischen Aspekte gelegt. Bei der Übersetzung von Vorschriften und deren Inhalte müssen zusätzliche Informationen berücksichtigt werden. So müssen neben den eigentlichen Vorschriftenfestlegungen zusätzliche Aspekte zu den betrachteten Vorschriften wie z. B. der Verbindlichkeitsgrad der gesamten Vorschrift oder einzelner Vorschriftenfestlegungen, der Komplexitätsgrad, die Kategorisierung/ Klassifizierung in Hinsicht auf den technischen Sachverhalt etc. berücksichtigt werden. Zum größten Teil wurden die bei der digitalen Abbildung der Vorschriften und Festlegungen zu berücksichtigenden Aspekten bereits implementiert. Zu den fehlenden Aspekten soll darüber nachgedacht werden, wie diese in der DB strukturiert mitabgebildet werden können. Hierbei ist zu prüfen, welche der Aspekte am besten auf der Ebene der Vorschriften und welche auf der Ebene der Vorschriftenfestlegungen in der DB umgesetzt werden können (vgl. auch Abschnitt 7.7). Eine erste Basis dazu ist bereits in (Schuk, Pombo Jiménez und Martin 2022) geschaffen.

Bzgl. der Abbildung von Abhängigkeiten und der Beziehungen zwischen den Vorschriftenfestlegungen/ innerhalb einer zerlegten Vorschriftenfestlegung, wäre die Gegenüberstellung dieser des OrientDB-Multigraphen mit denen der nach dem Hypergraph- oder RDF-Konzept erstellten Abhängigkeiten/ Beziehungen interessant. Alle drei Konzepte besitzen im Hinblick auf bestimmte Aspekte (z. B. Flexibilität, Erweiterbarkeit, Visualisierung) gegenüber den relationalen DB Vorteile. Untereinander unterscheiden sich jedoch die drei genannten GDB-Konzepte voneinander. Hypergraphen haben zum Beispiel im Vergleich zu den herkömmlichen GDB besondere Eigenschaften, welche durch sogenannten Hyperkanten und -knoten charakterisiert sind. Bei einem Hypergraph können mit einer Kante (hier: Hyperkante) mehrere Knoten gleichzeitig und Kanten mit anderen Kanten verbunden werden (Angles 2012), (Edlich, et al. 2011), (Pokorný 2015). Zu erwähnen ist, dass auch die in dieser Dissertation vorgestellten Modelle einem Hypergraphen in seiner vereinfachten bzw. spezieller Form (hier: Multigraph) entsprechen (Bretto 2013).

Die bereits aufgestellte und implementierte statische und dynamische Softwarearchitektur der Anwendung PULTrack sowie neu dazugekommen Requirements wären fortlaufend fortzuschreiben und mittels von UML-Diagrammen in einem Entwicklerhandbuch im Rahmen neuer Forschungsarbeiten festzuhalten.

Das Trassierungstool wurde bisher nur ansatzweise entwickelt und enthält momentan keine vollständigen Funktionalitäten (wie z. B. Gradiententrassierung und dessen Optimierung, Achsoptimierung unter Berücksichtigung von Zwangsstellen/ -punkten) eines modernen CAD-Systems und wäre in der Zukunft noch zu implementieren. Diesbezüglich ist noch zu entscheiden, inwieweit eine Einbindung etablierter fachspezifischer CAD-Systeme bzw. BIM-Autorenwerkzeuge über eine definierte Schnittstelle sinnvoll implementierbar ist. Auch die Weiterentwicklung der Dimensionierungswerkezeuge erscheint lohnenswert. Diese sind gegenwärtig primär auf den Verkehrsträger Schiene ausgelegt.

Zu prüfen wäre inwiefern der entwickelte (E)DCC-Modellansatz sich in die BIM-Methodik der 5D-Planungsprozesse einbinden lässt. Die ersten Überlegungen dazu werden mit den entsprechenden BIM-AWF, u. a. unter Einbezug des zum (E)DCC-Modellansatz entwickelten D-Graphs im Kapitel 8 angesprochen und ausführlich erläutert. Vor diesem Hintergrund müssten zur Implementierung der BIM-Ansätze die auf dem Markt kommerziell vorhandenen Java-Bibliotheken erforscht sowie bereits im Hochbau erforschten Methoden auf die Übertagbarkeit geprüft und in die Anwendung PULTrack inkl. (E)DCC-GDB eingebaut werden. Es wird empfohlen in diesem Zuge auch das am IEV prototypisch entwickelte und mit Java implementierte Kostenmanagementtool an das neue System anzubinden.

Ein weiterer nicht zu vernachlässigender Aspekt ist das Problem rund um das Thema Management der Daten(sätze). Dies wird bei dem hier vorgestellten Ansatz mit der gewählten GDB trotz den Vorteilen wie Flexibilität, Erweiterbarkeit und Visualisierung eine große Herausforderung darstellen. Das genannte Problem soll unter Einbezug der softwaretechnischen Gesichtspunkte näher betrachtet werden. Dies kann über eine starke GUI, welche gut mit den im Hintergrund laufenden Algorithmen zu verknüpfen ist, gelöst werden. Eine starke Hilfe können die aus der Branche Softwareentwicklung zur Entwicklung von graphischen Benutzeroberflächen stammenden Regelwerke/ Empfehlungen und die grundlegenden theoretischen Ansätze sowie Modelle bieten (vgl. z. B. (Bourque und Fairley 2014), (Design Principles FTW 2022), (Fitts 1954), (Goktürk 2022), (Hassenzahl 2022), (IEEE 1998), (ISO, ISO/ IEC/ IEEE 29148 2018), (Marcantonio 2015), (Nielson 2012), (Robertson und Robertson 2007), (Wong 2020)). Um das Wissen zu erfassen, zu formalisieren, zu organisieren und zu verwalten, müssen intuitive und selbsterklärende GUI entwickelt werden, die auf die Bedürfnisse des Infrastrukturbaus abgestimmt sind und den Nutzern eine reibungslose Verwaltung der in der DB gespeicherten Daten(sätze) in Form von Konzepten/-systemen ermöglichen. Dabei kann u. a. die Visualisierung der Teilbäume des Baumgraphen selbst genutzt werden. Zur Modellierung der Daten(sätze) einzelner (Teil-)Modelle, wie z. B. des (Teil-)Modells zur Speicherung der Vorschriften/-festlegungen, Infrastrukturobjekte/-elemente etc. können Mustervorlagen implementiert werden, die in einem Vorlagenmanager gespeichert werden. In solchen Mustervorlagen können die verschiedenen Konzepte/-systeme der DB vormodelliert sein, so dass der Benutzer die einzelnen Daten mit wenigen Klicks bearbeiten, hinzufügen, speichern und löschen kann. Eine Mustervorlage würde beispielsweise die für ein bestimmtes Konzept erforderlichen Knoten- und Kantenklassen enthalten, einschließlich automatisch erstellter Modellierungsattribute, und den Benutzer von einem Konzept zu einem anderen Konzept im Sinne der Bildung von Modellen (Konzeptsystemen) in der DB führen, die zum Abbilden einzelner Wissensdomänen verwendet werden. Insbesondere bei der Modellierung der Vorschriftenfestlegungen in der DB sollte dieser Aspekt in Verbindung der automatischen Übersetzung von Vorschriftenfestlegungen gebracht werden.

Ein weiterer wichtiger Aspekt, welcher ebenfalls im Rahmen weiterer Forschungsarbeiten untersucht und in die (E)DCC-Datenbank eingebunden werden könnte, sind die Lebenszyklusbetrachtungen einer Verkehrsanlage mit den dazu gehörigen Instandhaltungsstrategien und -kosten – die sogenannte 6. Dimension des Planungs- und Bauprozesses (siehe auch Abbildung 76).

Bei der 6. Dimension handelt es sich um eine große Menge von Daten, welche sich gut mit Hilfe der Big Data-Technologien bearbeiten lassen. Diese wiederum können leicht mit einer GDB implementiert werden. Bei der Betrachtung der 6. Dimension käme insbesondere die „Vorausschauende Instandhaltung“ [Predictive Maintenance (PdM)] in Frage, welche in direkter Verbindung zu Lebenszyklusbetrachtungen steht.

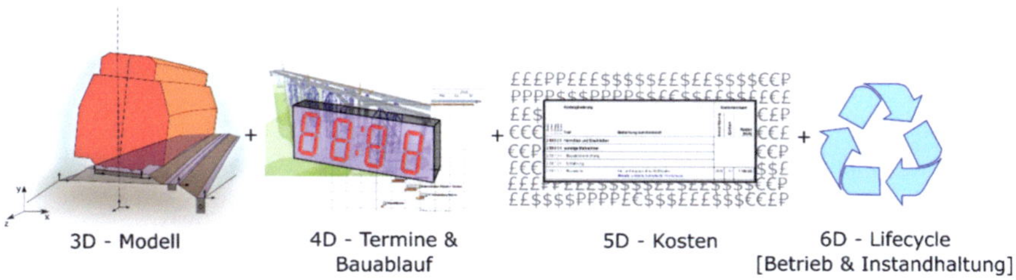

Abbildung 76: 6D-Prozess im Verkehrswegebau

Zu diesem Zweck existiert bereits eine Kooperation zwischen dem IEV der Universität Stuttgart und der Württembergischen Eisenbahn-Gesellschaft GmbH (WEG) im auf der Tälesbahn eingerichteten Reallabor zur digitalen Gleiszustandsanalyse, welches auch eine permanente Erfassung der Änderung des Streckenzustandes erlaubt. Die erfassten Datensätze könnten zunächst in die (E)DCC-Datenbank in den dazu vorgesehenen Konzepten strukturiert integriert, mit anderen Konzept(en) verknüpft, und anschließend in einem mit der DB verbundenem Tool (bereits entwickelt, aber noch nicht an die Software PULTrack angebunden) unter Zuhilfenahme der KI ausgewertet und schließlich direkt an entsprechende Instandhaltungstools übergeben werden. Das Abbilden der Eisenbahninfrastruktur würde dabei über die in der DB abgelegten Systemkomponenten/-gruppen erfolgen.

Glossar

Hinweis: Alle in diesem Glossar aufgeführten Definitionen und Beschreibungen wurden (bis auf die mit „*“ gesondert gekennzeichneten eigenen Definitionen) unverändert aus den dazugehörigen Quellen entnommen. Diese sind: (BIM4INFRA2020 2019d), (Bourque und Fairley 2014), (DB Netz AG, Ril 809 2018), (DB Netz AG, Ril 820 2020), (DB Station&Service & DB Netz AG 2018), (DIN, DIN 820-2 2018), (DIN, DIN EN 13306 2018), (DIN, DIN EN 45020 2007), (DIN, DIN EN ISO 16739-1 2019), (DIN, DIN EN ISO 19650-1 2019), (DIN, DIN EN ISO 29481-1 2016), (FGSV, FGSV 2070 2013), (Furht und Villanustre 2016), (Gruber 1995), (Harris 2011), (IB&T Gruppe 2018a), (IB&T Gruppe 2019a), (IB&T Gruppe 2018b), (IB&T Gruppe 2019b), (IB&T Gruppe 2022), (ISO, ISO 22274 2013), (ISO, ISO/ IEC 2382 2015), (ISO, ISO/ IEC TR 11179-2 2019), (ISO, ISO/ IEC/ IEEE 29148 2018), (Meyer 2013), (ORACLE Java Documentation 2021), (Porto, et al. 2015), (VDI, VDI 2552, Blatt 2 2021), (VDI, VDI 2552, Blatt 5 2018).

Begriff	Erläuterung
(E)DCC-Modell *	Das datenbankbasierte DCC-Modell inkl. Umgebungsebene (E=Environment).
(E)DCC-Modellansatz *	Datenbankbasiertes Modell zur strukturierten Beschreibung eines Verkehrsweges und entwurfs-/planungstechnischen Abhängigkeiten zwischen den einzelnen Systemkomponenten einer Infrastruktur sowie datenbankbasierte Planungswerkzeuge und deren Interaktion mit dem (E)DCC-Modell.
(rechts)verbindliche Norm	Norm, deren Anwendung laut eines allgemeinen Gesetzes oder einer ausschließlichen Verweisung in einer Vorschrift zwingend ist.
„Instandhaltung“ * (hier: Planungsmodus)	Eine der zwei umgesetzten Planungsarten in der Software PULTrack. Planungswerkzeuge zum Erstellen von allen Entwurfsunterlagen (hier: Planunterlagen, EB, Kostenermittlung etc.) zum Lösen einer bestimmten Instandhaltungs-/ Erhaltungsaufgabe (z. B. Instandsetzung, Erneuerung, Kontrolle, betriebliche Unterhaltung/ Wartung etc.) sowie Aufstellen von Instandhaltungs-/ Erhaltungsstrategien einer bestehenden bzw. auszubauenden, umzubauenden Verkehrsanlage auf Grundlage der Entwurfsstufen (hier: BP, VP, EP, GP und AP)

	nach den a. R. d. T. oder nach den individuellen Ansprüchen des AG sowie besonderen Umständen der gestellten Instandhaltungs-/ Erhaltungsaufgabe. Auch die Lösungsfindung zu den Entwurfsaufgaben von aus-/ umzubauenden Verkehrsanlagen werden in dem Planungsmodus „Instandhaltung" durchgeführt. Eine der zwei umgesetzten Planungsarten in der Software PULTrack.
„Planung und Entwurf" *	In der Software PULTrack Zusammenstellung von Planungswerkzeugen zum Erstellen von allen Entwurfsunterlagen (hier: Planunterlagen, EB, Kostenermittlung etc.) zum Lösen einer bestimmten Entwurfsaufgabe einer neuen Verkehrsanlage auf Grundlage der Entwurfsstufen (hier: BP, VP, EP, GP und AP) nach den a. R. d. T. oder nach den individuellen Ansprüchen des AG sowie besonderen Umständen der gestellten Entwurfsaufgabe.
2,5D(-Planung)	Ist eine 2D-Geometrie, bei der die dritte Dimension lediglich als Attribut der digital erstellten zweidimensionalen Objekte verfügbar ist, z. B. ergibt eine Linie mit einem Attribut Höhe eine Fläche, eine Fläche mit einem Attribut Höhe ergibt einen Quader.
2D(-Planung)	Ist eine zweidimensionale Geometrie, die nur auf einer Ebene oder Fläche konstruiert werden kann.
3D(-Planung/ -Modell)	Definition 1: Entspricht einer dreidimensionalen Geometrie, die mit Körpern im Raum konstruiert und dargestellt werden kann. Das 3D-Modell ist zentraler Bestandteil der BIM Methode. Beispiele für 3D-Körper sind Quader, Kugel, extrudiertes T-Profil. Aus den 3D-Körpern lassen sich 3D-Bauwerke erzeugen, wie Trassenkörper und Brücken. Definition 2: Eine 3D-Planung ist die Darstellung physischer Objekte in drei Dimensionen, erstellt in einem CAD- bzw. GIS-System.
4D(-Planung/ -Modell)	4D bezeichnet die objektorientierte 3D-Modellierung eines Bauwerkes erweitert um das Element Zeit, das Ablaufsimulationen ermöglicht. Anmerkung: 4D = 3D + Zeit

5D(-Planung/ -Modell)	Objektorientierte 3D-Modellierung eines Bauwerkes erweitert um die Elemente Zeit und Kosten, um neben der Ablaufsimulation Kostenverläufe darstellen zu können. Ein 5D-Modell dient als Grundlage für das Kostenmanagement und die ganzheitliche Betrachtung des Lebenszyklus eines Bauwerkes. Anmerkung: 5D = 3D + Zeit + Kosten Lebenszyklusbetrachtungen
6D(-Planung)	The BIM model has 6 dimensions: 3 dimensions related to the tridimensional coordinates x, y and z; the fourth dimension is time; the fifth is cost; and the sixth is the project's life cycle.
Anforderung	Festlegung, die zu erfüllende Kriterien angibt.
Angabe	Festlegung, die eine Information vermittelt.
Anweisung	Festlegung, die ein Handeln fordert.
Application software (deutsch: Anwendungssoftware)	Software or a program that is specific to the solution of an application problem.
Associative relation	Relation between two concepts having a non-hierarchical thematic connection by virtue of experience.
Attribut	Definition 1: Informationseinheit innerhalb einer Entität, die durch einen bestimmten Typ oder einen Bezug zu einer bestimmten Entität definiert wird. Definition 2: Alphanumerische Eigenschaft eines Modellelements, bestehend aus einem Attributnamen und einem dazugehörigen Wert.
Ausschließliche Anforderung	Anforderung eines normativen Dokuments, welche unbedingt erfüllt werden muss, um dem Dokument zu genügen.

	ANMERKUNG Der Ausdruck „verbindliche Anforderung“ sollte ausschließlich verwendet werden, um eine Anforderung zu bezeichnen, die durch ein Gesetz oder eine Vorschrift verbindlich gemacht wurde.
Beschränkungen der Attribute	Datentyp, der die Werte von Attributen einschränkt. ANMERKUNG 1 Die üblichste Beschränkung betrifft die Existenz von Attributwerten. Grundsätzlich gibt es zwei Typen: obligatorische und optionale Attribute. Werte für obligatorische Attribute müssen angegeben werden, während Werte für optionale Attribute weggelassen werden dürfen. ANMERKUNG 2 Für aggregierende Datentypen wie Menge, Liste oder Feld wird die Beschränkung in Bezug auf das Vorliegen oft durch eine Kardinalität, also eine minimale und maximale Anzahl von Elementen genauer definiert.
Betrieb	Kombination aller technischen und administrativen Maßnahmen sowie Maßnahmen des Managements, mit Ausnahme der Instandhaltungsmaßnahmen, die zur Verwendung des Objekts führen. Anmerkung 1 zum Begriff: Instandhaltungsmaßnahmen, die von Bedienern durchgeführt werden, sind keine Betriebstätigkeiten.
Big Data technologies	Big Data technologies is a new generation of technologies and architectures designed to economically extract value from very large volumes of a wide variety of data by enabling high-velocity capture, discovery, and analysis. Big Data technologies include: • Massively Parallel Processing (MPP) • Data mining tools and techniques • Distributed file systems and databases • Cloud computing platforms • calable storage systems
BIM-Modell	Dreidimensionales objektorientiertes Modell eines Bauwerks, welches mit zusätzlichen Daten angereichert oder verknüpft werden kann. Es wird dabei nicht von einem Gesamtmodell, sondern von der Koordination mehrerer Fachmodelle ausgegangen. Unter dem Begriff „Daten“ werden z. B. zusätzliche Bauteil-, Zeit- und Kosteninformationen verstanden.

CAD (Computer-aided Design)	Bei CAD handelt es sich um eine computergestützte Konstruktionsmethode, bei der geometrische Elemente (Linien, Kreise, Flächen, Körper) auf einer Ebene (Schnitte und Ansichten) oder im Raum konstruiert werden.
Characteristic	Abstraction of a property of an *object* or of a set of objects.
Class (deutsch: Klasse)	Definition 1: Typ oder Typ-Aggregation von Elementen mit gemeinsamen Attributen. Definition 2: A class is the description of a set of possible run-time objects to which the same features are applicable.
Classification scheme	Descriptive information for an arrangement or division of *objects* into groups based on criteria such as *characteristics*, which the objects have in common.
Classification system	Systematic collection of classes organized according to a known set of rules, and into which objects may be grouped.
Concept	Unit of knowledge created by a unique combination of *characteristics*.
Concept system	Set of *concepts* structured according to the relations among them.
DCC-Modell *	Datenbankbasiertes und verkehrsträgerübergreifendes Modell zur strukturierten Beschreibung eines Verkehrsweges und entwurfs-/planungstechnischen Abhängigkeiten zwischen den einzelnen Systemkomponenten einer Infrastruktur.
Element	Greifbares physikalisches Produkt, das durch die Repräsentation seiner Form, seines Materials und weiterer Merkmale beschrieben werden kann.
Empfehlung	Festlegung, die einen Rat oder eine Anleitung gibt.
Entwurfsvorgang/ Entwurfsmodus *	Unterscheidung beim Planen und Instandhalten von Verkehrswegen nach vorschriftenkonformen und individuellen Lösungsansätzen. Es wird zwischen den Entwurfsmodi „Geführter Entwurfsvorgang“ und „Individueller Entwurfsvorgang“ unterschieden.

Begriff	Definition
Functional requirements	Functional requirements describe the functions that the software is to execute; for example, formatting some text or modulating a signal. They are sometimes known as capabilities or features. A functional requirement can also be described as one for which a finite set of test steps can be written to validate its behavior.
Gemeinsame Datenumgebung (englisch: Common Data Environment [CDE])	Vereinbarte Umgebung für Informationen für ein bestimmtes Projekt oder für ein Asset, um jeden Informationscontainer über einen verwalteten Prozess zu sammeln, zu verwalten und zu verbreiten. Anmerkung 1 zum Begriff: Ein gemeinsamer Datenumgebungs-(CDE)-Workflow beschreibt die zu verwendenden Prozesse und eine gemeinsame Datenumgebungs-(CDE)-Lösung kann die Technologie zur Unterstützung dieser Prozesse bereitstellen. Synonyme: Projektplattform, Projektkommunikationssystem
Gruppe	Sammlung von Informationen, die einen bestimmten Zweck erfüllt ANMERKUNG Dies ist eine Spezialisierung des allgemeinen Begriffs „Objekt“.
Harmonisierte Normen	Normen zum selben (Normungs-)Gegenstand, die von verschiedenen normenschaffenden Institutionen angenommen wurden und die Austauschbarkeit von Produkten, Prozessen und Dienstleistungen oder die gegenseitige Verständlichkeit von Prüfergebnissen oder Informationen, die entsprechend diesen Normen gegeben werden, sicherstellen. ANMERKUNG: Innerhalb dieser Definition können harmonisierte Normen Unterschiede in ihrer Gestaltung und sogar in ihrem Inhalt aufweisen, z. B. in erläuternden Bemerkungen, Anleitungen, wie die Anforderungen der Norm zu erfüllen sind, und hinsichtlich vorzuziehender Alternativen bzw. der Auswahl aus Typenreihen.
Hierarchical relation	Relation between two concepts which can be either a generic relation or a partitive relation.
Hierarchy	Concept system in which all concepts are related in hierarchical relations that form a partial ordering.

Identifizierung	Fähigkeit, bestimmte Instanzen eindeutig zu finden, abzurufen, anzugeben, zu ändern oder zu löschen.
Informationseinheit	Individuelle Informationseinheit (z. B. ein Fenster-Index oder eine Raumhöhe).
Inheritance (deutsch: Vererbung)	If B inherits from A, B is an heir of A and A a parent of B.
Instance (deutsch: Instanz)	Vorkommen einer Entität. ANMERKUNG Ist mit dem Begriff „Instanz einer Klasse" bei der objektorientierten Programmierung vergleichbar. Definition 2: If an object O is one of the objects described by a class C, then O is an instance of C, and C is the generating class of O.
Institution	Stelle ⟨verantwortlich für Normen und Vorschriften⟩, Rechts- oder Verwaltungskörper, der bestimmte Aufgaben und eine bestimmte Zusammensetzung hat. ANMERKUNG: Beispiele von Institutionen sind Organisationen, Behörden, Firmen und Stiftungen.
Klassifizierung (englisch: classifying)	Definition 1: Kategorisierung, Einteilung von Dingen in Klassen oder Kategorien derselben Art. Definition 2: Zur Strukturierung der Gemeinsamen Datenumgebung sollten einheitliche Klassifizierungssysteme verwendet werden. Typische Klassifizierungssysteme sind z. B. Bauteilklassifikationen basierend auf den Vorgaben der ISO 12006-2, Kostengruppen nach DIN 276 oder Raumnutzung nach DIN 277. Sinnvoll ist auch eine einheitliche Klassifizierung nach Objekttypen. Im Hochbau werden Objekttypen wie „Wand", „Tür", „Stütze" sowie „Fenster" und im Infrastrukturbau „Widerlager", „Brückenkappe", „Pfeiler" und „Straßenoberbau" verwendet. Definition 3: Terminologische Ressource, die Eigenschaften von gegenseitiger Ausschließlichkeit und Ausführlichkeit besitzt, um Daten für einen bestimmten Zweck zu einem vorher festgelegten Spezialisierungsgrad zu sammeln.

	Definition 4: Classifying may refer to categorizing, the process in which ideas and objects are recognized, differentiated and understood. In general, ideas and objects can be classified by a classification scheme.
Kollisionsprüfung	Definition 1: Methode zur Sicherstellung der Kollisionsfreiheit von Bauwerks-Informations-Modellen mittels einer automatisierten Prüfung von räumlichen Überschneidungen von Modellelementen eines oder mehrerer Fach- oder Teilmodelle. Definition 2: Computergestützte Überprüfung eines oder mehrerer Fachmodelle auf Überschneidungen von Volumenkörpern. Die Prüfung von Fachmodellen kann visuell und/oder (teil-)automatisiert durchgeführt werden.
Lebenszyklus	Anzahl von Phasen, die ein Objekt durchläuft, beginnend mit der Konzeption und endend mit der Entsorgung. BEISPIEL: Ein typischer System-Lebenszyklus besteht aus Erwerb, Betrieb, Instandhaltung, Modernisierung, Außerbetriebnahme und/oder Entsorgung. Anmerkung 1 zum Begriff: Die angegebenen Phasen variieren je nach Anwendung.
Lebenszykluskosten	Summe der Kosten, die während des Lebenszyklus des Objekts auftreten. Anmerkung 1 zum Begriff: Für einen Nutzer oder Eigentümer eines Objekts können die gesamten Lebenszykluskosten nur die Kosten einschließen, die den Beschaffungsvorgang, den Betrieb, die Instandhaltung und die Entsorgung betreffen.
Modell	Datensatz, der durch die Struktur eines darunterliegenden Schemas bestimmt wird, zur Erfüllung bestimmter Anforderungen an Daten. ANMERKUNG Informationsmodelle und Bauwerksinformationsmodelle sind Beispiele für Modelle.
Modellierung	Der Begriff Modellierung ist eine datentechnische Beschreibung eines fachlichen Objekts mit Eigenschaften und Beziehungen zu anderen fachlichen Objekten.

Nonfunctional requirements	Nonfunctional requirements are the ones that act to constrain the solution. Nonfunctional requirements are sometimes known as constraints or quality requirements. They can be further classified according to whether they are performance requirements, maintainability requirements, safety requirements, reliability requirements, security requirements, interoperability requirements or one of many other types of software requirements.
Norm	Dokument, das mit Konsens erstellt und von einer anerkannten Institution angenommen wurde und das für die allgemeine und wiederkehrende Anwendung Regeln, Leitlinien oder Merkmale für Tätigkeiten oder deren Ergebnisse festlegt, wobei ein optimaler Ordnungsgrad in einem gegebenen Zusammenhang angestrebt wird. ANMERKUNG: Normen sollten auf den gesicherten Ergebnissen von Wissenschaft, Technik und Erfahrung basieren und auf die Förderung optimaler Vorteile für die Gesellschaft abzielen.
Normatives Dokument	Dokument, das Regeln, Leitlinien oder Merkmale für Tätigkeiten oder deren Ergebnisse festlegt. ANMERKUNG 1: Die Benennung „normatives Dokument" bezeichnet einen Oberbegriff, der solche Dokumente wie Normen, technische Spezifikationen, Anleitungen für die Praxis und Vorschriften umfasst. ANMERKUNG 2: Als Dokument wird jeder Informationsträger verstanden. ANMERKUNG 3: Die verschiedenen Arten normativer Dokumente sind so definiert, dass das Dokument und sein Inhalt als Einheit betrachtet werden.
Object (deutsch: Objekt)	Definition 1: Etwas Wahrnehmbares oder Denkbares mit einer eindeutigen, wenn auch nicht materiellen Existenz. Definition 2: Bestandteil/Teil der erfassbaren und beschreibbaren Umwelt Anmerkung 1 zum Begriff: Ein Objekt ist das gegenständliche Ziel von Gedanken, Gefühlen und Handlungen.
Object-Oriented Programming	Programming language that supports object-oriented concepts.

(deutsch: Objekt-orientierte Programmierung)	
Objektausprägung	Charakteristik eines Objekts als Individuum. ANMERKUNG Ist mit dem Begriff „Objekt“, „Instanz“ bzw. „Individuum“ in anderen Veröffentlichungen vergleichbar.
Objekttyp	Gemeinsame Charakteristika, die bei mehreren Objektausprägungen vorkommen.
Obligatorisches Attribut	Obligatorische Attribute sind Attribute, die definiert sein müssen. Ein Datenkonsistenzcheck prüft das Vorhandensein aller obligatorischen Attribute. Die Deutsche Bahn fordert beispielsweise das Attribut Projektstrukturplan-Element (PSP-Element) für nachfolgende, modellbasierte, kaufmännische Operationen.
Ontology	Ontology was defined as an explicit specification of a conceptualization.
Open BIM	Der Begriff Open BIM ist ein Sammelbegriff für Ansätze, die die BIM-Methode in Projekten unter Verwendung von offenen, neutralen (nicht-proprietären) Dateiformaten und Datenstrukturen umzusetzen, wobei verschiedene Softwarelandschaften zum Einsatz kommen können.
Operating system (deutsch: Betriebssystem)	Software that controls the execution of programs and that may provide services such as resource allocation, scheduling, input-output control, and data management. Note 1 to entry: Although operating systems are predominantly software, partial hardware implementations are possible.
Optionales Attribut	Bei optionalen Attributen handelt es sich um Attribute, die angegeben sein können. Optionale Attribute können einzelne Arbeitsschritte erleichtern und zwischen Projektpartnern festgelegt werden, sind aber vom Auftraggeber nicht gefordert.
Organisation	Institution, die auf der Mitgliedschaft anderer Institutionen oder von Einzelpersonen beruht und eine festgelegte Satzung sowie ihre eigene Verwaltung hat.

Planungsart/ Planungsmodus *	Bereiche der Software PULTrack mit darin zusammengestellten Planungs- bzw. Instandhaltungstools zum Planen und Instandhalten/ Erhalten von Verkehrswegen. Es wird zwischen den Planungsarten „Planung und Entwurf“ und „Instandhaltung“ unterschieden.
Polyhierarchy (deutsch: Mehrfachvererbung)	Hierarchy including elements that have links to more than one parent element.
Program (deutsch: Programm)	Syntactic unit that conforms to the rules of a particular programming language and that is composed of declarations and statements or instructions needed to solve a certain function, task, or problem.
Projekt	Verkapselung von in Relation stehenden Informationen für einen bestimmten Zweck, die einen Kontext für die darin enthaltenen Informationen bietet. ANMERKUNG Informationen können Standardmaßeinheiten oder Repräsentationskontext oder Genauigkeit beinhalten.
Relation	Informationseinheit, die eine Interaktion zwischen zwei Elementen beschreibt.
Requirements engineering	Interdisciplinary function that mediates between the domains of the acquirer and supplier to establish and maintain the requirements to be met by the system, software or service of interest.
Requirement	Statement which translates or expresses a need and its associated constraints and conditions. Note 1 to entry: Requirements exist at different levels in the system structure. Note 2 to entry: A requirement is an expression of one or more particular needs in a very specific, precise and unambiguous manner. Note 3 to entry: a requirement always relates to a system, software or service, or other item of interest.

Software	All or part of the programs, procedures, rules, and associated documentation of an information processing system. Note 1 to entry: Software is an intellectual creation that is independent of the medium on which it is recorded.
Software engineering	Systematic application of scientific and technological knowledge, methods, and experience to the design, implementation, testing, and documentation of software to optimize its production, support, and quality.
Subclass (deutsch: Unterklasse)	A class that is derived from another class is called a subclass (also a derived class, extended class, or child class).
Superclass (deutsch: Superklasse)	The class from which the subclass is derived is called a superclass (also a base class or a parent class).
Taxonomy	Taxonomy is a collection of controlled vocabulary terms organized into a hierarchical structure. Each term in taxonomy is in one or more parent-child relationships to other terms in the taxonomy.
Technische Spezifikation	Dokument, das technische Anforderungen festlegt, die von einem Erzeugnis, einem Verfahren oder einer Dienstleistung zu erfüllen sind. ANMERKUNG 1: Eine technische Beschreibung sollte, wo immer dies angezeigt erscheint, das (die) Verfahren angeben, durch welches (welche) festgestellt werden kann, ob die gegebenen Anforderungen erfüllt werden. ANMERKUNG 2 Eine technische Beschreibung kann eine Norm, ein Teil einer Norm oder unabhängig von einer Norm sein.
Technische Vorschrift	Vorschrift, die technische Anforderungen entweder direkt oder durch Bezugnahme auf Normen oder Einverleibung des Inhaltes einer Norm, technischen Beschreibung oder Anleitung für die Praxis festlegt. ANMERKUNG: Eine technische Vorschrift kann durch technische Hinweise ergänzt werden, die einige Möglichkeiten, um die Anforderungen der Vorschrift zu erfüllen, beschreiben, d. h. Festlegungen zur hinreichenden Erfüllung geben.

Verbindlichkeits-grad(e)/ Modale Hilfsverbe	DB AG: Der Ausdruck des Verbindlichkeitsgrades getroffener Aussagen in Regelwerken erfolgt durch die Verwendung der modalen Hilfsverben gemäß Ril 138.0202A09. oder: Die KoRil 138.02.04 enthält die Verbindlichkeitsgrade „Gebot/ Verbot“, „Empfehlung/ Erlaubnis/ Zulässigkeit/ Möglichkeit“ und „unverbindliche Festlegung“. Darüber hinaus gilt im Regelwerk Oberbau u. a. der Verbindlichkeitsgrad „Regel/ Grundsatz“. FGSV: Die Forschungsgesellschaft für Straßen- und Verkehrswesen (FGSV) unterteilt die von den Gremien erarbeiteten Veröffentlichungen in vier Kategorien mit abgestufter Bedeutung. Unterschieden wird dabei zwischen den Kategorien R 1, R 2, W 1 und W 2.
Visualisierung	Die Visualisierung ist eine bildliche Darstellung eines geplanten Bauwerks oder einer städtebaulichen Situation. Die Visualisierung vereinfacht die Kommunikation und Entscheidungsfindung in einem Bauprojekt.

Literaturverzeichnis

Acervo Lima. *VOR- UND NACHTEILE DER DREISTUFIGEN ARCHITEKTUR IN DBMS.* 2022. https://de.acervolima.com/vor-und-nachteile-der-dreistufigen-architektur-in-dbms/ (Zugriff am 12. 08 2022).

Afsari, K, und C. M. Eastman. „A Comparison of Construction Classification Systems Used for Classifying Building Product Models." *52nd ASC Annual International Conference Proceedings.* 2016.

Afsari, K., und C. Eastman. „Categorization of building product models in BIM Content Library portals." *XVIII Conference of the Iberoamerican Society of Digital Graphics - SIGraDi: Design in Freedom.* 2014.

AFZ. „Entwicklung von Datenbankanwendungen – Datenbankgrundlagen." Aus- und Fortbildungszentrum für den bremischen öffentlichen Dienst, 2020.

Akin, O. „Building codes. Chapter 10, Embedded commissioning of building systems." Artech House, Norwood, MA, 2012.

Al-Mekhal, M., und A. A. Khwaja. „A Synthesis of Big Data Definition and Characteristics." *IEEE International Conference on Computational Science and Engineering (CSE) and IEEE International Conference on Embedded and Ubiquitous Computing (EUC).* 2019.

Amann, B., und M. Scholl. „Gram: a graph data model and query languages." 1992.

Amann, J. „Einbettung von prozeduralem Wissen in Produktdatenmodelle am Beispiel der Richtlinien fuer die Anlage von Landstrassen mithilfe der Programmiersprache IFCPL." 2015.

Amor, R., und J. Dimyadi. „The promise of automated compliance checking." *Developments in the Built Environment 5*, 2021.

Amtsblatt der Europäischen Union. „Verordnung (EU) Nr. 1299/2014 der Kommission über die technische Spezifikation für die Interoperabilität des Teilsystems „Infrastruktur" des Eisenbahnsystems in der Europäischen Union." 18. 11. 2014.

Angles und Gutierrez. „Survey of Graph Database Models." *ACM Computing Surveys Volume 40 Issue 1*, 22. 02. 2008.

Angles, R. „A Comparison of Current Graph Database Models.“ *Data Engineering Workshops (ICDEW), 2012 IEEE 28th International Conference.* 2012.

Architektenkammer Nordrhein-Westfalen. „HOAI – Honorarordnung für Architekten und Ingenieure.“ Wolters Kluwer Deutschland GmbH, 2013.

ARGE BIM4RAIL. „Endbericht zur wissenschaftlichen Begleitung von 13 Pilotprojekten zur Anwendung von BIM im Schienenwegebau. Version 2.1.“ 2019.

ARGE BIM4RAIL. „Steckbriefe der wichtigsten BIM-Anwendungsfälle im Schienenwegebau. Version 1.0.“ 2020.

Augsten, S. „Was ist eine Datenbank?“ *Dev Insider.* 23. 06. 2017. https://www.dev-insider.de/was-ist-eine-datenbank-a-607664/ (Zugriff am 12. 05. 2020).

Auty, D. *Object oriented programming systems (OOPS) and frame representations, an investigation of programming paradigms, final report.* Technical Report, NASA, 1988.

Bakkal, F., S. Eken, N. S. Savas, und A. Sayar. „Modeling and querying trajectories using Neo4j spatial and TimeTree for carpool matching.“ *IEEE International Conference on INnovations in Intelligent SysTems and Applications (INISTA).* 2017.

Battis, U., und C. Gusy. „Technische Normen im Baurecht.“ Rdnr. 288 ff. 1988.

Baumann, H., V. Höcht, L. Koppers, und T. Weichert. „Schulfahrt – Demographiefeste Planung von Schulwesen und Zuwegung für Schüler im ÖPNV.“ In *Demographischer Wandel als Querschnittsaufgabe – Fallstudien der Expertenplattform „Demographischer Wandel“ beim Wissenschaftszentrum Sachsen-Anhalt*, von K. Friedrich und P. Pasternack. Halle an der Saale: Universitätsverlag Halle-Wittenberg, 2012.

Bawono, A. A., C. M. von Schumann, und B. Lechner. „Study of Building Information Modelling Implementation on Railway Infrastructure.“ *Proceedings of the 18th International Conference on Computing in Civil and Building Engineering.* 2020.

Belz, F. „Weiterentwicklung & Verbesserung der Usability einer auf dem (E)DCC-Ansatz basierenden Grafendatenbank und Implementierung von zugehörigen

Verwaltungs- und Analysetools." Bachelorarbeit am IEV, Universität Stuttgart, 2020.

Bermell-García, P., und I.-S. Fan. „A KBE System for the design of wind tunnel models us-ing reusable knowledge components." *Ponencia presentada en el VI Congreso Internacional de Ingenieria de Proyectos celebrada en Barcelona en el ano.* 2002.

BibLus. *BIM in Deutschland: der Stufenplan 2015/2020 und die Straßen- und Eisenbahn-Pilotprojekte.* 04. 12. 2018. https://biblus.accasoftware.com/de/bim-in-deutschland-der-stufenplan-2015-2020-und-die-strassen-und-eisenbahn-pilotprojekte/ (Zugriff am 10. 10. 2021).

BIM4INFRA2020. *HANDREICHUNGEN, Anhang Glossar.* 2019d.

—. *HANDREICHUNGEN.* 04. 2019a. https://bim4infra.de/handreichungen/ (Zugriff am 10. 10. 2021).

—. „HANDREICHUNGEN, Teil 10." *HANDREICHUNGEN, Technologien im BIM-Umfeld, Teil 10.* 2019b.

—. „HANDREICHUNGEN, Teil 6." *HANDREICHUNGEN, Steckbriefe der wichtigsten BIM-Anwendungsfälle, Teil 6.* 2019e.

—. „HANDREICHUNGEN, Teil 7." *HANDREICHUNGEN, Handreichung BIM-Fachmodelle und Ausarbeitungsgrad (engl. Level of Development – LOD), Teil 7.* 2019c.

—. „Umsetzung des Stufenplans, AP 5." *Umsetzung des Stufenplans „Digitales Planen und Bauen", AP 5: Konzept für Datenbanken.* 2018.

BLFABOStrab. „Technische Regeln für Straßenbahnen-Trassierung von Bahnen (TRStrab Trassierung), zuletzt geändert am 20. August 2014." *TRStrab Trassierung.* Bund-Länderfachausschuss BOStrab, 20. 08. 2014.

Bloss, A. E. „Der Übergangsbogen mit geschwungener Überhöhungsrampe." *Organ für die Fortschritte des Eisenbahnwesens 73.* 1936.

BMJ. „Bundesministerium der Justiz (BMJ) Bundesanzeiger – Bekanntmachung des Handbuchs der Rechtsförmlichkeit." 2008.

BMK. „Hochdynamische Graphstruktur für Situations- und Maßnahmenobjekte des Verkehrsmanagement- und Informationssystems TRAPH.“ Bundesministerium Klimaschutz, Umwelt, Energie, Mobilität, Innovation und Technologie, 2021.

BMVBS. „Anweisung Straßeninformationsbank – Segment Bauwerksdaten (ASB-ING) – Sammlung Brücken- und Ingenieurbau – Erhaltung.“ *Bundesministerium für Verkehr, Bau- und Stadtentwicklung.* 2013. https://www.bast.de/DE/Publikationen/Regelwerke/Ingenieurbau/Erhaltung/ASB-ING.html (Zugriff am 27. 09. 2022).

BMVI. „AKVS.“ *Anweisung zur Kostenermittlung und zur Veranschlagung von Straßenbaumaßnahmen (AKVS).* Bundeministerium für Verkehr und digitale Infrastruktur, 2014.

—. „Leitfaden Großprojekte.“ Bundesministerium für Verkehr und digitale Infrastruktur, 2018a.

—. „RAB-ING.“ *Richtlinien für das Aufstellen von Bauwerksentwürfen für Ingenieurbauten (RAB-ING).* Bundesministerium für Verkehr und digitale Infrastruktur, 2019.

—. „Reformkommission Bau von Großprojekten.“ *Bundesministerium für Verkehr und digitale Infrastruktur.* 2021. https://www.bmvi.de/SharedDocs/DE/Artikel/G/reformkommission-bau-von-grossprojekten.html (Zugriff am 27. 09. 2021).

—. „Stufenplan Digitales Planen und Bauen.“ *Stufenplan Digitales Planen und Bauen – Einführung moderner, IT-gestützter Prozesse und Technologien bei Planung, Bauen und Betrieb von Bauwerken.* Bundeministerium für Verkehr und digitale Infrastruktur, 2015.

—. „Umsetzung des Stufenplans „Digitales Planen und Bauen“.“ *Bundesministerium für Verkehr und digitale Infrastruktur.* 2019. https://bim4infra.de/ (Zugriff am 15. 10. 2021).

—. „Wissenschaftliche Begleitung der BMVI Pilotprojekte.“ *Wissenschaftliche Begleitung der BMVI Pilotprojekte zur Anwendung von BIM im Infrastrukturbau*

– *Endbericht Handlungsempfehlungen.* Bundesministerium für Verkehr und digitale Infrastruktur, 2018b.

Borrmann und Rank. „Topological analysis of 3D building models using a spatial query language." *Advanced Engineering Informatics 23*, 2009: 370-385.

Borrmann, A., M. König, C. Koch, und J. Beetz. *Building Information Modeling Technologische Grundlagen und industrielle Praxis.* VDI-Buch, Springer Vieweg, Springer Fachmedien Wiesbaden, 2021.

Borrmann, A., S. Esser, S. Jaud, M. König, und T. Liebich. „Begleitung der internationalen Standardisierungsprojekte IFC-Road & IFC-Rail, Abschlussbericht AP4: Validierung des Datenmodells." 2020.

„BOStrab." *Verordnung über den Bau und Betrieb der Straßenbahnen (Straßenbahn-Bau- und Betriebsordnung – BOStrab) vom 11. Dezember 1987 (BGBl. I S. 2648), zuletzt geändert durch Artikel 1 der Verordnung vom 1. Oktober 2019 (BGBl. I S. 1410).* 01. 10. 2019.

Bourque, P., und R. E. Fairley. „SWEBOK V3.0 – Guide to the Software Engineering Body of Knowledge." IEEE, 2014.

Bradley, A., H. Li, und R. Lark. „BIM for infrastructure: An overall review and constructor perspective." *Automation in Construction 71*, 2016: 139-152.

Bradner, S. „Key words for use in RFCs to Indicate Requirement Levels." Harvard University, 1997.

Braun, A., S. Tuttas, A. Borrmann, und U. Stilla. „Improving Progress Monitoring by Fusing Point Clouds, Semantic Data and Computer Vision." *Automation in Construction 116*, 2020.

Braun,et al. „A concept for automated construction progress monitoring using BIM-based geometric constraints and photogrammetric point clouds." *Journal of Information Technology in Construction (ITcon) Vol. 20*, 2015.

Bretto, A. *Hypergraph Theory. An Introduction. Springer International Publishing .* Switzerland: Springer International Publishing, 2013.

bSD. *BIM-Klassen der Verkehrswege; Vorstandardisierungsarbeit der buildingSMART-Fachgruppe BIM-Verkehrswege.* Berlin: bSD Verlag, 2020.

BVerfGE. „Beschluss vom 8.August 1978 – 2 BvL 8/ 77 – Kalkar. BVerGE, 49.“ 1979.

Chen, G., und Y. Luo. „A BIM and Ontology-based Intelligent Application Framework.“ *IEEE Advanced Information Management, Communicates, Electronic and Automation Control Conference (IMCEC).* 2016.

Cheng, J. C. P., Q. Lu, und Y. Deng. „Analytical Review and Evaluation of Civil Information Modeling.“ *Automation in Construction 67*, 2016: 31-47.

Chong, H. Y., R. Lopez, J. Wang, X. Wang, und Z. Zhao. „Comparative Analysis on the Adoption and Use of BIM in Road Infrastructure Projects.“ *Journal of Management in Engineering / Volume 32 Issue 6 / November 2016*, 2016.

CMS. „Raum-zeitliche Anfragesprache für die Prüfung und Analyse von 4D-Bauwerksmodellen.“ *Lehrstuhl für Computergestützte Modellierung und Simulation.* 2021. https://www.cms.bgu.tum.de/de/17-research-projects/122-raum-zeitliche-anfragesprache-f%C3%BCr-die-pr%C3%BCfung-und-analyse-von-4d-bauwerksmodellen (Zugriff am 10. 11. 2021).

Costin, A, A. Adibfar, H. Hu, H. Hub, und S. S. Chenc. „Building Information Modeling (BIM) for transportation infrastructure – Literature review, applications, challenges, and recommendations.“ *Automation in Construction 94*, 2018: 257-281.

CSI. *OmniClass.* 2022. http://omniclass.org/ (Zugriff am 08. 02. 2022).

Czerepicki, A. „Application of graph databases for transport purposes.“ *Bulletin of the Polish Academy of Sciences Technical Sciences, Vol. 64, No. 3*, 2016.

Darr, E., und W. Fiebig. *Feste Fahrbahn – Konstruktion und Bauarten für Eisenbahn und Straßenbahn.* Eurailpress Tetzlaff-Hestra GmbH & Co. KG, 2006.

Dassler, B., S. Fehringer, und K. Roth. „Großprojekt Karlsruhe – Basel: Kolaboratives Arbeiten im BIM-Lab.“ *Eisenbahntechnische Rundschau (ETR), Spezial BIM, 69. Jahrgang*, 2020.

Daum und Borrmann. „Processing of Topological BIM Queries using Boundary Representation Based Methods.“ *Advanced Engineering Informatics 28*, 2014: 272-286.

Daum und Braun. „BIM-basierte Bauprozessplanung.“ *BIM-basierte Bauprozessplanung: Automatisierte Ableitung von Precedence Relationships durch eine räumliche Anfragesprache.* 26. Forum Bauinformatik, 2014.

Daum, S., A. Borrmann, C. Langenhan, und F. Petzold. „Automated generation of building fingerprints using a spatio-semantic query language for building information models.“ *10th European Conference on Product & Process Modelling.* 2014.

DB AG. „BIM-Strategie.“ *BIM-Strategie – Implementierung von Building Information Modeling (BIM) im Vorstandsressort Infrastruktur der Deutschen Bahn AG.* 2019.

DB Netz AG. „Ril 413.“ *Ril 413: Infrastruktur gestalten.* 2013.

—. „Ril 458.0301.“ *Ril 458.0301 (Radsatzlasten für Ingenieur- und Oberbau).* 2015.

—. „Ril 800.0110.“ *Ril 800.0110: Linienführung.* 2015.

—. „Ril 800.0120.“ *Ril 800.0120: Auswahl der Weichen, Kreuzungen und Hemmschuhauswurfvorrichtungen.* 2018.

—. „Ril 800.0130.“ *Ril 800.0130: Streckenquerschnitte auf Erdkörpern.* 2018.

—. „Ril 804.“ *Ril 804: Eisenbahnbrücken (und sonstige Ingenieurbauwerke) planen, bauen und instand halten.* 2018.

—. „Ril 808.0210.“ *Ril 808.0210 Kostenermittlungsbuch.* 2011.

—. „Ril 808.0210.“ *Ril 808.0210 Kostenermittlungsbuch.* 2016.

—. „Ril 809.“ *Ril 809: Infrastruktur- und elektrotechnische Maßnahmen realisieren (planen, durchführen, abnehmen, dokumentieren und abschließen).* 2018.

—. „Ril 815.“ *Ril 815: Bahnübergangsanlagen planen und instand halten.* 2012.

—. „Ril 820.“ *Ril 820: Grundlagen des Oberbaus. 10. Aktualisierung.* 2020.

—. „Ril 821.“ *Ril 821: Oberbau inspizieren. 21. Aktualisierung.* 2019.

—. „Ril 824.“ *Ril 824: Oberbauarbeiten durchführen. 8. Aktualisierung.* 2017.

—. „Ril 836.“ *Ril 836: Erdbauwerke und sonstige geotechnische Bauwerke planen, bauen und instandhalten. 7. Aktualisierung.* 2019.

—. „Ril 853.“ *Ril 853: Eisenbahntunnel planen, bauen und instand halten. 9. Aktualisierung.* 2018.

—. „Roadmap BIM-Anwendungsfälle.“ *Roadmap BIM-Anwendungsfälle bei der DB Netz AG. Version 1.4.* 2017.

—. *Vorgaben zur Anwendung der BIM-Methodik.* 2021. https://www1.deutschebahn.com/sus-infoplattform/start/Vorgaben-zur-Anwendung-der-BIM-Methodik (Zugriff am 01. 11. 2021).

DB Station&Service & DB Netz AG. „BIM Vorgaben.“ *BIM Vorgaben – BIM Methodik – Digitales Planen und Bauen. Version 2.3.* 24. 08. 2018.

—. „Vorgaben zur Anwendung der BIM-Methodik.“ *Vorgaben zur Anwendung der BIM-Methodik – Digitales Planen und Bauen. Version 2.6.* 01. 11. 2021.

DB-ENGINES. *DB-Engines Ranking von Graph DBMS.* 2020. https://db-engines.com/de/ranking/graph+dbms (Zugriff am 13. 05. 2020).

Design Principles FTW. *IBM Design Principles.* 2022. https://www.designprinciplesftw.com/collections/ibm-design-principles (Zugriff am 12. 02. 2022).

Deutscher Asphaltverband e. V. (dav). *Asphalt auf Flugbetriebsflächen – Der Leitfaden für Planung, Bau und Erhaltung von Flugbetriebsflächen aus Asphalt.* 2012.

Diestel, R. *Graph Theory.* Springer-Verlag GmbH, 5. Auflage, 2017.

Dimyadi, J., und R. Amor. „Automated Building Code Compliance Checking – Where is it at?“ *19th International CIB World Building Congress.* 2013.

DIN. „DIN 13803-2.“ *Bahnanwendungen – Oberbau – Linienführung in Gleisen – Spurweiten 1 435 mm und größer – Teil 2: Weichen und Kreuzungen sowie vergleichbare Trassierungselemente mit unvermitteltem Krümmungswechsel; Deutsche Fassung EN 13803-2:2006+A1:2009.* Deutsches Institut für Normung, 06. 2010.

—. „DIN 276.“ *Kosten im Bauwesen. DIN 276:2018-12.* Deutsches Institut für Normung, 12. 2018.

—. „DIN 31051.“ *Grundlagen der Instandhaltung; Entwurf.* Deutsches Institut für Normung, 09. 2018.

—. „DIN 45673-1.“ *Mechanische Schwingungen – Elastische Elemente des Oberbaus von Schienenfahrwegen – Teil 1: Begriffe, Klassifizierung, Prüfverfahren.* Deutsches Institut für Normung, 08. 2010.

—. „DIN 820-2.“ *Normungsarbeit – Teil 2: Gestaltung von Dokumenten (ISO/IEC-Direktiven Teil 2:2016, modifiziert); Deutsche und Englische Fassung CEN/CENELEC-Geschäftsordnung – Teil 3.* Deutsches Institut für Normung, 09. 2018.

—. „DIN EN 13306.“ *Instandhaltung-Begriffe der Instandhaltung; Dreisprachige Fassung EN 13306:2017.* Deutsches Institut für Normung, 02. 2018.

—. „DIN EN 13803.“ *Bahnanwendungen – Oberbau – Trassierungsparameter – Spurweiten 1 435 mm und größer; Deutsche Fassung EN 13803:2017.* Deutsches Institut für Normung, 09. 2017.

—. „DIN EN 45020.“ *Normung und damit zusammenhängende Tätigkeiten – Allgemeine Begriffe (ISO/IEC Guide 2:2004); Dreisprachige Fassung EN 45020:2006.* Deutsches Institut für Normung, 03. 2007.

—. „DIN EN IEC 81346-1.“ *Industrielle Systeme, Anlagen und Ausrüstungen und Industrieprodukte – Strukturierungsprinzipien und Referenzkennzeichnung – Teil 1: Allgemeine Regeln (IEC 3/1439/CD:2019); Text Deutsch und Englisch; Entwurf.* Deutsches Institut für Normung, 08. 2020.

—. „DIN EN ISO 12006-2.“ *Hochbau – Organisation des Austausches von Informationen über die Durchführung von Hoch- und Tiefbauten – Teil 2: Struktur für die Klassifizierung (ISO 12006-2:2015); Deutsche Fassung EN ISO 12006-2:2020.* Deutsches Institut für Normung, 06. 2020.

—. „DIN EN ISO 12006-3.“ *Organisation von Daten zu Bauwerken – Teil 3: Struktur für den objektorientierten Informationsaustausch (ISO/DIS 12006-3:2021);*

Englische Fassung prEN ISO 12006-3:2021; Entwurf. Deutsches Institut für Normung, 09. 2021.

—. „DIN EN ISO 16739-1." *Industry Foundation Classes (IFC) für den Datenaustausch in der Bauindustrie und im Anlagenmanagement – Teil 1: Datenschema (ISO 16739:2018); Englische Fassung prEN ISO16739-1:2019, nur auf CD-ROM; Entwurf.* Deutsches Institut für Normung, 09. 2019.

—. „DIN EN ISO 19650-1." *Organisation und Digitalisierung von Informationen zu Bauwerken und Ingenieurleistungen, einschließlich Bauwerksinformationsmodellierung (BIM) – Informationsmanagement mit BIM – Teil 1: Begriffe und Grundsätze (ISO 19650-1:2018).* Deutsches Institut für Normung, 08. 2019.

—. „DIN EN ISO 23386." *Bauwerksinformationsmodellierung und andere digitale Prozesse im Bauwesen – Methodik zur Beschreibung, Erstellung und Pflege von Merkmalen in miteinander verbundenen Datenkatalogen (ISO 23386:2020); Deutsche Fassung EN ISO 23386:2020.* Deutsches Institut für Normung, 11. 2020.

—. „DIN EN ISO 29481-1." *Bauwerkinformationsmodelle – Handbuch der Informationslieferungen – Teil 1: Methodik und Format (ISO 29481-1:2016); Deutsche Fassung EN ISO 29481 – 1:2017.* Deutsches Institut für Normung, 10. 2016.

—. „Normungsroadmap BIM." *Normungsroadmap BIM; Entwurf zur öffentlichen Kommentierung: 01. Juli 2021 bis 31. August 2021.* Deutsches Institut für Normung, 2021.

Domke, R., D. Schütz, V. Appelt, und K. Tilger. „Bestimmung objektiver Vorzugsvarianten für Verkehrsinfrastrukturprojekte mit BIM." *Eisenbahntechnische Rundschau (ETR), Spezial BIM, 69. Jahrgang,* 2020.

E. L. Rashidy, R. A. H., P. Hughes, M. Figueres-Estebana, C. Harrisonb, und C. van Gulijka. „A big data modeling approach with graph databases for SPAD risk." *Safety Science, Volume 110, Part B*, 2018.

Eastman, C., J. Lee, Y. Jeong, Y. Jeong, und J. Lee. „Automatic rule-based checking of building designs.“ *Automation in Construction 18*, 2009: 1011-1033.

EBO. „Eisenbahn-Bau- und Betriebsordnung.“ *vom 8. Mai 1967 (BGBl. 1967 II S. 1563), zuletzt geändert durch Artikel 2 der Verordnung vom 5. April 2019 (BGBl. I S. 479).* Eisenbahn-Bau- und Betriebsordnung, 2019.

Edlich, S., A. Friedland, J. Hampe, und B. Brauer. *NoSQL – Einstieg in die Welt nichtrelationaler Web 2.0 Datenbanken.* Carl Hanser Verlag München, 2011.

Ehrbar, H. „Building Information Modelling – Ein neues Werkzeug zur erfolgreichen Realisierung von Großprojekten der Deutschen Bahn.“ *Geomechanics and Tunnelling 9 (2016), No. 6*, 2016.

Ekholm. „A conceptual framework for classification of construction works.“ *ITcon (Electronic Journal of Information Technology in Construction) vol.1*, 1996: 25-50.

Ekholm und Häggström. „Building classification for BIM – reconsidering the framework.“ Design Methodology, Department of Construction Sciences, Lund University, Faculty of Engineering, 2011.

El-Diraby, T. E, und K. F. Kashif. „Distributed Ontology Architecture for Knowledge Management in Highway Construction.“ *Journal of Construction Engineering and Management 131(5)*, 2005: 591-603.

ESRI. *ArcGIS.* 2021. https://desktop.arcgis.com/de/arcmap/10.3/manage-data/geodatabases/what-is-a-geodatabase.htm (Zugriff am 01. 11. 2021).

Esser, S. „Graphenbasiertes Änderungsmanagement von BIM-Modellen.“ Artikel, Technische Universität München, Lehrstuhl für Computergestützte Modellierung und Simulation, 2021.

Esser, Vilgertshofer und Borrmann. „Graph-based version control.“ *28th EG-ICE International Workshop on Intelligent Computing in Engineering.* 2021. Graph-based version control for asynchronous BIM level 3 collaboration.

Fendrich, L. *Handbuch Eisenbahninfrastruktur.* Springer-Verlag Berlin Heidelberg 2007, 2013.

Fenves. „Tabular decision logic for structural design.“ *Journal of the Structural Division/ Volume 92 Issue 6 – December 1966*, 1966.

Fenves und Wright. „The Representation and Use of Design Specifications.“ 1977.

Fenves, S. J., J. H. Garrett, H. Kiliccote, K. H. Law, und K. A. Reed. „Computer Representations of Design Standards and Building Codes: U.S.“ *The International Journal of Construction Information Technology, 1995, VOl 3, No 1.*, 1995: 13-34.

FGSV. *Grundlagen für das Erstellen von Technischen Regelwerken und Wissensdokumenten für das Straßen- und Verkehrswesen.* Forschungsgesellschaft für Straßen- und Verkehrswesen, FGSV-Verlag, Köln, 2013.

—. „FGSV 005/ 1.“ *Begriffsbestimmungen für das Straßen- und Verkehrswesen (BBSV), FGSV 005/ 1, FGSV-Verlag, Köln.* Forschungsgesellschaft für Straßen- und Verkehrswesen, 2020.

—. „FGSV 121.“ *Richtlinien für integrierte Netzgestaltung – RIN (R 1).* Forschungsgesellschaft für Straßen- und Verkehrswesen, FGSV-Verlag, Köln, 2008.

—. „FGSV 121/ 1.“ *Hinweise zur Anwendung der RIN (W 1).* Forschungsgesellschaft für Straßen- und Verkehrswesen, FGSV-Verlag, Köln, 2018.

—. „FGSV 200.“ *Richtlinien für die Anlage von Stadtstraßen – RASt (R 1).* Forschungsgesellschaft für Straßen- und Verkehrswesen, FGSV-Verlag, Köln, 2006.

—. „FGSV 201.“ *Richtlinien für die Anlage von Landstraßen – RAL (R 1).* Forschungsgesellschaft für Straßen- und Verkehrswesen, FGSV-Verlag, Köln, 2012.

—. „FGSV 202.“ *Richtlinien für die Anlage von Autobahnen – RAA (R 1).* Forschungsgesellschaft für Straßen- und Verkehrswesen, FGSV-Verlag, Köln, 2008.

—. „FGSV 242.“ *Merkblatt für die Anlage von Kreisverkehren (R 2). FGSV 242.* Forschungsgesellschaft für Straßen- und Verkehrswesen, FGSV-Verlag, Köln, 2006.

—. „FGSV 289.“ *Empfehlungen für Anlagen des öffentlichen Personenverkehrs – EAÖ (R 2).* Forschungsgesellschaft für Straßen- und Verkehrswesen, FGSV-Verlag, Köln, 2013.

—. „FGSV 420.“ *Merkblatt zur Erhaltung von Flugbetriebsflächen – M EFB (R 2).* Forschungsgesellschaft für Straßen- und Verkehrswesen, FGSV-Verlag, Köln, 2012.

—. „FGSV 497.“ *Richtlinien für die rechnerische Dimensionierung von Betondecken im Oberbau von Verkehrsflächen – RDO Beton (R 1).* Forschungsgesellschaft für Straßen- und Verkehrswesen, FGSV-Verlag, Köln, 2009.

—. „FGSV 498.“ *Richtlinien für die rechnerische Dimensionierung des Oberbaus von Verkehrsflächen mit Asphaltdeckschicht – RDO Asphalt (R 1).* Forschungsgesellschaft für Straßen- und Verkehrswesen, FGSV-Verlag, Köln, 2009.

—. „FGSV 499.“ *Richtlinien für die Standardisierung des Oberbaus von Verkehrsflächen – RStO (R 1).* Forschungsgesellschaft für Straßen- und Verkehrswesen, FGSV-Verlag, Köln, 2012.

—. „FGSV 539.“ *Richtlinien für die Anlage von Straßen – RAS, Teil: Entwässerung RAS-Ew mit „RAS-Ew-Bemessungshilfen“ auf CD-ROM (R 1).* Forschungsgesellschaft für Straßen- und Verkehrswesen, FGSV-Verlag, Köln, 2005.

—. „FGSV 599.“ *Zusätzliche Technische Vertragsbedingungen und Richtlinien für Erdarbeiten im Straßenbau – ZTV E-StB (R 1).* Forschungsgesellschaft für Straßen- und Verkehrswesen, FGSV-Verlag, Köln, 2009.

—. „FGSV 698.“ *Zusätzliche Technische Vertragsbedingungen und Richtlinien für den Bau von Schichten ohne Bindemittel im Straßenbau – ZTV SoB-StB (R 1).* Forschungsgesellschaft für Straßen- und Verkehrswesen, FGSV-Verlag, Köln, 2007.

—. „FGSV 799.“ *Zusätzliche Vertragsbedingungen und Richtlinien für den Bau von Verkehrsflächenbefestigungen aus Asphalt – ZTV Asphalt-StB (R 1).* Forschungsgesellschaft für Straßen- und Verkehrswesen, FGSV-Verlag, Köln, 2013.

—. „FGSV 928.“ *Merkblatt für den Bau von Flugbetriebsflächen aus Asphalt – M BFA (R 2).* Forschungsgesellschaft für Straßen- und Verkehrswesen, FGSV-Verlag, Köln, 2005.

—. „FGSV 2070.“ *Richtlinien zum Planungsprozess und für die einheitliche Gestaltung von Entwurfsunterlagen im Straßenbau – RE 12)*, 2013: Bundesministerium für Verkehr, Bau und Stadtentwicklung (BMVBS), Forschungsgesellschaft für Straßen- und Verkehrswesen, FGSV-Verlag, Köln.

Fitts, P. M. „The Information Capacity of the Human Motor System in Controlling the Amplitude of Movement.“ *Journal of Experimental Psychology (47)*, 1954: 381 – 391.

Forsmann, D., und S. B. Klar. „BIM bei der DB Netz AG - Erfahrungen aus der Pilotierung und Ausblick.“ *Eisenbahntechnische Rundschau (ETR), Spezial BIM, 69. Jahrgang*, 2020.

Freystein, H., M. Muncke, und P. Schollmeier. *Handbuch Entwerfen von Bahnanalgen – Regelwerke-Planfeststellung-Bau-Betrieb-Instandhaltung.* DVV Media Group GmbH, 2015.

Fröch, G., W. Gächer, A. Tausching, und G. Specht. „Merkmalserver im Open-BIM-Prozess.“ *Bautechnik 96 (2019), Heft 4*, 2019.

Furht, B., und F. Villanustre. *Big Data Technologies and Applications.* Springer International Publishing Switzerland, 2016.

Garrett, J. H., M. E. Palmer, und S. Demir. „Delivering the Infrastructure for Digital Building Regulations.“ *Journal of Computing in Civil Engineering/ Volume 28 Issue 2 - March 2014*, 2014.

Göbel, C., und K. Lieberenz. *Handbuch Erdbauwerke der Bahnen.* DVV Media Group GmbH, 2013.

Göktürk, M. *Fitts's Law.* Interaction Design Foundation. 2022. https://www.interaction-design.org/literature/book/the-glossary-of-human-computer-interaction/fitts-s-law (Zugriff am 27. 02. 2022).

GOVDATA. *WADABA-WMS - Web Map Service der Wasserstraßendatenbank der WSV (ITZBund.de) – Internet.* 2022. https://www.govdata.de/suchen/-/details/wadaba-wms-web-map-service-der-wasserstrassendatenbank-der-wsv-itzbund-de-internet (Zugriff am 27. 09. 2022).

Greif, J. „Weiterentwicklung und Implementierung eines Analysetools zum Trassieren von vorhandenen und zu planenden Verkehrswegen in das vorhandene EDCC-Modell." Bachelorarbeit am IEV, Universität Stuttgart, 2020.

Gruber, T. R. „Toward Principles for the Design of Ontologies Used for Knowledge Sharing." *International Journal Human – Computer Studies (1995) 43*, 1995.

Güting, R. H. „GraphDB: Modeling and querying graphs in databases." *Proc. of the 20th VLDB Conference.* 1994.

Hansmann, F., und W. Nemetz. *Der Gleislage auf der Spur – Grundlagen-Fehlerermittlung-Korrektur-Qualität; Ein vergleichender Überblick über die DACH-Staaten.* PMC Media House GmbH, 2019.

Harris, J. „Integration of BIM and Business Strategy." Department of Civil and Environmental Engineering, Northwestern University, USA, 2011.

Hassenzahl, M. *User Experience and Experience Design.* Interaction Design Foundation. 2022. https://www.interaction-design.org/literature/book/the-encyclopedia-of-human-computer-interaction-2nd-ed/user-experience-and-experience-design (Zugriff am 15. 02. 2022).

Häußler und Borrmann. „Model-based quality assurance in railway infrastructure planning." *Automation in Construction 109*, 2020.

Häußler, Esser und Borrmann. „Code compliance checking of railway designs by integrating BIM, BPMN and DMN." *Automation in Construction 121*, 2021.

Häußler, M., und A. Borrmann. „Knowledge-based engineering in the context of railway design by integrating BIM, BPMN, DMN and the methodology for knowledge-based engineering applications (MOKA).“ *Journal of Information Technology in Construction 26*, 2021: 193-226.

Heinrichsmeyer, M. „Entwicklung eines zielgerichteten Fehlerursachensuch- und Lösungsalgorithmus [FusLa].“ Dissertation, Universität Wuppertal, Fakultät 7 – Maschinenbau und Sicherheitstechnik, 2020.

Heinzelmann, C., J. Bödefeld, und Z. Duric. „Digitalisierung im Verkehrswasserbau. Über die Empfehlung für einen Masterplan Digitalisierung im Bereich, Planen, Bauen, Betreiben und Unterhalten der Wasserstraßeninfrastruktur.“ *HENRY – Hydraulic Engineering Repository, BIM-Building Information Modeling, Ernst & Sohn Special 2021*, 2021.

Helmert, F. R. „Die Uebergangscurven für Eisenbahn-Geleise.“ Mayer Verlag Aachen, 1872.

Hensel, M. „Paradise Papers wurden mit Neo4j analysiert.“ *BigData Insider.* 24. 11. 2017. https://www.bigdata-insider.de/paradise-papers-wurden-mit-neo4j-analysiert-a-663459/ (Zugriff am 23. 10. 2021).

Hodler, A. E., M. Needham, und J. Graham. *Artificial Intelligence & Graph Technology Enhancing AI with Context & Connections.* 2021. https://neo4j.com/whitepapers/ai-graph-technology-thanks/?aliId=eyJpIjoiWmxnTEJLZjY3UmNTeUJUZiIsInQiOiJ4NVFjYmlOVm5YUG5sNW81a1VCTExBPT0ifQ%253D%253D (Zugriff am 23. 10. 2021).

Horvatits, J., A. Blust, T. Petraschek, T. Greiner, und C. Pecharda. „Traph – High Performance Traffic Manage Information System.“ Verkehrsinfrastrukturforschung Austria (VIF), 2019.

Huang, Z., W. Chung, T.-H. Ong, und H: Chen. „A Graph-based Recommender System for Digital Library.“ *ACM/ IEEE Joint Conference on Digital Libraries, JCDL.* 2002.

Humboldt-Universität zu Berlin. *Effizientes Aufzählen der Ergebnisse von Pfadanfragen bei Graphdatenbanken.* 2021. https://fis.hu-berlin.de/converis/portal/detail/Project/901194448?auxfun=&lang=de_DE (Zugriff am 23. 10. 2021).

IB&T Gruppe. „interAktiv Kundenmagazin 1." *interAktiv Kundenmagazin 1/ 2018.* 2018a.

—. „interAktiv Kundenmagazin 1." *interAktiv Kundenmagazin 1/ 2019.* 2019a.

—. „interAktiv Kundenmagazin 1." *interAktiv Kundenmagazin 1/ 2021.* 2021a.

—. „interAktiv Kundenmagazin 1." *interAktiv Kundenmagazin 1/ 2020.* 2020.

—. „interAktiv Kundenmagazin 2." *interAktiv Kundenmagazin 2/ 2018.* 2018b.

—. „interAktiv Kundenmagazin 2." *interAktiv Kundenmagazin 2/ 2019.* 2019b.

—. „interAktiv Kundenmagazin 2." *interAktiv Kundenmagazin 2/ 2021.* 2021b.

—. „interAktiv Kundenmagazin 2." *interAktiv Kundenmagazin 2/ 2022.* 2022.

IEEE. „IEEE Std 830 – 1998." *Recommended Practice for Software Requirements Specifications.* 1998.

İlal, M. S., und M. H. Günaydın. „Computer representation of building codes for automated compliance checking." *Automation in Construction 82*, 2017: 43-58.

IONOS. *Das relationale Datenbankmodell.* 26. 09. 2019. https://www.ionos.de/digitalguide/hosting/hosting-technik/relationale-datenbanken/ (Zugriff am 10. 11. 2021).

—. *Datenbankmanagement (DBMS) erklärt.* 2020. https://www.ionos.de/digitalguide/hosting/hosting-technik/datenbankmanagementsystem-dbms-erklaert/ (Zugriff am 09. 05. 2020).

Isaac, S, F. Sadeghpour, und R. Navon. „Analyzing Building Information Using Graph Theory." *30th International Symposium on Automation and Robotics in Construction and Mining.* 2013.

Ismail, A. S., K. N. Ali, und N. A. Iahad. „A Review on BIM-Based Automated Code Compliance Checking System." *International Conference on Research and Innovation in Information Systems (ICRIIS).* 2017.

Ismail, A., B. Strug, und G. Slusarczyk. „Building Knowledge Extraction from BIM/IFC Data for Analysis in Graph Databases." *Artificial Intelligence and Soft Computing, Springer International Publishing.* 2018.

Ismail, Nahar und Scherer. „Application of graph databases and graph theory concepts for advanced analysing of BIM models based on IFC standard.“ *24th International Workshop on Intelligent Computing in Engineering (EG-ICE 2017).* 2017.

ISO. „ISO 1087-1.“ *Terminology work – Vocabulary – Part 1: Theory and application.* 2000.

—. „ISO 22274.“ *Systems to manage terminology, knowledge and content – Concept-related aspects for developing and internationalizing classification systems.* 2013.

—. „ISO 704.“ *Terminology work – Principles and methods.* 2009.

—. „ISO 860.“ *Terminology work – Harmonization of concepts and terms.* 2007.

—. „ISO/ IEC 19510.“ *Information technology – Object Management Group Business Process Model and Notation.* 2013.

—. „ISO/ IEC 2382.“ *ISO/ IEC 2382:2015-05: Information technology – Vocabulary.* 2015.

—. „ISO/ IEC TR 11179-2.“ *Information technology – Metadata registries (MDR) – Part 2: Classification.* 2019.

—. „ISO/ IEC/ IEEE 29148.“ *ISO/ IEC/ IEEE 29148:2018 (E): Systems and software engineering – Life cycle processes – Requirements engineering* . 2018.

ITWissen.info. *Three-Tier-Architektur.* 15. 07. 2020. https://www.itwissen.info/Three-Tier-Architektur-three-tier-architecture.html (Zugriff am 10. 09. 2021).

Jain, D., K. H. Law, und H. Karwinkler. „On processing standards with predicate calculus.“ *Proceedings of the Sixth Conference on Computing in Civil Engineering.* 1989.

Jarasch, A. *Graphs to Fight Diabetes.* Neo4j. 15. 01. 2020. https://neo4j.com/blog/graphs-to-fight-diabetes/ (Zugriff am 23. 10. 2021).

Jastram, M. *Sind Graphdatenbanken besser?* 19. August 2021. https://www.se-trends.de/sind-graphdatenbanken-besser/ (Zugriff am 20. 03. 2022).

Jaud, S., S. Esser, S. Muhic, und A. Borrmann. „Development of IFC Schema for Infrastructure." *Proceedings of the 6th International Conference siBIM: Structured Data are New Gold.* 2020.

Jochem, R., und W. Kaufhold. *HOAI-Kommentar zur Honorarordnung für Architekten und Ingenieure.* Springer Fachmedien Wiesbaden, 2016.

Jochim, H., und F. Lademann. *Planung von Bahnanlagen – Grundlagen-Planung-Berechnung.* Fachbuchverlag Leipzig in Carl Hanser Verlag, 2018.

Jones, S. A., und D. Laquidara-Carr. *The business value of BIM for infrastructure. Addressing America`s Infrastructure Challenges with Collaboration and Technology.* SmartMarket report, Rep. to Dodge Data & Analytics, 2017.

Kerrigan, S., und K. H.: Law. „Logic-Based Regulation Compliance-Assistance." *Proceedings of the 9th international conference on Artificial intelligence and law.* 2003.

Khalili, A., und D. K. H Chua. „IFC-Based Graph Data Model for Topological Queries on Building Elements." *Journal of Computing in Civil Engineering/ Volume 29 Issue 3* , 2015.

Khemlani, L. „Analysis, research, and review of AEC technology." 2004.

Kim, H., J.-K. Lee, J. Shin, und J: Choi. „Visual language approach to representing KBimCode-based Korea building code sentences for automated rule checking." *Journal of Computational Design and Engineering 6*, 2019: 143-148.

Kim, J.-U., Y.-J. Kim, H. Ok, und S.-H. Yang. „Study on the Status of Infrastructure BIM and BIM Library Development." *International Conference on Computational Science and Computational Intelligence.* 2015.

Kim, L., E. Yahia, F. Segonds, P. Véron, und A. Mallet. „i-Dataquest: A heterogeneous information retrieval tool using data graph for the manufacturing industry." In *Computers in Industry Volume 132, November.* 2021.

Koch, D. „Entwicklung und Implementierung von Analysetools zur Dimensionierung von Entwässerungsanlagen am Bahnkörper und zur Aufstellung der Investitionsschätzung von vorgeplanten Eisenbahninfrastrukturen in das vorhandene DCC-Modell." Bachelorarbeit am IEV, Uni Stuttgart, 2020.

Kolmar, S. *Predictive Maintenance im Fuhrpark: Wie Michelin mit Graph und RFID Reifen wartet.* Silicon.de. 17. 04. 2019. https://www.silicon.de/blog/predictive-maintenance-im-fuhrpark-wie-michelin-mit-graph-und-rfid-reifen-wartet (Zugriff am 14. 04. 2020).

Krumke, S. A., und H. Noltemeier. *Graphentheoretische Konzepte und Algorithmen.* Teubner Verlag, 2005.

Kuckelberg, A. „Graph Databases and Railway Operations Research Requirements.“ *Proceedings of the Workshops of the EDBT/ICDT 2015 Joint Conference.* 2015.

Kurwi, S., P. Demain, und T. M. Hassan. „Integrating BIM and GIS in Railway Projects: A Critical Review.“ *33rd Annual ARCOM Conference.* 2017.

La Rocca, G. „Knowledge based engineering: Between AI and CAD. Review of a language based technology to support engineering design.“ *Advanced Engineering Informatics 26*, 2012: 159-179.

Langenhan, C., M. Weber, M. Liwicki, F. Petzold, und A. Dengel. „Graph-based retrieval of building information models for supporting the early design stages.“ *Advanced Engineering Informatics 27*, 2013: 413–426.

Lassila, O. „Frames or Objects, or Both?“ *8th AAAI National Conference on Artificial Intelligence, Object-Oriented Programming in AI.* 1990.

Lau, G. T, und K. H. Law. „An Information Infrastructure for Comparing Accessibility Regulations and Related Information from Multiple Sources.“ *Proceedings of 10th International Conference on Computing in Civil and Building Engineering.* 2004.

Lederle, A. *Big Data - Wie Graphdatenbanken die Medizin verändern.* European Scientist. 03. 12. 2018. https://www.europeanscientist.com/de/big-data-de/wie-graphdatenbanken-die-medizin-veraendern/ (Zugriff am 14. 04. 2020).

Lee, J., und M.-P. Kwan. „A combinatorial data model for representing topological relations among 3D geographical features in micro-spatial environments.“ *International Journal of Geographical Information Science Volume 19, 2005 – Issue 10*, 2005.

Lee, Y. C., C. M. Eastman, und J. K. Lee. „Automated rule-based checking for the validation of accessibility and visibility of a building information model.“ *International Workshop on Computing in Civil Engineering.* 2015.

Lee, Y.-C., P. Ghannad, J. Dimyadi, J-K Lee, W. Solihin, und J. Zhang. „A Comparative Analysis of Five Rule-Based Model Checking Platforms.“ *Construction Research Congress.* 2020.

Leveling, J., A. Schier, F. Luciano, und B. Otto. „Konzeption eines proaktiven Risikomanagements in Logistiknetzwerken.“ *Logistics Journal, referierte Veröffentlichungen, Vol. 2014, Iss. 01*, 2014.

Lichtberger, B. *Handbuch Gleis – Unterbau, Oberbau, Instandhaltung, Wirtschaftlichkeit.* DVV Media Group GmbH, 2010.

Luber, S. *Was ist ein Datenbankmanagementsystem?* Big Data Insider. 08. 06. 2017. https://www.bigdata-insider.de/was-ist-ein-datenbankmanagementsystem-a-615034/ (Zugriff am 09. 05. 2020).

Lucidchat. *Was ist ein Datenbankmodell?* 2020. https://www.lucidchart.com/pages/de/was-ist-ein-datenbankmodell (Zugriff am 15. 05. 2020).

Mainguenaud, M. „Modelling the network component of geographical information systems.“ *International Journal of Geographical Information Systems Volume 9, 1995 – Issue 6*, 1995.

Malinverni, E. S., B. Naticchia, J. L. Lerma Garcia, A. Gorreja, J Lopez Uriarte, und F. Di Stefano. „A semantic graph database for the interoperability of 3D GIS data.“ *Applied Geomatics Volume 14*, 2020.

Malsane, S., J. Matthews, S. Lockley, P. E. D. Love, und D. Greenwood. „Development of an object model for automated compliance checking.“ *Automation in Construction, Volume 49, Part A*, 2015: 51-58.

Marcantonio, B. *Design principles – Gestalt, white space and perception.* Medium.com. 27. 03. 2015. https://medium.com/@grarighe/design-principles-gestalt-white-space-and-perception-400d535fc5d4 (Zugriff am 21. 02. 2022).

Martin, et al. „Modell zur strukturierten Analyse des Bahnkörpers.“ *Ingenieurspiegel 2/2019*, 2019.

Martin, Schuk, et al. „PULTrack Benutzerhandbuch.“ Nicht veröffentlicht. Institut für Eisenbahn- und Verkehrswesen, Universität Stuttgart, Stand: 08/ 2021, 2021a.

—. „PULTrack Entwicklerhandbuch.“ Nicht veröffentlicht. Institut für Eisenbahn- und Verkehrswesen, Universität Stuttgart, Stand: 08/ 2021, 2021b.

Martins, J. P. „Licenciamento Automático de Projectos – Uma Solução para um Problema de Cooperação?“ *CD do 1ºForum Internacional de Tecnologia da Construção – TECCON 2009.* 2009.

Marx, L., und D. Moßmann. *Arbeitsverfahren für die Instandhaltung des Oberbaus.* DB-Fachbuch. Bahn Fachverlag GmbH, Berlin, 2017.

Matthews, V., und M. Reinhard. *Bahnbau und Bahninfrastruktur.* Springer Fachmedien Wiesbaden GmbH , 2017.

Meyer, B. *Touch of Class: Learning to program Well with Objects and Contracts.* Springer-Verlag Berlin Heidelberg, Corrected printing, 2013.

Miller, J. J. „Graph Database Applications and Concepts with Neo4j.“ *Proceedings of the Southern Association for Information Systems Conference.* 2013.

Mohammed, A. F., V. T. Humbe, und S. S. Chowhan. „A Review of Big Data Environment and Its Related Technologies.“ 2016. International Conference On Information Communication And Embedded System (ICICES 2016).

Möller, D. *Graphdatenbanken im Kampf gegen Diabetes.* Medical-Design. 07. 05. 2019. https://www.medical-design.news/news/graphdatenbanken-im-kampf-gegen-diabetes.165064.html (Zugriff am 14. 04. 2020).

Mösl, M. „Ermittlung der Lebenszyklusrendite im frühen Projektstadium auf Basis von Building Information Modeling.“ Dissertation, Leopold-Franzens-Universität Innsbruck, Fakultät für Technische Wissenschaften, 2019.

Mullins, C. *Datenbank-Managementsystem (DBMS).* ComputerWeekly.de. 2020. https://www.computerweekly.com/de/definition/Datenbank-Management-System-DBMS (Zugriff am 12. 05. 2020).

Nawari, N. O. „SmartCodes and BIM.“ *Proceedings of the Structures Congress 2013.* 2013.

Nawari, N. „The Challenge of Computerizing Building Codes in BIM Environment.“ *International Conference on Computing in Civil Engineering.* 2012.

NBS. *Uniclass 2015.* 2022. https://toolkit.thenbs.com/articles/classification (Zugriff am 08. 02. 2022).

Negnevitsky, M. *Artificial Intelligence – A Guide to Intelligent System.* Addison-Wesley, Harlow, England, 2005.

Neo4j. „Graph Data Science Streamlines Complex.“ *Graph Data Science Streamlines Complex Medical Supply Chain Analysis.* 2021a. https://neo4j.com/case-studies/boston-scientific/?ref=web-solutions-life-sciences (Zugriff am 23. 10. 2021).

—. „Graphs in Life Sciences.“ *Graphs in Life Sciences – The Cure for Connecting Complex Data.* 2021b. https://neo4j.com/use-cases/life-sciences/ (Zugriff am 23. 10. 2021).

—. „Novartis Captures the Latest Biological.“ *Novartis Captures the Latest Biological Knowledge for Drug Discovery.* 2021c. https://neo4j.com/case-studies/novartis/?ref=web-solutions-life-sciences (Zugriff am 23. 10. 2021).

—. *Stop Fraud Rings in Their Tracks with Neo4j.* 2020. https://neo4j.com/use-cases/fraud-detection/ (Zugriff am 14. 04. 2020).

—. *When Connected Data Matters Most.* 2021d. https://neo4j.com/use-cases/ (Zugriff am 23. 10. 2021).

Nicklisch, F. „Funktion und Bedeutung technischer Standards in der Rechtsordnung.“ 1983.

Nielson, J. *Usability 101: Introduction to Usability.* nngroup.com. 03. 01. 2012. https://www.nngroup.com/articles/usability-101-introduction-to-usability/ (Zugriff am 21. 02. 2022).

Nitzsche, M. *Graphen für Einsteiger – Rund um das Haus von Nikolaus.* Vieweg+Teubner, GWV Fachverlage GmbH, Wiesbaden, 2009.

Nördling, W. „Ueber die Vermittlung der Gefälle, sowie der geraden und gekrümmten strecken auf Eisenbahnen.“ *Zeitschrift für Bauwesen 18 (I-III)*, 1867.

Nyman, D. J., S. J. Fenves, und R. N. Wright. „Restructuring study of the AISC specification.“ *Civil Engineering Studies SRS No. 393*, 1973.

O'Neil, P. E. „The SB-tree. An index-sequential structure for high-performance sequential access.“ *Acta Informatica 29*, 1992: 241-265.

ORACLE Java Documentation. *The Java Tutorials – Inheritance.* 2021. https://docs.oracle.com/javase/tutorial/java/IandI/subclasses.html (Zugriff am 09. 09. 2021).

OrientDB Ltd. *Basic Concepts.* 2021a. https://orientdb.org/docs/3.0.x/datamodeling/Concepts.html (Zugriff am 29. 08. 2021).

—. *Graph API.* 2020a. http://orientdb.com/docs/2.2.x/Graph-Database-Tinkerpop.html (Zugriff am 14. 05. 2020).

—. *Java API.* 2020b. https://orientdb.org/docs/3.0.x/java/Java-API.html (Zugriff am 28. 03. 2020).

—. *Limits.* 2020c. http://orientdb.com/docs/3.0.x/internals/Limits.html (Zugriff am 15. 05. 2020).

—. *Multi-Model.* 2021b. https://orientdb.org/docs/3.0.x/datamodeling/Tutorial-Document-and-graph-model.html (Zugriff am 29. 08. 2021).

—. *Overview of OrientDB.* 2020d. http://orientdb.com/docs/3.0.x/misc/Overview.html (Zugriff am 28. 03. 2020).

—. *Schema.* 2020e. http://orientdb.com/docs/3.0.x/general/Schema.html (Zugriff am 04. 04. 2020).

—. *Speed.* 2020f. http://orientdb.com/docs/3.0.x/misc/Overview.html (Zugriff am 28. 03. 2020).

—. *Startseite.* 2022. https://orientdb.org/ (Zugriff am 20. 03. 2022).

Ottman, T., und P. Widmayer. *Algorithmen und Datenstrukturen.* Spektrum Akademischer Verlag Heidelberg, 2012.

Pachl, J. *Systemtechnik des Schienenverkehrs-Bahnbetrieb planen, steuern und sichern.* Springer Fachmedien Wiesbaden GmbH, 2018.

Pareja-Tobes, P., R. Tobes, M. Manrique, E. Pareja, und E. Pareja-Tobes. „Bio4j: a high-performance cloud-enabled graph-based data platform." 2015.

Pauschmann, K.-U., M. Münnig, M. Brandt, und M. Kubba. „BIM im Arbeitstag bei der DB Engineering & Consulting." *Eisenbahntechnische Rundschau (ETR), Spezial BIM, 69. Jahrgang*, 2020.

„PBefG." *Personenbeförderungsgesetz (PBefG) in der Fassung der Bekanntmachung vom 8. August 1990 (BGBl. I S. 1690), zuletzt geändert durch Artikel 5 des Gesetzes vom 29. August 2016 (BGBl. I S. 2082).* 29. 08. 2016.

Percuku, A., D. Minkovska, und L. Stoyanova. „Modeling and Processing Big Data of Power Transmission Grid Substation Using Neo4j." *Procedia Computer Science 113*, 2017: 9-16.

Peukert, C., und J. Buder. „Zukunftsfähige Regelwerkskonzeption unter Ausnutzung IT-basierter Praktiken." *Der Eisenbahningenieur 01/2020*, 2020.

Pietzsch, W. *Strassenplanung.* Werner Verlag, Düsseldorf, 2000.

Pokorný, J. „Graph Databases: Their Power and Limitations." *14th IFIP TC 8 International Conference.* 2015.

Porto, M. F., P. C. Falcao, J. R. Queiroz Franco, P. C. Falcão, und J. R. Queiroz Franco. „Automatic Analysis of Standards in Rail Projects." *The 19th World Multi-Conference on Systemics, Cybernetics and Informatics: WMSCI 2015.* 2015.

Preidel, C., und A. Borrmann. „Automated Code Compliance Checking Based on a Visual Language and Building Information Modeling." *International Symposium on Automation and Robotics in Construction and Mining (ISARC 2015).* 2015.

Przybylo, J. *BIM – Einstieg kompakt – Die wichtigsten BIM-Prinzipien in Projekt und Unternehmen.* Beuth-Pocket Bauwesen, Berlin, 2015.

Rasdorf, W. J, und S. Lakmazaheri. „Logic-based approach for modeling organization of design standards.“ *Journal of Computing in Civil Engineering, 4(2)*, 1990.

RIB running together. *iTWO Deployment, iTWO Components and System Architecture.* 2012. https://vergabe-innovationsregion-ulm.de/wp-content/uploads/2018/12/iTWO_Components_2016.pdf (Zugriff am 25. 02. 2022).

Riedl, S. *Graph - Datenbanken in der Covid-19-Bekämpfung.* 20. 03. 2020. https://www.it-business.de/graph-datenbanken-in-der-covid-19-bekaempfung-a-915218/ (Zugriff am 23. 10. 2021).

Robertson, S., und J. Robertson. „Volere Requirements Specification Template.“ 08. 2007.

Robinson. *Graph databases: New opportunities for connected data.* O'Reilly Media, 2015.

Robinson, Webber und Eifrem. *Graphdatabases.* O'Reilly Verlag, 2013.

Rothe, B. *Nutzung WADABA mit Gewässernetz, Erste Erfahrungen.* 21. 01. 2008. https://www.bafg.de/DE/05_Wissen/02_Veranst/2009/2009_01_21_rothe2.pdf ?__blob=publicationFile (Zugriff am 27. 09. 2022).

Rüdiger, A. „Graphdatenbanken helfen bei der biomedizinischen Forschung.“ *BigData Insider.* 03. 12. 2018. https://www.bigdata-insider.de/graphdatenbanken-helfen-bei-der-biomedizinischen-forschung-a-777926/ (Zugriff am 23. 10. 2021).

Rumbaugh, J., M. Blaha, W. Premerlani, F. Eddy, und W. Lorensen. *Object-oriented modeling and design.* Prentice-Hall, Englewood Cliff, New Jersey, 1991.

Sainter, P., K. Oldham, und A. Larkin. „Achieving benefits from knowledge-based engineering systems in the longer term as well as in the short term.“ *Proceedings of the 6th International Conference on Concurrent Enterprising.* 2000.

Schäfer, T. „Automatisierte Baufortschrittserkennung und intelligente Analyse durch Abgleich von Sensordaten mit einem BIM Modell.“ Masterarbeit am IEV, Universität Stuttgart, 2023.

Schenk, D., und C. Laursen. *WinD, DIBS und Co. Bundesanstalt für Wasserbau, Kolloquium Digitalisierung im Verkehrswasserbau.* 21.. November 2018. https://izw.baw.de/publikationen/kolloquien/0/09_Schenk-Laursen_WinD%20DIBS%20und%20Co..pdf (Zugriff am 27. 09. 2022).

Schiebeck, S., et al. „IKT-Risikoanalyse am Beispiel APT." *D.A.CH Security.* 2015.

Schmeck, J. „OrientDB – Eine NoSQL-Datenbank." Universität Singen, Fakultät IV, o. J., 2016.

Schramm, G. „Entwicklung und Stand der Übergangsbogenfrage." *Organ für die Fortschritte des Eisenbahnwesens 74.* 1937.

Schuhr, P. „Übergangsbogen für Bahnen mit hohen Fahrgeschwindigkeiten." Verlag der Bayerischen Akademie der Wissenschaften in Kommission beim Verlag C. H. Beck, 2007.

Schuk, V, M. E. Pombo Jiménez, und U. Martin. „Technical Specifications to Meet the Requirements of an Automatic Code Compliance Checking Tool and Current Developments in Infrastructure Construction." *Results in Engineering, no. 100650, p. 100650*, 2022.

Schürmann, T. „Fünf Graphdatenbanken im Vergleich." *Linux-Magazin 04/2012*, 2012.

Schwarz, T. „Entwicklung und Implementierung eines Analysetools zur Dimensionierung von Schutzschichten in das vorhandene DCC-Modell." Bachelorarbeit am IEV, Universität Stuttgart, 2020.

Schwede, D., und E. Störl. „Methode zur Analyse der Rezyklierbarkeit von Baukonstruktionen." *Bautechnik 94(1)*, 2017.

Seibel, M. „Abgrenzung der „allgemein anerkannten Regeln der Technik" vom „Stand der Technik"." *Neue Juristische Wochenschrift (NJW), 41/ 2013*, 2013.

Seo, M. B., und D. Lee. „Development of Railway Infrastructure BIM Prototype Libraries." *Applied Sciences 10 (22)*, 2020.

Sheth, A., et al. „Semantic Association Identification and Knowledge Discovery for National Security Applications." *Journal of Database Management, 16(1)*, 2005.

Shou, W., J. Wang, X. Wang, und H. Y. Chong. „A comparative review of building information modelling implementation in building and infrastructure industries.“ *Archives of Computational Methods in Engineering 22(2)*, 2014.

Sib-Bauwerke. 2022. https://sib-bauwerke.de/ (Zugriff am 27. 09. 2022).

Sibenik, G., und I. Kovacic. „Interpreted open data exchange between architectural design and structural analysis models.“ *Journal of Information Technology in Construction 26*, 2021: 39-57.

Solihin, W., und C. Eastman. „Classification of rules for automated BIM rule checking development.“ *Automation in Construction 53*, 2015: 69-82.

Spengler, J., und J. Peter. *Die Methode Building Information Modeling – Schnelleinstieg für Architekten und Bauingenieure.* Springer Vieweg, Springer Fachmedien Wiesbaden GmbH, 2020.

SSB. „Systemplanung (BUs) – Planungshilfen.“ Stuttgarter Straßenbahnen AG, 2010.

Tan, X., A. Hammad, und P. Fazio. „Automated Code Compliance Checking for Building Envelope Design.“ *Journal of Computing in Civil Engineering 24(2)*, 2010.

Tauscher, E., H.-J. Bargstädt, und K. Smarsly. „Generic BIM queries based on the IFC object model using graph theory.“ *The 20th International Conference on the Applications of Computer Science and Mathematics in Architecture and Civil Engineering.* 2015.

Tautschnig, A., G. Fröch, M. Mösl, und W. Gächter. *Betonkalender 2018: Building Information Modeling – Übersicht über Technologie und Arbeitsmethodik mit Praxisbeispielen.* Ernst & Sohn GmbH & Co. KG, 2018.

Temme. „Graphdatenbanken in der Finanzwelt.“ *Silicon.de.* silicon.de. 12. 02. 2016a. https://www.silicon.de/blog/graphdatenbanken-in-der-finanzwelt (Zugriff am 14. 04. 2020).

—. „Graphdatenbanken in der Finanzwelt: Mehr Transparenz durch Big Data Analysen.“ *IT-Finanzmagazin.* 25. 04. 2016b. https://www.it-finanzmagazin.de/graphdatenbanken-in-der-finanzwelt-mehr-transparenz-durch-big-da ta-analysen-30085/ (Zugriff am 14. 04. 2020).

TigerGraph. *TigerGraph for Healthcare.* 2021b. https://info.tigergraph.com/healthcare (Zugriff am 23. 10. 2021).

—. *TigerGraph White Papers.* 18. 01. 2022a. https://www.tigergraph.com/whitepapers/ (Zugriff am 23. 10. 2021).

Tripathi, K. P. „A review on knowledge-based expert system: concept and architecture.“ *Artificial Intelligence Techniques - Novel Approaches & Practical Applications*, 2011.

UIC. „UIC-Kodex.“ *UIC-Kodex – Katalog der UIC-Merkblätter und Berichte.* Internationaler Eisenbahnverband, Union internationale des chemins de fer (UIC) – Paris, 2018.

Ungermann, B. *Neue Lösungen für Life Sciences und die Pharmaindustrie mit Graphdatenbanken. Neo4j.* 08. 11. 2018. https://www.youtube.com/watch?app=desktop&v=Er_v84b7KoY (Zugriff am 14. 04. 2020).

van Treeck, C., und E. Rank. „Dimensional reduction of 3D building models using graph theory and its application in Building energy simulation.“ *Engineering with Computers 23(2)*, 21. 11. 2006: 109-122.

VDI. „VDI 2552, Blatt 2.“ *Building Information Modeling-Begriffe, Blatt 2; Entwurf. April.* Verein Deutscher Ingenieure, 04. 2021.

—. „VDI 2552, Blatt 5.“ *Building Information Modeling-Begriffe, Blatt 5; Entwurf. Dezember.* Verein Deutscher Ingenieure, 12. 2018.

—. „VDI 5610, Blatt 1.“ *Wissensmanagement im Ingenieurwesen – Grundlagen, Konzepte, Vorgehen, Blatt 1; März.* Verein Deutscher Ingenieure, 03. 2009.

—. „VDI 5610, Blatt 2.“ *Wissensmanagement im Ingenieurwesen – Wissensbasierte Konstruktion (KBE), Blatt 2; Mai.* 05. 2017.

VDV. „VDV 600.“ *Oberbau-Richtlinien und Oberbau-Zusatzrichtlinien (OR/OR-Z) des VDV für Bahnen im Geltungsbereich der Verordnung über den Bau und Betrieb der Straßenbahnen (BOStrab) – VDV 600, 1996-2009.* Verband Deutscher Verkehrsunternehmen, 2009.

—. „VDV 604." *Oberbau-Arten und Oberbau-Formen bei Nahverkehrsbahnen – VDV 604.* Verband Deutscher Verkehrsunternehmen, 1995.

—. „VDV 612." *Oberbau-Richtlinien für Nichtbundeseigene Eisenbahnen – VDV 612.* Verband Deutscher Verkehrsunternehmen, 2018.

Vilgertshofer und Borrmann. „Using graph rewriting methods for the semi-automatic generation of parametric infrastructure models." *Advanced Engineering Informatics 33*, 2017: 502-515.

—. „Supporting feature-based parametric modeling by graph rewriting." *35th International Symposium on Automation and Robotics in Construction (ISARC 2018).* 2018.

Vilgertshofer. „Unterstützung parametrischer Modellierung durch Graphersetzung: Automatisierte Erstellung von graphbasierten Modellrepräsentationen." *31. Forum Bauinformatik.* 2019.

Vilgertshofer, S., D. Stoitchkov, S. Esser, und A. Borrmann. „The RIMcomb research project: Towards the application of building information modeling in Railway Equipment Engineering." *Proceedings of the 12th European Conference on Product and Process Modelling (ECPPM 2018).* 2018.

Weiß, T. „Entwicklung und Implementierung eines Dimensionierungstools zum Abbilden und zur konstruktiven Auslegung eines Bahnkörpers von geplanten Eisenbahnstrecken und bestehenden in das (E)DCC-Modell." Masterarbeit am IEV, Universität Stuttgart, 2020.

Wirawan, P. W., D. Er Riyanto, D. M. K. Nugraheni, und Yasmin. „Graph Database Schema for Multimodal Transportation in Semarang." *Journal of Information Systems Engineering and Business Intelligence, Vol. 5, No.2, October*, 2019.

Wong, E. *Shneiderman's Eight Golden Rules Will Help You Design Better Interfaces.* Interaction Design Foundation. 2020. https://www.interaction-design.org/literature/article/shneiderman-s-eight-golden-rules-will-help-you-design-better-interfaces (Zugriff am 15. 02. 2022).

Wu, S., Q. Shen, Y. Deng, und J. Cheng. „Natural-language-based intelligent retrieval engine for BIM object." *Computers in Industry 108*, 2019: 73-78.

Xu, X., und H. Cai. „Semantic approach to compliance checking of underground utilities.“ *Automation in Construction 109*, 2020.

Yabuki, N. „Issues and implementation methods for BIM the Civil Infrastructure Domain.“ *Proceedings of the 1st International Conference on Sustainable Urbanization (ICSU).* 2010.

Yurchyshyna, A., und A. Zarli. „An ontology-based approach for formalisation and semantic organisation of conformance requirements in construction.“ *Automation in Construction 18*, 2009: 1084-1098.

Zagalsky, J. *Graphs in Government – A NASA Knowledge Graph.* 22. 04. 2019. https://neo4j.com/blog/graphs-in-government-introduction-graph-technology/ (Zugriff am 10. 10. 2021).

Zak, J., und H.: Macadam. „Utilization of building information modeling in infrastructure's design and construction.“ *IOP Conference Series: Materials Science and Engineering.* 2017.

Zhao, J., Z. Hong, und M. Shi. „Analysis of Disease Data Based on Neo4j Graph Database.“ *IEEE/ ACIS 18th International Conference on Computer and Information Science (ICIS).* 2019.

Zou, Y, und Y. Liu. „The Implementation Knowledge Graph of Air Crash Data based on Neo4j.“ *IEEE 4th Information Technology, Networking, Electronic and Automation Control Conference (ITNEC 2020).* 2020.

Zunino, N. *OrientDB: hybrides Datenbank-Modell im DeepDive, Teil 1.* MaibornWolff GmbH. 12. 11. 2019. https://www.maibornwolff.de/blog/orientdb-hybrides-datenbank-modell-im-deepdive-teil-1 (Zugriff am 20. 03. 2020).

Князюк, Е. М., und Н. С. Мирза. „Применение строительных классификаторов при информационном моделировании автомобильных дорог, (Application of construction classification systems in information modeling of roads).“ *САПР и ГИС автомобильных дорог (CAD & GIS for roads), Nr. 1(8)*, 2017.

Abkürzungsverzeichnis

(E)DCC	Environment, Discretization, Categorization and Characterization (deutsch: Umgebung, Diskretisierung, Kategorisierung und Charakterisierung)
3DK	3DKante
a. R. d. T.	anerkannte Regeln der Technik/ allgemein anerkannte Regeln der Technik
ABS	Ausbaustrecke
ACCC	Automated Code Compliance Checking
AIA	Auftraggeber-Informationsanforderungen
AKK	Auswahlkategoriekante
AL	Arbeitsanleitung (gemäß FGSV)
AP	Ausführungsplanung
API	Programmierschnittstelle (englisch: application programming interface)
ARS	Allgemeines Rundschreiben Straßenbau
ASB-ING	Anweisung Straßeninformationsbank für Ingenieurbauten
ASK	Ausschlusskante
AUK	Auswahlkante
AWF	Anwendungsfall
B	Bogen
BAB	Bundesautobahn
BAP	BIM-Abwicklungsplan
BAst	Betriebliche Aufgabenstellung
BBK	Bibliothekskante

BDK	Bildkante
BIM	Bauwerksinformationsmodellierung [englisch: BIM=Building Information Modelling]
BIP	Betriebliche Infrastrukturplanung
BMDV	Bundesministerium für Digitales und Verkehr
BMVI	Bundesministerium für Verkehr und digitale Infrastruktur
BP	Bedarfsplanung
BPMN	Business Process Model and Notation (deutsch: Geschäftsprozessmodell und -notation)
bSI	buildingSMART International
BÜ	Bahnübergang
CAD	Computer-aided Design
CDE	Common Data Environment
CV	Computer Vision (deutsch: computerbasiertes Sehen)
DB AG	Deutsche Bahn Aktiengesellschaft
DB	Datenbank
DBMS	Datenbankmanagementsystem
DBS	Datenbanksystem
DBS	Deutsche Bahn Standard
DCC	Discretization, Categorization and Characterization [deutsch: Diskretisierung, Kategorisierung und Charakterisierung]
DGM	Digitales Geländemodell
D-Graph	Diskretisierungsgraph
DKK	Diskretisierungskante
DMN	Decision Model and Notation

DTV	Durchschnittliche tägliche Verkehrsstärke der Fahrzeugarten des Schwerverkehrs
E	Environment (deutsch: Umgebung)
EA	Entwässerungsanlage
EB	Erläuterungsbericht
EBO	Eisenbahn-Bau- und Betriebsordnung
EdB	Eisenbahnen des Bundes/ Eisenbahnen im Eigentum des Bundes
EKA	Entwurfsklasse für Autobahnen
EKL	Entwurfsklasse für Landstraßen
EN	Europäische Norm
EP	Entwurfsplanung
F	Frostempfindlichkeitsklasse
FB	Fernverkehrsbahn
FBS	Frame-based System
FF	Feste Fahrbahn
FGSV	Forschungsgesellschaft für Straßen- und Verkehrswesen
FKK	Funktionskante
FMK	Formelkante
g	Gerade (Trassierungselement)
GB	Gigabyte
GDB	Graphendatenbank
GIS	Geoinformationssystem
GP	Genehmigungsplanung
GRK	Gruppierungskante

GUI	Graphical User Interface (deutsch: Graphische Benutzeroberfläche bzw. graphische Benutzerschnittstelle)
HDD	Hard Disk Drive
Hgl	Hauptgleise
HV	Hauptverkehrsstraße
ICAO	International Civil Aviation Organization
IEC	International Electrotechnical Commission (deutsch: Internationale elektortechnische Kommission)
IEEE	Institute of Electrical and Electronics Engineers
IFC	Industry Foundation Classes
IIM	Infrastructure Information Modelling
IoT	Internet of Things
ISO	International Organization for Standardization (deutsch: Internationale Organisation für Normung)
K	Kreisstraße
KBE	Knowledge-based Engineering
KBS	Knowledge-based System (Expertensystem)
KE	Knowledge Engineering
KGK	Kategorisierungskante
KI	Künstliche Intelligenz
KKGK	Komponentenkostengruppenkante
KKK	Kostenkennwertekatalog
KKM	Knoten-Kanten-Modell(ierung)
KM	Knowledge Management
KNN	Künstliches Neuronales Netz

KVGK	Kategorievergleichskante
KVK	Kategorieverbindungskante
L	Landesstraße
LOD	Level of Development (deutsch: Modellfertigstellungsgrad); beschreibt den Geometrie- und Informationsinhalt der Modellelemente
LoD	Level of Detail (deutsch: Modelldetaillierungsgrad)
LoI	Level of Information
LPG	Labeled-Property-Graph
Lph	Leistungsphase
LPK	Leistungsphasenvorschriftenkante
LVK	Laendervorschriftenkante
MIV	Motorisierter Individualverkehr
ML	Maschinelles Lernen
MR	Metropolregion
MUK	Multiplikationskante
NB	Nahverkehrsbahn außerhalb bebauter Gebiete
NE	Nichtbundeseigene Eisenbahnen
NLP	Natural Language Processing (deutsch: natürliche Sprachverarbeitung)
NoSQL	Not only Structured Query Language (deutsch: Nicht nur Strukturierte Abfrage-Sprache)
NVK	Navigationskante
ÖPV	Öffentlicher Personenverkehr
ÖSPV	Öffentlicher Straßenpersonenverkehr (auch mit straßengebundenem Personennahverkehr bezeichnet)

OZ	Oberzentrum
PdM	Predictive Maintenance (deutsch: Vorausschauende Instandhaltung)
PJK	Projektkante
PMK	Parametermanipulationskante
PUL	Projekte und Lehre
QL4BIM	Query Language for Building Information Models
R	Technisches Regelwerk (gemäß FGSV)
RAA	Richtlinien für die Anlage von Autobahnen
RAL	Richtlinien für die Anlage von Landstraßen
RAM	Random Access Memory
RAS	Richtlinien für die Anlagen von Straßen
RASE	**R**equirement**A**pplicability**S**election**E**xception
RASt	Richtlinien für die Anlage von Stadtstraßen
RB	Regionalbus außerhalb bebauter Gebiete
RBS	Rule-based System
RDBMS	Relationale Datenbankmanagement
RDF	Resource Description Framework
RE	Richtlinien zum Planungsprozess und für die einheitliche Gestaltung von Entwurfsunterlagen im Straßenbau
REQ	Requirement
RFID	Radio Frequency IDentification
Ril	Richtlinie
RIM	Railway Information Modeling
RIN	Richtlinien für integrierte Netzgestaltung

RQ	Regelquerschnitt
RSL	Radsatzlast
SB	Stadtbahn
SchO	Schotteroberbau
SfM	Structure-from-Motion
SQL	Structured Query Language (deutsch: Strukturierte Abfrage-Sprache)
SSD	Solid-State-Drive
St	Staatsstraße
STK	Startkante
TB	Tram/ Bus
TL	Technische Lieferbedingungen (gemäß FGSV)
TÖB	Träger öffentlicher Belange
TP	Technische Prüfvorschriften (gemäß FGSV)
TTK	Textkante
TUM	Technische Universität München
UB	Übergangsbogen
UB	Unabhängige Bahn
UDK	Unterdiskretisierungskante
UMDK	Umgebungsdiskretisierungskante
UMK	Umgebungskante
UML	Unified Modeling Language (vereinheitlichte Modellierungssprache)
UUID	universell eindeutiger Identifikator (englisch: Universally Unique Identifier)

UUK	Unterumgebungskante
VAK	Vorschriftenassoziationskante
VAst	Verkehrliche Aufgabenstellung
VBA	Verkehrsbeeinflussungsanlage
VBK	Verbindungskante
VFGK	Vorschriftenfestlegungsgruppenkante
VFK	Vorschriftenfestlegungskante
VFOK	Vorschriftenfestlegungsobjektkante
VFRK	Vorschriftenfestlegungsreihenfolgekante
VKE	Verkehrseinheit
VKGK	Vorschriftenfestlegungskostengruppenkante
VKK	Vorschriftenkonstantenkante
VOK	Vorschriftenobjektkante
VP	Vorplanung
VPK	Variablenparameterkante
VPL	Visual Programming Language (deutsch: visuelle Programmiersprache)
VVFO	**V**orschrift**V**orschriftenfestlegung**O**bjekt
VVK	Vorschriftenverkehrstraegerkante
VwV	Verwaltungsvorschrift; auch mit VV bezeichnet
VZFK	Vorschriftenzufestlegungskante
W	Wissensdokument (gemäß FGSV)
WEG	Württembergische Eisenbahn-Gesellschaft mbH
ZTV	Zusätzliche Technische Vertragsbedingungen und Richtlinien (gemäß FGSV)

Akronymverzeichnis

ArbAuf	Arbeitsfeld Trassierung PULTras im Aufriss (Höhenplan)
ArbFeld	Arbeitsfeld vom Trassierungstool PULTras
ArbGrund	Arbeitsfeld Trassierung PULTras im Grundriss (Lageplan)
ArbProt	Arbeitsprotokoll
DatVer	Verwaltungstool von Projekten und Arbeitsprotokollen (Dateiverwaltung)
DB	(E)DCC Datenbank
DBISuch	Intelligente Suche in der DB
DBSuch	Einfache Suche in der DB
DGraph	Diskretisierungsgraph
EModi	Entwurfsmodi („Geführter Entwurfsvorgang“ und „Individueller Entwurfsvorgang“
FortIndik	Fortschrittsindikator
GefMod	„Geführter Entwurfsvorgang“ im PULTrack
GeoDat	Geodaten/ Geodateien
GeoVer	Verwaltungstool von Geodaten
IndMod	„Individueller Entwurfsvorgang“ im PULTrack
IntelligentSearch	Intelligente Suche im PULTrack (ohne DB)
KSTrack	Kostenermittlungstool
NavBaum	Navigationsbaum
ParVer	Parameterverwaltung (freie Attributierung & Parametrierung)
ProjektDat	Projektdateien, welche in der (E)DCC-Datenbank in der Teildatenbank-Projekte (abstrakt) zu finden sind

PULDim	Dimensionierungstool
PULGUI	PULTrack Benutzeroberfläche
PULTrack	PULTrack Software
PULTras	Trassierungstool
RAB	Arbeitsfeld Regelaufbau
RQ	Arbeitsfeld Regelquerschnitt Bahnkörper
SDB	Schnittstelle Datenbank
SImp/ Exp	Import/ Export-Schnittstellen

Formelverzeichnis

l_R	Länge der Überhöhungsrampe Klothoide	[m]
l_{RB}	Länge der Überhöhungsrampe Bloss	[m]
l_{RS}	Länge der Überhöhungsrampe Schramm	[m]
Δu	Differenz von Überhöhungen	[mm]
A	Klothoidenparameter	[m]
G	Gerichteter, ungerichteter Graph	[-]
L	Länge der Klothoide vom Nullpunkt bis zum Punkt P	[m]
R	Menge an Kanten bzw. Pfeile, Bögen	[-]
V	Menge an Knoten	[-]
e	Eine Kante aus einer Menge an Kanten R (ungerichteter Graph)	[-]
r, r'	Eine Kante aus einer Menge an Kanten R (gerichteter Graph)	[-]
r	Bogenradius/ Radius des Schmiegekreises an den Punkt P der Klothoide	[m]
v	Geschwindigkeit	[km/ h]
α	Abbildung Anfangsecke einer Kante (gerichteter Graph)	[-]
γ	Abbildung Endecke einer Kante (ungerichteter Graph)	[-]
ω	Abbildung Endecke einer Kante (gerichteter Graph)	[-]
E	Menge an Kanten bzw. Pfeilen, Bögen (ungerichteter Graph)	[-]

Anhang I: Definition Vorschriften

Der Begriff Vorschriften (vgl. Abbildung 77) wird in der vorliegenden Arbeit als Sammelbegriff für die normativen Dokumente wie kodifizierte Richtlinien (z. B. Richtlinien der DB AG), technische Regelwerke (z. B. Technische Regelwerke der FGSV der Kategorien R 1 und R 2 (FGSV 2013)), Wissensdokumente (z. B. Wissensdokumente der FGSV der Kategorien W 1 und W 2 (FGSV 2013)), Merkblätter (z. B. Merkblätter des UIC der Kategorien V(erbindlich), E(mpfehlend) und I(nformativ) (UIC 2018)), technische Vorschriften (DIN, DIN EN 45020 2007), Normen, technische Spezifikationen, Berichte und Beschreibungen, Leitblätter (DIN, DIN 820-2 2018), technische Lieferbedingungen, etc. der (internationalen) normenschaffenden Institutionen und (Normungs)Organisationen sowie Gesetze der gesetzgebenden und (rechts)verbindliche Normen wie Rechtsnormen/ Rechtsverordnungen, VwV und technische Vorschriften der vollstreckenden Gewalt (vorschriftensetzende/ vollziehende Behörden) des Normungsgegenstandes Verkehrswesen verwendet, welche Festlegungen in Form einer Angabe (z. B. (Richt-)(Grenz-)Wertangaben, Methoden und Verfahren), einer Zulässigkeit, einer Anweisung, einer Empfehlung, einer Möglichkeit oder einer Anforderung haben. Vorschriften legen somit bestimmte Regeln, Leitlinien oder Merkmale für planungstechnische Sachverhalte im Rahmen der Planung und des Entwurfes, des Bauens, des Betriebes und der Instandhaltung einer Infrastruktur fest, mit dem Ziel der Verbesserung von Prozessen, von technischer Zusammenarbeit, von Qualität (technisch einwandfrei) des Endproduktes, von Wirtschaftlichkeit sowie der Vermeidung von Handlungsunfähigkeit. Hierbei ist der Begriff Vorschrift nicht mit der Bedeutung der Definition gemäß (DIN, DIN EN 45020 2007) zu verwechseln. Nach (DIN, DIN EN 45020 2007) wird darunter ein *„Dokument, das verbindliche rechtliche Festlegungen trifft und das von einer Behörde erstellt wird."* verstanden.

Die aktuell in der (E)DCC-Datenbank modellierten Vorschriften können in Bezug auf den Charakter der Regelungen sowohl einen Rechtscharakter als auch einen Empfehlungscharakter (kein Ausschließlichkeitsanspruch) besitzen. Gesetze und (rechts)verbindliche Verordnungen/ Normen werden in eigenen Gruppen zusammengefasst gehalten (hier: Gruppe Gesetz und Rechtsnorm). Die restlichen oben genannten Vorschriften sind in der Gruppe Richtlinie zusammengefasst (vgl. Abbildung 77). Eine feinere Ausweitung der Vorschriftengruppen in der DB kann erfolgen. Des Weiteren gilt zu beachten, dass in der (E)DCC-Datenbank zwischen den kodifizierten und nicht kodifizierten Vorschriften unterschieden wird. Die nicht kodifizierten Vorschriften sind dabei in der DB in der Superklasse „NichtKodifizierteVorschrift“ zu finden (der dahinterliegende Sinn und die Bedeutung dieser Unterscheidung kann dem Abschnitt 3.7.1 in Verbindung mit Anhang XIV und dem Abschnitt 6.3.4 in Verbindung mit Anhang XXX entnommen werden). Hierbei werden die kodifizierten Vorschriften (Superklasse „KodifizierteVorschrift“) in dem sogenannten „Geführten Entwurfsvorgang“[25] und die nicht kodifizierten Vorschriften in dem „Individuellen Entwurfsvorgang“[26] zum Lösen von Entwurfsaufgaben in der Software PULTrack verwendet. Die modellierungstechnische Umsetzung der kodifizierten und nicht kodifizierten Vorschriften in der (E)DCC-Datenbank wird im Kapitel 6 und 7 ausführlich diskutiert.

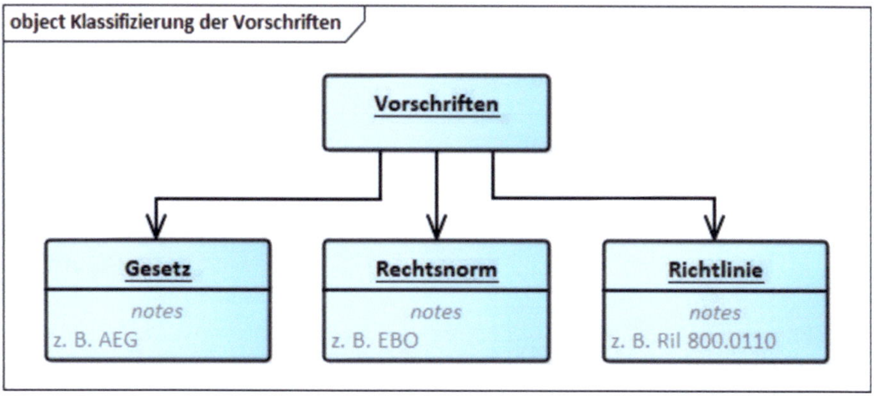

Abbildung 77: Klassifizierung der Vorschriften auf einer hohen Abstraktionsebene in der (E)DCC-GDB

Bei den technischen Regelwerken der FGSV ist zu berücksichtigen, dass darunter ZTV, TL und TP (R 1) sowie Empfehlungen und Merkblätter (R 2) fallen. Die Wissensdokumente umfassen Hinweise und AL (W 1) sowie Arbeitspapiere (W 2) (FGSV 2013).

Bei der Definition Vorschriften geht es ausschließlich um die Meinung des Autors. Es hätte sich aber in der gewählten GDB aufgrund der Objektorientierten Programmierung (Klassen und instanziierte Objekte der Klassen) jede gegebene Definition realisieren lassen.

[25] Näheres dazu siehe Abschnitt 3.7.1

[26] Näheres dazu siehe Abschnitt 3.7.1

Anhang II: Definition Vorschriftenfestlegungen

Der Begriff Vorschriftenfestlegungen ist in der vorliegenden Arbeit als Sammelbegriff für die Formulierungen im Text eines normativen Dokumentes jeglicher Art (Angabe, Anweisung, Empfehlung, ausschließliche/ wahlweise Anforderung, Zulässigkeit, Möglichkeit, Vermögen, von außen auferlegte Beschränkung, als ausreichend erachtete Festlegung, beschreibende Festlegung, funktionelle Festlegung (DIN, DIN 820-2 2018), (DIN, DIN EN 45020 2007)) zu verstehen und kann synonym mit Festlegung oder Regel bezeichnet werden.

Anhang III: Begriff BIM

BIM wird bereits seit Jahrzehnten im Bereich des Hochbaus eingesetzt und war ursprünglich nicht für die Infrastruktur konzipiert. Aufgrund der vielen festgestellten Vorteile im Hochbau wird BIM immer stärker im Bereich Infrastruktur bei allen Verkehrsträgern (in den Veröffentlichungen auch mit zivilen Infrastruktureinrichtungen bezeichnet (hier: CIM)) einbezogen. In den USA wird oft der Begriff VDC (Virtual Design and Construction) verwendet (Zak und Macadam 2017). Für die Bauwerksinformationsmodellierung im Bereich der Infrastruktur wird in Deutschland der Begriff IIM vorgeschlagen, im Schienenwegebau wird auch der Begriff RIM verwendet (vgl. z. B. (Borrmann, Esser, et al. 2020), (Domke, et al. 2020), (Vilgertshofer, et al. 2018)). BIM bringt in Verbindung mit den alten bewährten Methoden im Hinblick auf die Planung, dem Bauen und den Betrieb von Verkehrswegen ein neues Paradigma und steht synonym für die Begriffe Digitalisierung und Automatisierung. Es bringt ein neues Entwurfsprinzip mit sich und geht von der ursprünglichen 2,5D-Planung weg, in der der Anfang einer Planung bei dem 3D-Trassenkörper liegt, aus der im Weiteren u. a. die 2,5D-Planunterlagen abgeleitet werden. Ziel des BIM ist es, den ununterbrochenen digitalen Informationsfluss während des gesamten Lebenszyklus einer Verkehrsanlage zu erreichen, das mit bestimmten Werkzeugen, Prozessen und Technologien erreicht werden soll.

Die Vorreiter in der BIM-Technologie sind die USA und Südkorea, wobei auch Europa (Länder wie Großbritannien, die Niederlande, Norwegen, Finnland, Schweden, Frankreich, Deutschland, Tschechien) in den letzten Jahren stark nachgezogen hat. So stieg der Anteil der mit BIM-Methodik realisierten Infrastrukturen zwischen 2012 und 2017 von 20 auf 52 % (Jones und Laquidara-Carr 2017). Laut aktuellen Umfragen setzen rund 12 % der Unternehmen in Frankreich, Großbritannien und Deutschland seit mindestens 6 Jahren die BIM-Methodik im Infrastrukturbau ein. In den USA und Kanada gar ein Drittel der Unternehmen (Bawono, von Schumann und Lechner 2020).

Der große Unterschied zwischen dem eigentlichen ursprünglichen Begriff BIM und dem Begriff CIM liegt in dem prinzipiellen Aufbau der Bauwerke der beiden Baubranchen. Bauwerke des Hochbaus haben einen vertikalen Aufbau (vertikale Topologie), die der Infrastruktur einen horizontalen und interagieren stark mit dem umgebenden

Gelände (hier: GIS). Dementsprechend unterscheiden sich zum Teil die Planungsprozesse im Hinblick auf die Planung, den Baubetrieb, Betrieb und Instandhaltung. Auch terminologisch und modellierungs- (ein Infrastrukturobjekt wird immer in Bezug auf die Achse längs gebaut → Achsenbauwerk) bzw. entwurfstechnisch gibt es einige Unterschiede. Unter dem Strich bedeutet dies, dass BIM des Hochbaus, insbesondere das Datenschema, nicht direkt für das BIM der Infrastruktur übernommen werden kann und stellt die Infrastrukturbranche vor neuen Herausforderungen. Vor diesem Hintergrund laufen zwecks Adoption der BIM-Methodik im Infrastrukturbereich weltweit viele Forschungsarbeiten in Kooperation mit Softwareherstellern und unter starkem Einbezug von staatlichen Institutionen. Bereits 2002 liefen die ersten Überlegungen über die möglichen Probleme beim Einsetzen der BIM-Methodik im Bereich der Infrastruktur (Yabuki 2010).

Anhang IV: Gemeinsame Datenumgebung

Abbildung 78 zeigt das Arbeitsprinzip eines CDE für das auszutauschende 3D-Modell bestehend aus drei Stufen. Nach diesen Arbeitsschritten müssen die gelieferten Daten zunächst geprüft und freigegeben und anschließend archiviert werden.

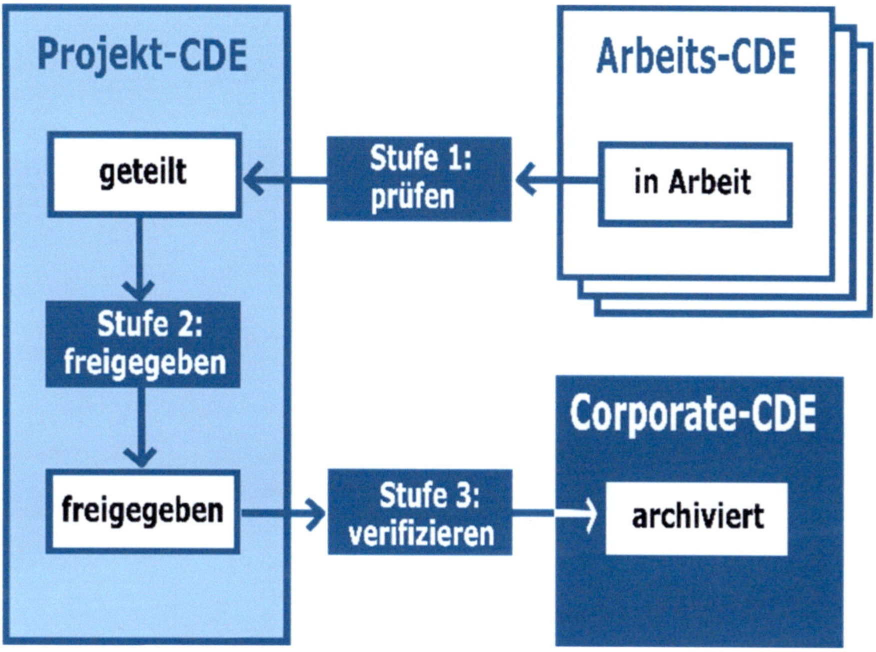

Abbildung 78: Arbeitsprinzip der Gemeinsamen Umgebung aus Sicht DB AG (2019) angelehnt an DIN EN ISO 19650-1 (DIN 2019)

Abbildung 79 zeigt auf einer hohen Abstraktionsebene die technische Umsetzung des Informationsflusses zwischen den lokalen Speicherorten und der Gemeinsamen Umgebung. Hierbei erfolgt die Konsistenz des Informationsaustausches in einem sogenannten Informationsmanagementsystem (DIN, Normungsroadmap BIM 2021).

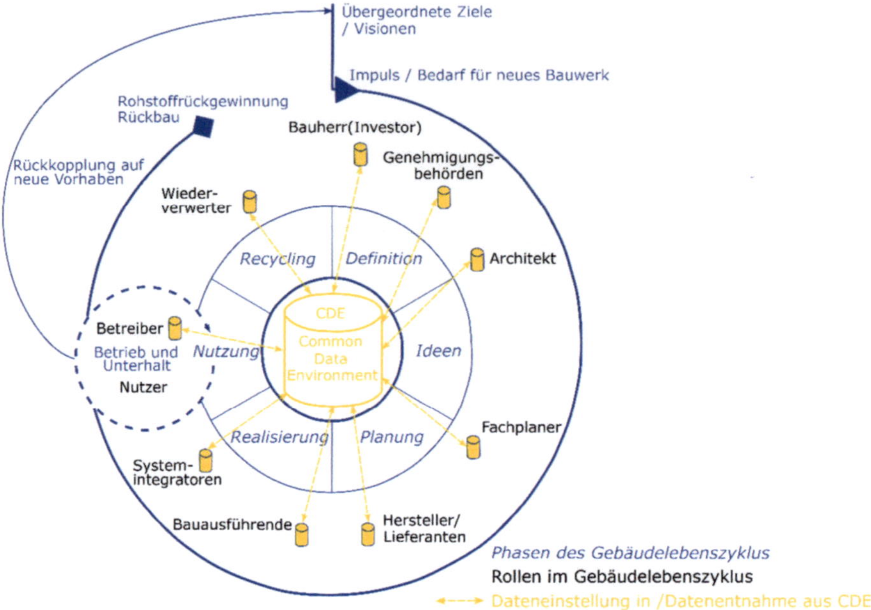

Abbildung 79: Beispielhafte Darstellung einer Gemeinsamen Umgebung und die damit verbundenen lokalen DB für den Hochbau (DIN, Normungsroadmap BIM 2021)

Anhang V: BIM-Anwendungsfälle

BIM-AWF nach (BIM4INFRA2020 2019e) **und** (BMVI 2018b)**:**

Bestandserfassung:

- Bestandserfassung

Planung:

- Planungsvariantenuntersuchung
- Visualisierungen
- Bemessung und Nachweisführung
- Koordination der Fachgewerke
- Fortschrittskontrolle der Planung
- Erstellung von Entwurfs- und Genehmigungsplänen
- Arbeits- und Gesundheitsschutz: Planung und Prüfung
- Kostenschätzung und -berechnung

Genehmigung:

- Planungsfreigabe

Vergabe:

- Leistungsverzeichnis, Ausschreibung, Vergabe

Ausführungsplanung und Ausführung:

- Terminplanung der Ausführung
- Logistikplanung
- Erstellung von Ausführungsplänen
- Baufortschrittskontrolle
- Änderungsmanagement
- Abrechnung von Bauleistungen
- Mängelmanagement
- Bauwerksdokumentation

Betrieb:

- Nutzung für Betrieb und Erhaltung

BIM-AWF[27] nach (DB Netz AG 2017)**:**

Lph 1: Grundlagenermittlung

- 3D-Bestandsaufnahme
- 3D-Bestandsmodellierung

Lph 2: Vorentwurfsplanung

- 3D-Trassen- und Variantenvergleich
- Visualisierung

Lph 3-5: Entwurfs-, Genehmigungs- & Ausführungsplanung

- 3D-Modellerstellung, geometrisches Modell
- 3D-Kollisionsprüfung
- Planungskoordinaten
- 2D-Planableitung
- Erstellung Grunderwerbsverzeichnis
- Modellbasierte Mengenermittlung
- 4D-Planung
- 5D-Planung
- Statische Nachweisführung mittels FEM
- Verknüpfung der Plandokumente mit dem Modell
- BIM-basiertes Planfeststellungsverfahren
- Statische Nachweisführung mittels FEM

Lph 6-7: Vorbereitung und Mitwirkung bei der Vergabe

- Teilautomatisierte LV-Erstellung
- Modellbasierte Ausschreibung und Vergabe

Lph 8-9: Bauüberwachung, Bauausführung und Dokumentation

- Erstellung eines 3D-Bestandsmodells
- Einsatz moderner Baustellenlogistik

[27] Die Darstellung der BIM-AWF im Schienenwegebau finden sich auch in (ARGE BIM4RAIL 2019), (ARGE BIM4RAIL 2020), (DB Station&Service & DB Netz AG 2018) und (DB Station&Service & DB Netz AG 2021).

- Soll-Ist-Vergleich anhand des 4D-Modells
- Earned-Value Betrachtung anhand des 5D-Modells
- Modellbasierte Bauabrechnung
- Verknüpfung der Baustellendokumentation mit dem 3D-Bestandsmodell
- Bauaufsichtsprozess nach VV Bau

Betriebsphase

- Modellbasierte Wartungs- und Instandhaltungsplanung
- BIM-basierte Instandhaltungs- und Instandsetzungsmaßnahmen

Anhang VI: Automatische Vorschriftenkonformitätsprüfung im Hochbau

(Garrett, Palmer und Demir 2014) identifizierte insgesamt folgende Ansätze zur digitalen maschinenlesbaren Abbildung von Vorschriften:

- *"Procedural code,*
- *Sets of rules or decision tables,*
- *Objects with attributes and methods associated with those attributes,*
- *Formal predicate logic expressions,*
- *Description logic approaches,*
- *Context-oriented approaches,*
- *Simulation-based approaches,*
- *Agent-based approaches, and*
- *Other hybrid approaches"* (Garrett, Palmer und Demir 2014)

Tabelle 8 zeigt die Ergebnisse der im Jahr 2015 durchgeführten Untersuchung der Softwarelösungen zur automatischen Vorschriftenkonformitätsprüfung im Hochbau.

	Development agency, project	**Singapore, CORENET**	**Norway Statsbygg**	**Australia, CRC for CI**	**USA, ICC**	**USA, GSA**
	Target rules	Building-code	Accessibility	Accessibility	Building code	Circulationandsecruity
	Rule checking platform	FORNAX	SMC	EDM	DA's SMART codes for SMC, Xabio	SMC
A. Rule interpretation: Translates a written rule-base into a computer implementable one						
A.1. Method of translation of written rules to computer code	A.1.1 By programmer	Yes	Yes	Yes		Yes
	A.1.2 Employs predicate logic or simliar derivation process	Yes		Object-oriented interpretation of code; Graph application; Express Rule Schema	Yes	
A.2. Has developed an ontology of name and properties			Space name-based ontology	Yes. Covers AS1428. 1, Design for Acess and mobility, and BCA D3		Space name-based ontology

Development agency, project		**Singapore, CORENET**	**Norway Statsbygg**	**Australia, CRC for CI**	**USA, ICC**	**USA, GSA**
A.3. Rules coded in:	A.3.1. Directly in coputer code	Computer code	Parametric tables	Rule-based language: Express Rule Schema, Express-X	SMART-code builder	Parametric tables
	A.3.2. Parametrictables					
	A.3.3. Rule-based language					
B. Building model preparation: extracts and derives model view for checking						
B.1. Supports model view approach to processing rules	B.1.1 Derive new properties Using enhanced objects	Yes-called FORNAX	SMC library	Internal model schema to define objects and additional properties	DA's SMART codes for SMC, Xabio	SMC provides limited API for deriving properties
	B.1.2. Derive new models		Adds geometry for additional cheking[a]	Sub-model schema to derive domain-specific view	SMC supports derived circulation graph	SMC supports derived circulation graph
	B.1.3. Performance model view and integrated analysis			Performance model view using intermediate and results model schema		
B.2. Uses dictionary of standard properties and relations for defining access		Implemented in FORNAX	Space names	Uses IFC model properties and relations and the internal model for defining acess	Dictionary in SMART-codes	Only for space names
B.3. Visibility of layout rule parameters						
C. Rule execution: rule processing and checking						
C.1. Building model validation to verify minimum, model requirements for checking			Yes	Runs the chosen rule set against the model to identify areas with insufficient information	Yes	Implemented in SMC
C.2. Manages view submission for completeness	C.2.1. Checks consistency, of view submissions					
D. Rule check reporting						
D.1 Rule instance graphical reporting		Yes	Yes	Graphic display of the check results; 3D visualization not linked	Yes	Yes
D.2 Textual reference to source rule text		Yes	No	Yes	DA's SMART codes for SMC, Xabio	Reference to section, paragraph, line

Tabelle 8: Darstellung der Eigenschaften der fünf untersuchten Softwarelösungen zur automatischen Vorschriftenkonformitätsprüfung im Hochbau (Eastman, et al. 2009)

Einen weiteren ausführlichen Beitrag zu den möglichen Regelinterpretationen (hier Ansätze wie hartkodierte, objektbasierte, logische, ontologisch-semantische) gab es 2020 in (Ismail, Ali und Iahad 2017). Auch hier beziehen sich die vorgestellten Arten von Regelinterpretationen auf die ACCC-Tools für den Hochbau. Hierbei stellten die Autoren fest, dass alle Ansätze auf Basis des sogenannten „if-then-else“-Beziehung aufgebaut sind.

Eine vergleichende Analyse der bereits im Hochbau eingesetzten ACCC-Tools wird in (Lee, et al. 2020) durchgeführt. Die Analyse erfolgt nach den folgenden drei Kriterien: *“rule translation and definition processes, rule categorization and rule execution”* (Lee, et al. 2020). Diese Kriterien sehen die Autoren als Framework für eine erfolgreiche Entwicklung eines ACCC-Tools. Über die Untersuchung der fünf ausgewählten ACCC-Tools stellten sie fest, dass es oft an geringer Flexibilität und Transparenz des ACCC-Tools (hier: hartkodiert und Black-Box-Methode und dadurch mangelnde Flexibilität und Transparenz) sowie an der geringen Übersetzungsmöglichkeit der Regeln mangelt. Es wird versucht, das Problem des ersten genannten Punktes über die VPL und natürliche Sprachverarbeitung (NLP) zu lösen. Nichtdestotrotz bleibt das Problem immer noch bestehen. Auch der zweite Punkt ist nicht vollständig gelöst. *„It still requires significant improvement for covering a wide range of rules including abstract definitions and various project requirements regardless of rule types, origins, and domains.”* (Lee, et al. 2020) Hinzu kommt noch das Problem, dass die Vorschriftenfestlegungen bzw. -regeln länderbezogen angesehen werden, welche außerdem innerhalb desselben Landes (z. B. auf Landes- und Bundesebene) variieren können. Als weiteres Problem wird die ständige Änderung von Vorschriftenfestlegungen genannt, wodurch die ACCC-Tools permanent angepasst werden müssen. Dennoch bleiben die Autoren optimistisch und sind der Meinung, dass mit der Weiterentwicklung der Technologien die noch vorhandenen Hürden in der Zukunft überwunden werden (Amor und Dimyadi 2021), (Dimyadi und Amor 2013), (Lee, et al. 2020). Womöglich werden künftig deutliche Fortschritte mit Hilfe der Künstlichen Intelligenz (z. B. KNN und ML) gemacht (N. Nawari 2012). Mit Hilfe von KI-Ansätzen können gute Ontologien erzielt werden (Amor und Dimyadi 2021). Eine weitere Diskussion über die Techniken zu Abbildung von Vorschriftenfestlegungen findet sich in (Ismail, Ali und Iahad 2017).

Anhang VII: Klassifizierung der Vorschriftenregel nach Häußler, Esser und Borrmann (2021)

No.	Rule class	Description
1	Not relevant for modeling	Specifications that have no influence on the modeling of buildings, e.g. procedural processes in communications with the client or specifications for document structures such as explanatory reports.
2	Distance definitions: transverse direction	Definitions (horizontal distances) that can be derived from the cross-section of the building model.
3	Distance definitions: position	Site plan view in the sense of a 3-panel projection: distances between elements.
4	Distance definitions: height	Definitions (vertical distances) that can be derived from the cross-section of the building model.
5	Component definitions	Specifications determining the component or component type to be used.
6	Definitions for alignment elements	Definitions that define parameters for vertical and horizontal alignment elements (straight line, arc, transition arc).
7	Slope definitions	Definitions (slope distances) that can be derived from the cross-section of the building model.
8	Directional definitions: Longitudinal direction	Orientations of components in the layout plan.
9	Clearance tests	Rules for ensuring clearance along railway lines.
10	Other definitions	Rules that do not correspond to the other rule classes but still have an impact on the building model.
11	Construction process	Rules that define temporal components of a construction site.
12	Dimensioning specification	Rules for dimensioning components, such as hydraulic calculations.

Tabelle 9: Klassifizierung der Vorschriftenregel und deren Beschreibung nach Häußler, Esser und Bormann (2021)

Anhang VIII: Modell zur maschinenlesbaren Abbildung von Regeln einer Vorschrift nach Häußler, Esser und Bormann (2021)

Abbildung 80 zeigt die Schritte des Ablaufprozesses zum Definieren und Prüfen der Regeln einer Vorschrift. In einem ersten Schritt mü ssen von dem Planer die Eingangsparameter (im Beispiel Geschwindigkeit, Überhöhung, Überhöhungsfehlbetrag und Radius (hier: r_{model}) eingegeben werden) (1). Die Formel zum Berechnen des Radius wurde zuvor mit Hilfe der RASE-Syntax übersetzt und in dem Modell hinterlegt (hier: $r_{guideline}$). Sind die Eingangsparameter bekannt, kann der Überprüfungsprozess gestartet werden (2).

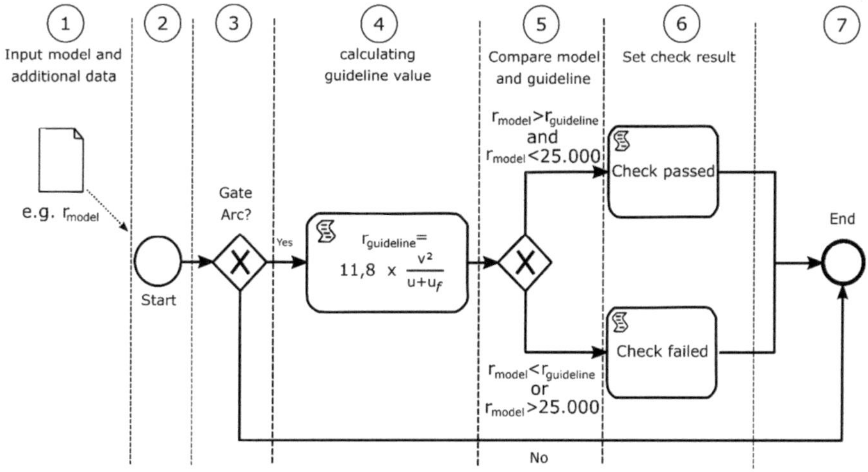

Abbildung 80: Ablaufprozess des Modells zur maschinenlesbaren Abbildung der Regel am Beispiel Trassierung nach den Ril 800.0110 (DB Netz AG 2015) der DB AG (Häußler, Esser und Borrmann 2021)

Hierbei wird als erstes abgefragt, was geprüft werden soll (im Beispiel der Radius) (3). In dem 4ten Schritt wird nun die mit RASE-Syntax übersetze Formel über das hinterlegte Javascript ausgewertet (4). Ist der Radius berechnet, wird dieser als unabhängige Variable gespeichert. Dieser wird nun mit dem zuvor eingegebenen Radius verglichen und zusätzlich überprüft, ob der zuvor eingegebene Radius den Grenzwert von max. 25.000 m nicht übersteigt (5). Je nachdem, ob die Prüfung bestanden ist oder nicht (6), wird in dem 7ten Schritt dem Planer das Ergebnis in Form eines Berichtes angezeigt.

Anhang IX: Klassifizierungssysteme

Weltweit existieren mittlerweile für das Bauwesen zum Arbeiten nach der BIM-Methodik viele Klassifizierungssysteme, welche meistens auf nationaler Ebene agieren und die Bauobjekte nach eigenen Kriterien (z. B.: Zweck und die sich daraus ergebenden Eigenschaften des Klassifizierungssystems, Klassifizierungsstruktur (auch mit Framework bezeichnet) mit den dazu gehörigen theoretischen Grundsätzen, Kategorisierungsstruktur (hier: nummerisch bzw. hierarchisch, facettiert oder als Kombination aus den beiden Kategorisierungsstrukturprinzipien)) klassifizieren (Afsari und Eastman 2016), (DIN, DIN EN ISO 12006-2 2020). Zu nennen sind hierbei solche Klassifizierungssysteme wie das UniClass in Großbritannien, OmniClass, UniFormat und MasterFormat in Nordamerika, DBK/ CCS in Dänemark, BSAB/ CoClass in Schweden, Building 2000 in Finnland, NS 3451 in den Niederlanden etc. (Afsari und Eastman 2014), (Afsari und Eastman 2016), (CSI 2022), (NBS 2022), (Sibenik und Kovacic 2021), (Князюк und Мирза 2017). Hierbei können dieselben Bauobjekte unterschiedlich klassifiziert sein (Ekholm 1996).

Klassifizierungssysteme dienen dem strukturierten Bündeln und Organisieren allerart von Wissen bzw. von Informationen (hier z. B. geometrische Daten, funktionsbezogene Daten, Daten zu den Kosten und zur Instandhaltung) über alle Lebensphasen eines Bauwerkes (DIN, DIN EN ISO 12006-2 2020). Sie ist ein Werkzeug zur standardisierten Beschreibung von einzelnen Bauobjekten und der Semantik und außerdem ein wichtiges Element jeder Bauobjektbibliothek (Ekholm und Häggström 2011), (Sibenik und Kovacic 2021). Dies ist wiederum für die effektive Darstellung eines Bauwerkes als physische Einheit wichtig. Es dient dem erfolgreichen Austausch von Informationen in einem BIM-Projekt, indem zwischen allen Beteiligten (hier: Planer, Bauherr, Baufirmen, Behörde etc.) eine gemeinsame Sprache erreicht wird. Eine Bibliothek kann stark die Entwurfszeit eines Modells verkürzen und somit die neue Entwurfsmethodik nach dem BIM-Paradigma vereinfachen, wodurch die Produktivität der Planung verbessert wird. Darüber hinaus sorgt diese für eine einheitliche Qualität eines Bauwerkes (Seo und Lee 2020). Durch die vereinheitliche Strukturierung der (Daten-)Informationen lassen sich diese leicht in den einzelnen BIM-AWF verwenden (Afsari und Eastman 2014), (Князюк und Мирза 2017).

Hierbei werden die Bauobjekte entsprechend den festgelegten Eigenschaften (auch mit Merkmalen bezeichnet) sortiert und über eine Klassen- bzw. Ebenenhierarchie wiedergeben. Die wesentlichen Prämissen zur strukturellen Gestaltung eines Klassifizierungssystems im Bauwesen findet sich in (DIN, DIN EN ISO 12006-2 2020). Zu nennen sind auch solche etablierten Frameworks wie (DIN, DIN EN IEC 81346-1 2020), (DIN, DIN EN ISO 12006-3 2021), (DIN, DIN EN ISO 23386 2020) und (ISO, ISO 22274 2013). Die Autoren in (Sibenik und Kovacic 2021) halten für die Gestaltung eines Klassifizierungssystems insbesondere die Terminologie und Klassifizierungsstruktur nach (ISO, ISO 1087-1 2000), (ISO, ISO 22274 2013), (ISO, ISO 704 2009) und (ISO, ISO 860 2007) für wichtig. Ein internationales Klassifizierungssystem mit dem Schwerpunkt einer einheitlichen Kategorisierung der Bauobjekte wird in (Afsari und Eastman 2014) überlegt. Damals hat man konstatiert, dass viele BIM-Bibliotheken nach unterschiedlichen Kriterien, Klassifizierungssystemen und Kategorien aufgebaut sind. Ein einheitliches, generisches Framework mit allen möglichen Begriffen, Klassen sowie Kategorien und Unterkategorien zum Kategorisieren von BIM-Bauobjekten in einer BIM-Bibliothek gibt es nicht (Afsari und Eastman 2014), (Sibenik und Kovacic 2021). In (Ekholm und Häggström 2011) wird konstatiert, dass auch wenn zwei Klassifizierungssysteme nach demselben Framework aufgebaut sind, diese nicht miteinander kompatibel sein müssen. Dennoch ist man der Meinung, dass es sowohl nationale als auch gemeinsame, internationale Klassifizierungssysteme erforderlich sind.

Die Frameworks nach (DIN, DIN EN ISO 12006-2 2020) und (DIN, DIN EN ISO 12006-3 2021) stellen die wohl bekannteste Strukturierung eines Klassifizierungssystems dar und werden u. a. bei solchen Klassifizierungssystemen wie OmniClass und UniClass verwendet.

Das OmniClass ist ein multifunktionales Klassifizierungssystem, welches teilweise auf anderen Klassifizierungssystemen wie das UniFormat und MasterFormat basiert, und wird zum Beschreiben und zur Dokumentation der Projekte, zum Beschreiben der Bauobjekte und deren Eigenschaften, zum Beschreiben der Kosten sowie Bauverfahren etc. verwendet. Es enthält Informationen eines Bauwerkes über die gesamte Lebenszyklusbetrachtung. Das OmniClass zählt zu einem Facettenklassifizierungssystem und setzt sich aus 15 Tabellen zusammen, welche je einen Bereich des Bauwesens repräsentieren. Diese können sowohl unabhängig voneinander agieren als auch miteinander verknüpft sein. Ähnlich sieht es bei dem UniClass Klassifizierungssystem aus. Das UniClass ist ebenfalls ein multifunktionales Facettenklassifzierungssystem und wird für alle Baubranchen des Bauwesens inkl. Infrastrukturbau in der gesamten Lebenszyklusbetrachtung eingesetzt. Im Gegensatz zum OmniClass, setzt sich das UniClass aus 11 Tabellen zusammen (Afsari und Eastman 2016), (Князюк und Мирза 2017).

Anhang X: Querschnittsparameter Infrastruktur

Schaut man sich die Aussage der Autoren in (Seo und Lee 2020) genauer an, kann mit Hilfe von Vorschriften zur Planung von Verkehrswegen folgendes konstatiert werden: Die Querschnittsparameter können sich sowohl quer als auch vertikal zur Achse in Abhängigkeit als auch unabhängig von den Eingangsgrößen ändern.

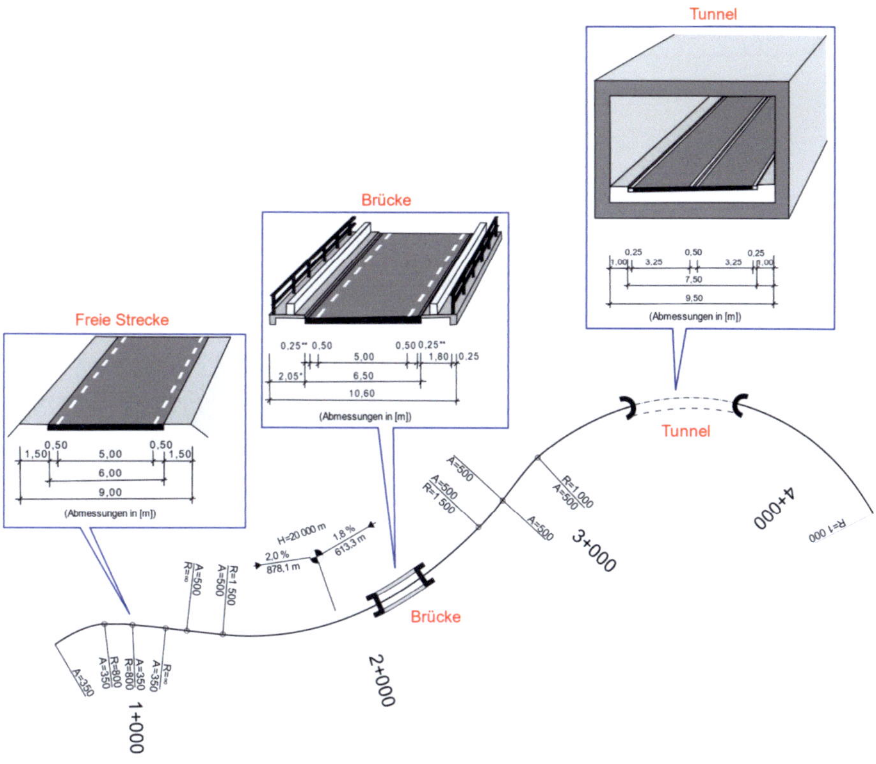

Abbildung 81: Beispielhafte Darstellung einer Landstraße aus FGSV 201 (FGSV 2012) mit sich ändernden Querschnittsparametern der Randstreifen, Banketten, Mittelstreifen etc. quer zur definierten Achse bei gleichbleibenden Eingangsparametern aufgrund von Ingenieurbauwerken Tunnel und Brücke

In der vorliegenden Arbeit wird an dieser Stelle zwischen einer Änderung von Querschnittsparameter abhängig und unabhängig von den sogenannten Eingangsgrößen unterschieden und anhand von Beispielen aus der Gleis- und Straßenplanung erläutert. Als einfaches Beispiel für die Änderung der Querschnittsparameter quer zur Achse unabhängig von den Eingangsgrößen können die Ingenieurbauwerke wie Brücke und

Tunnel genannt werden (vgl. Abbildung 81). Bei dem betrachteten Beispiel in Abbildung 81 handelt es sich um den Regelquerschnitt RQ 9 für eine Landstraße gemäß (FGSV, FGSV 201 2012). Als Haupteingangsgrößen für diesen RQ gilt die sogenannte Entwurfsklasse Landstraße (EKL), welche wiederum von der Straßenkategorie abhängig ist (siehe Tabelle 10).

Straßenkategorie	Entwurfsklasse	Regelquerschnitt
LS I	EKL 1	RQ 15,5
LS II	EKL 2	RQ 11,5+
LS III	EKL 3	RQ 11
LS IV	EKL 4	RQ 9

Tabelle 10: Auswahl der EKL in Abhängigkeit von Straßenkategorie (FGSV, FGSV 201 2012)

Die Straßenkategorie wird anhand von Kategoriengruppe und Verbindungsfunktionsstufe gemäß (FGSV, FGSV 121 2008) bestimmt (siehe Abbildung 82).

Verbindungsfunktionsstufe \ **Kategoriengruppe**		Autobahnen	Landstraßen	anbaufreie Hauptverkehrsstraßen	angebaute Hauptverkehrsstraßen	Erschließungsstraßen
		AS	**LS**	**VS**	**HS**	**ES**
kontinental	**0**	**AS 0**		-	-	-
großräumig	**I**	**AS I**	**LS I**		-	-
überregional	**II**	**AS II**	**LS II**	**VS II**		-
regional	**III**	-	**LS III**	**VS III**	**HS III**	
nahräumig	**IV**	-	**LS IV**	-	**HS IV**	**ES IV**
kleinräumig	**V**	-	**LS V** *	-	-	**ES V**

LS I	unproblematisch, Bezeichnung der Kategorie
	problematisch
-	nicht vertretbar oder nicht vorkommend

* Planung gegebenenfalls in Anlehnung an die RAL.

Abbildung 82: Straßenkategorien nach den FGSV 121 (FGSV 2008); die im schwarzen Rahmen umrandeten Straßenkategorien sind Straßenkategorien für die Landstraßen

Steht die EKL fest, werden der EKL bestimmte grundsätzliche Gestaltungsmerkmale zugeordnet (vgl. Abbildung 83), die die Randbedingungen darstellen. Betrachtet man die einzelnen EKL für sich allein, so stellen diese den Fall Änderung der Querschnittsparameter quer zur Achse in Abhängigkeit von den Eingangsgrößen dar.

Entwurfsklasse	Entwurfs-/Betriebsmerkmale					Führung auf der Strecke				Führung im Knotenpunkt
	Planungsgeschwindigkeit [km/h]	Betriebsform	Querschnitt	gesicherte Überholabschnitte pro Richtung	Führung des Radverkehrs	Linienführung	empfohlener Radienbereich R [m]	Höchstlängsneigung max s [%]	empfohlener Kuppenhalbmesser H_K [m]	Regellösung auf der übergeordneten Straße*)
EKL 1	110	Kraftfahrstraße	RQ 15,5	~ 40 %	straßenunabhängig	sehr gestreckt	≥ 500	4,5	≥ 8.000	Ein-/Ausfädeln
EKL 2	100	allg. Verkehr	RQ 11,5+	≥ 20 %	straßenunabhängig oder fahrbahnbegleitend	gestreckt	400 – 900	5,5	≥ 6.000	Ein-/Abbiegen/Kreuzen mit Lichtsignalanlage
EKL 3	90	allg. Verkehr	RQ 11	keine	fahrbahnbegleitend oder auf der Fahrbahn	angepasst	300 – 600	6,5	≥ 5.000	Ein-/Abbiegen/Kreuzen mit/ohne Lichtsignalanlage
EKL 4	70	allg. Verkehr	RQ 9	keine	auf der Fahrbahn	sehr angepasst	200 – 400	8,0	≥ 3.000	Ein-/Abbiegen/Kreuzen ohne Lichtsignalanlage

Abbildung 83: Entwurfsklassen und grundsätzliche Gestaltungsmerkmale (FGSV, FGSV 201 2012)

Für die Änderung der Querschnittsparameter vertikal zur Achse in Abhängigkeit von Eingangsgrößen kann als Beispiel die Oberbaudimensionierung (Ermittlung der Dicken einzelner Schichten des Oberbaus) genannt werden.

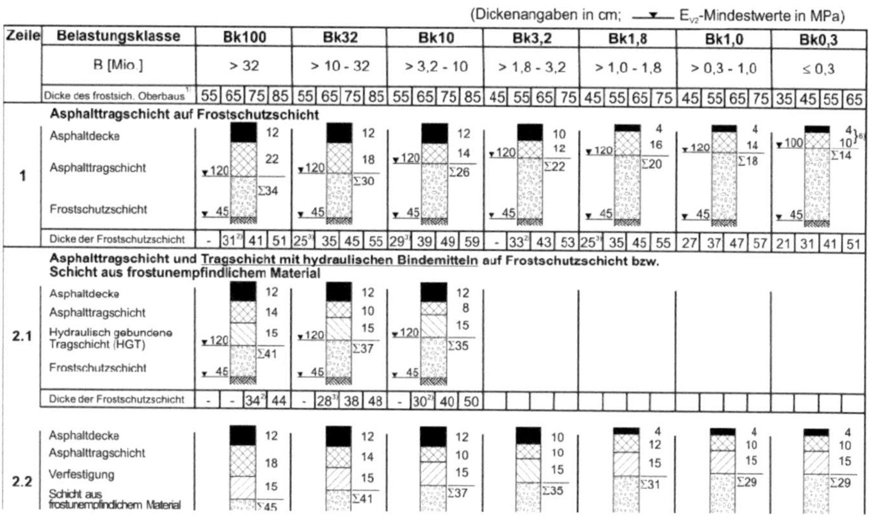

Abbildung 84: Beispiel für die Bemessung der Oberbaubauweise mit Asphaltdecke auf F2- und F3-Untergrund/ Unterbau (FGSV, FGSV 2070 2013)

Als Beispiele für eine Änderung der Querschnittsparameter vertikal zur Achse unabhängig von den Eingangsgrößen können wieder die Ingenieurbauwerke (Tunnel und Brücke) sowie die Bauweisen des Oberbaus (Oberbau mit Betondecke oder Asphaltdecke; davon sind die Dicken der einzelnen Schichten des Oberbaus abhängig) genannt werden.

Ähnliche Variierung der Querschnittsparameter (vertikal und quer zur Achse) gibt es bei der Planung von Eisenbahnstrecken (vgl. Abbildung 85). Hierbei gibt es eine Änderung der Querschnittsparameter vertikal zur Achse unabhängig von den Eingangsgrößen aufgrund der Änderung der Oberbauform von SchO zu FF. Eine vertikale Änderung der Querschnittsparameter würde es auch im Bereich des Tunnels und des BÜ sowie im Bereich der Brücke geben. Des Gleichen betrifft die Änderung der Querschnittsparameter quer zur Achse. Eine Änderung der Querschnittsparameter quer und vertikal zur Achse in Abhängigkeit von den Eingangsgrößen dürfte es geben, solange sich die Geschwindigkeit ändern würde.

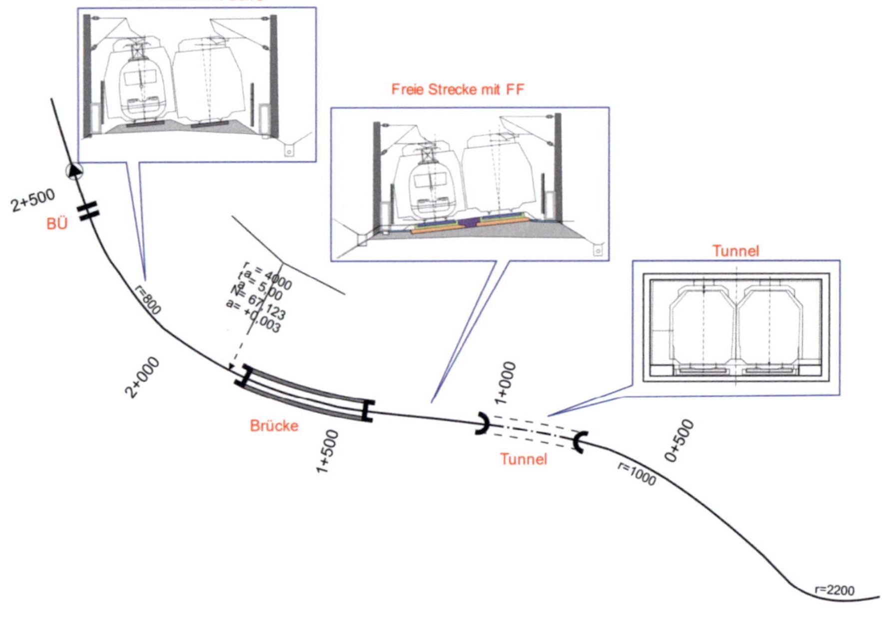

Abbildung 85: Beispielhafte Darstellung einer Eisenbahnstrecke mit sich ändernden Querschnittsparametern (auf dem Bild nicht explizit mitdargestellt) quer und vertikal zur Achse

Tabelle 11 zeigt eine Tabelle, anhand welcher die Fahrbahnhöhe primär in Abhängigkeit von der Geschwindigkeit gemäß der Richtlinie (DB Netz AG, Ril 800.0130 2018) der DB AG bestimmt wird. Die Höhe der Fahrbahn ist dabei der vertikale Querschnittsparameter, welcher primär von der Eingangsgröße Geschwindigkeit abhängig ist.

	Fahrbahnmessungen [m]	
	$v_e \leq 200$ km/h	$v_e > 200$ km/h
Fahrbahnhöhe		
bei Schotterbett	0,70	0,76
bei Fester Fahrbahn	0,50 bis 0,70	0,50 bis 0,71
in schwach belasteten Gleisen	0,60	

Tabelle 11: **Bestimmung der Fahrbahnhöhe nach Ril 800.0130 (DB Netz AG 2018)**

Auch die Querschnittsparameter quer zur definierten Achse sind von bestimmten Eingangsgrößen abhängig und variieren dementsprechend (siehe Tabelle 12).

Strecken-Kategorie	Entwurfs-geschwindig-keit [km/h]	Gleisab-stand [m]	Abstand Gleismitte/ Planums-breite [m]	Planums-breite (bei u = 0) [m]
Ausbau-strecken	$v_e \leq 160$	4,00	3,30	10,60
Ausbau-strecken	$160 < v_e \leq 200$	4,00	3,80	11,60
Neubau-strecken	$v_e \leq 300$	4,50	3,80	12,10
S-Bahnen	$v_e \leq 120$	3,80	3,20	10,20

Tabelle 12: **Querschnittselemente quer zur Achse in Abhängigkeit der Geschwindigkeit und Streckenkategorie für eine 2-gleisige Eisenbahnstrecke (DB Netz AG, Ril 800.0130 2018)**

Anhang XI: Anwendungsfälle Graphendatenbank

GDB werden neben dem Verkehr beispielsweise auch im Finanzwesen bei der Netzwerkanalyse zur Ermittlung der Eigentumsverhältnisse sowie auch bei der Betrugserkennung, in Kommunikationsnetzwerken und beim Identitätsmanagement angewandt. Moderne Betrüger entwickeln heutzutage sogenannte Betrugsringe, bestehend aus gestohlenen bzw. gefälschten Identitäten. Diese Ringe können nicht anhand einzelner Datenpunkte wie zum Beispiel bestimmte Konten, Personen oder IP-Adressen aufgedeckt werden. Mit Hilfe von GDB können die Verbindungen zum Beispiel zwischen den Personen, Konten und IP-Adressen, betrachtet und somit schwer zu erkennende Muster aufgedeckt werden (Neo4j 2020), (Temme 2016a), (Temme 2016b). In (Hensel 2017) wird über den Anwendungsfall zur strukturierten Darstellung von Rohdaten der Steuertrickser in der GDB von Neo4j berichtet, mit dem Ziel der späten Auswertung der Daten durch die Journalisten.

Die GDB finden ihre Anwendung auch in der Biologie und Pharmazie, da hier eine so große Artenvielfalt vorherrscht, dass ohne sie ein Forschen oftmals nicht mehr möglich ist (Ungermann 2018). Demnach werden in die DB z. B. biologische Zusammenhänge, medizinisch untersuchten Genen, Krankheiten und Wirkstoffe aus Millionen von Studien und Forschungen zusammengeführt. Beispielhaft wurden in Deutschland mittels der GDB neue Therapien und Präventionsmaßnahmen gegen Diabetes entwickelt (Lederle 2018), (Möller 2019), (Rüdiger 2018). GDB werden in den USA auch zur Senkung der Kosten im Gesundheitswesen bei gleichzeitiger Verbesserung der Versorgungsqualität eingesetzt. GDB sind z. B. bei den Gesundheitsorganisationen gefragt, um die Krankheitsverläufe abzubilden. Auch in der Chemie werden GDB eingesetzt und finden dort ihre Verwendung (hier: Abbildung von Molekülketten) (Neo4j 2021b), (TigerGraph 2021b). In der Biologie wird z. B. die GDB von Neo4j verwendet, um die biologischen Daten zu organisieren, welche in der Zukunft zur Entwicklung neuen Medikamenten genommen werden sollen (Neo4j 2021c). Weitere Anwendungsfälle in der Medizin, Biologie, im Gesundheitswesen und anderen Sachgebieten finden sich in (Angles und Gutierrez 2008), (Rüdiger 2018), (Huang, et al. 2002), (Jarasch 2020), (Miller 2013), (Neo4j 2021a), (Neo4j 2021d), (Pareja-Tobes, et al. 2015), (Riedl 2020), (TigerGraph 2022a), (Zhao, Hong und Shi 2019).

In (Schiebeck, et al. 2015) wird ein GDB-basiertes Modell zur Durchführung von Risikoanalysen an IT-Infrastrukturen der Unternehmen, Behörden oder anderen Organisationen zur Identifikation von Sicherheitslücken vorgestellt, welche für die APT (Advanced Persistent Threat; deutsch: fortgeschrittene andauernde Bedrohung)-Angriffe ausgenutzt werden.

Das GDB-basierte Risikomanagement findet ihre Anwendung auch in Logistiknetzwerken der Unternehmen (Leveling, et al. 2014).

NASA verwendet GDB im Projektmanagement zum Ablegen der Unterlagen aus den vergangenen und laufenden Projekten (Archivierung), umso das über die Jahre erworbene Wissen strukturiert zu archivieren ((Heinrichsmeyer 2020) mit Verweis auf (Zagalsky 2019)).

Es gibt noch weitere Anwendungsfälle einer GDB, wie z. B. KI, Big Data[28], verarbeitende Gewerbe, Forschung in der Informatik (Amann und Scholl 1992), (Hodler, Needham und Graham 2021), (Humboldt-Universität zu Berlin 2021), (Kim, et al. 2021), (Percuku, Minkovska und Stoyanova 2017), (Sheth, et al. 2005).

[28] Zum Begriff Big Data existiert aktuell keine einheitliche, genormte Definition (vgl. z. B. (Al-Mekhal und Khwaja 2019), (Mohammed, T. Humbe und S. Chowhan 2016)), so dass im Rahmen dieser Arbeit im Weiteren statt Big Data der Begriff „real erfasste Daten“ verwendet wird.

Anhang XII: Graphendatenbanken im BIM Hochbau

In Bezug auf die GDB liefen bereits im Hochbau erste Versuche, z. B. zur automatischen Umwandlung von IFC-Modellen und -Schemata in einen Graphen, um so die Möglichkeit der Graphentheorie zur Steuerung, Analyse und Visualisierung von umfangreichen Informationen aus den BIM-Modellen zu erforschen. Darüber hinaus wurden die Möglichkeit und Eignung der Graphentheorie zur Abbildung von topologischen Beziehungen innerhalb der BIM-Modelle untersucht und analysiert (Ismail, Nahar und Scherer 2017), (Ismail, Strug und Slusarczyk 2018).

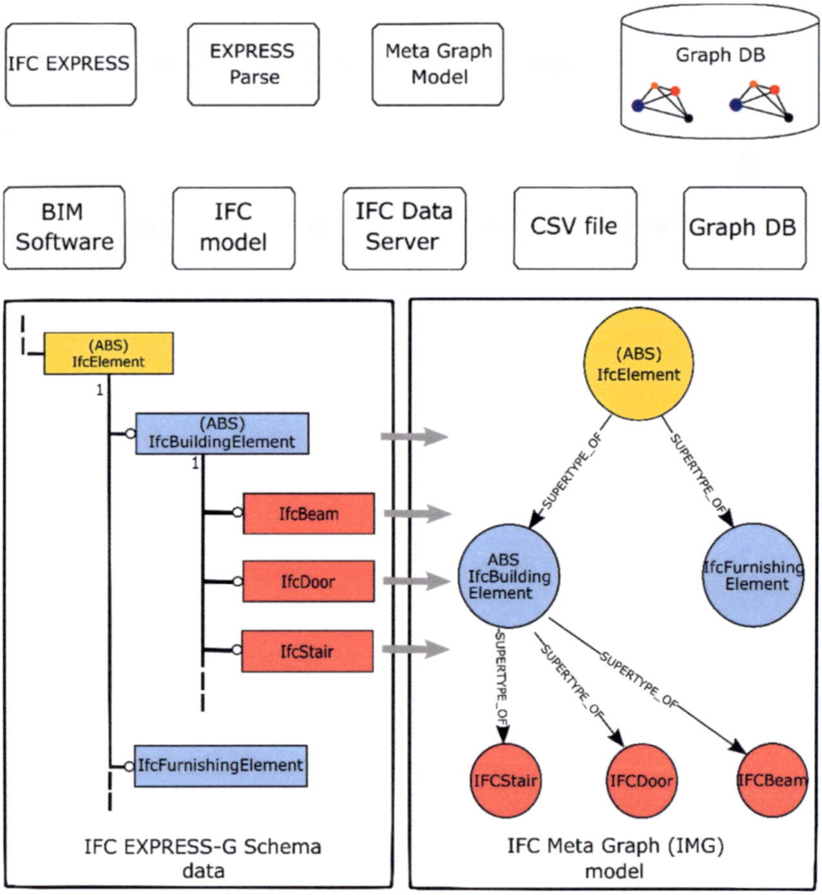

Abbildung 86: Schematischer Prozessablauf beim Umwandeln eines IFC-Modells in ein IFC-basiertes Graphmodell (Ismail, Nahar und Scherer 2017)

Weitere, ähnliche BIM-AWF unter Zuhilfenahme einer GDB finden sich in (Borrmann und Rank 2009), (Braun,et al. 2015), (Braun, et al. 2020), (Daum und Borrmann 2014), (Daum, et al. 2014), (Daum und Braun 2014), (Esser, Vilgertshofer und Borrmann 2021), (Isaac, Sadeghpour und Navon 2013), (Khalili und H Chua 2015), (Langenhan, et al. 2013), (Lee und Kwan 2005), (CMS 2021), (Mösl 2019), (Tauscher, Bargstädt und Smarsly 2015), (van Treeck und Rank 2006).

In (Mösl 2019) wird in Verbindung mit (CMS 2021) ein Ansatz zur Abbildung der 4D BIM-Modelle in einem Graphen (PRG Precedence Relationship Graph bzw. ein sogenannter Vorrangbeziehungsgraph) vorgestellt, um dadurch die Informationen bzgl. der Topologie, Richtung und Zeit zu gewinnen und gezielt danach abfragen zu können. Realisiert wird der Ansatz mittels von speziell entwickelten geometrischen Algorithmen und räumlichen Indizierungstechniken. Das 4te Element – die Zeit des 4D BIM-Modells – zum entwickelten Ansatz, wird anschaulich in (Daum und Braun 2014) präsentiert.

In (Daum und Braun 2014) wurde eine Methode zur automatischen Generierung eines vorläufigen Terminplans unter Berücksichtigung von technologischen Randbedingungen entwickelt, welcher anschließend von den Planern als Grundlage für die feinere Terminplanung genommen werden kann. Der Ablauf der automatischen Generierung des Terminplans läuft in drei Schritten ab: 1. Identifizierung der Abhängigkeiten zwischen den Bauteilen mit Hilfe der räumlichen Abfragesprache QL4BIM (hier: Auswertung der Topologie und direktionalen Ausrichtung von Bauteilen), 2. Ableitung des sogenannten Precedence Relationship Graphen (hier: Knoten ist ein Bauteil, Kanten sind die technologischen Abhängigkeiten einzelner Bauteile zueinander (vgl. Abbildung 87)), 3. Erstellung des vorläufigen Terminplans aus dem zuvor generierten Graphen. Die generelle Eignung von GDB zur Abbildung der Topologie von BIM-Modellen wird in (Isaac, Sadeghpour und Navon 2013) untersucht.

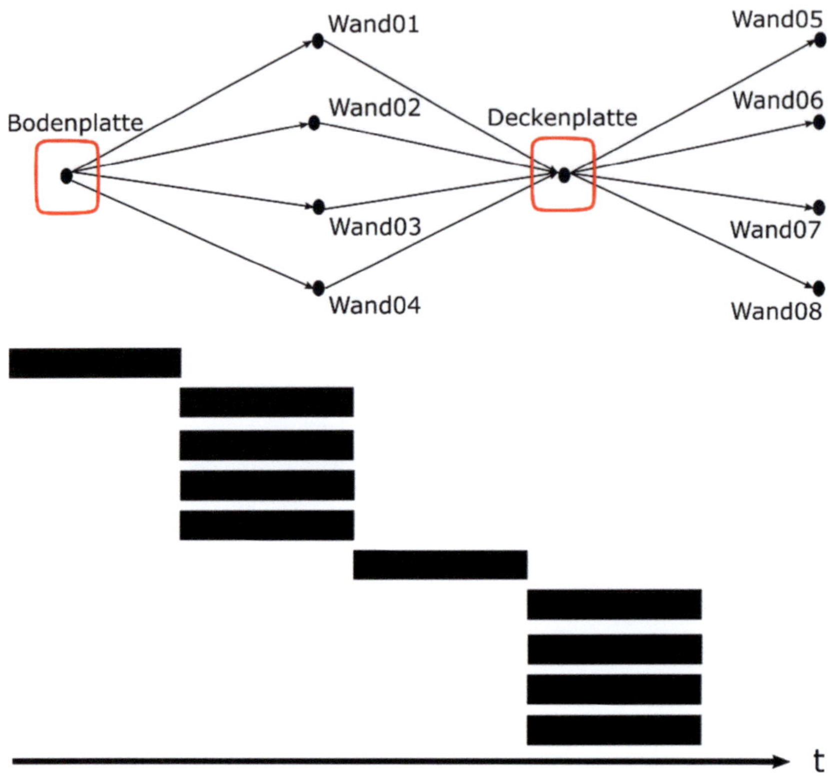

Abbildung 87: Schematische Darstellung von technologischen Abhängigkeiten als Vorrangbeziehungen in Form eines Graphen am Beispiel eines Gebäudes und Ableitung daraus des Terminplans als Gantt-Diagramm (Daum und Braun 2014)

Bei der Abfragesprache (auch mit IFC-Queries oder BIM-Queries bezeichnet) geht es darum, aus der komplexen IFC-Datei die Fall bezogenen Informationen herauszufiltern und strukturiert darzustellen. Um den manuellen Aufwand beim Zusammenstellen der erforderlichen Daten/ Informationen zu reduzieren, wurden deshalb unterschiedliche Queries (z. B. EXPRESS-X, EQL, PMQL, GMSD, BimQL, QL4BIM) entwickelt (vgl. z. B. (Daum und Borrmann 2014), (Tauscher, Bargstädt und Smarsly 2015)).

Ein BIM-Modell bzw. eine IFC-Datei setzt sich aus vielen Klassen und Beziehungen zusammen, welche man in Form eines gerichteten Graphen (hier: Knoten stellen die Instanzen der Klassen, die Kanten die Beziehungen dar) darstellen kann (Tauscher, Bargstädt und Smarsly 2015). (Tauscher, Bargstädt und Smarsly 2015) stellt einen generischen Ansatz zur Abfrage nach den Informationen aus einer IFC-Datei basierend auf der Graphentheorie (auch das Abfragekonzept basiert auf der Graphentheorie). Im Gegensatz zu den Ansätzen nach (Daum und Borrmann 2014), (Daum, et al. 2014), (Daum und Braun 2014), (CMS 2021) sind bei diesem Ansatz keine besonderen Kenntnisse erforderlich.

Ein Graph kann auch unter Zuhilfenahme der photogrammetrischen Punktwolken zur Baufortschrittsüberwachung verwendet werden (Braun,et al. 2015).

Die Verbesserung der zuvor genannten Methoden zur Fortschrittüberwachung beim Bau eines Gebäudes wird in (Braun, et al. 2020) vorgestellt. Hierbei wurde neben der Weiterentwicklung der bereits vorhandenen Methoden auch diese stark miteinander kombiniert (hier: Graphentheorie mit dem PRG, Deep Learning, CV, SfM etc.), um so den Workflow der automatisierten Baufortschrittsüberwachung voranzubringen.

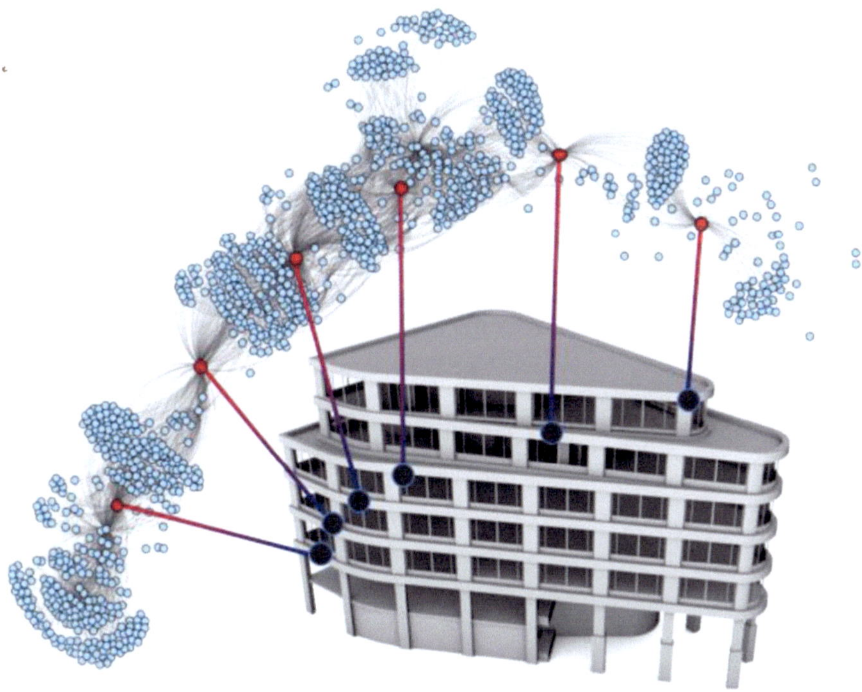

Abbildung 88: Erstellter Prioritätsbeziehungsgraph zum Anwenden für die Baufortschrittsüberwachung (Braun,et al. 2015)

In (Daum, et al. 2014) wird der Anwendungsfall in Form der Nutzung eines alten BIM-Modells als Referenzlösung bzw. -wissen für das neue zu planende Gebäude in einer früheren Phase unter Ausnutzung der QL4BIM Abfragesprache vorgestellt, um so den Planern eine Hilfestellung in Bezug auf die möglichen Konfigurationen der Grundrisse inkl. Trennung und Verbindung der Räume zu bieten und dadurch den Entwurfsprozess zu vereinfachen. Zu diesem Zweck wird die IFC-Datei eines bereits vorhandenen BIM-Modells geschossweise in den sogenannten Gebäude-Fingerabdruck (wiedergibt die Hauptmerkmale eines bereits geplanten Gebäudes) überführt, welcher die Topologie in Form von Nachbarschaftsbeziehungen (Nachbarschafts- bzw. Adjazenzgraph) und Zugänglichkeitsbeziehungen (Zugänglichkeitsgraph) zwischen den einzelnen Räumen des betrachteten Geschosses abbildet.

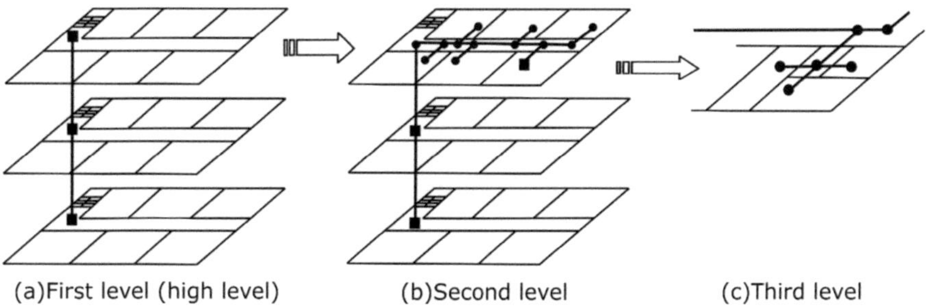

Abbildung 89: Hierarchische Abbildung eines Netzwerkes innerhalb eines Gebäudes (Lee und Kwan 2005)

Über die Methoden sowie die dazu entwickelten Algorithmen, und die Möglichkeiten der QL4BIM wird ausführlich in (Daum und Borrmann 2014) diskutiert. Mit derselben Aufgabe befasst man sich in (Langenhan, et al. 2013), jedoch unter Zuhilfenahme anderer Methoden wie z. B. das KI. Die automatische Ableitung von topologischen Beziehungen der BIM-Modelle einer IFC-Datei unter Zuhilfenahme eines eigens entwickelten Graphendatenmodells (GDM) und einer IFC basierten Algorithmus werden ebenfalls in (Khalili und H Chua 2015) erforscht und soll im Gegensatz zu den früheren Untersuchungen in (Borrmann und Rank 2009), (Lee und Kwan 2005), (van Treeck und Rank 2006) aufgrund der fehlenden Nachbarschaftsbeschränkungen zwischen den betrachten Elementen deutliche Verbesserungen bringen (Khalili und H Chua 2015).

In BIM stellt die gute Kommunikation und Zusammenarbeit zwischen allen Projektbeteiligten eine zentrale Rolle dar. Dies erfordert eine effiziente Informationsübermittlung bzw. -bereitstellung, zu dem u. a. die Aktualisierung der BIM-Modelle gehören.

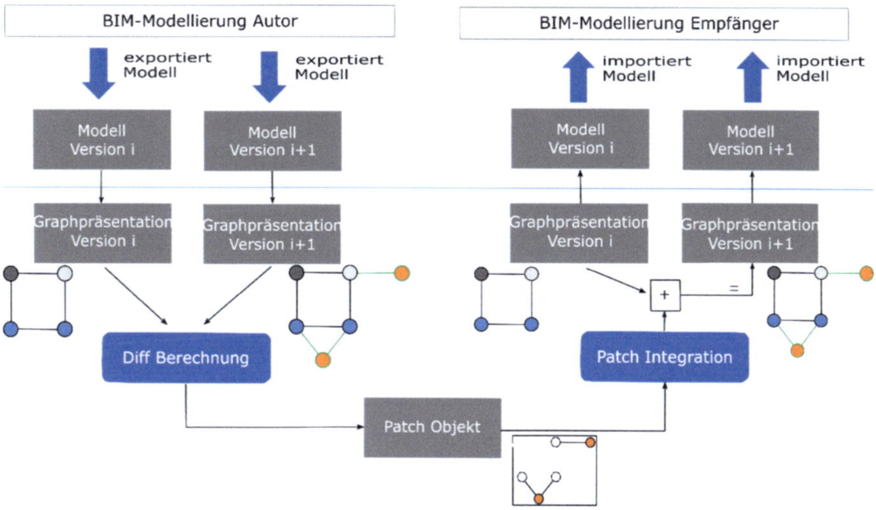

Abbildung 90: Ablauf der Graphen-basierten Versionierung der BIM-Modelle in der Gemeinsamen Datenumgebung (Esser 2021)

Das Einsetzen der Graphentheorie zum Datenaustausch von aktualisierten BIM-Modellen in der Gemeinsamen Datenumgebung stellt die neuste Entwicklung in der BIM-Technologie dar. Zu diesem Zweck werden sowohl das bereits veraltete BIM-Modell als auch das aktualisierte Modell in ein Graphen-Metamodell als Instanzmodell (bzw. Instanzgraph) transformiert und mittels der Graphenvergleichsalgorithmen miteinander verglichen (Änderungen wie hinzugefügte neue Instanzen, Löschen vorhandener Instanzen, Änderungen zwischen zwei Instanzen) – Berechnung der Graphendifferenz. Bis jetzt wurden die Modelle in der Gemeinsamen Datenumgebung auf der Ebene reiner Dateiverwaltung realisiert. Hierbei wurden die BIM-Modelle ausgetauscht (hier: Datei-basierter Datenaustausch gemäß (DIN, DIN EN ISO 19650-1 2019)), wodurch die Änderungen (welche zum Teil marginal ausfallen können) nicht nachverfolgt bzw. nur durch manuellen Aufwand identifiziert werden können. Bei dem in (Esser 2021), (Esser, Vilgertshofer und Borrmann 2021) vorgestellten Ansatz werden dagegen nur die geänderten Informationen (hier: Objekte und/ oder Attributinformationen) in das bereits vorhandene BIM-Modell übertragen. Im Grunde werden die Topologie und die im BIM-

Modell hinterlegten Attributdaten der beiden Versionierungen miteinander verglichen (vgl. auch Abbildung 90).

Anhang XIII: Verkehrsträger

Verkehrsträger Schiene gemäß BOStrab, PBefG und in Form von NE

Der umgesetzte (E)DCC-Modellansatz lässt sich ohne Probleme auf Straßenbahnen, Untergrundbahnen bzw. Metros, Hochbahnen und andere ähnliche Verkehrsarten des Schienenverkehrs übertragen. Das Gleiche gilt für die NE. Am besten lässt sich das anhand des Verlaufes der Fahrbahn und der Zusammensetzung des Fahrwegaufbaus erklären. So besteht zum Beispiel die Trasse solcher Verkehrssysteme aus denselben Trassierungselementen wie die Eisenbahninfrastruktur, namentlich Gerade, Klothoide und Kreisbogen. Das Gleiche gilt aber auch für die Trassierungsparameter, welche die zulässige Geometrie der Trasse bestimmen. Die Trassierungsparameter besitzen allerdings teilweise andere Grenzwerte bzw. Wertebereiche sowie von den im Eisenbahnwesen abweichenden Formeln, was aber an dem Grundprinzip der Trassierung nichts ändert (BLFABOStrab 2014), (SSB 2010), (VDV, VDV 612 2018), (BOStrab 2019). Auch der Fahrweg hat einen ähnlichen Aufbau. In Abbildung 91 wird der Aufbau eines Bahnkörpers einer Straßenbahn und NE dargestellt, welcher dieselben Systemkomponenten bzw. Bauteile wie Schienen, Befestigungssysteme mit Kleineisen, Schwellen usw. besitzt.

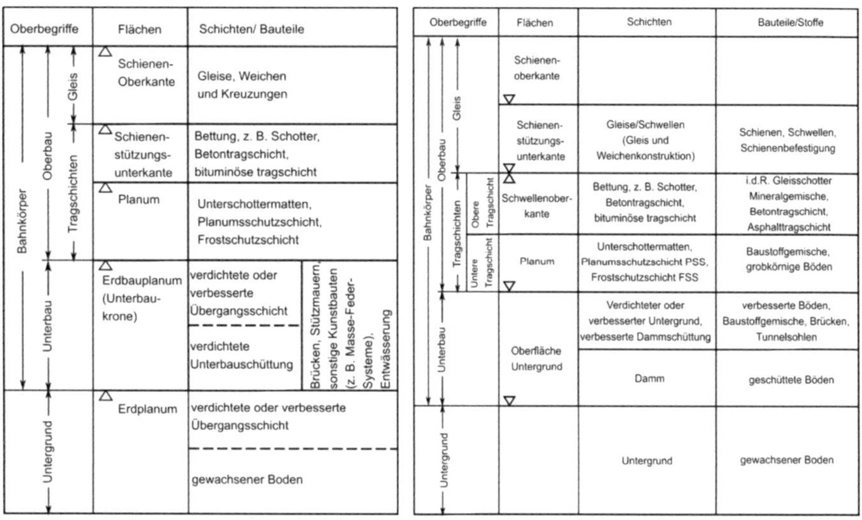

Abbildung 91: Bahnkörperaufbau gemäß VDV 612 (VDV 2018) (rechtes Bild) und VDV 600 (VDV 2009) (linkes Bild)

Der Bahnkörper der betrachteten Verkehrsträger bestehet aus den Teilsystemen Oberbau und Unterbau/ Untergrund. Deren Ausdehnung findet entlang der Gleisachse oder Streckenachse, der Trasse im Grund- und Aufriss folgend, statt (VDV, VDV 604 1995), (VDV, VDV 612 2018), (VDV, VDV 600 2009). Auch wenn es nach (VDV, VDV 604 1995), (VDV, VDV 612 2018) und (VDV, VDV 600 2009) auf den ersten Blick teilweise gravierende, von den einer Eisenbahn abweichende Oberbauarten und -formen gibt, ändert das am Prinzip einer schichtweise aufgebauten Schienenfahrbahn nichts. Die Fahrbahn besteht aus denselben Oberbauanlagenteilen Gleis, Weichen, Kreuzungen und kann, genauso wie die Fahrbahn einer bundeseigenen Eisenbahn (EdB), bauliche Anlagen wie Tunnel, Brücken und Bahnübergänge u. ä. enthalten (zusammen mit Fahrweg bezeichnet).

Im Grunde liegt der Unterschied zwischen einer EdB und NE sowie Straßenbahn nur in der anderen Ausprägung der Eigenschaften (Parameter und Attribute), welche sich in der nach dem (E)DCC-Modellansatz aufgebauten DB unmittelbar realisieren lässt.

Verkehrsträger Straße

Der (E)DCC-Modellansatz kann ebenfalls auf den Verkehrsträger Straße angewandt werden und zwar unabhängig davon, ob die Entwurfsaufgabe auf eine innerörtliche oder außerörtliche Lage der Straße bezogen werden soll. Ein Straßenkörper setzt sich wie ein Bahnkörper eines Schienenweges aus vielen Schichten zusammen und lässt sich deshalb mittels des (E)DCC-Modellansatzes nach dem gleichen Schema diskretisieren, kategorisieren und charakterisieren (siehe Abbildung 92).

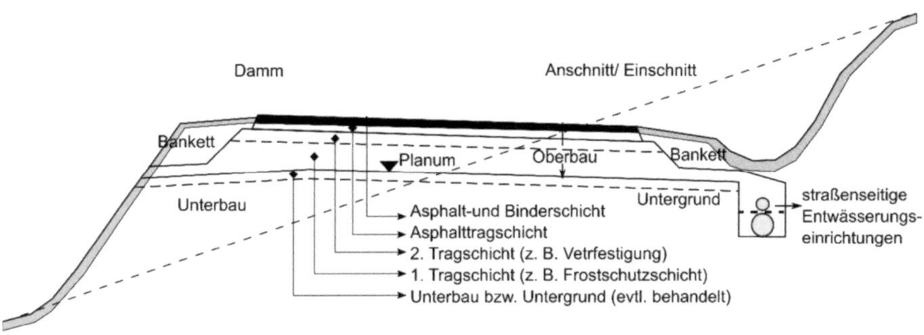

Abbildung 92: Aufbau des Straßenkörpers gemäß FGSV 599 (FGSV 2009)

Die Datensätze mit den zwischen ihnen bestehenden Abhängigkeiten lassen sich leicht in Form von Knoten und Kanten in der DB modellieren, und die Eigenschaften können mittels Attributen und Parametern entweder nach den gültigen Vorschriften, wie zum Beispiel (FGSV, FGSV 201 2012), (FGSV, FGSV 202 2008), (FGSV, FGSV 200 2006), (FGSV, FGSV 539 2005), (FGSV, FGSV 499 2012), (FGSV, FGSV 498 2009), (FGSV, FGSV 497 2009), oder individuell nach den nicht kodifizierten Vorschriften beschrieben werden. Dasselbe gilt für den Trassenverlauf. So setzt sich die Trasse im Grunde aus denselben Trassierungselementen und -parametern zusammen. Genauso wie im Fall der Straßenbahn und NE liegt der Unterschied in der anderen Grenzwertbetrachtung und in teilweise abweichenden Methoden und Verfahren.

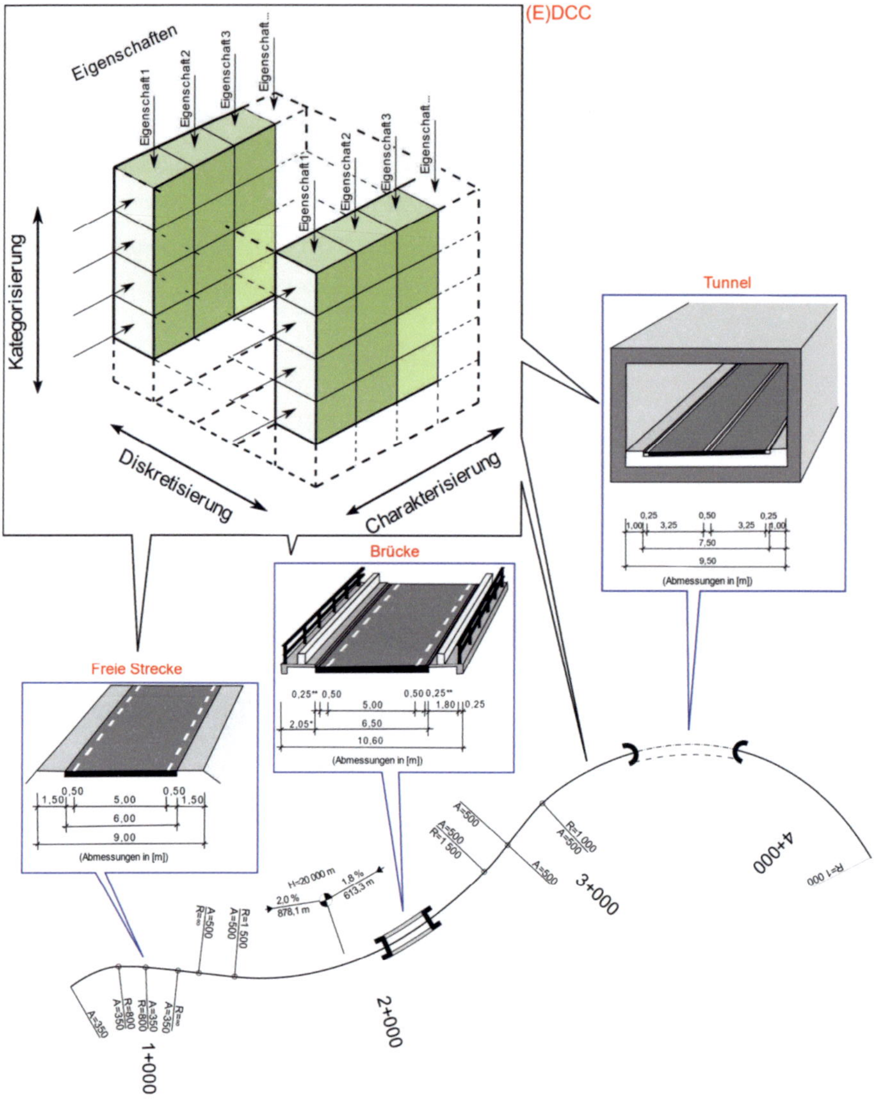

Abbildung 93: Übertragung des (E)DCC-Modellansatzes auf den Verkehrsträger Straße unter Berücksichtigung von FGSV 201 (FGSV 2012)

Abbildung 93 veranschaulicht beispielhaft die Übertragung der Grundidee des (E)DCC-Modellansatzes auf die Planung und den Entwurf von Straßen, wo die datenbankbasierte Linienführung der zu planenden bzw. abzubildenden Straße streckenbezogen mit den datenbasierten Modellelementen in Form von Infrastrukturobjekten/ Entwurfselementen inkl. baulicher Anlagen wie Tunnel und Brücken der EKL 4 nach (FGSV, FGSV 201 2012) aus der DB realisiert wird. Als weiteres Beispiel, neben dem Trassenverlauf des Fahrweges und dessen Dimensionierung im Querschnitt, lässt sich die Übertragbarkeit des (E)DCC-Modellansatzes anhand der Dimensionierung von Entwässerungsanlagen (EA) und der in der Planung von Verkehrswegen üblichen stufenweisen Kostenermittlung veranschaulichen.

Die Kostenermittlung der Straßenplanung läuft nach (BMVI, AKVS 2014) ab, welche einen ähnlichen Aufbau wie bei der Ermittlung der Kosten der DB AG nach (DB Netz AG, Ril 808.0210 2016) hat. Die EA bei der DB AG und in der Straßenplanung bzw. im Straßenbau werden nach denselben Methoden und Verfahren gemäß bzw. in starker Anlehnung an (FGSV, FGSV 539 2005) und (FGSV, FGSV 599 2009) dimensioniert, wobei bei der DB AG zusätzlich (DB Netz AG, Ril 836 2019) zwingend zu berücksichtigen ist. Es lassen sich auch weitere Beispiele nennen, wie die Lage bzw. der Verlauf des Straßenkörpers in Bezug auf das Gelände (hier: Anschnitt, Dammschnitt oder Einschnitt sowie Geländegleiche).

Verkehrsträger Luftverkehr

Da die Flugplätze bzw. Flughafenflächen mit den dazu gehörigen Flugbetriebsflächen, Straßen, Parkflächen für Flugzeuge, Servicefahrzeuge und Busse sowie Zufahrtsstraßen im Grunde denselben Aufbau wie der Straßenkörper (siehe auch Abbildung 92) aufweisen, kann der (E)DCC-Modellansatz auf die Planung und den Entwurf von Flughäfen übertragen werden. *„Bei Flugbetriebsflächen wird nach denselben Konstruktionsprinzipien und mit den gleichen Werkstoffen wie im Straßenbau gearbeitet.“* (Deutscher Asphaltverband e. V. (dav) 2012) Es gibt zwar im Gegensatz zu den konventionellen Straßenverkehrsflächen in Hinblick auf die konstruktive Auslegung sowie Ausführung, z. B. auf Grund von besonderen punktuellen und dynamischen Verkehrslasten und Beanspruchungen aus Witterung sowie Belastung der Verkehrsflächen durch Flächenenteisungs- und Flugzeugenteisungsmittel gewisse Unterschiede, dennoch erfolgt die Festlegung der Schichtabfolge und -dicken (Dimensionierung) der Befestigungen u. a. nach den aus der Straßenplanung bzw. aus dem Straßenbau bekannten FGSV-Regelwerken wie (FGSV, FGSV 928 2005), (FGSV, FGSV 420 2012), (FGSV, FGSV 499 2012), (FGSV, FGSV 498 2009), (FGSV, FGSV 497 2009), (FGSV,

FGSV 599 2009), (FGSV, FGSV 799 2013), (FGSV, FGSV 698 2007) u. v. m. in Verbindung mit den ICAO-Richtlinien zum Bauen und Instandhalten von Flugbetriebsflächen. Auch die Linienführung sowie der Gradientenverlauf wird nach den bereits bekannten Methoden und Verfahren ermittelt.

Anhang XIV: Entwurfsvorgänge bei einem innerörtlichen Straßenentwurf

Bei einem innerörtlichen Straßenentwurf gibt es nach (FGSV, FGSV 200 2006) zwei Entwurfsmethoden, welche die Namen „Geführter Entwurfsvorgang“ und „Individueller Entwurfsvorgang“ tragen. Bei dem „Geführten Entwurfsvorgang“ wird die betrachtete Straße nach der Analyse hinsichtlich der verkehrlichen (wie Erschließungsfunktion, Verbindungsfunktion und Verkehrsbelastung) und städtebaulichen Aspekte (wie Gebietscharakter, Umfeldnutzungen und Aufenthalt sowie straßenräumliche Situation (Begrenzung, Breite, Verlauf)) einer sogenannten typischen Entwurfssituation zugeteilt, welche einer nach (FGSV, FGSV 121 2008) definierten Straßenkategorie zugeordnet ist. Zur Auswahl stehen dem Entwerfenden dazu insgesamt 12 typische Entwurfssituationen zur Verfügung. Ausgehend von der typischen Entwurfssituation wird unter Berücksichtigung der gegebenen Randbedingungen ein Straßenquerschnitt, eine Knotenpunktart sowie ein Übergang freie Strecke-Knotenpunkt vorgeschlagen.

Der „Individuelle Entwurfsvorgang“ geht dagegen direkt auf die individuellen Vorstellungen, Nutzungsansprüchen und Entwurfsvorgaben mittels des Verfahrens der städtebaulichen Bemessung ein, und daraus werden erforderliche Entwurfselemente der Straßenraumgestaltung abgeleitet. Bei dem Entwurf steht dem Planer eine gewisse Breite zur Verfügung, die nun in die Bereiche der Seitenräume und die verkehrlich erforderlichen Fahrbahnen unterteilt werden, wobei der Entwurf vom Rand aus beginnt („Straßenraumgestaltung vom Rand aus“). Hierbei werden als erstes die für die schwächeren Verkehrsteilnehmer (Bewohner, Besucher von Straßen, Fußgängerlängsverkehr, Radfahrer) inkl. Verweilflächen, Wirtschaftsflächen u. a. erforderlichen Breiten ermittelt und unter Einbeziehung der Gesamtstraßenraumbreite die städtebaulich mögliche Fahrbahnbreite abgeleitet. Im Fokus des „Individuellen Entwurfsvorganges“ steht also die schwerpunktmäßige Berücksichtigung der Seitenraumnutzer. Anschließend wird die städtebaulich mögliche Fahrbahnbreite der verkehrlich notwendigen Breite gegenübergestellt und einer Abwägung unterzogen. Das angestrebte Breitenverhältnis zwischen der Fahrbahn und den beidseitig neben der Fahrbahn liegenden Seitenräumen sollte dabei bei 30 : 40 : 30 liegen.

Zu beachten bei der Planung von innerörtlichen Straßen ist, dass die Restflächen bei beiden Entwurfsvorgängen immer dem Seitenraum (den schwächeren Verkehrsteilnehmern) zur Verfügung gestellt werden sollten, um so die „Dominanz“ des motorisierten Verkehrs einzudämmen, für höhere Verkehrssicherheit und somit für mehr eine stärkere Berücksichtigung der schwächeren Verkehrsteilnehmer sorgen. Ferner gilt es zu beachten, dass beide Entwurfsmodi von einer vorschriftenkonformen Planung ausgehen. Handelt es sich bei dem Projekt mit der gestellten Entwurfsaufgabe eher um einen standardmäßigen Fall, so greift man generell zu den empfohlenen Lösungen aus dem „Geführten Entwurfsvorgang“.

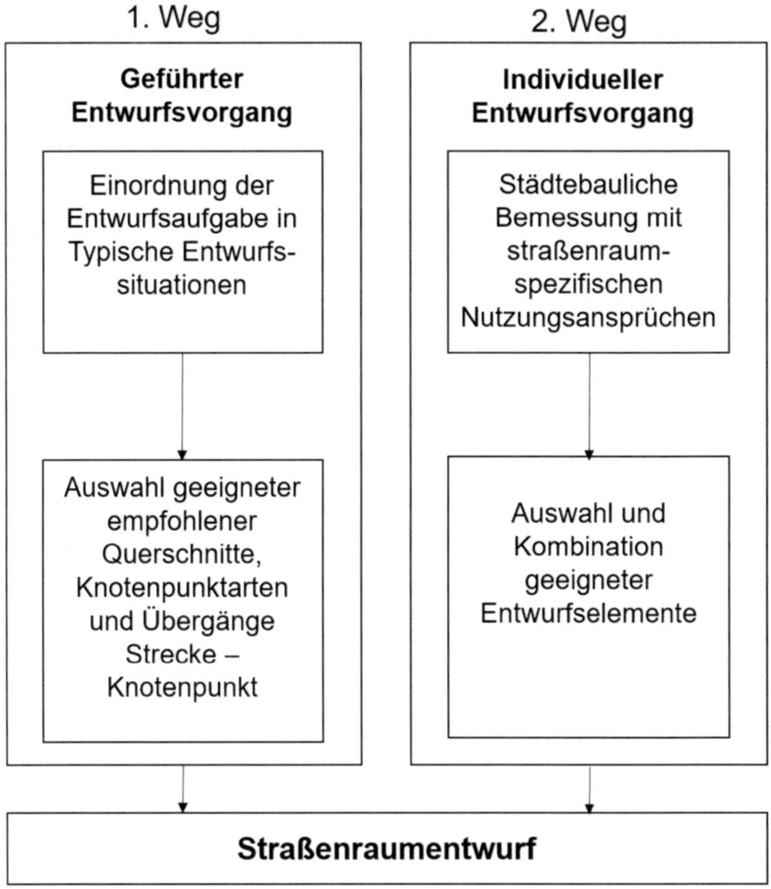

Abbildung 94: Zwei Entwurfsmodi bei einem innerörtlichen Straßenentwurf gemäß FGSV 200 (FGSV 2006)

Andernfalls, wenn das Projekt besondere Lösungen erfordert, wählt man eher den „Individuellen Entwurfsvorgang“. Der „Individuelle Entwurfsvorgang“ kommt ebenfalls in Frage, wenn der „Geführte Entwurfsvorgang“ keine passenden Querschnitte anbieten kann (FGSV, FGSV 200 2006).

Im Gegensatz dazu entspricht bei dem (E)DCC-Modellansatz nur der „Geführte Entwurfsvorgang“ einer Planung nach Vorschriften, wohingegen der „Individuelle Entwurfsvorgang“ eine von den Vorschriften abweichende Planungslösung vorschlägt.

Der geführte Entwurf (hier: „Geführter Entwurfsvorgang“) wird weiterhin streng nach den Gesetzen, Rechtsverordnungen, Richtlinien/ Regelwerken etc. durchgeführt, damit eine unkomplizierte und schnelle Lösungsfindung mit anwenderfreundlichen Tools ermöglicht wird, bei der der Arbeitsbereich der Vorschriften nicht überschritten werden darf. Der zweite, neue Entwurfsmodus ist der individuelle Entwurf (hier: „Individueller Entwurfsvorgang“), welcher nicht mehr unbedingt die Vorgaben der Vorschriften befolgt, sondern sich an über die Grenzen der Vorschriften hinweg neufestzulegenden Schranken orientiert, so dass der Planer nach seinen eigenen individuellen Ansprüchen von den bestehenden Vorschriften abweichende, benutzerdefinierte Einstellungen vornehmen und damit die gewünschten Auswertungen durchführen kann.

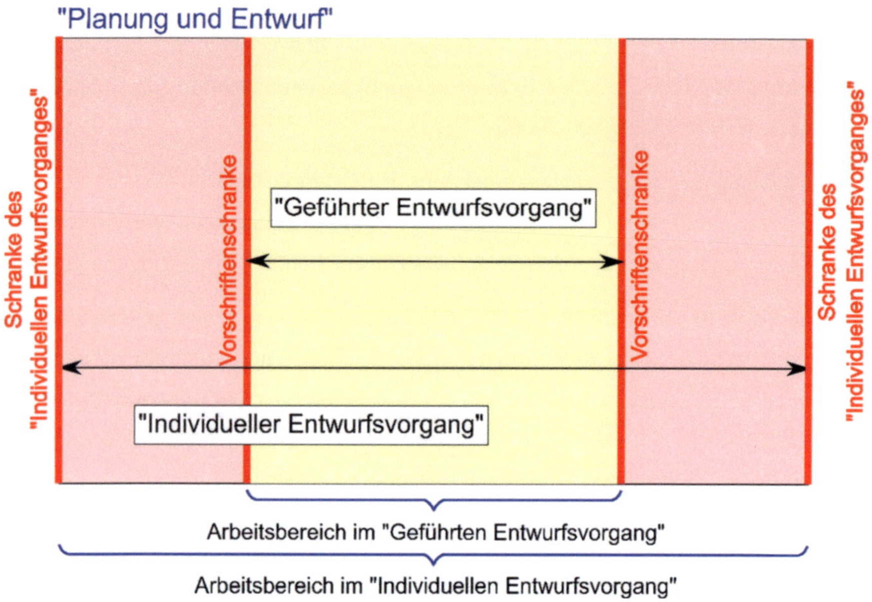

Abbildung 95: Planungsmethodik nach den neudefinierten „Geführten und Individuellen Entwurfsvorgängen“

Die Schranken des „Individuellen Entwurfsvorganges“ sind dabei sinnvoll zu wählen. Zum Beispiel kann das die für die Planung vorgesehene maximal zulässige Geschwindigkeit betreffen. Diese kann nicht beliebig hoch sein. Es ist nun möglich, aufgrund der aus der Planungsmaßnahme resultierenden besonderen Anforderungen manuell benutzerdefinierte Anpassungen entsprechend den besonderen Zielstellungen vorzunehmen. Die hierbei entstehenden unterschiedlichen Arbeitsbereiche in dem „Geführten Entwurfsvorgang“ und dem „Individuellen Entwurfsvorgang“ werden in der Abbildung 95 dargestellt. Diese Grafik verdeutlicht, wie stark sich der mögliche Arbeitsbereich im „Individuellen Entwurfsvorgang“ vergrößert und welche Möglichkeiten sich für den Entwerfenden daraus ergeben.

Die beiden Entwurfsvorgänge des innerörtlichen Straßenentwurfes gemäß (FGSV, FGSV 200 2006) sind dagegen in dem (E)DCC-Modellansatz über die sogenannten Vorschriftenfestlegungen implementiert und stehen dem Planer nur in dem „Geführten Entwurfsvorgang“ der Software PULTrack zur Verfügung (vgl. Abbildung 96).

Abbildung 96: Entwurfsvorgänge nach FGSV 200 (FGSV 2006) in Form von Vorschriftenfestlegungen in der Software PULTrack

Anhang XV: Planungsstufen und Projektphasen

lfd. Nr.	Aufgabe / Funktion	Projektbeteiligte: Bauherr (BH/AG)	Bauvorlageberechtigter	Projektleiter (PL)	Projekteinkäufer (PEK)	Fachplaner (Fpl)	Bauüberwacher (BÜB)	Inbetriebnahmeverantw.	Anlagenverantwortlicher	Abschnittsmanager (AM)	Koordination Betrieb/Bau	örtl. Betriebsdurchf./BzS	EBA / benannte Stelle	zu finden unter 809.
1	**Projektidee/Machbarkeitsstudie**													
1 01	Gesamtverantwortung Lph0	D												
	Prüfung z.B. bzgl. betrieblich/technischer Machbarkeit ggf. rechtliche Durchsetzbarkeit, andere Planungen/Strategien, Standort/Trassenvarianten, Behandlung nach TEIV/VV IST, NeiTech, wirtschaftliche Auswirkungen					M			M	D				**02 01** **1** (3)
1 02	ggf. Vertragsgrundlage für Projektidee	D			M									**02 01**
1 03		▲		M										**1** (4)
1 04	Projekt-Check 1 (nur bei Erweiterungs- und Rationalisierungsprojekten der Projektkategorie (A+B) durch Projektcontrolling der DB Netz AG	D								M				**02 01** **1** (5)
1 05	Projekteröffnung im kaufmännischen System veranlassen; Projekt mit Projektauftrag starten	D		M										**02 01** **1** (7)
2	**Grundlagenermittlung**													
2 01	Aufgabenstellung formulieren und abstimmen			M					M	D*				**02 01** **2** (1)
2 02	Vertragsgrundlage für Grundlagenermittlung	M		D	M									**02 01** **2** (2)
2 03	Grundlagenermittlung durchführen			D					M	M				**02 01** **2** (3)
3	**Vorplanung**													
3 01	Einholung des Vorplanauftrags / Veranlassung Einrichtung eines Planungsprojekts	M		D										**02 01** **3** (1)
3 02	bleibt frei													
3 03	Bennenung Inbetriebnahmeverantwortlicher	D						M						**01 01** **2** (7)
3 04	ggf. Vertragsgrundlage für Vorplanung	M		D	M									**02 01**
3 05	ggf. Verträge mit Dritten abschließen (z.B.	D												**3** (2)
3 06	Anforderung/Bereitstellung Bestandsplanunterlagen aus DB GIS/IZ-Plan			D										**02 01** **3** (7)
3 07	Quality Gate Vorplanung	M		D					M	M				**02 01** **3** (3)

Abbildung 97: Auszug zu den Projektphasen und Planungsstufen gemäß Ril 809 (DB Netz AG 2018)

Planungsstufen	Unterlagen	Übliche Verfahren	Leistungsphasen (Lph) nach HOAI und HVA F-StB
Bedarfsplanung	Bundesverkehrswegeplan/ Bedarfsplan (Bundesfernstraßen) Bedarfspläne auf Landes- bzw. Regionalebene und vergleichbare Pläne	Bundesverkehrswegeplanung vergleichbare Verfahren für Landes- und Kreisstraßen	
Vorplanung (nach RE)	Voruntersuchung	Raumordnungsverfahren Flächennutzungsplan Linienbestimmung	Grundlagenermittlung (Lph 1) Vorplanung (Lph 2)
Entwurfsplanung (nach RE)	Vorentwurf	technische und haushaltsrechtliche Prüfung (Gesehenvermerke) behördeninterne Genehmigungen	Entwurfsplanung (Lph 3)
Genehmigungsplanung (nach RE)	Feststellungsentwurf	Planfeststellungsverfahren Plangenehmigungsverfahren Bebauungsplanverfahren	Genehmigungsplanung (Lph 4)
Ausführungsplanung	Ausführungsentwurf/ Bauentwurf	bauaufsichtliche Freigabe	Ausführungsplan (Lph 5)

Tabelle 13: Planungsstufen gemäß FGSV 201 (FGSV 2012) mit Zuordnung zu den Lph nach Architektenkammer Nordrhein-Westfalen (2013)

Anhang XVI: Infrastrukturgestaltung gemäß DB Netz AG, Ril 413 (2013) der DB AG

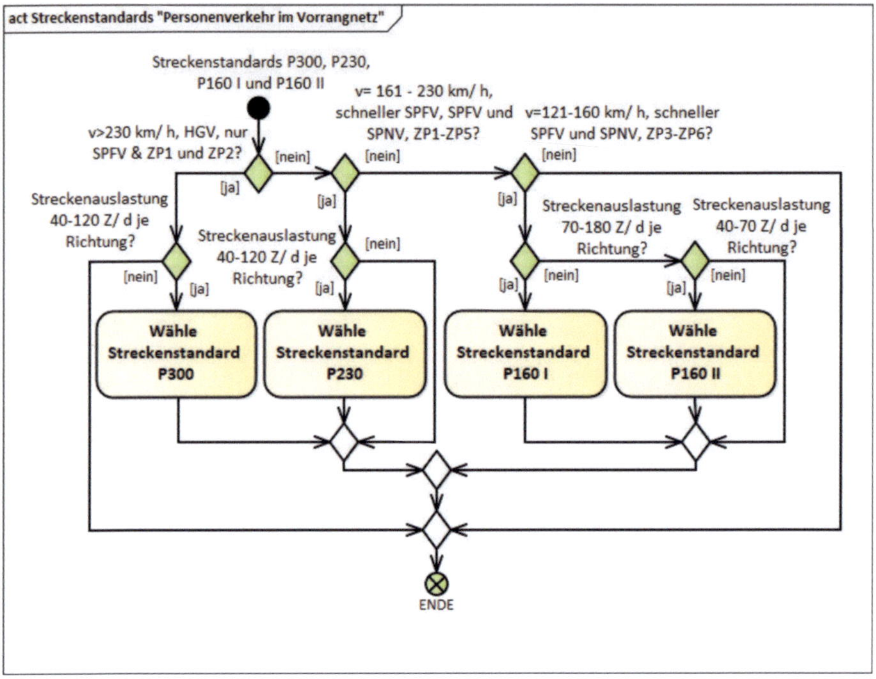

Abbildung 98: Einteilung einer Eisenbahnstrecke im Personenverkehr in die Streckenstandards innerhalb des Vorrangnetzes in Anlehnung an Ril 413 (DB Netz AG 2013)

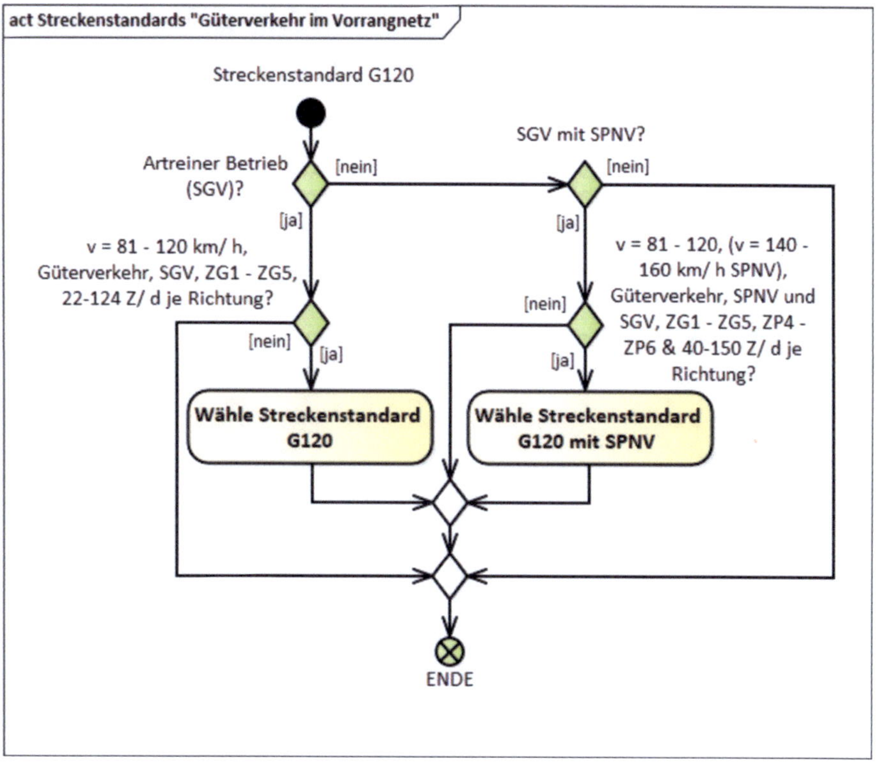

Abbildung 99: Einteilung einer Eisenbahnstrecke im Güterverkehr in die Streckenstandards innerhalb des Vorrangnetzes in Anlehnung an Ril 413 (DB Netz AG 2013)

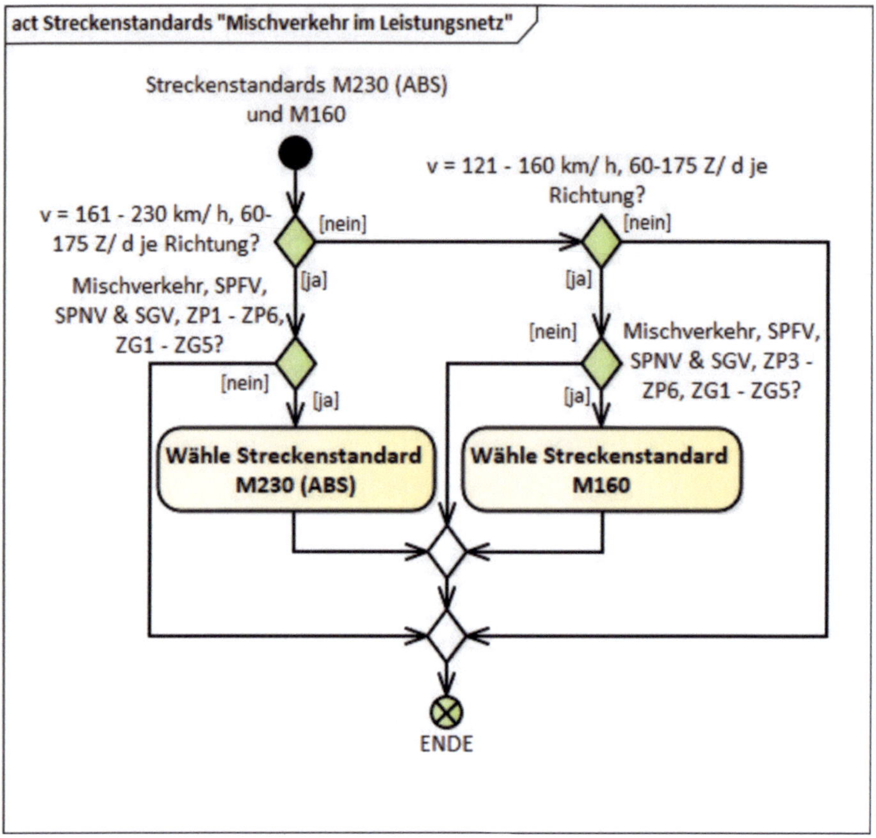

Abbildung 100: Einteilung einer Eisenbahnstrecke im Mischverkehr in die Streckenstandards innerhalb des Leistungsnetzes in Anlehnung an Ril 413 (DB Netz AG 2013)

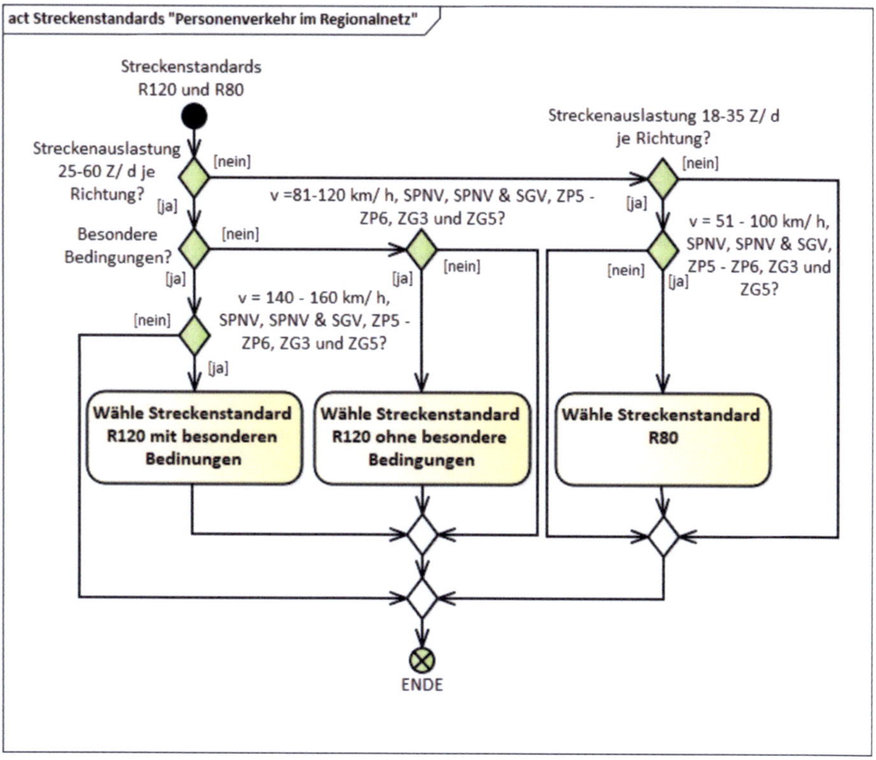

Abbildung 101: Einteilung einer Eisenbahnstrecke im Personenverkehr in die Streckenstandards innerhalb des Regionalnetzes in Anlehnung an Ril 413 (DB Netz AG 2013)

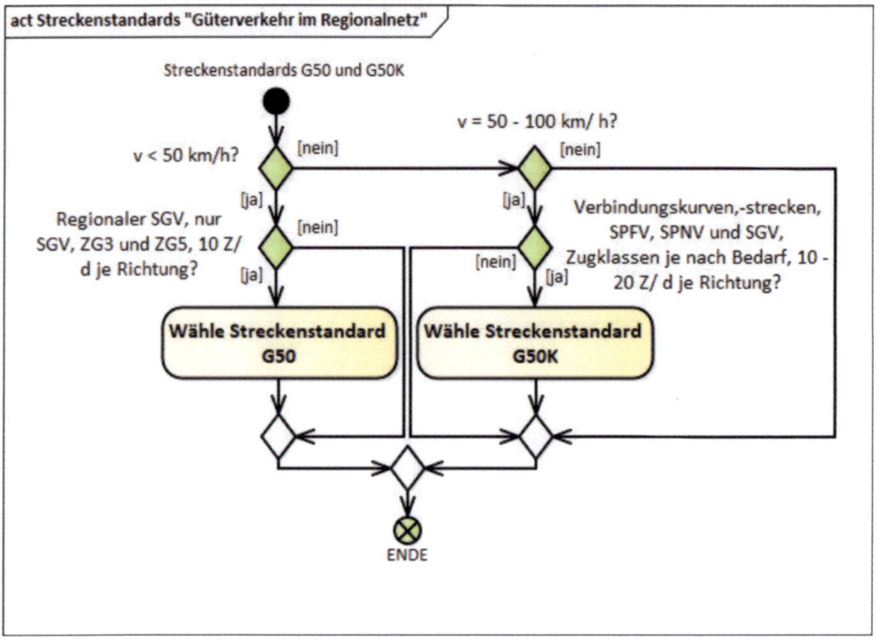

Abbildung 102: Einteilung einer Eisenbahnstrecke im Güterverkehr in die Streckenstandards innerhalb des Regionalnetzes in Anlehnung an Ril 413 (DB Netz AG 2013)

Anhang XVII: Use-Cases „Trassierung“ und „Dimensionierung“

Bevor man mit Trassieren und anschließendem Dimensionieren des Verkehrsweges beginnen kann, muss als erstes immer ein Projekt geöffnet oder neuangelegt werden.

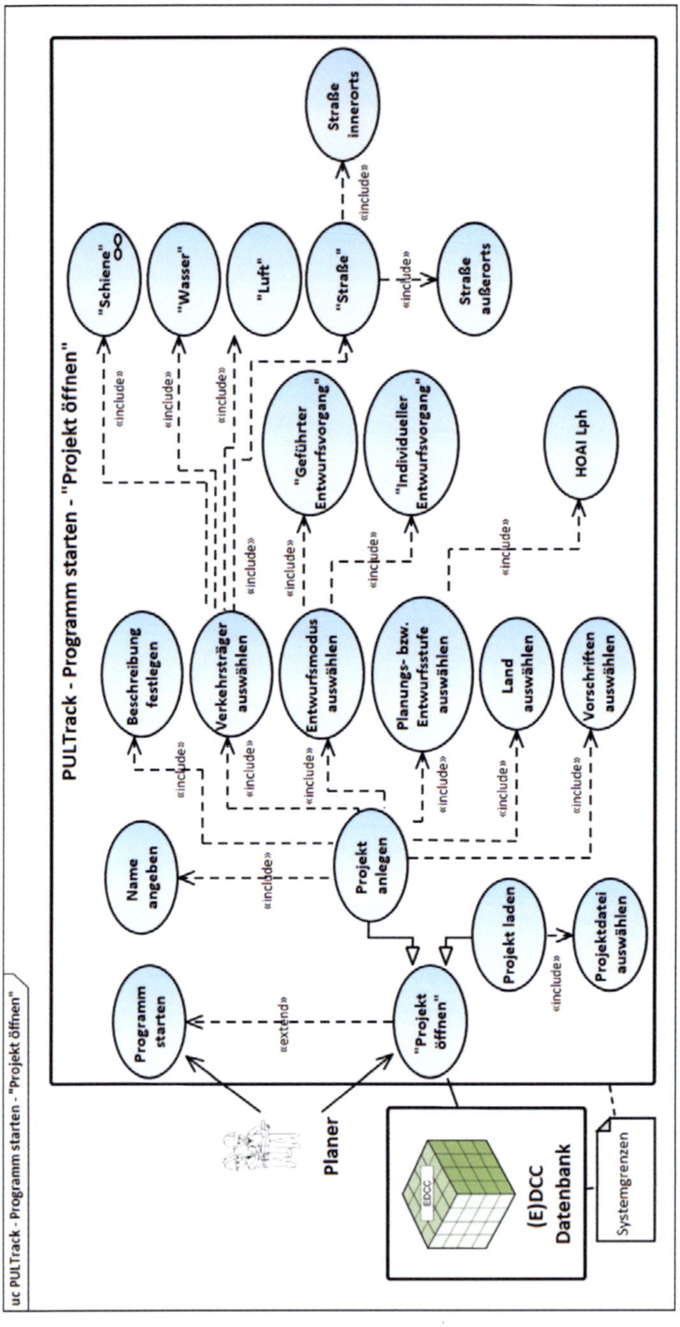

Abbildung 103: Use-Case „Projekt öffnen“

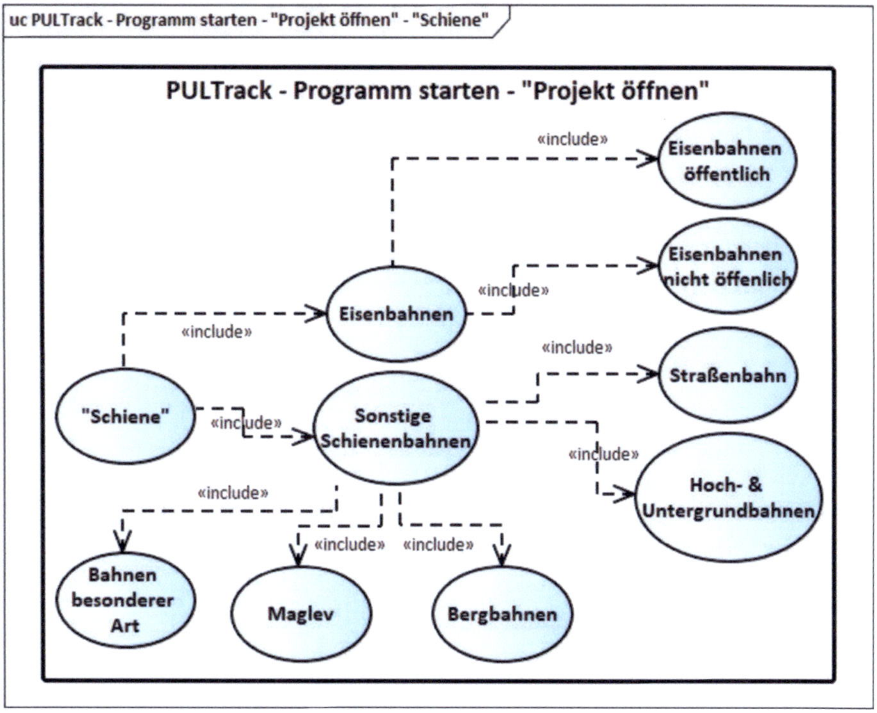

Abbildung 104: Use-Case „Projekt öffnen“ – „Schiene“

Der Anwendungsfall „Projekt öffnen“ ist das generelle Element und wird durch Use-Cases Projekt anlegen und Projekt laden. Sind keine Projekte vorhanden, so ist zunächst ein neues Projekt [ProjektDAT] anzulegen. Beim Anlegen eines neuen Projektes werden der Verkehrsträger, das Land, die zu berücksichtigenden Vorschriften und der Entwurfsmodus ausgewählt sowie der Name des Projektes eingegeben. Zum Planen eines Verkehrsweges stehen dem Planer folgende Verkehrsträger zur Auswahl: „Schiene“, „Straße“ etc. Des Weiteren kann die Entwurfs- bzw. Planungsstufe, in der das Projekt zu bearbeiten ist, festgelegt werden.

In einem nächsten Schritt muss die Achse angelegt werden. Der Use-Case „Achse anlegen (Eisenbahn)“ beschreibt das Anlegen einer Achse im Trassierungstool. Das Anlegen einer Achse ist zwingend zur Durchführung einer Trassierung sowie darauf basierenden Dimensionierung erforderlich. Dieser Schritt folgt direkt nach dem man in der Software PULTrack das Projekt und die Variante angelegt hat. Die Achse selbst wird in [PULTras] angelegt bzw. aktiv gesetzt (falls vorhanden). Beim Anlegen der

Achse müssen bestimmte Voreingaben wie Achsnummer, Achsbezeichnung, Entwurfsgeschwindigkeit usw. gemacht werden. Die Wahl/ Festlegung der Trassierungsgrenzwerte erfolgt je nach gewählten Entwurfsvorgang.

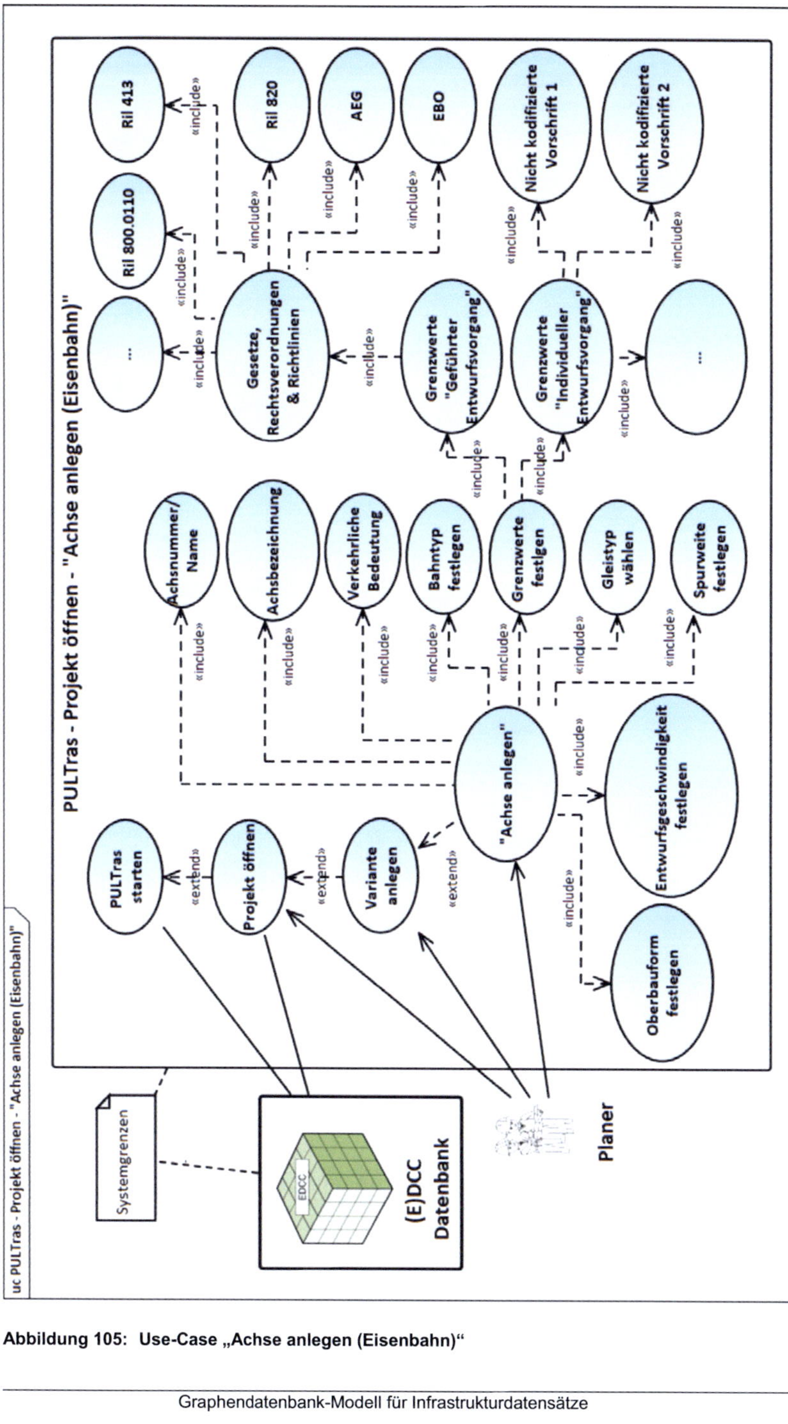

Abbildung 105: Use-Case „Achse anlegen (Eisenbahn)“

Das Anlegen der Achsen zu den anderen Verkehrsträgern erfolgt analog zum Anlegen der Achsen einer Eisenbahnstrecke.

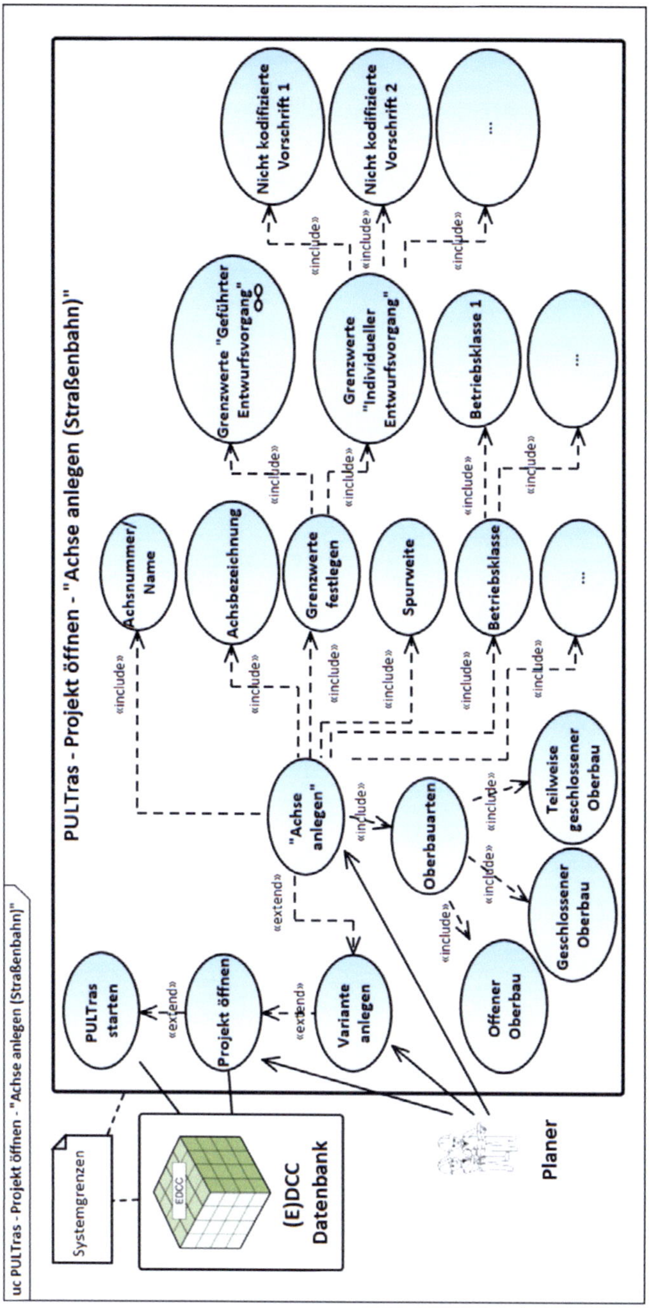

Abbildung 106: Use-Case „Achse anlegen (Straßenbahn)“

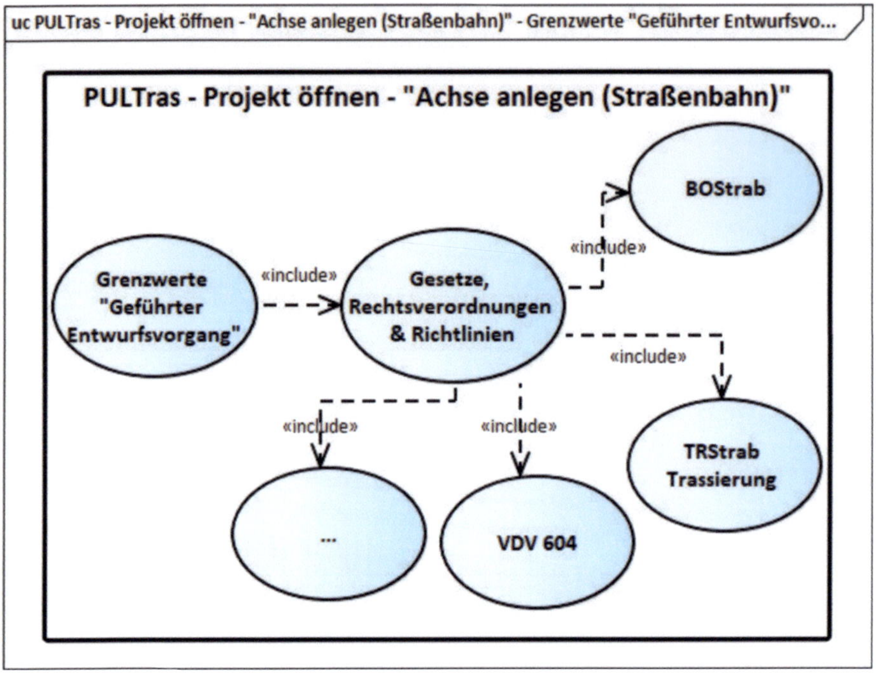

Abbildung 107: Use-Case „Achse anlegen (Straßenbahn)“ – Grenzwerte „Geführter Entwurfsvorgang“

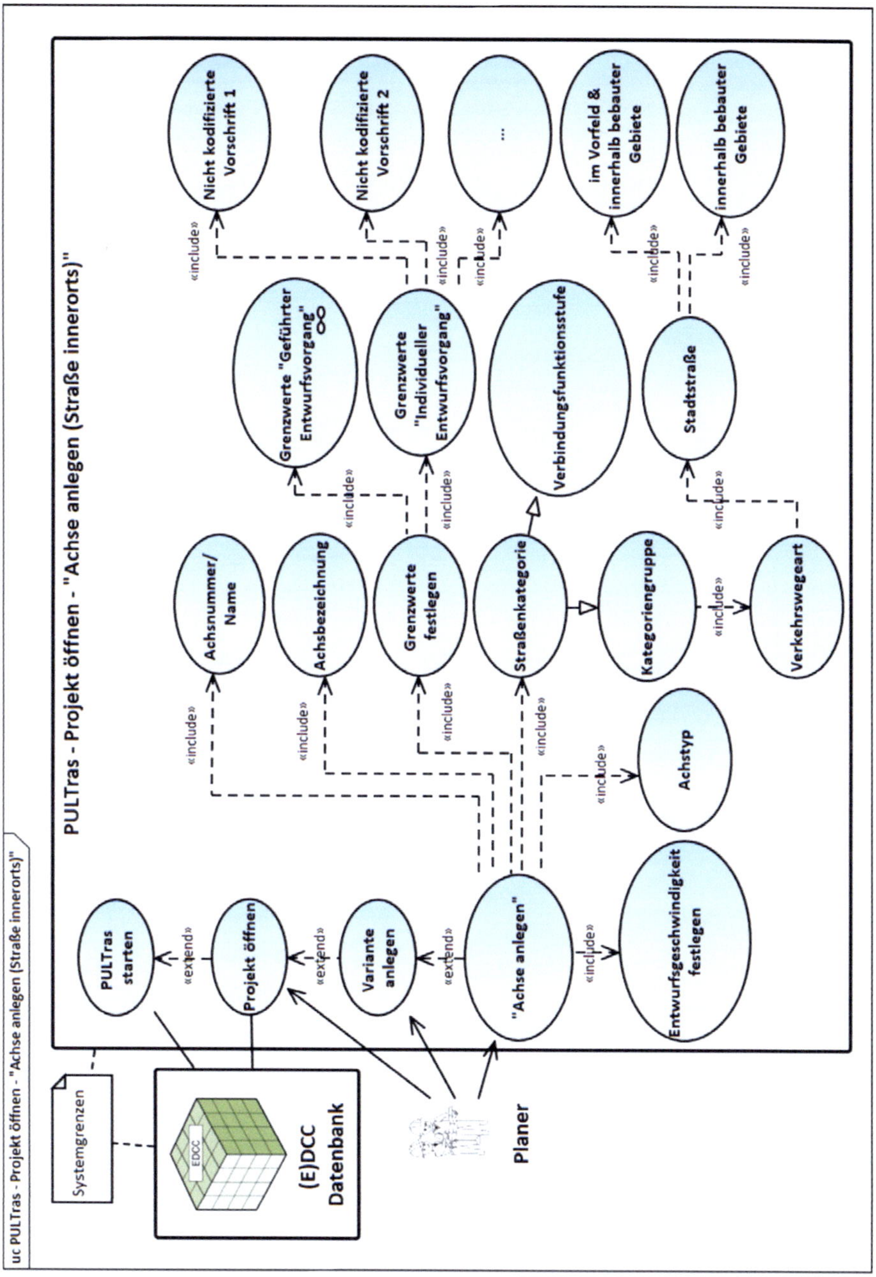

Abbildung 108: Use-Case „Achse anlegen (Straße innerorts)“

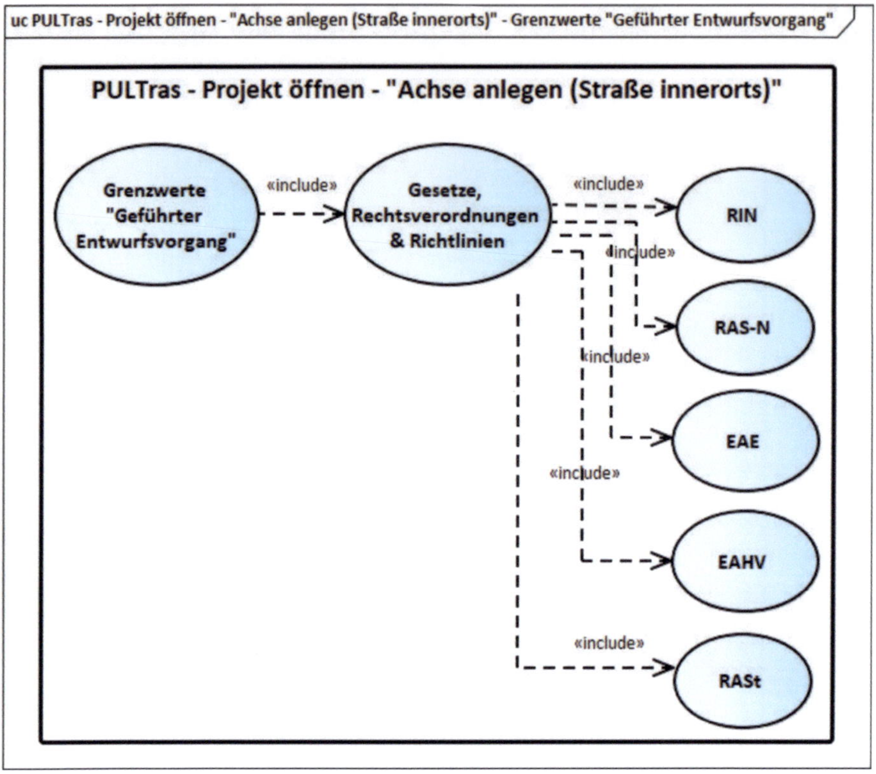

Abbildung 109: Use-Case „Achse anlegen (Straße innerorts)“ – Grenzwerte „Geführter Entwurfsvorgang“

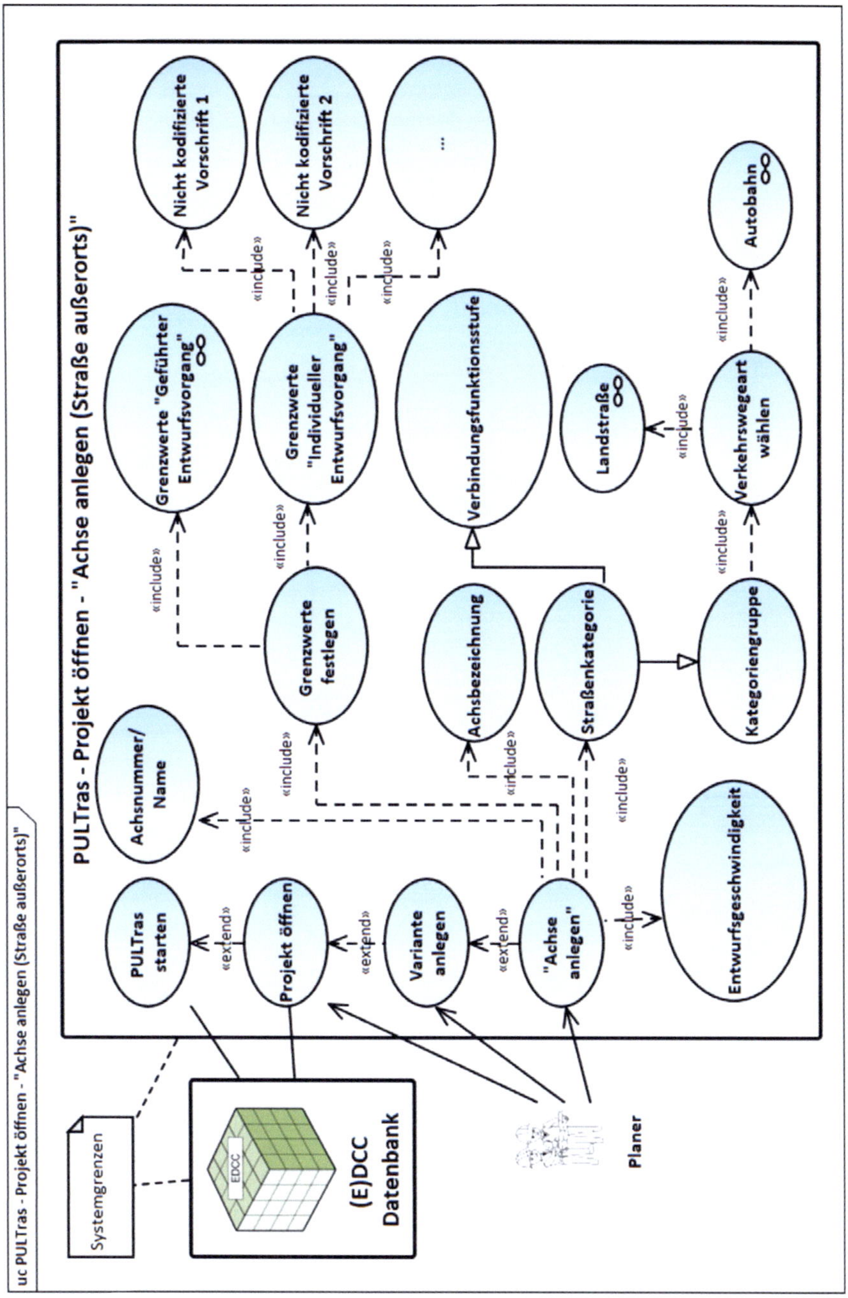

Abbildung 110: Use-Case „Achse anlegen (Straße außerorts)“

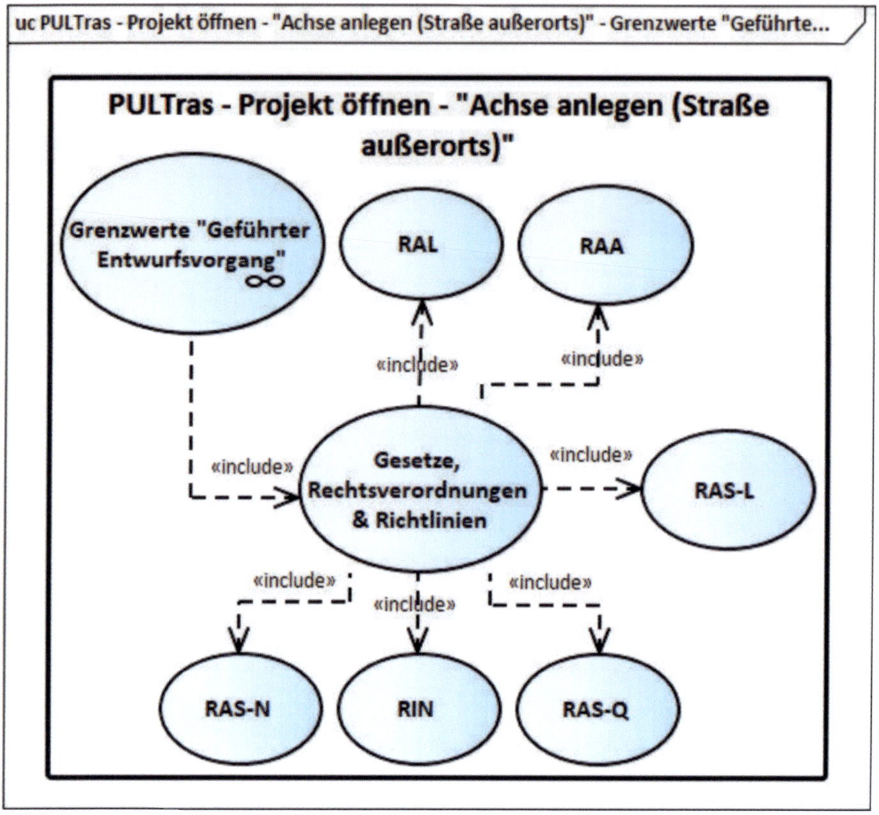

Abbildung 111: Use-Case „Achse anlegen (Straße außerorts)“ – Grenzwerte „Geführter Entwurfsvorgang“

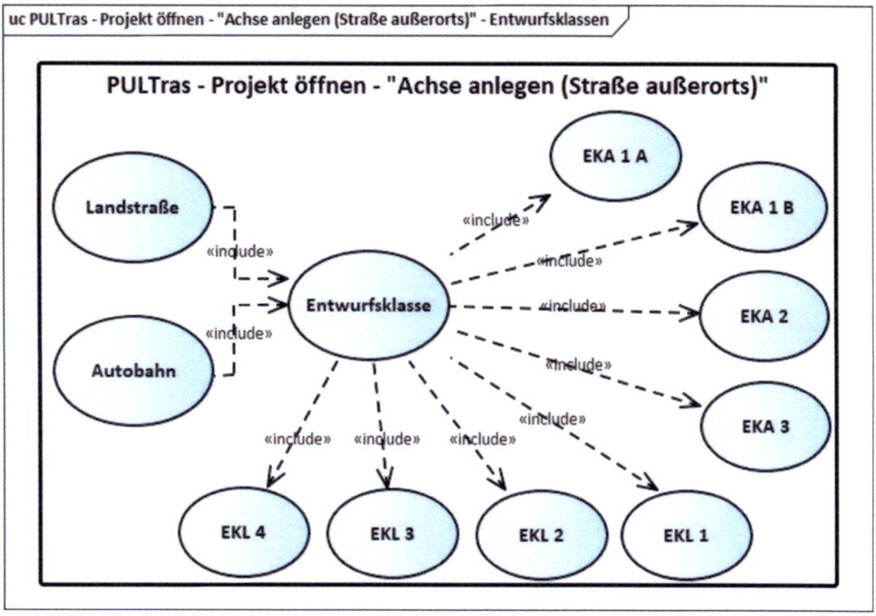

Abbildung 112: Use-Case „Achse anlegen (Straße außerorts)“ – Entwurfsklassen Autobahn und Landstraße

In dem Use-Case „Trassierung“ wird nun das Prinzip der Trassierung der Achse einer Eisenbahnstrecke veranschaulicht. Ist das Projekt geöffnet/ geladen und die Achse angelegt, kann mit Trassieren einer Eisenbahnstrecke begonnen werden.

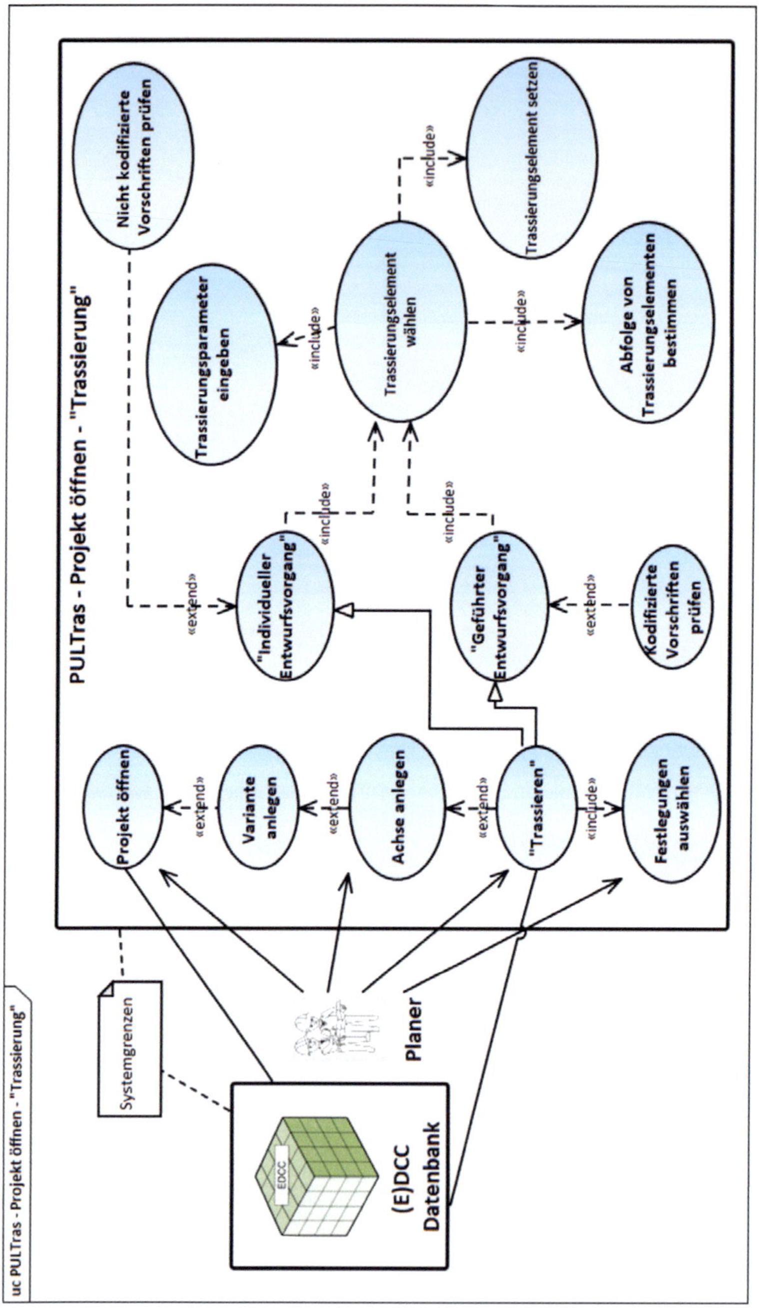

Abbildung 113: Use-Case „Trassierung“

Das Use-Case-Element „Trassieren“ ist eine Spezialisierung der Anwendungsfälle „Geführter Entwurfsvorgang“ und „Individueller Entwurfsvorgang“ und erbt somit über die Generalisierungsbeziehung von diesen beiden alle Trassierungsvorgaben. Bearbeitet man die Trasse in dem [IndMod], werden die Grenzfälle des „Individuellen Entwurfsvorganges“ (hier: nicht kodifizierte Vorschriften) geprüft, wobei die Grenzfälle des „Individuellen Entwurfsvorganges“ die Vorschriftenfestlegungen der kodifizierten Vorschriften enthalten können. Die Trassierung im [GefMod] erlaubt nur einen vorschriftenkonformen Entwurf. Komplett ungültige Ausführungsforderungen werden in beiden Entwurfsmodi unterbunden. Die Bestimmung des Trassenverlaufes erfolgt über die Trassierungselemente und -parameter sowie die vom Planer definierte Abfolge der Trassierungselemente. Alle Elemente der Trassierung werden aus der [DB] genommen. Die erstellte Trasse wird fortlaufend im [ArbFeld] visualisiert.

In dem Use-Case „Dimensionierung“ wird die prinzipielle Verfahrensweise beim Dimensionieren einer Infrastruktur bzw. eines Verkehrsweges veranschaulicht. Die Dimensionierung des Verkehrsweges erfordert das Öffnen des Bearbeitungsfensters „Dimensionierung“ und Gesamte Infrastruktur. Wie im Falle der Trassierung erbt auch der Anwendungsfall „Dimensionierung“ (hier: Dimensionierung starten) von den Anwendungsfällen [GefMod] und [IndMod]. Dementsprechend erfolgt die Validierung der Dimensionierung nach dem [GefMod] und [IndMod].

Die Dimensionierung des Bahnkörpers bzw. konstruktive Auslegung der Infrastruktur läuft gemäß den definierten Übergangsstellen unter Berücksichtigung der Trassierungselemente und -parametern innerhalb dieser ab. Die Belegung des Bahnkörpers bzw. der Infrastruktur mit Systemkomponenten bzw. Systemkomponentengruppen erfolgt über ein separates Ansichtsfenster Regeaufbau [RAB]. Das Ansichtsfenster Gesamte Infrastruktur enthält neben der eigentlichen Dimensionierung (hier: Regelaufbau [RAB]) auch die Visualisierung des anhand von Randbedingungen dimensionierten Bahnkörpers an jeder beliebigen Stelle der trassierten Strecke (hier: Streckenquerschnitt RQ visualisieren [RQ]). Das Gleiche gilt auch für die Visualisierung der Systemkomponenten.

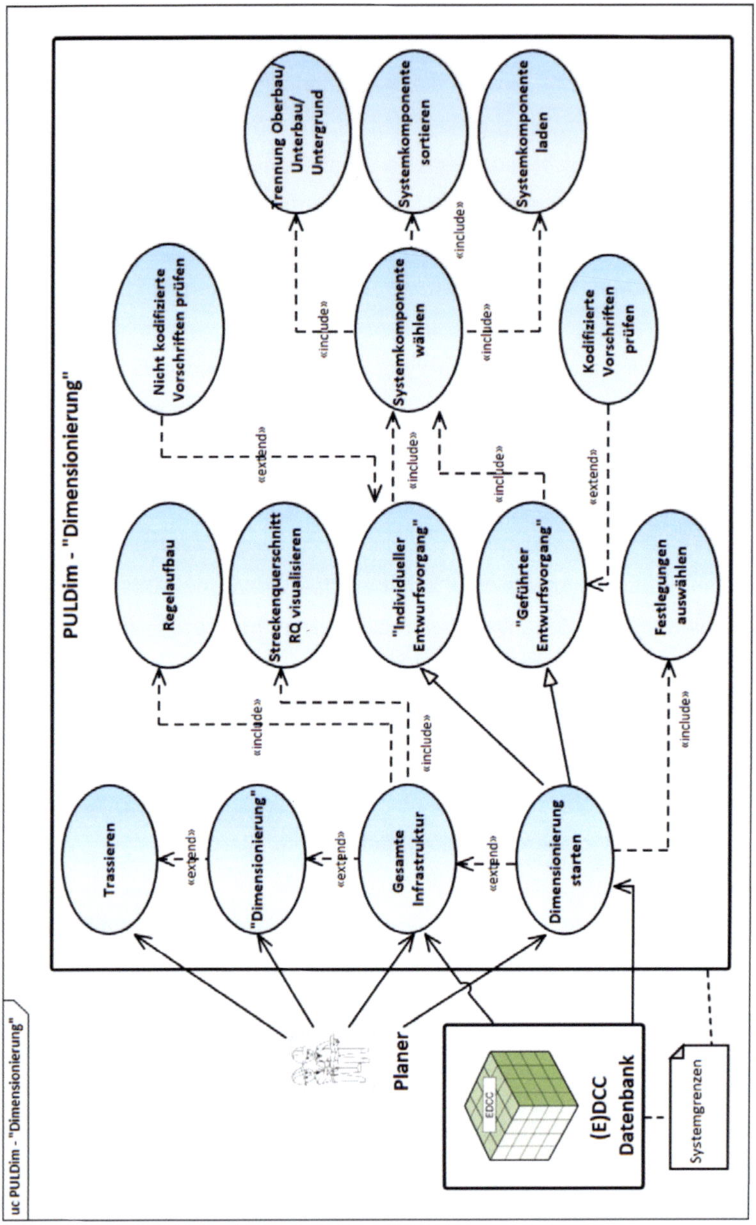

Abbildung 114: Use-Case „Dimensionierung“

Anhang XVIII: Benutzeroberfläche der Intelligenten Suche

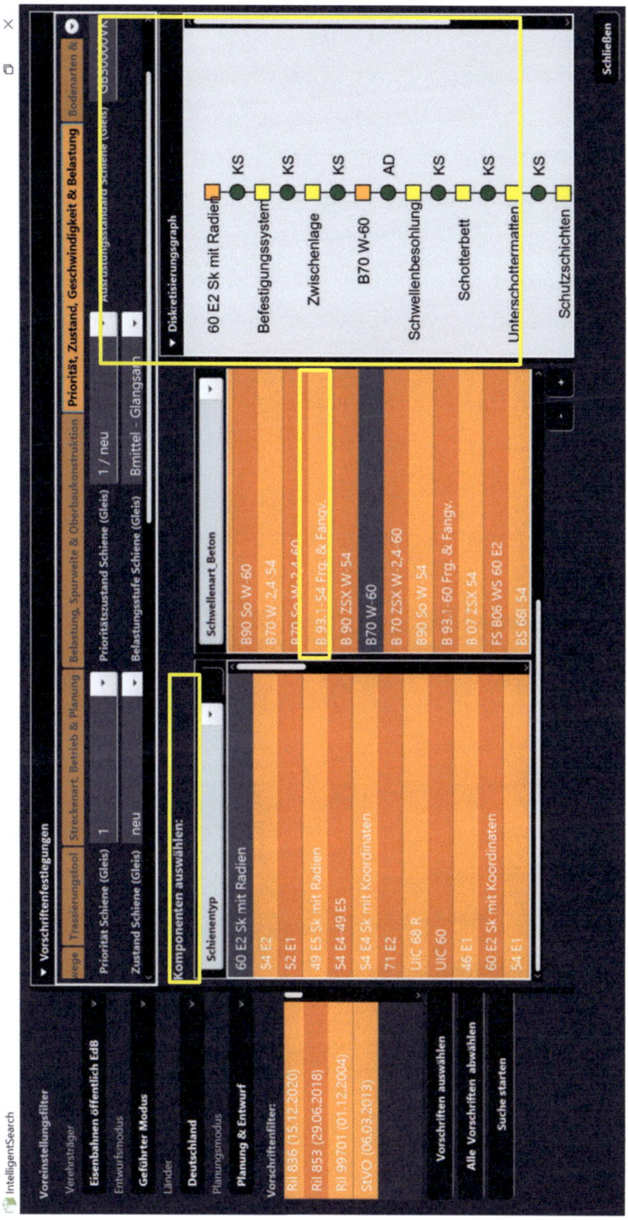

Abbildung 115: Benutzeroberfläche der Intelligenten Suche mit der Darstellung des Ergebnisses in Form von Abhängigkeit zwischen der Schiene 60 E2 Sk mit Radien und der Schwelle B70 W-60

Anhang XIX: Requirements

Die Aufstellung der Requirements erfolgte in Anlehnung an (Bradner 1997), (IEEE 1998) und (Robertson und Robertson 2007), wobei (Bradner 1997) mittels der sogenannten „Schlüsselwörter“ für das Hervorheben der Verbindlichkeitsgrade diente (siehe Anhang XX) und (Robertson und Robertson 2007) den Umfang (Anforderungsarten) sowie die Formulierung von Requirements vorgab. Zu beachten ist bei den vorgestellten Anforderungen, dass diese im Rahmen des Software-Engineerings und den sich daraus ergebenden neuen Erkenntnissen aktualisiert werden können bzw. müssen, indem die bereits vorhandenen Anforderungen (in Verbindung mit den neu dazu gekommenen Requirements) modifiziert und fortgeschrieben werden. Das bedeutet, dass die vorgestellten Requirements nicht abschließend sind. Die Untersuchung der Anforderungen zielte sowohl auf die funktionalen als auch nicht funktionalen Anforderungen ab.

Um Missverständnisse in Hinblick auf die Bedeutung einzelner Akronyme bei der Beschreibung der Requirements zu vermeiden, sind alle Akronyme zur eindeutigen Definition stichwortartig in dem Akronymverzeichnis aufgelistet.

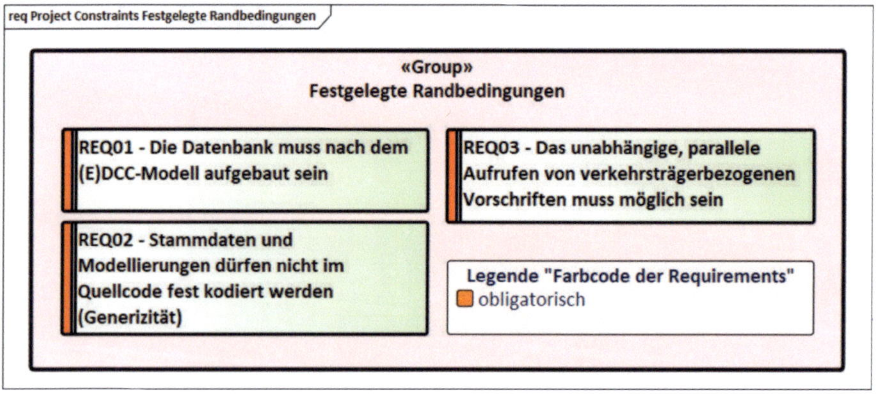

Abbildung 116: Festgelegte Randbedingungen

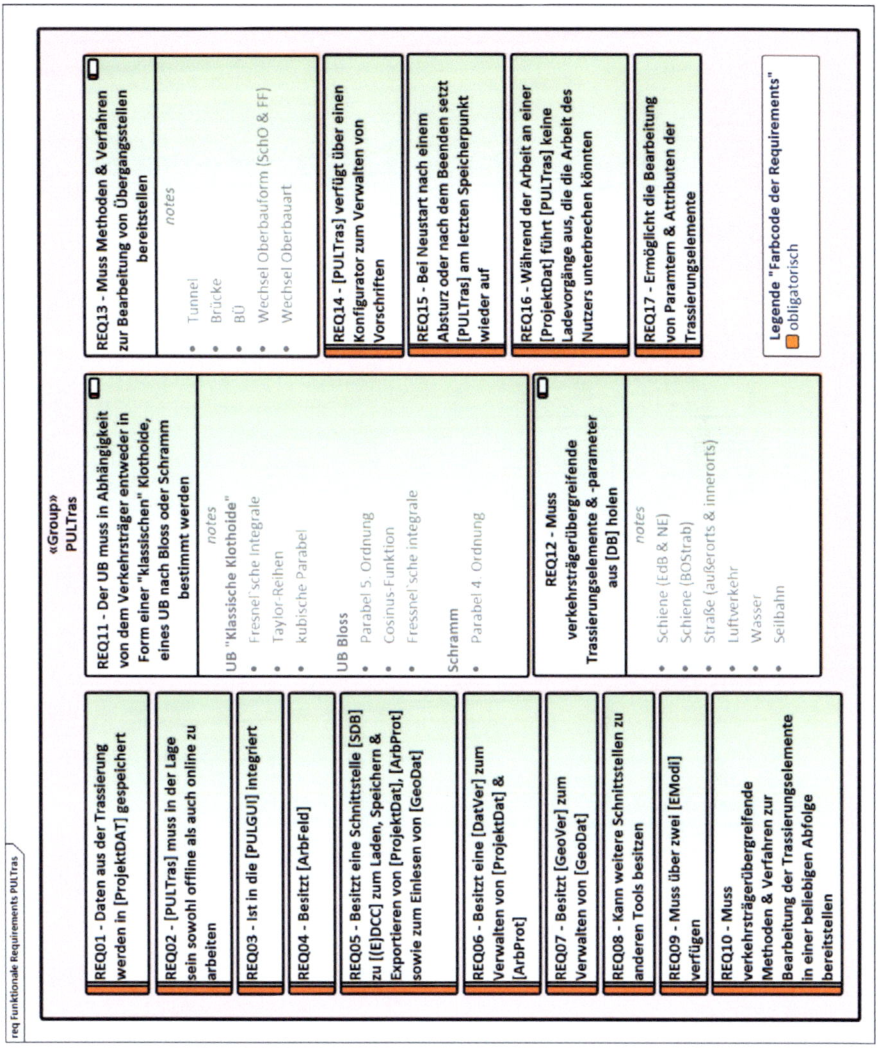

Abbildung 117: Requirements Trassierungstool

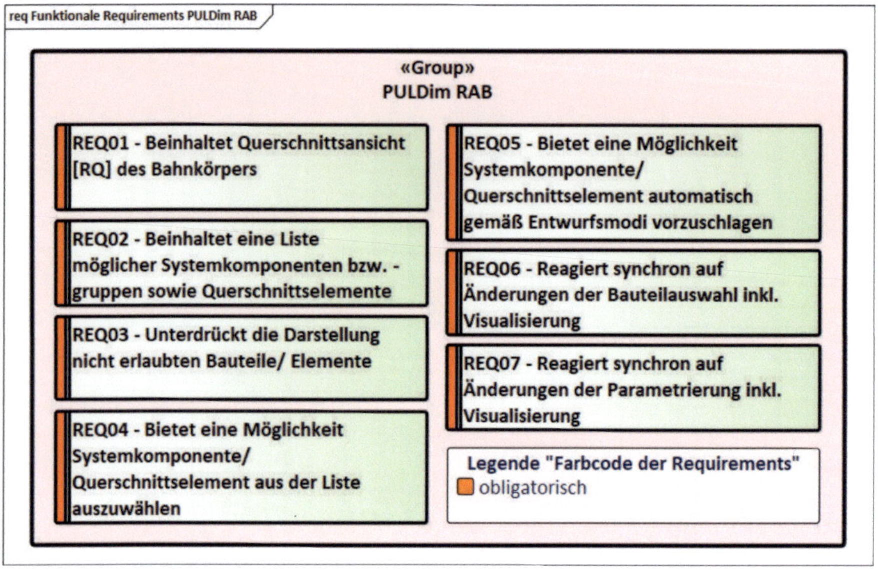

Abbildung 118: Dimensionierung des Bahnkörpers

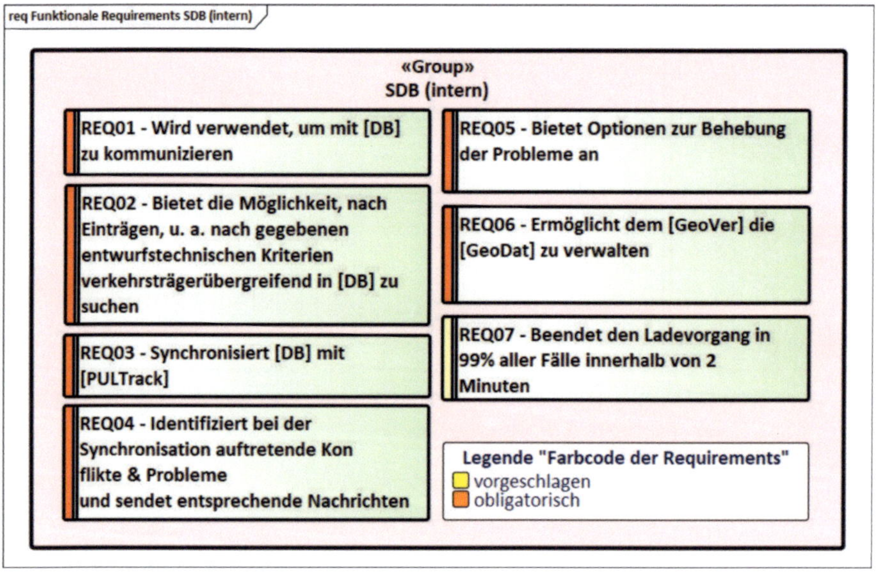

Abbildung 119: Interne Datenbankschnittstelle

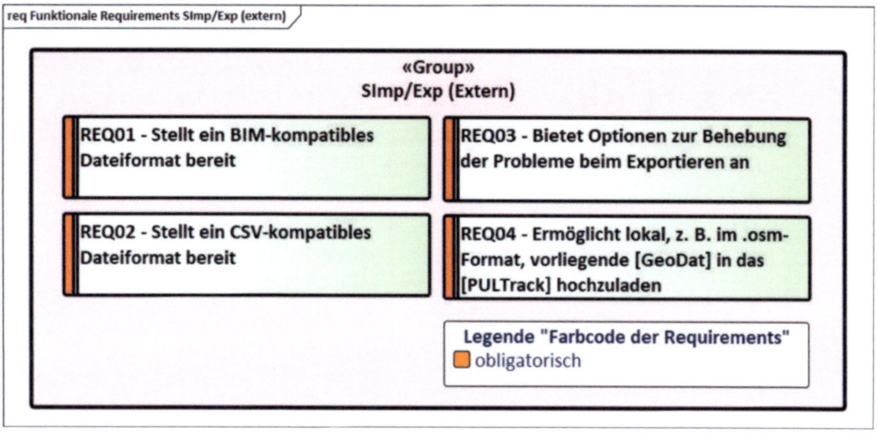

Abbildung 120: Externe Datenbankschnittstelle

Abbildung 121: Datenbank

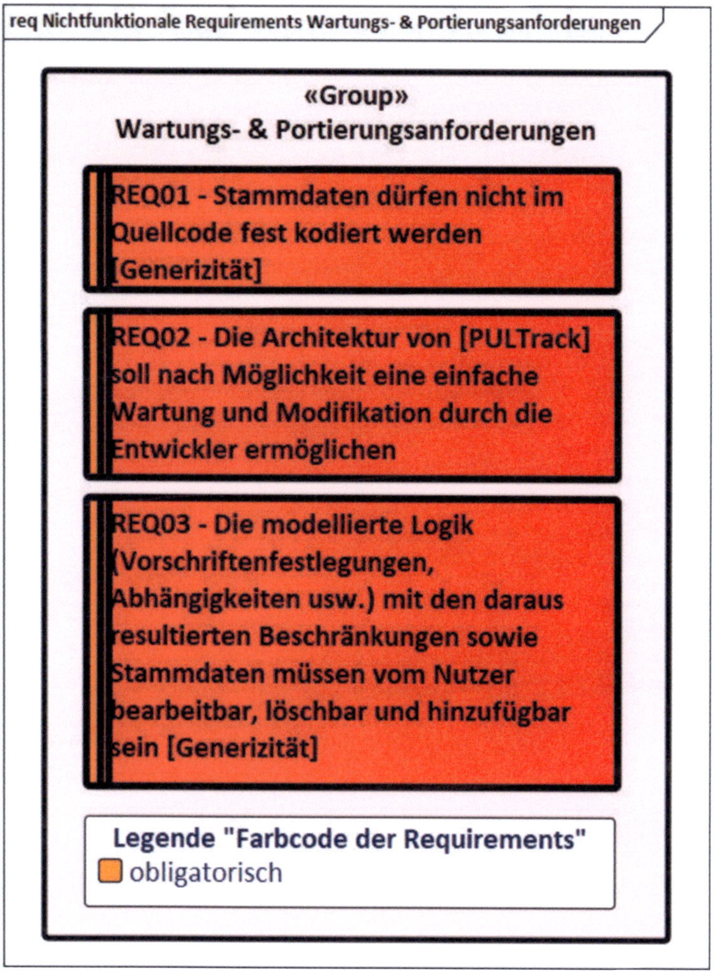

Abbildung 122: Wartungs- und Portierungsanforderungen an die Software PULTrack

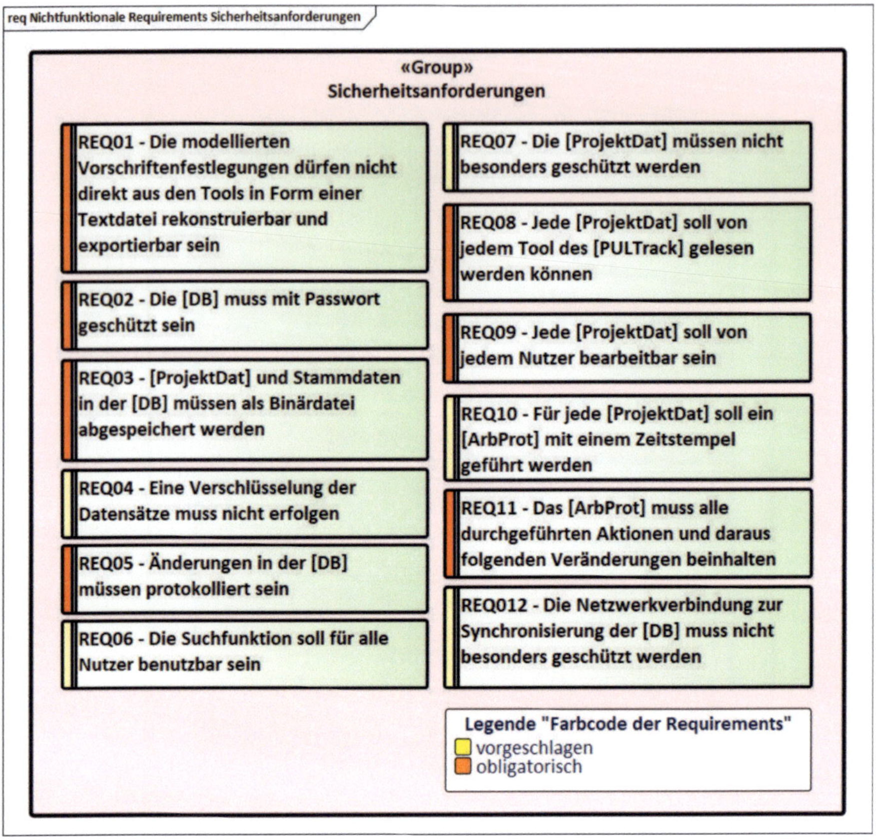

Abbildung 123: Sicherheitsanforderungen

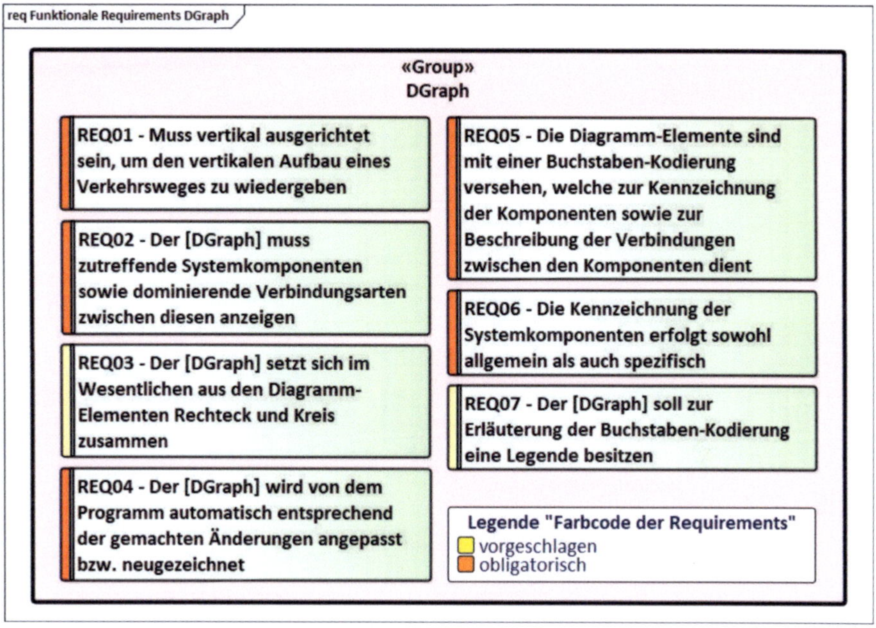

Abbildung 124: Diskretisierungsgraph

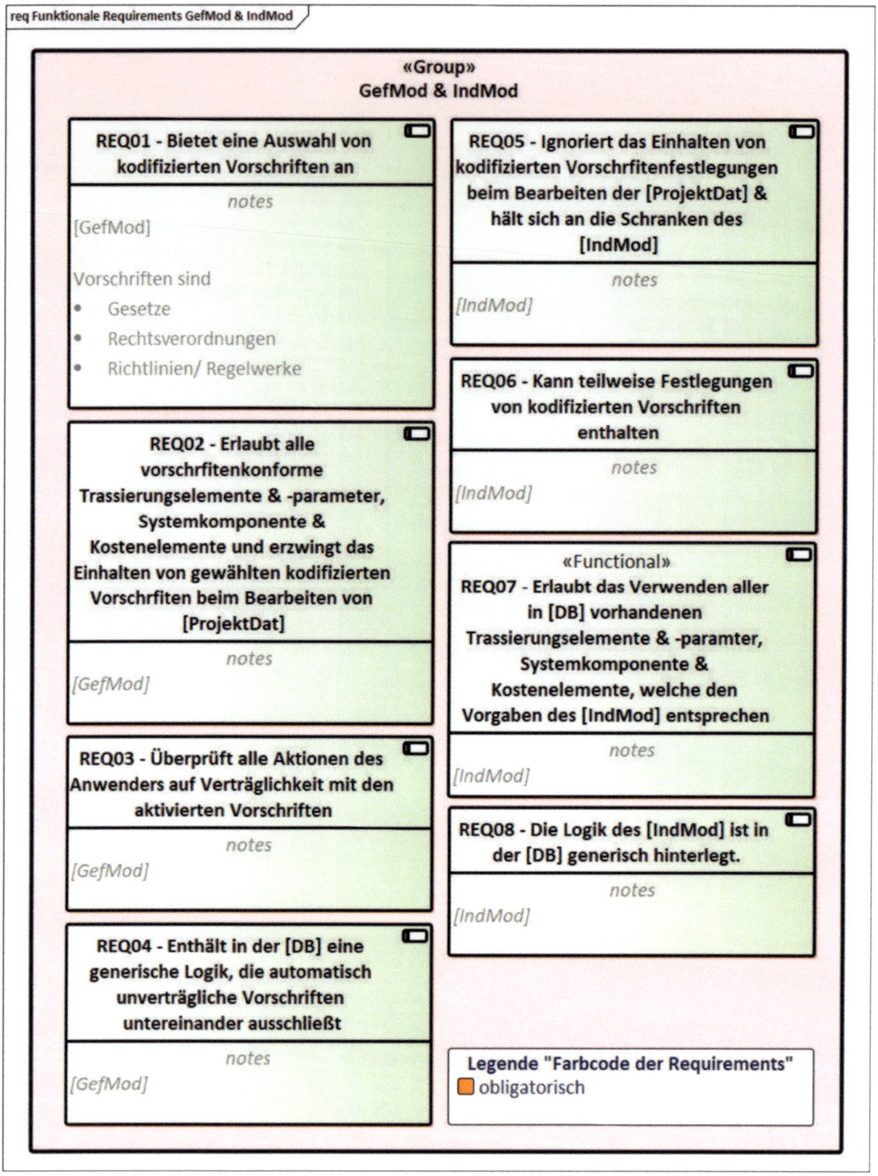

Abbildung 125: Entwurfsvorgänge

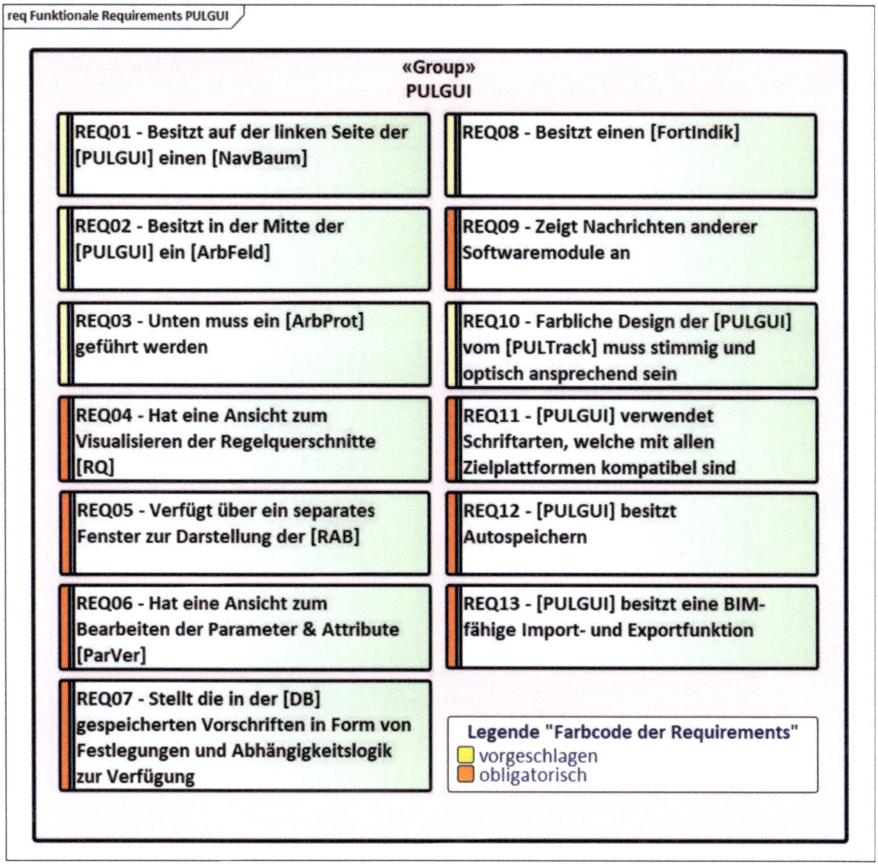

Abbildung 126: Benutzeroberfläche PULTrack

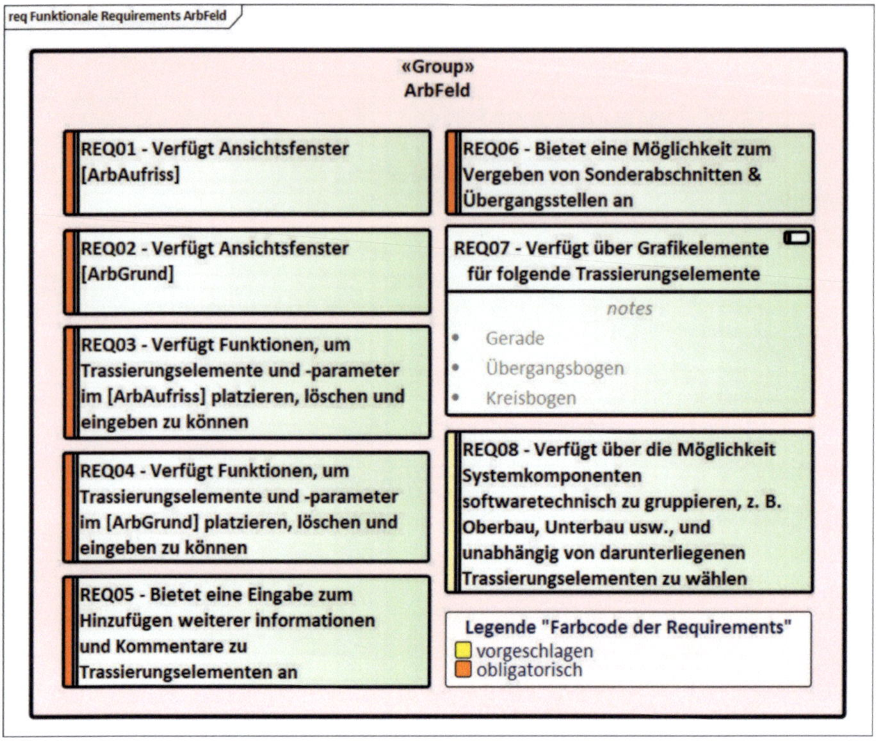

Abbildung 127: Arbeitsfeld PULTrack

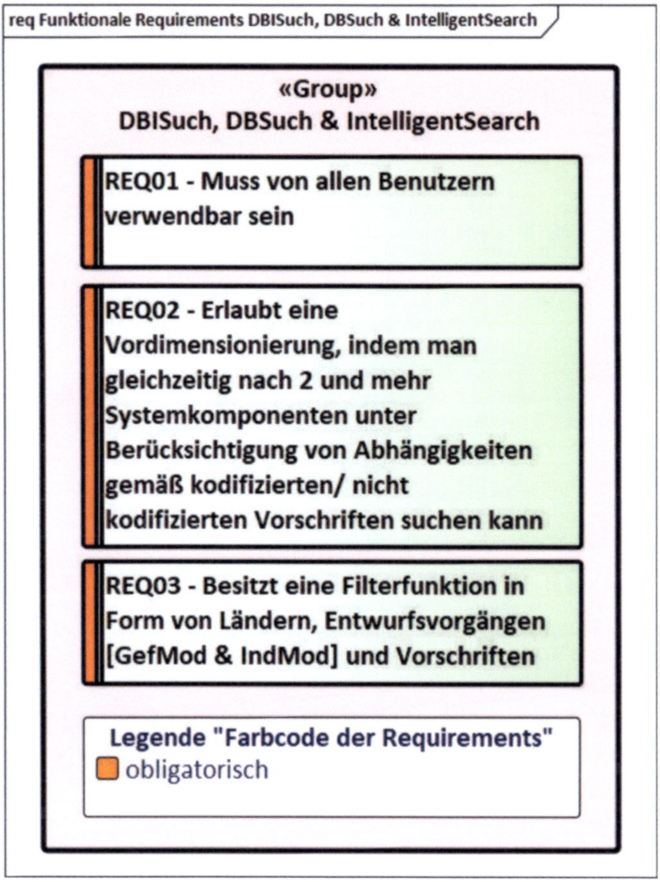

Abbildung 128: Suchfunktionen

Anhang XX: Schlüsselwörter (Hilfsverben) nach RFC 2119

Schlüsselwort	Erläuterung
MUST	This word, or the terms "REQUIRED" or "SHALL", mean that the definition is an absolute requirement of the specification.
MUST NOT	This phrase, or the phrase "SHALL NOT", mean that the definition is an absolute prohibition of the specification.
SHOULD	This word, or the adjective "RECOMMENDED", mean that there may exist valid reasons in particular circumstances to ignore a particular item, but the full implications must be understood and carefully weighed before choosing a different course.
SHOULD NOT	This phrase, or the phrase "NOT RECOMMENDED" mean that there may exist valid reasons in particular circumstances when the particular behavior is acceptable or even useful, but the full implications should be understood and the case carefully weighed before implementing any behavior described with this label.
MAY	This word, or the adjective "OPTIONAL", mean that an item is truly optional. One vendor may choose to include the item because a particular marketplace requires it or because the vendor feels that it enhances the product while another vendor may omit the same item. An implementation which does not include a particular option MUST be prepared to interoperate with another implementation which does include the option, though perhaps with reduced functionality. In the same vein an implementation which does include a particular option MUST be prepared to interoperate with another implementation which does not include the option (except, of course, for the feature the option provides.)
Guidance in the use of these Imperatives	Imperatives of the type defined in this memo must be used with care and sparingly. In particular, they MUST only be used where it is actually required for interoperation or to limit behavior which has potential for causing harm (e.g., limiting retransmissions) For example, they must not be used to try to impose a particular method on implementers where the method is not required for interoperability.
Security Considerations	These terms are frequently used to specify behavior with security implications. The effects on security of not implementing a MUST or SHOULD, or doing something the specification says MUST NOT or SHOULD NOT be done may be very subtle. Document authors should take the time to elaborate the security implications of not following recommendations or requirements as most implementers will not have had the benefit of the experience and discussion that produced the specification.

Tabelle 14: Hilfsverben zur Formulierung der Requirements (Robertson und Robertson 2007)

Anhang XXI: Schematische Darstellung der 3-Schichten-Architektur und statische Softwarearchitektur von PULTrack

3-Schichten-Architektur

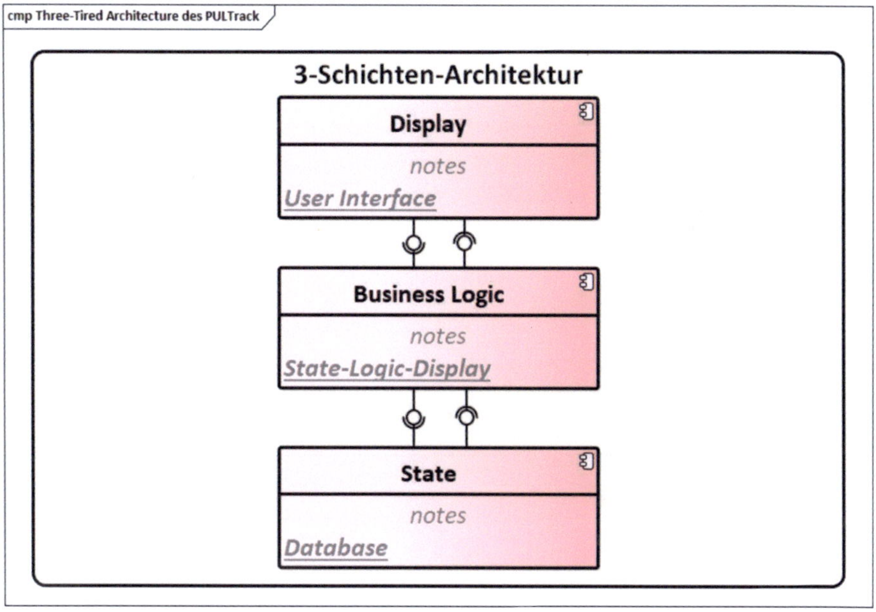

Abbildung 129: 3-Schichten-Architektur für das Client-Server-System in PULTrack

Statische Softwarearchitektur von PULTrack

Die gesamte Softwarearchitektur von PULTrack (Datenbankkomponente und Planungswerkzeuge) der Software PULTrack ist in der Abbildung 130 und Abbildung 131 in Form eines Komponentendiagrammes zu sehen.

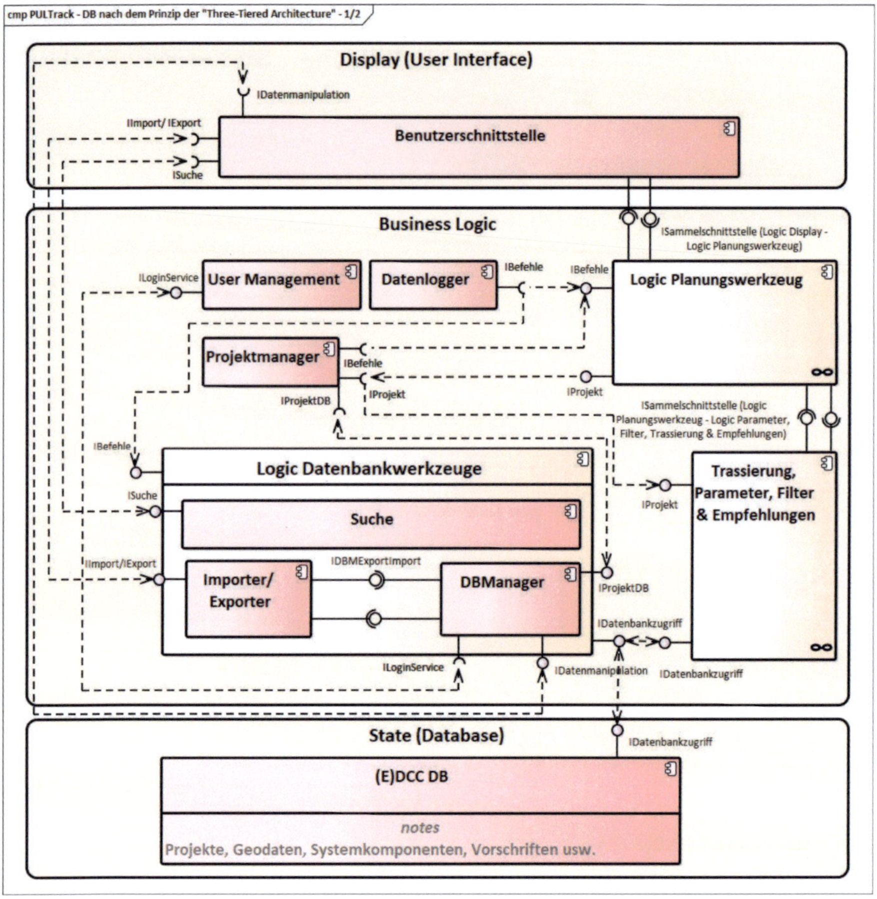

Abbildung 130: Statische Softwarearchitektur von PULTrack nach dem Prinzip der 3-Schichten-Architektur (1/2) unter Berücksichtigung Belz (2020), Greif (2020), Weiß (2020)

Auf der Display-Ebene befindet sich die Komponente Benutzerschnittstelle, welche die Benutzeroberfläche (GUI) darstellt. Diese Benutzeroberfläche visualisiert dem Anwender die Informationen und leitet die ausgeführten Befehle des Anwenders an die Business Logic-Ebene weiter.

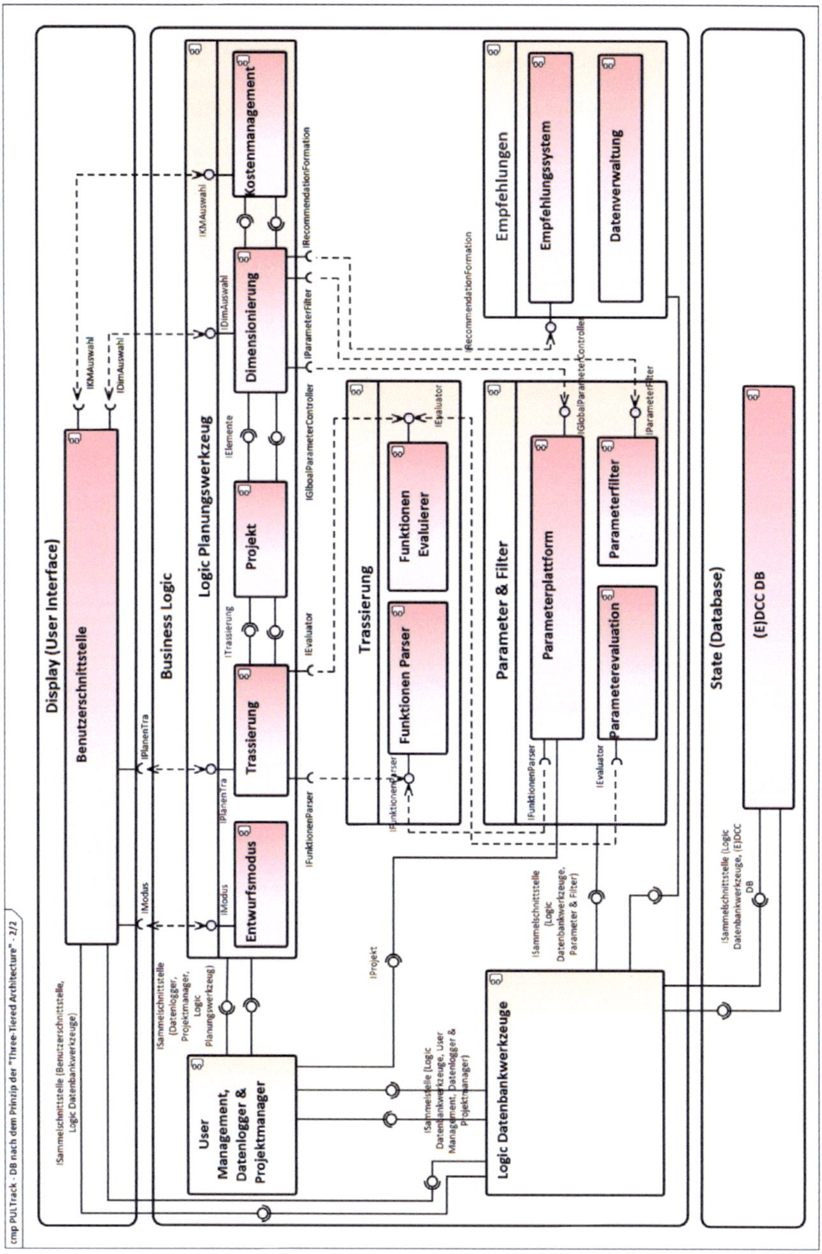

Abbildung 131: Statische Softwarearchitektur von PULTrack nach dem Prinzip der 3-Schichten-Architektur (2/2) unter Berücksichtigung Belz (2020), Greif (2020), Weiß (2020)

Die GUI besitzt insgesamt drei Schnittstellen (hier: ISuche, IImport/ IExport und IDatenmanipulation) zu der Datenbankkomponente Logic Datenbankwerkzeuge, eine Schnittstelle (hier: IModus) zum Entwurfsmodus und drei Schnittstellen (hier: IPlanenTra, IDimAuswahl und IKMAuswahl) zu dem Business Logic-Teil der Planungswerkzeuge (hier: Trassierungs-, Dimensionierungs- und Kostenermittlungstool).

Die Komponente Entwurfsmodus steuert die beiden nach dem (E)DCC-Modellansatz angedachten Entwurfsvorgänge – den „Geführten Entwurfsvorgang“ und den „Individuellen Entwurfsvorgang“.

Die Schnittstellen IPlanenTra, IDimAuswahl und IKMAuswahl werden benötigt, um mit der Trassierung, mit der Dimensionierung und mit dem Kostenmanagement die eigentliche Planung durchführen zu können. Verbunden werden die beiden Komponenten Trassierung und Dimensionierung über die Komponente Projekt, da die Planungsvorgänge in PULTrack in einem Projekt ablaufen. Die Komponente Kostenmanagement ist mit der Komponente Projekt indirekt über die Komponente Dimensionierung verbunden. Die Projekte werden über die Schnittstellen IProjekt und IProjektDB verwaltet. Die Anfrage nach dem zu bearbeitenden Projekt wird von der Komponente Logic Planungswerkzeug über die Schnittstelle IProjekt an die Komponente Projektmanager übergeben.

Je nachdem, ob es sich bei der Anfrage um die Neuerstellung eines Projektes handelt oder ein bereits vorhandenes Projekt geladen werden soll, lädt die Komponente Projektmanager ein Projekt falls vorhanden aus der (E)DCC-Datenbank oder erstellt zunächst ein neues Projekt, speichert dieses in der (E)DCC-Datenbank ab und stellt dieses anschließend über die Schnittstelle IProjekt das Projekt dem Anwender zur Bearbeitung zur Verfügung. In beiden Fällen, neues oder vorhandenes Projekt, kommuniziert die Komponente Projektmanager über die Schnittstelle IProjektDB mit der Komponente DBManager, welche die Informationen über die Schnittstelle IDatenbankzugriff an die/ von der DB weiterleitet.

Die Komponente Datenbankwerkezeuge, die die Datenbank- und Verwaltungstools widerspiegelt, bildet eine Gruppe bestehend aus den Komponenten Suche, Importer/ Exporter und DBManager. Die Komponente Datenbankwerkzeuge ist über die Schnittstelle IDatenbankzugriff an die DB angebunden.

Die Funktion der Komponente Datenbankwerkzeuge ist vielfältig. Zum einen bietet sie eine Schnittstelle (IBefehle) für den Datenlogger, welcher alle Änderungsschritte in der DB nachverfolgt sowie durchgeführte Exporte/ Importe und Suchaktionen protokolliert. Zum anderen stellt sie die Schnittstellen zur Display-Ebene (hier: Schnittstellen ISuche, IImport/ IExport und IDatenmanipulation) und zur Logic-Komponente der Planungswerkzeuge (hier: IDatenbankzugriff) sowie die Schnittstelle zur Komponente User Management, welche die Zugangsrechte des Anwenders vor Beginn der Manipulationsvorgänge an Daten in der DB überprüft.

Die Verbindung zur Logic-Komponente Trassierung, Parameter, Filter & Empfehlungen wird benötigt, um die sogenannte Parametrische Suche und die Intelligente Suche mit Hilfe der Logic-Komponente der Planungswerkzeuge durchführen zu können. Das Durchsuchen der DB nach sich darin befindenden Daten selbst erfolgt dabei über die Komponente Suche, die Verbindung zu der DB erfolgt über die Schnittstelle IDatenbankzugriff. Nähere Informationen zur Intelligenten Suche und zur Parametrischen Suche enthält Abschnitt 5.1. Das Erfragen des Anwenders nach Eintragen, Löschen, Ändern oder Ergänzen von Datensätzen (hier: Knoten und Kanten) erfolgt über die Schnittstelle IDatenmanipulation. Zu diesem Zweck wird die Anfrage an die Komponente DBManager gesendet, wo zunächst über die Schnittstelle ILoginService im User Management die Administratorrechte geprüft werden. Der Anzeigemodus der Datenbanksätze läuft ebenfalls über die Komponente DBManager, allerdings ohne dabei die Zugangsrechte zu erfragen. Der DBManager entscheidet, ob die Daten verändert oder nur angeschaut werden können und erst danach wird die Anfrage über die Schnittstelle IDatenbankzugriff weitergeleitet. Auch der Import von Dateien wird über die Komponente User Management hinsichtlich der Nutzerrechte geprüft. Die Projektdateien werden von dem DBManager nicht auf die Zugangsrechte geprüft und zentral von der Komponente Projektmanager angesteuert. Der DBManager leitet nur über die Schnittstelle IDatenbankzugriff das Erstellen und Öffnen eines Projektes sowie vorgenommene Änderungen an einem Projekt weiter.

Der Import und Export von Daten, u. a. von Binärdateien, erfolgt über die Komponente Importer/ Exporter. Um Knoten und Kanten beim Importieren in die DB auf Kompatibilität zu überprüfen, werden die zu importierende Daten über die Schnittstelle IDBMExportImport an den DBManager übergeben. Anschließend wird der Import über die

Schnittstelle IDatenbankzugriff an die (E)DCC-Datenbank übergeben. Der Export von Daten läuft direkt über die Schnittstelle IDatenbankzugriff und wird von der Komponente DBManager nicht überprüft. Die Festlegung der Anzahl, der Reihenfolge und das Format von zu importierenden und exportierenden Daten erfolgt nur in der Komponente Importer/ Exporter.

Das Management (hier: allgemeine Parameterverwaltung, Parametererzeugung und deren Instanziierung, Erzeugung von Parameterauswertungsmodellen, Filterung von Systemkomponenten anhand der eingestellten Vorschriftenfestlegungen) der Parameter und Attribute (hier: Abhängigkeiten, Vorschriftenfestlegungen) für die Planungswerkzeuge, insbesondere für den Dimensionierungsteil der Software PULTrack erfolgt über die Komponente Parameter & Filter. Diese Komponente ist intern in drei weitere Komponenten Parameterplattform, Parameterevaluation und Parameterfilter gegliedert.

Die Komponente Trassierung ist der Logikteil des Trassierungstools. Dieser Interpreter stellt zwei Schnittstellen zur Verfügung: IFunktionenParser und IEvaluator. IFunktionenParser erstellt aus Knoten in der DB ausführbare Funktionen. Dabei kann entschieden werden, ob eine freie Funktion die Regeln einer Vorschrift oder eine feste Regel-Funktion erstellt werden soll. Über freie Funktionen werden die Trassierungselemente berechnet. Dadurch kann in der DB exakt definiert werden, wie ein Trassierungselement verlaufen soll. Die anderen Funktionsarten werden von der Komponente Parameterplattform verwendet. Die Komponente Parameterplattform erstellt für jede Vorschriftenfestlegung eine feste Regel-Funktion mit Hilfe deren die für die Vorschriftenfestlegungen modellierten Einschränkungen überprüft werden. Sobald sich der Wert des Parameters oder ein Wert einer Abhängigkeit ändert, wird erneut überprüft, ob alle Regeln eingehalten werden. Feste Regel-Funktionen berechnen den Wert eines Parameters, anstatt ihn einzuschränken. Nützlich ist dies vor allem für Auswahlgruppen, da die berechneten Auswahlelemente weitere Vorschriftenfestlegungen beeinflussen können. Für die eigentliche Auswertung wird die Schnittstelle IEvaluator verwendet. Dabei müssen alle Parameter einen konkreten Wert erhalten. Das Ergebnis ist dann entweder eine Zahl, ein boolescher Wert oder ein Auswahlelement.

Anhang XXII: Ontologie und Taxonomie

Ontologien eignen sich grundsätzlich zur Bildung von expliziten Spezifikationen bestimmter Konzepte ((ISO, ISO/ IEC TR 11179-2 2019) mit Verweis auf (Gruber 1995)). Sie beinhalten bestimmte Konzepte bzw. Klassen mit deren Instanzen, Logiken, Eigenschaften, Beziehungen und Einschränkungen (Chen und Luo 2016), (Wu, et al. 2019). Sie eignen sich gut zur Abbildung von zusammenhängendem, miteinander verzahntem Wissen, welches repetitiv wiederverwendet wird. Die Beziehungen innerhalb eines Konzeptes und des Konzeptsystems können in der DB sowohl hierarchisch als auch assoziativ sein. Zusammen bilden sie ein Klassifizierungssystem.

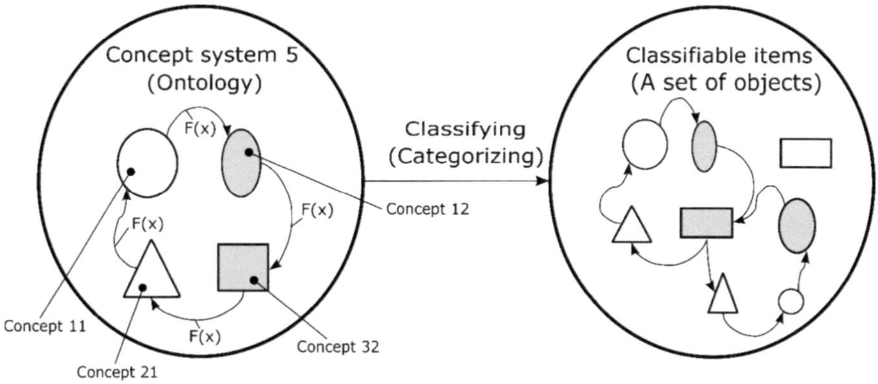

Abbildung 132: Klassifizierungsschema Ontologie (ISO, ISO/ IEC TR 11179-2 2019)

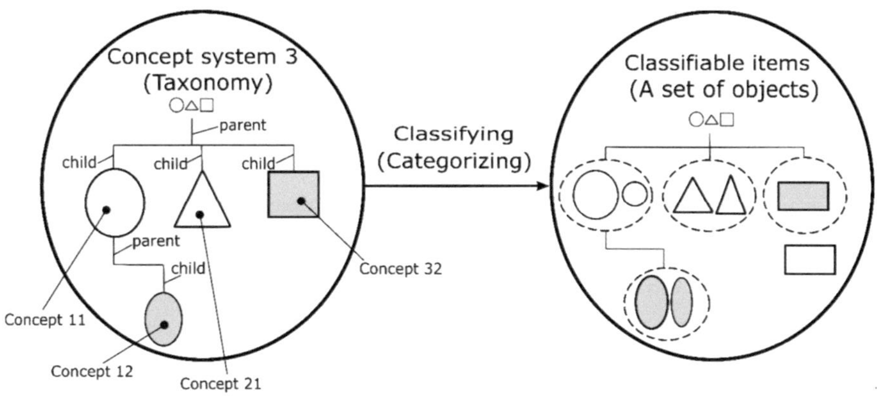

Abbildung 133: Klassifizierungsschema Taxonomie (ISO, ISO/ IEC TR 11179-2 2019)

Anhang XXIII: Begrifflichkeiten der Graphentheorie

Im Folgenden werden basierend auf (Diestel 2017), (Krumke und Noltemeier 2005), (Nitzsche 2009), (O'Neil 1992), (OrientDB Ltd. 2020d), (OrientDB Ltd. 2020c), (Ottman und Widmayer 2012), (Robinson, Webber und Eifrem 2013) kurz die grundlegenden Begriffe der Graphentheorie vorgestellt.

In der Graphentheorie geht es um die Darstellung von netzartigen Graphen in Form von einer Menge an Knoten (V) und Kanten (E) sowie der Beschreibung von Beziehungen der Knoten zueinander anhand von mathematischen Modellen bzw. Graphenalgorithmen. Es wird zwischen gerichteten (auch unter dem Begriff Digraph [englisch: directed graph] bekannt) und ungerichteten Graphen unterschieden. Zur Verdeutlichung der Durchlaufrichtung werden die Kanten bzw. die Bögen eines Digraphen mit Pfeilen versehen, was so viel wie „von" – „nach" heißt. Ein Graph ist im Allgemeinen wie folgt definiert:

$$G = (V, R) \tag{XXIII.1}$$

G	Graph	[-]
V	Menge an Knoten	[-]
R	Menge an Kanten bzw. Bögen	[-]

Für einen gerichteten Graphen gilt folgende Formel:

$$G = (V, R, \alpha(r), \omega(r)) \tag{XXIII.2}$$

$\alpha(r)$	Abbildung Anfangsecke der Kante r	[-]
$\omega(r)$	Abbildung Endecke der Kante r	[-]

mit Eigenschaften:

$$V \cap R = \emptyset$$

$$R \subseteq V \times V$$

$$\alpha: R \to V$$

$\omega: R \rightarrow V$

$V(G)$

$V(G)$

Ist der Graph ungerichtet, so gilt folgende Formel:

$$G = (V, E, \gamma(e)) \qquad \text{(XXIII.3)}$$

γ	Abbildung (e) mit Endecke der Kante	[-]

und es gelten die Eigenschaften:

$V \cap E = \emptyset$

$\gamma: E \rightarrow \{X: X \subseteq V\ mit\ 1 \nleq |X| \nleq 2\}$

$\gamma(e) \in V$

In der (E)DCC-Datenbank von OrientDB ist der Graph gerichtet, die Kantentraversierung kann aber über die Java API in beide Richtungen stattfinden.

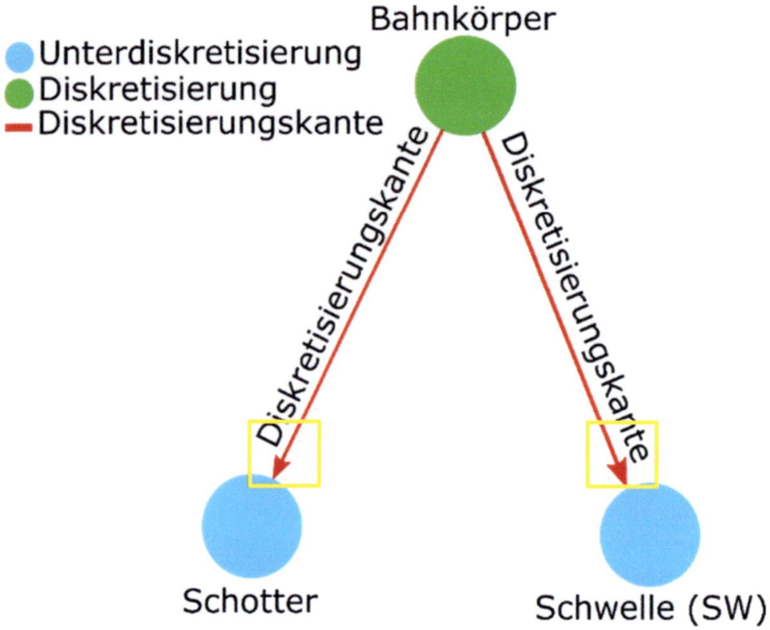

Abbildung 134: Beispiel für einen gerichteten Teilgraphen in der (E)DCC-Datenbank

Das bedeutet, dass die Navigation innerhalb des Graphenbaumes, welcher mit dem Graph-Modell von OrientDB erstellt ist, nicht eingeschränkt ist. Allerdings wird der Graph in der Verbindung einzelner Objekte bzw. Instanzen der zugehörigen Klassen beschränkt, um dadurch das (E)DCC-Modell abbilden zu können. Näheres dazu wird in Abschnitt 6.1 erläutert.

Werden zwei Knoten von paarweise angelegten Kanten in derselben Richtung verlaufend miteinander verbunden, so spricht man von sogenannten parallelen Kanten und es gilt folgender Sachverhalt:

$$\alpha(r) = \alpha(r'); \ \omega(r) = \omega(r') \tag{XXIII.4}$$

mit

$r, r' \in R, r \neq r'$

Werden dagegen zwei Knoten von paarweise angelegten Kanten mit einer entgegengesetzten Richtung miteinander verbunden, heißt die Verbindung antiparallel oder invers. Es gilt dann folgendes:

$$\alpha(r) = \omega(r');\ \omega(r) = \alpha(r') \tag{XXIII.5}$$

Der Graph wird mit Schlinge bezeichnet, wenn eine dieselbe Kante sowohl die Anfangs- als auch die Endecke am gleichen Knoten hat:

$$\alpha(r) = \omega(r) \tag{XXIII.6}$$

Enthält ein Graph sowohl keine Parallelen als auch keine Schlingen, wird der Graph mit einfach bezeichnet. Der Graph der (E)DCC-Datenbank entspricht einem nicht einfachen Graph. Er besitzt zwar an keiner der Stelle eine so genannte Schlinge, hat aber diverse parallele Kanten (auch mit Multigraph bezeichnet).

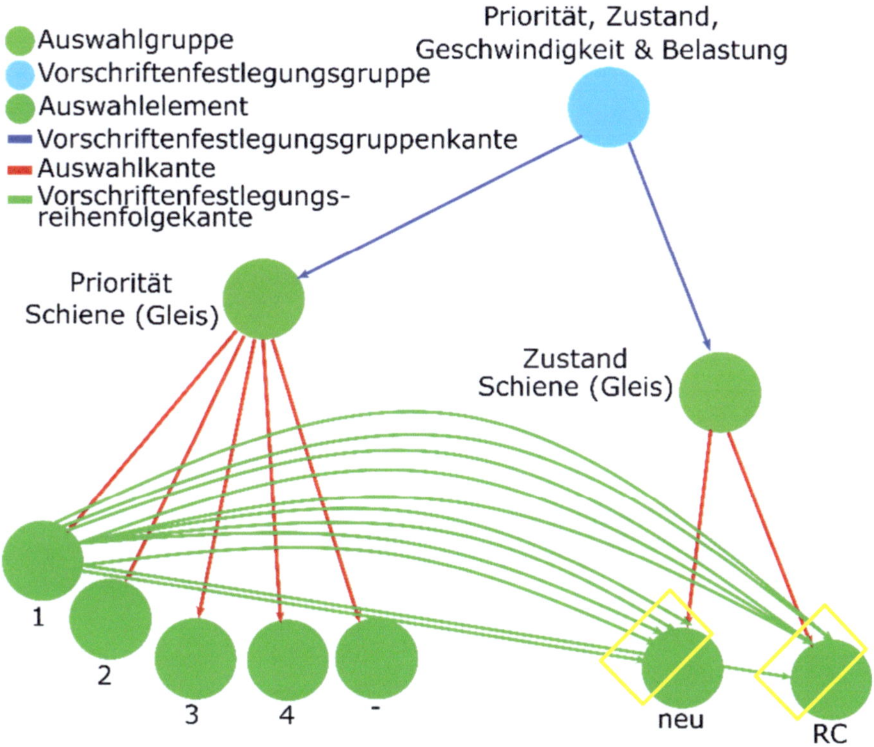

Abbildung 135: Beispiel für die parallele Kanten in der (E)DCC-Datenbank im Modell Vorschriftenfestlegungen

Den Graphen in der OrientDB-Datenbank kann man sich als Spinnennetz vorstellen, welches sich aus vielen Kanten und Knoten zusammensetzt, die den Obergraph und seine Teilgraphen repräsentieren, wobei der/ die Graph(en) endlich ist/ sind, da die

Anzahl der Knoten (V) und Kanten (R) begrenzt sind. Visualisiert werden die Graphen mit Kanten (auch Linien, Bögen) und Knoten (auch Ecken, Punkte) und den dazu gehörigen Beschriftungen (Eigenschaften). Zusammen bilden sie einen Wald bzw. Baum.

Unter dem Begriff Wald versteht man einen Graphen, welcher keinen Kreis bildet. Ist der Graph G zusammenhängend, so ist der Wald ein Baum (z. B. orientiert, frei, binär) bzw. der Wald besteht aus mehreren Bäumen, was so viel heißt, dass jeder einzelne Baum aus n Knoten und $n - 1$ Kanten besteht (gilt nicht für Teilgraphen mit zwei und mehr Kanten zwischen zwei Knoten).

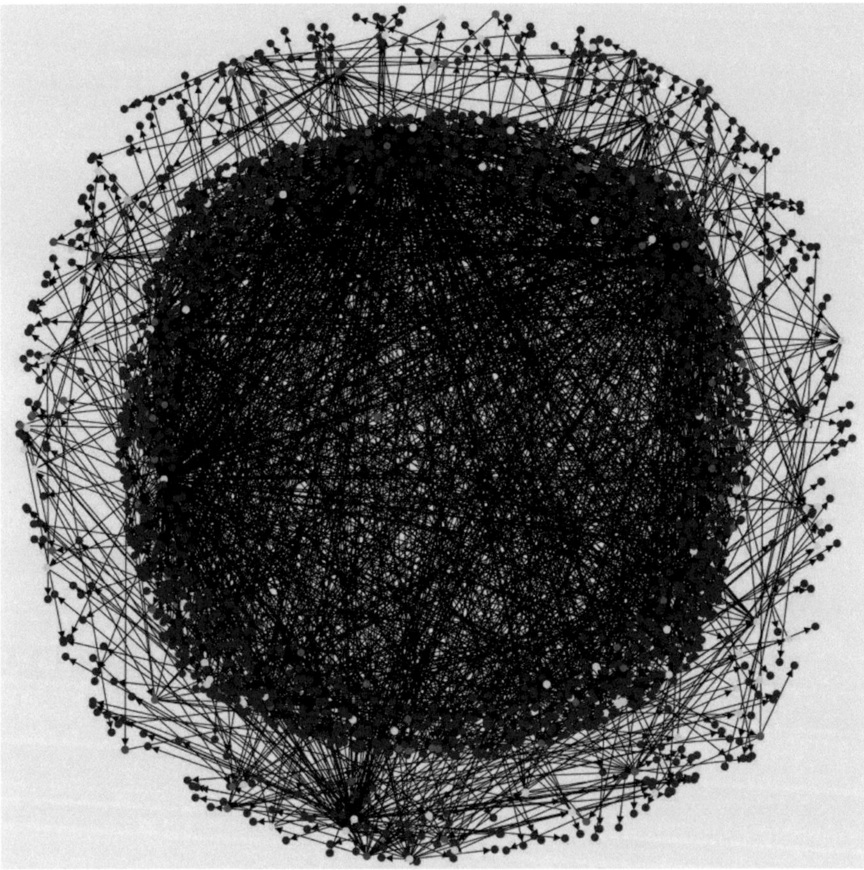

Abbildung 136: (E)DCC-Wald, dargestellt mit dem Lin-Algorithmus in der Software PULTrack der Datenbankkomponente

Eins der Knoten wird i. d. R. als Wurzel ausgelegt und hat somit im Vergleich zu den anderen Knoten keinen Vorgänger (Wurzelbaum). Der Baum wächst dabei, im Gegensatz zu den Bäumen in der Natur, von oben nach unten. Abgesehen von dem Wurzelknoten, hat jeder Knoten v_i einen direkten Vorgängerknoten (auch mit Vaterknoten bezeichnet). Bei einem endlichen Graph bzw. Baum haben die letzten Knoten keine Söhne und werden als Blätter bezeichnet. Knoten, welche nicht das Ende eines Baumes repräsentieren, werden als innerer Knoten bezeichnet. Wälder und Bäume zählen zu den wichtigsten Elementen zur strukturierten Darstellung der Daten bzw. der Datensätze in den digitalen DB. In OrientDB-Datenbank kann ein Vaterknoten beliebig viele Söhne bzw. Blätter haben. OrientDB-Graph ist zusätzlich ein Labeled-Property-Graph (LPG-Kanten). Das bedeutet, dass die Eigenschaften sämtlicher Datentypen (hier: 23 Datentypen) nicht nur in die Knoten eingetragen werden können, sondern auch in die Kanten. Solche Graphen tragen oft zum guten Verständnis der zu modellierenden Beziehungen zwischen den Datensätzen bei und sind deshalb beliebt. Das LPG-Konzept stellt neben dem RDF- und Hypergraph-Konzept ein weiteres und wichtiges Datenbankkonzept dar (Jastram 2021).

Anhang XXIV: OrientDB-Graphendatenbank

Der OrientDB-Graph besteht aus Knoten und Kanten. Die Verwaltung sowohl der Knoten als auch der Kanten erfolgt über eine Klassen- und Vererbungshierarchie, wobei eine Mehrfachvererbung unterstützt wird, was die DB flexibel macht. Das bedeutet, dass eine Unterklasse gleichzeitig von mehreren Superklassen erben kann (OrientDB Ltd. 2021a). Bei der OrientDB-Datenbank handelt es sich um eine sogenannte Multi-Model Database, wodurch sie in der Lage ist, Datensätze von unterschiedlichen Datentypen und unstrukturiertem Charakter abzuspeichern (OrientDB Ltd. 2021b), (OrientDB Ltd. 2020d).

OrientDB ist eine NoSQL-Datenbank (Schmeck 2016), was bedeutet, dass die Datenbank einem nicht-relationalen Ansatz folgt und in Verbindung mit den unterschiedlichen Datenbankmodellen mehr Funktionalität und Flexibilität anbietet, wodurch die Idee der „Polyglot Persistence" (Ausnutzung der Vorteile unterschiedlicher Datenbankmodelle mit deren unterschiedlichen Datenspeichertechnologien) umgesetzt wird (OrientDB Ltd. 2020d). Der große Vorteil der OrientDB-Datenbank besteht darin, dass es keine Einschränkungen gibt, welche unter Umständen seitens des Datenbankmodells auftreten könnten.

Bei der NoSQL-Datenbank der OrientDB entscheidet der Entwickler bzw. der zukünftige Anwender völlig frei, welche Einschränkungen und in welchem Umfang diese festgelegt werden müssen sowie nach welchen Schemata/ Mustern die DB arbeiten bzw. die Arbeit der DB erzwungen werden muss. Zu diesem Zweck bietet das OrientDB drei Modellierungsmodi: Schema-Full-, Schema-Less- oder Schema-Mixed-Modus (schema-voller-Modus, schemaloser Modus oder schema-gemischter Modus) (OrientDB Ltd. 2020e), (Zunino 2019).

In dem hybriden Modus werden Einschränkungen nur für bestimmte Eigenschaftsfelder festgehalten. Hierbei entscheidet der Anwender völlig frei, ob noch weitere benutzerdefinierte Attributfelder erforderlich sind. Realisiert wird das Konzept über die Klassen.

Bei einem hybriden und schemalosen Konzept können für jede Klasse beliebig viele Attribute festgelegt und in den einzelnen Objekten bzw. Instanzen weitere Eigenschaften, welche in der Klasse nicht vorhanden sind, hinterlegt werden. Allerdings sollte man i. d. R. die Eigenschaftsfelder klassenweise definieren, welche für alle Objekte einer Klasse deklariert sind, da das Anlegen von rein objektbezogenen Feldern viel Speicherplatz in Anspruch nehmen würde. Darüber hinaus trägt die klassenweise Modellierung der Eigenschaftsfelder zur besseren Übersichtlichkeit und Organisation der Eigenschaften innerhalb bestimmter Gruppen/ Kategorien von Datensätzen bei und ist bei unstrukturierten und wenig übersichtlichen Datensätzen dringend zu empfehlen. Dennoch ist das Deklarieren von objektbezogenen Eigenschaftsfeldern in dem (E)DCC-Modell erlaubt bzw. nicht unterbunden. Selbstverständlich stehen dann diese Eigenschaften nur einem Objekt zur Verfügung und werden von den anderen Objekten derselben Klasse nicht verwendet.

Auch wenn die DB in erster Linie als eine GDB betrachtet wird, besitzt sie gleichzeitig vier Datenbankmodelle (hier: graphorientiertes, dokumentorientiertes, objektorientiertes und Schlüssel-Werte-orientiertes Datenbankmodell) und kombiniert die Leistungsfähigkeit einer Graphendaten- mit der Flexibilität einer Dokumentendatenbank (OrientDB Ltd. 2021a), (OrientDB Ltd. 2021b). Die DB besitzt in Hinblick auf die Lesbarkeit und Schreiben von Daten eine hohe Geschwindigkeit. In OrientDB kann man auf höheren Ebenen mit „Graph-API“ und „Document-API“ arbeiten, wodurch eine schnelle und effiziente Kantentraversierung (hier: „Graph-API“ [auch mit Graphmodell bezeichnet]) und eine ausgeprägte Datenspeicherung („Document-API“) erreicht werden. Beide Datenbankmodelle benutzen auf niedrigeren Ebenen weitere Datenbankmodelle, sodass am Ende ein ausgeprägtes hybrides Datenbankmodell entsteht (OrientDB Ltd. 2020a), (OrientDB Ltd. 2020b). Der große Vorteil der gewählten DB liegt darin, dass die DB zwischen den Datensätzen keine JOIN-Operationen (Zusammenfügen zweier Tabellen einer relationalen DB) besitzt, sondern direkte Kantenverbindungen als Graphen anlegt. Dadurch können in der DB in Verbindung mit effizienten Graphenalgorithmen und auf den Benutzer abgestimmte Traversierungsalgorithmen entweder gesamte Bäume oder nur Teilbäume in Millisekundenbereich angesprochen werden, wobei die Geschwindigkeit nicht von der Datenmengengröße abhängig ist (OrientDB Ltd. 2021b), (OrientDB Ltd. 2020f).

Anhang XXV: Klassen- und Vererbungshierarchie der Knoten

In der GDB von OrientDB nach dem (E)DCC-Modell gibt es insgesamt 3 Klassenarten: die Klassen der Knoten, die Klassen der Kanten und die generischen Klassen. Die generischen Klassen entsprechen im Allgemeinen nicht der Struktur des (E)DCC-Modells in Form von Knoten-Kanten-Konstrukt und existieren somit vollständig entkoppelt von der Klassen- und Vererbungshierarchien der abstrakten V- und E-Klassen der Knoten und Kanten. Die Klassennamen sind generell ohne Umlauten geschrieben und die Namen mit mehreren Wörtern werden entweder über einen Unterstrich miteinander verbunden oder sie werden zusammen als ein Wort geschrieben, wobei die einzelnen Wörter immer mit einem Großbuchstaben angefangen werden.

Abbildung 137 stellt die Klassenaufbaustruktur bzw. die Vererbungshierarchie der Knoten nach den Ebenen des (E)DCC-Modells dar. Diese Klassenstruktur bildet auch die Basis für andere Teilklassifizierungssysteme.

Die (E)DCC-Superklassen der Knoten erben von der Superklasse „V" (Vertex). Diese Superklasse ist obligatorisch und kann nicht weggelassen werden. Diese definiert den Anfang der Klassenstruktur und dient der Identifikation aller in der DB vorhandenen Knoten.

Weiter in der Klassenhierarchie des (E)DCC-Modells kommen die abstrakten Klassen „Datensatz", „Umgebung_out", Kategorie_out" und „Kategorie_in". Diese abstrakten Klassen legen in der (E)DCC-Datenbank zum einen die grundlegende Struktur sowie die obligatorischen Attributfelder ihrer Unterklassen fest und zum anderen dienen sie den Einschränkungen des (E)DCC-Modells. So enthält die abstrakte Klasse „Datensatz" vier Klassenattribute, welche den Namen, den alternativen Namen, den Kommentar haben sowie die UUID-Nummer. Diese Attribute haben jede Superklasse des (E)DCC-Modells (hier: „Umgebungsebene", „Unterumgebungsebene", Unterunterumgebungsebene", „Diskretisierung", „Unterdiskretisierung", Kategorisierungsgruppe", „Kategorisierungsuntergruppe" und „Kategorisierung") inkl. Unterklassen und somit auch Instanzen, welche diese vererbungsbedingt besitzen.

Die abstrakte Klasse „Umgebung_out" bündelt die Superklassen der Umgebung und dient als Übergabeschnittstelle der Daten zwischen der Umgebung und der Diskretisierung.

Die abstrakte Klasse „Kategorie_out“ bündelt die Ebenen „Kategorisierungsgruppe“, „Kategorisierungsuntergruppe“ sowie die beiden Diskretisierungsebenen „Diskretisierung“ und „Unterdiskretisierung“ und dient ebenfalls als Schnittstelle zum Verbinden der Daten zwischen den Diskretisierungs- und Kategorisierungsebenen.

Über die „Kategorie_in“ können die Daten der „Kategorisierungsgruppe“, „Kategorisierungsuntergruppe“ und „Kategorisierung“ untereinander verbunden werden. Dazu wird die Kategorieverbindungskante (KVK) verwendet.

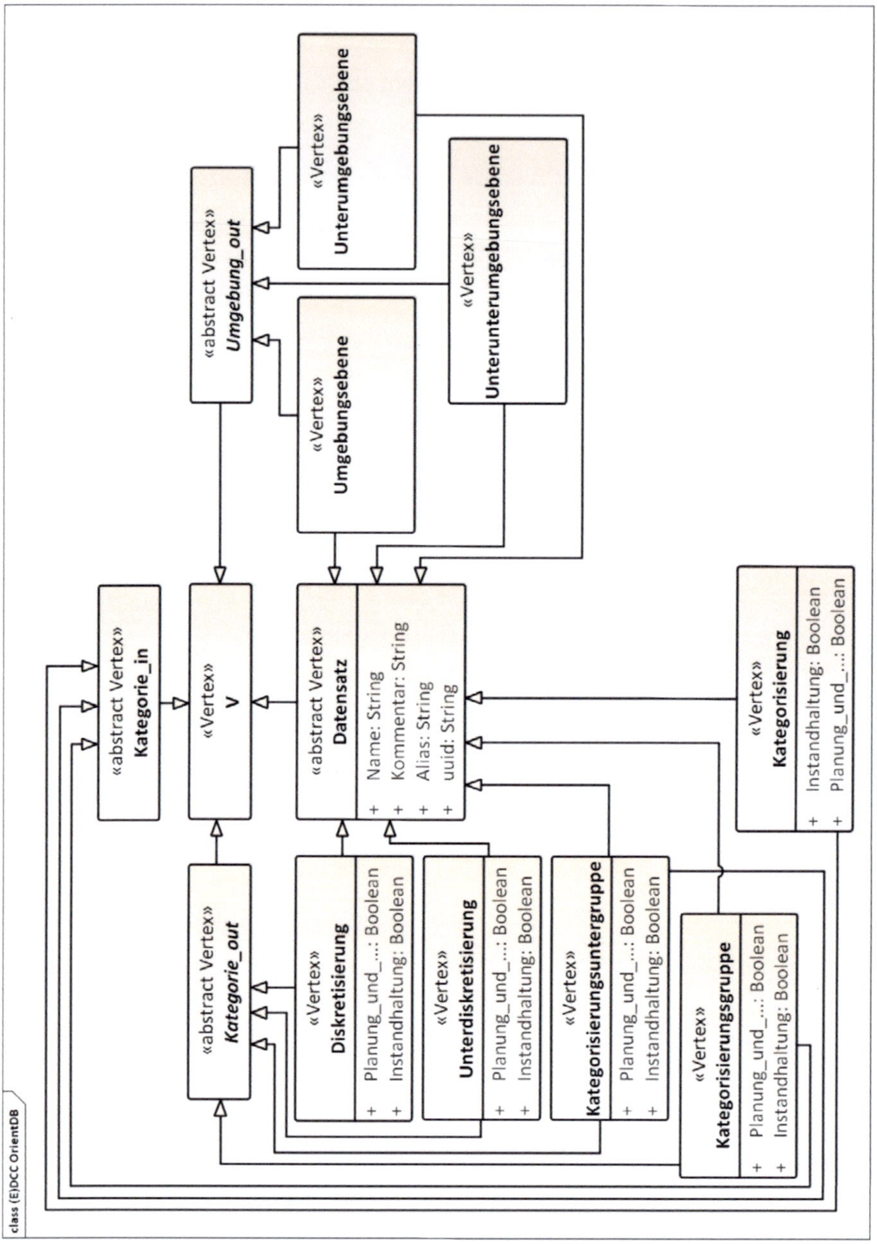

Abbildung 137: Klassendiagramm der Knoten in (E)DCC-Datenbank

Die Klasse „Kategorisierung“ erbt dagegen nicht von der abstrakten Klasse „Kategorie_out“, da die Instanzen der Klasse „Kategorisierung“ auf der untersten Ebene in der Hierarchie nur eingehende Kanten besitzen und dadurch nur von der abstrakten Klasse „Kategorie_in“ erben können.

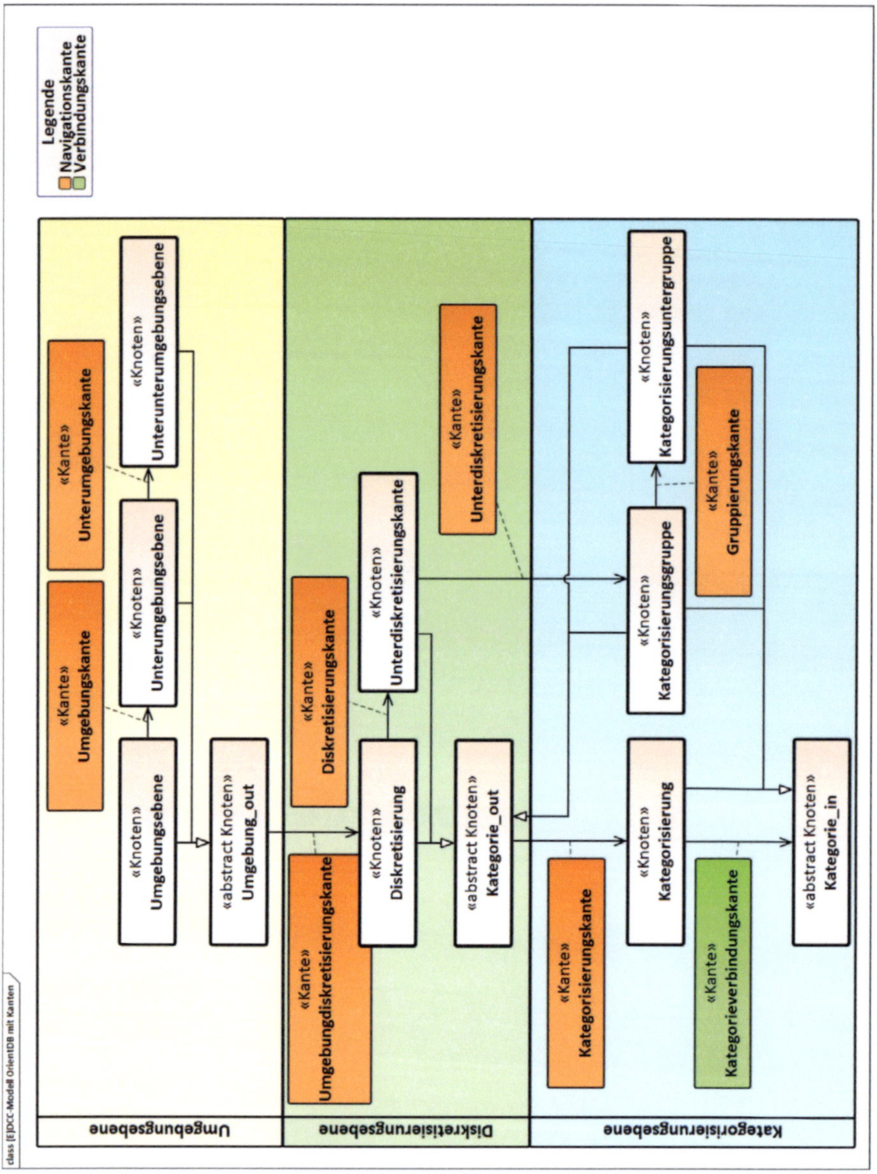

Abbildung 138: Klassenaufbau des (E)DCC-Modells in der DB unter Zusammenwirkung der Verbindungs- und Navigationskanten in Anlehnung an Belz (2020)

Die acht Superklassen „Umgebungsebene“, „Unterumgebungsebene“, „Unterunterumgebungsebene“, „Diskretisierung“, „Unterdiskretisierung“, „Kategorisierungsgruppe“,

„Kategorisierungsuntergruppe“ und „Kategorisierung“ geben die Hierarchie des (E)DCC-Modells wieder.

Abbildung 138 veranschaulicht den Klassenaufbau der DB nach dem (E)DCC-Modell, jedoch im Unterschied zu Abbildung 137 in der Ebenenansicht sowie der Interaktion zwischen Ebenen und zum Verbinden der Ebenen vorgesehenen Modellierungskanten.

Aus dem in Abbildung 138 dargestellten Klassendiagramm ist ersichtlich, dass die Klassenstruktur sich aus drei großen Bereichen zusammensetzt – dem Bereich der Umgebung, dem Bereich der Diskretisierung und dem Bereich der Kategorisierung.

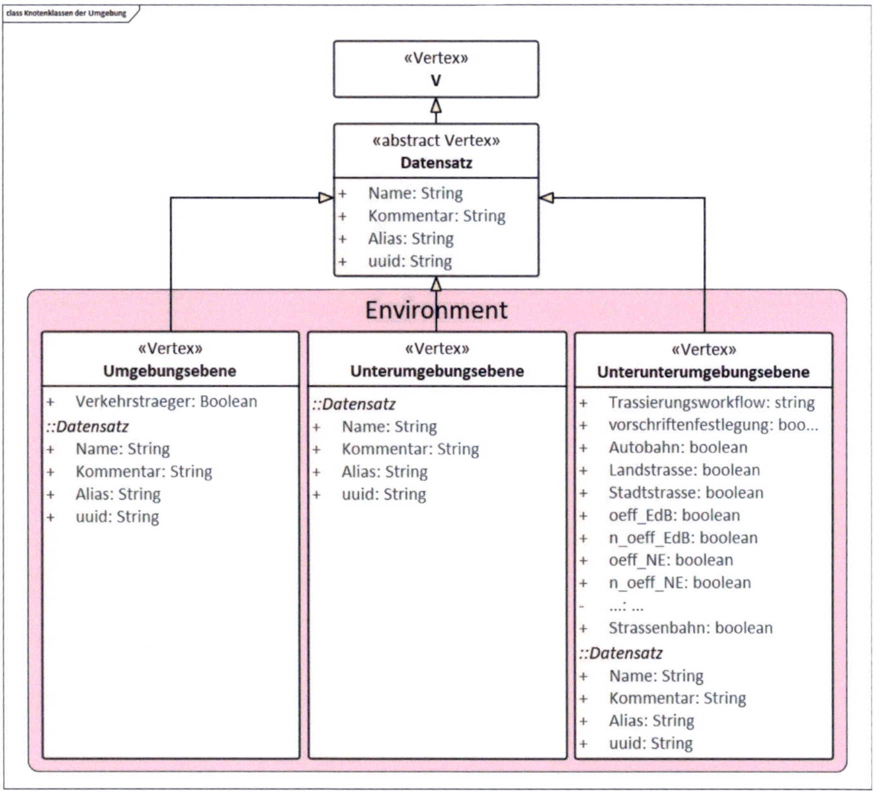

Abbildung 139: Klassen- und Vererbungshierarchie der Umgebungsebenen

Die Verbindung der beiden Bereiche Umgebung und Diskretisierung bzw. die Instanzen der Umgebung und Diskretisierung erfolgt über die abstrakte Klasse „Umgebung_out“ mittels der Umgebungsdiskretisierungskante (UMDK). Die Instanzen der Klassen der Umgebung „Umgebungsebene“, „Unterumgebungsebene“ und „Unterunterumgebungsebene“ werden untereinander mit Hilfe der Kanten Umgebungskante (UMK) und Unterumgebungskante (UUK) verbunden.

Zum Modellieren der Datensätze auf den Umgebungsebenen stehen dem Modellierer drei Superklassen zur Verfügung (vgl. Abbildung 139). Eine feinere Einteilung der Datensätze in dem (E)DCC-Modell ist nicht vorgesehen, jedoch können optional zu den Superklassen Unterklassen angelegt werden. Die Klasse „Umgebungsebene“ besitzt zu den Standardattributen der abstrakten Klasse „Datensatz“ zusätzlich das Attribut „Verkehrstraeger“ vom Typ Boolean. Dieses Attribut wird zur Trennung der Daten nach den Verkehrsträgern in den Datenbanktools verwendet (vgl. Abbildung 139).

Die Klasse „Unterunterumgebungsebene“ besitzt noch die Attribute der Verkehrsträger (z. B. „oeff_EdB“) vom Datentyp Boolean sowie Attribute „Trassierungsworkflow“ (momentan noch nicht umgesetzt) vom Datentyp String und „vorschriftenfestlegung“ von Datentyp Boolean. Die Klasse „Unterumgebungsebene“ besitzt keine zusätzlichen, eigenen Attribute.

Der Diskretisierungsbereich (hier: Diskretisierung und Unterdiskretisierung) wird mittels der Diskretisierungskante (DKK) zusammengehalten.

Fehlen die Zwischenebenen Kategorisierungsgruppe und Kategorisierungsuntergruppe des Bereichs Kategorisierung, so können die Instanzen der Klassen „Diskretisierung“ oder „Unterdiskretisierung“ über die Kategorisierungskante (KGK) direkt mit den Instanzen der Klasse „Kategorisierung“ verbunden werden. Die Verbindung der Instanzen der Klasse „Unterdiskretisierung“ mit den Instanzen der Klassen „Kategorisierungsgruppe“ und „Kategorisierungsuntergruppe“ erfolgt über die Unterdiskretisierungskante (UDK) und Gruppierungskante (GRK).

Anhang XXVI: Modellierungskanten und deren Bedeutung

Kantenname	Abkürzung	Beschreibung/ Einsatzbereich
3DKante	3DK	Die in der DB modellierten Infrastrukturobjekte können mittels 3DK mit den zu den Infrastrukturobjekten hinterlegten 3D-Objekten verbunden werden.
Ausschlusskante	ASK	Angabe, damit zwei Vorschriften nicht gleichzeitig ausgewählt werden können. Sollte das Attribut „Pflicht" gesetzt sein, dann bilden alle miteinander verbundenen Vorschriften eine Gruppe, aus der exakt eine Vorschrift ausgewählt sein muss.
Auswahlkante	AUK	Verbindet Instanzen der Klasse „Auswahlgruppe" mit den Instanzen der Klasse „Auswahlelement".
Auswahlkategoriekante	AKK	Wenn eine Auswahlgruppe als Auswahlelemente Instanzen der Klassen der „Kategorisierung" besitzt, muss, um diese zu verbinden, die AKK genommen werden.
Bibliothekskante	BBK	Knoten die Binärdateien repräsentieren, werden mittels Bibliothekskanten mit den Knoten der Diskretisierungsebene der Bibliothek verbunden.
Bildkante	BDK	Eine Binärdateiklasse wird mittels Bildkante mit seinem übergeordneten Diskretisierungsknoten verbunden.
Diskretisierungskante	DKK	Die DKK verbindet Instanzen der Klasse „Diskretisierung" mit den Instanzen der Klasse „Unterdiskretisierung.
Formelkante	FMK	Wird verwendet, um Funktionen bzw. Formeln in der DB zu modellieren. Die FMK gruppiert alle Formeln unter einem Hauptformelknoten, ähnlich wie der Oberknoten der Vorschriftenfestlegungen.
Funktionskante	FKK	Wird verwendet, um Funktionen bzw. Formeln in der DB zu modellieren. Beschreibt Assoziation einer Funktion mit einer Vorschriftenfestlegung. Dabei kann die Funktion über eine angegebene Id geladen werden.
Gruppierungskante	GRK	Die Instanzen der Klasse „Kategorisierungsgruppe" werden mit den Instanzen der Klasse „Kategorisierungsuntergruppe" mit Hilfe von GRK verbunden.
Kategorieverbindungskante	KVK	Mittels einer Kategorieverbindungskante werden Abhängigkeiten zwischen den einzelnen Systemkomponenten in dem DCC-Modell abgebildet.
Kategorievergleichskante	KVGK	Diese Kante modelliert die Unterdiskretisierungen, dessen Systemkomponenten miteinander kompatibel sind.
Kategorisierungskante	KGK	Die KGK verbindet die Instanzen der Klasse „Kategorisierung" mit den Klassen „Diskretisierung", „Unterdiskretisierung", „Kategorisierungsgruppe" oder „Kategorisierungsuntergruppe".
Komponentenkostengruppenkante	KKGK	Mit den KKGK werden die Abhängigkeiten zwischen den Systemkomponenten und Kostengruppen der Kostenkataloge modelliert.
Laendervorschriftenkante	LVK	Um eine Vorschrift einem Land zuzuordnen, wird der modellierte Oberknoten der Vorschriften eines bestimmten Landes mit der LVK mit dem zugehörigen modellierten Land verbunden.

Kantenname	Abkürzung	Beschreibung/ Einsatzbereich
Leistungsphasenvorschriftenkante	LPK	Diese Kante verbindet die übergeordneten Knoten „Planungsstufen“ und „HOAI“ mit den dazugehörigen Vorschriften.
Multiplikationskante	MUK	Die MUK wird zum Verbinden der Knoten der Klasse „Anzahlmultiplikator“ mit den Knoten der Klasse „Auswahlgruppe“ zum Vervielfältigen der Auswahlgruppen mit deren Auswahlelementen genommen.
Navigationskante	NVK	Eine abstrakte Kantenklasse die von der Kantenklasse E erbt. Bildet zusammen mit der Verbindungskante eine der zwei Superklassen, von denen alle anderen Kantenklassen erben.
Vorschriftenfestlegungsgruppenkante	VFGK	Mit der VFGK werden Instanzen der Klasse „Vorschriftenfestlegungsgruppe“ mit den Instanzen der Klasse „Vorschriftenfestlegung_in“ verbunden.
Vorschriftenfestlegungskante	VFK	Die VFK verbindet Knoten der Klasse „Umgebung_out“ mit den Knoten der Klasse „Vorschriftenfestlegungsgruppe“.
Vorschriftenfestlegungsobjektkante	VFOK	Eine Vorschriftenfestlegung wird mittels einer VFOK mit einer von ihm abhängigen Systemkomponente verbunden.
Vorschriftenfestlegungskostengruppenkante	VKGK	Diese Kantenklassen werden zur Modellierung von Abhängigkeiten zwischen den Vorschriftenfestlegungen und den damit verbundenen Abhängigkeiten zu den Kostengruppen zur Ermittlung der Kosten eines Projektes verwendet.
Parametermanipulationskante	PMK	Diese Kante wird zum Manipulieren der Parameterwerte in den Vorschriftenfestlegungen der Klasse „Eingabe“ genommen.
Vorschriftenfestlegungsreihenfolgekante	VFRK	Kettenartige Abhängigkeiten zwischen den einzelnen Vorschriftenfestlegungen werden zum größten Teil mit Hilfe einer Vorschriftenfestlegungsreihenfolgekante modelliert.
Projektkante	PJK	Diese Kante verbindet das im Trassierungs- bzw. Dimensionierungstool angelegte Projekt der Klasse „Projekt“ mit dem übergeordneten Knoten „Projekte“, welcher auf der Umgebungsebene zu finden ist.
Vorschriftenobjektkante	VOK	Mit der VOK wird eine Vorschrift mit einer Systemkomponente verbunden.
Vorschriftenzufestlegungskante	VZFK	Wurden zu einer Vorschrift Vorschriftenfestlegungen modelliert, so werden diese über die VZFK mit der dazugehörigen Vorschrift verbunden.
Vorschriftenverkehrstraegerkante	VVK	Die VVK verbindet den Oberknoten der Vorschriftenfestlegungen aus der Umgebungsebene mit den einzelnen Vorschriften aus der Kategorisierungsebene.
Startkante	STK	Verbindet die Baumwurzel des Baumgraphen mit den Instanzen der Klasse „Umgebungsebene“.
Textkante	TTK	Die in der DB modellierten Vorschriften können mittels TTK mit den zu den modellierten Vorschriften in Textformat hinterlegten Vorschriften verbunden werden.
Umgebungsdiskretisierungskante	UMDK	Wird genommen, um die (E)-Ebene mit der Diskretisierungsebene zu verbinden. Durch sie werden Instanzen der Klassen „Unterunterumgebungsebene“, „Unterumgebungsebene“ und

Kantenname	Abkürzung	Beschreibung/ Einsatzbereich
		„Umgebungsebene" mit den Instanzen der Klasse „Diskretisierung" verbunden.
Umgebungskante	UMK	Instanzen der Klasse „Umgebungsebene" werden mittels UMK, mit den Instanzen der Klasse „Unterumgebungsebene" verbunden.
Unterdiskretisierungskante	UDK	Von der Unterdiskretisierung aus wird mittels der UDK modelliert.
Unterumgebungskante	UUK	Dient dazu, die Instanzen der Klasse „Unterumgebungsebene" mit den Instanzen der Klasse „Unterunterumgebungsebene" zu verbinden.
Variablenparameterkante	VPK	Wird verwendet, um Funktionen bzw. Formeln in der DB zu modellieren. Die VPK zeigen die Abhängigkeiten zwischen der Trassierung und den Vorschriftenfestlegungen.
Variablenzuweisungskante	VZK	Benennung einer anderen Funktion, sodass der Wert der benannten Variablen verwendet werden kann. Dabei müssen auch alle Attributfelder „freie_variable" einen Wert zugewiesen bekommen. Die VZK ermöglicht es Funktionen als Zwischenschritt zu verwenden. Sie kann von Funktionen und Vorschriftenfestlegungen verwendet werden.
Verbindungskante	VBK	Eine abstrakte Kantenklasse die von der Kantenklasse E erbt. Bildet zusammen mit der Navigationskante eine der zwei Superklassen, von denen alle anderen Kantenklassen erben.
Vorschriftenassoziations-kante	VAK	Angabe, dass eine Vorschrift mit einer anderen assoziiert (zusammengehören). Sollte diese Vorschrift angeklickt sein, werden die assoziierten Vorschriften in dem Fenster des Vorschriftentools grün umrandet.
Vorschriftenkonstanten-kante	VKK	Angabe an konstanten Werten, die nur geladen werden, wenn die verbundene Vorschrift aktiv ist. Wenn dies der Fall ist, werden existierenden Konstanten mit gleichem Namen überschrieben.

Tabelle 15: Modellierungskanten der (E)DCC-GDB mit deren Kürzel und Beschreibung

Anhang XXVII: Modellierungsattribute

In der folgenden Tabelle sind die wichtigsten in der Software PULTrack verwendeten Modellierungsattribute aufgeführt. Hinweis: Die diversen Attribute und Parameter der Systemkomponenten sind in der Tabelle nicht aufgeführt, da diese nicht zu den Modellierungsattributen zählen.

Nr.	Attributname	Datentyp	Kante	Knoten	Beschreibung
1	Planung_und_Entwurf	Boolean		X	Ordnet Teilmodellierungen der Planungsart „Planung und Entwurf" zu
2	Instandhaltung	Boolean		X	Ordnet Teilmodellierungen der Planungsart „Instandhaltung" zu
3	Aktualisierung	Date		X	Datierung der Vorschrift
4	Herausgeber	String		X	Herausgeber der Vorschrift
5	Pflicht	Boolean		X	Kennzeichnet eine Pflichtvorschrift, welche von der Software automatisch ausgewählt wird
6	Nutzerhinweis	String		X	Funktion 1: Notification-Fenster für die Vorschriftenfestlegungen in dem Voreingabefeld Funktion 2: Bei Vorschriften als Texthinweis
7	Elementbeschreibung	String		X	Steuerung der Mouseover-Information in den Knoten der Vorschriftenfestlegungen
8	Achspflicht	Boolean		X	Ordnet Vorschriftenfestlegungen dem Fenster „Achse anlegen" zu
9	nicht_editierbar	Boolean		X	Attribut, welches die Benutzung der Vorschriftenfestlegungen in dem Voreingabefeld unterbindet
10	vVerteilung	Boolean		X	Blendet die Vorschriftenfestlegungen auf dem Voreingabefeld in der vertikalen Verteilung aus
11	Visualisierung	Boolean		X	Blendet die Vorschriftenfestlegungen auf dem Voreingabefeld in der horizontalen Verteilung aus
12	Trassierungstool	Boolean		X	Ordnet Vorschriftenfestlegungen dem Trassierungstool zu
13	display	Embedded Map		X	Funktion 1: Darstellung von Formeln in Latex Funktion 2: Darstellung von Trassierungsparametern im Trassierungsfeld in Latex
14	Dimensionierungstool	Boolean		X	Kennzeichnet Knoten in dem DCC-Modell, welche von dem Dimensionierungstool berücksichtigt werden sollen

Nr.	Attributname	Datentyp	Kante	Knoten	Beschreibung
15	vorschriftenfestlegung	Boolean		X	Um den Knoten auf der Unterunterumgebungsebene als oberen Knoten der Vorschriftenfestlegung zu identifizieren
16	AttributZuordnung	Embedded Set		X	Angabe von den Namen der Verkehrsträger in einem Oberknoten der Vorschriftenfestlegungen, damit die Vorschriftenfestlegungen einem Verkehrsträger zugeordnet werden können
17	Maximum	Integer		X	Legt den Wertebereich des Anzahlmultiplikators auf das Maximum
18	Minimum	Integer		X	Legt den Wertebereich des Anzahlmultiplikators auf das Maximum
19	Einheit	String		X	Gibt die Einheit des Wertes an
20	Min	Float		X	Begrenzung des Wertes im Eingabeknoten einer Vorschriftenfestlegung nach unten
21	Max	Float		X	Begrenzung des Wertes im Eingabeknoten einer Vorschriftenfestlegung nach oben
22	Schritt	Float		X	Erhöhungsschritte des Wertes im Eingabeknoten einer Vorschriftenfestlegung
23	Stellen	Integer		X	Ist für die Angabe der Nachkommastellen im Eingabeknoten einer Vorschriftenfestlegung zuständig
24	Reihenfolge	Integer	X		Attribut, mit welchem die Reihenfolge der Knoten in der DB festgelegt werden kann
25	Skript	String	X		Momentan ohne Funktion
26	Typ	String	X		Beschreibt den Typ einer Vorschriftenfestlegung, welche mit dem Infrastrukturobjekt verbunden ist.
27	Zielattribute	String	X		Min- und Max-Attribute in der Kante, auf die ein Eingabeknoten verweist
28	Vorschriftenidentifikator	String	X		Erlaubt die Verwendung der Manipulationskante in Abhängigkeit einer bestimmten Vorschrift
29	Ausschluss	Boolean	X		Schließt eine Vorschriftenfestlegung aus
30	GruppenID	Integer	X		Gruppiert Vorschriftenfestlegungsreihenfolgekanten
31	Maximum	Double	X		Maximum-Wert, welcher über die Kante von einem Eingabeknoten einer Vorschriftenfestlegung validiert werden kann
32	Minimum	Double	X		Minimum-Wert, welcher über die Kante von einem Eingabeknoten einer Vorschriftenfestlegung validiert werden kann
33	uuid	String		X	Zuordnung einer eindeutigen Identifikationsnummer einem Knoten

Nr.	Attributname	Datentyp	Kante	Knoten	Beschreibung
34	variable	String	X	X	Name der Variable, um sie in einer Funktion zu verwenden
35	freie_variablen			X	Name der Variablen, die bei der Verwendung der Funktion angegeben werden müssen
36	zuweisungen	String	X		Weist beim Aufrufen einer Funktion die Werte (Variablen oder konkrete Werte) zu ihren „freien_variablen" zu
37	id	String		X	Generischer Identifikationstext
38	konstanten	String			Zusätzliche konstante Werte für Funktionen (momentan nur im Trassierungstool)
39	Einschraenkungen	Embedded Map		X	Regeln, welche man zum Abbilden von Abhängigkeiten zwischen Vorschriftenfestlegungen nutzt
40	relative_position	Integer	X		Angabe des Trassierungselementes, dessen Parameter für eine Regel in einem Trassierungselement geladen werden sollen
41	ausgeblendet	Boolean	X		Wird zur eindeutigen Identifizierung einer Formel mittels eines Auswahlelementes über die Funktionskante genommen
42	Trassierungsworkflow	String		X	Bestimmt die verkehrsträgerbezogene Trassierungsart
43	Bahnuebergang	Boolean		X	Vorschriftenzuordnung nach dem Einsatzbereich/ Sachgebiet
44	Bruecke	Boolean		X	Vorschriftenzuordnung nach dem Einsatzbereich/ Sachgebiet
45	Entwaesserungsanlagen	Boolean		X	Vorschriftenzuordnung nach dem Einsatzbereich/ Sachgebiet
46	Entwurfsunterlagen	Boolean		X	Vorschriftenzuordnung nach dem Einsatzbereich/ Sachgebiet
47	Erdbauwerk	Boolean		X	Vorschriftenzuordnung nach dem Einsatzbereich/ Sachgebiet
48	Infrastrukturgestaltung_Verkehrsplanung	Boolean		X	Vorschriftenzuordnung nach dem Einsatzbereich/ Sachgebiet
49	Kosten	Boolean		X	Vorschriftenzuordnung nach dem Einsatzbereich/ Sachgebiet
50	Linienfuehrung	Boolean		X	Vorschriftenzuordnung nach dem Einsatzbereich/ Sachgebiet
51	Oberbau	Boolean		X	Vorschriftenzuordnung nach dem Einsatzbereich/ Sachgebiet
52	Schutzschicht	Boolean		X	Vorschriftenzuordnung nach dem Einsatzbereich/ Sachgebiet

Nr.	Attributname	Datentyp	Kante	Knoten	Beschreibung
53	Streckenquer-schnitt_Regelquer-schnitt	Boolean		X	Vorschriftenzuordnung nach dem Einsatzbe-reich/ Sachgebiet
54	Tunnel	Boolean		X	Vorschriftenzuordnung nach dem Einsatzbe-reich/ Sachgebiet
55	Weiche	Boolean		X	Vorschriftenzuordnung nach dem Einsatzbe-reich/ Sachgebiet
56	Abkuerzungskanal	Boolean		X	Verkehrsträger Wasser
57	Binnenschifffahrt	Boolean		X	Verkehrsträger Wasser
58	Meereskanal	Boolean		X	Verkehrsträger Wasser
59	Seitenkanal	Boolean		X	Verkehrsträger Wasser
60	Stichkanal	Boolean		X	Verkehrsträger Wasser
61	Verbindungskanal	Boolean		X	Verkehrsträger Wasser
62	Wasserscheidenkanal	Boolean		X	Verkehrsträger Wasser
63	Strassenbahn	Boolean		X	Verkehrsträger sonstige Schienenbahnen
64	Bahnenbesonderer-Bauart	Boolean		X	Verkehrsträger sonstige Schienenbahnen
65	Bergbahn	Boolean		X	Verkehrsträger sonstige Schienenbahnen
66	HochUntergrundbahn	Boolean		X	Verkehrsträger sonstige Schienenbahnen
67	Maglev	Boolean		X	Verkehrsträger sonstige Schienenbahnen
68	n_oeff_EdB	Boolean		X	Verkehrsträger Eisenbahn
69	oeff_EdB	Boolean		X	Verkehrsträger Eisenbahn
70	oeff_NE	Boolean		X	Verkehrsträger Eisenbahn
71	n_oeff_NE	Boolean		X	Verkehrsträger Eisenbahn
72	Autobahn	Boolean		X	Verkehrsträger Straße
73	Landstrasse	Boolean		X	Verkehrsträger Straße
74	Stadtstrasse	Boolean		X	Verkehrsträger Straße
75	Luftseilbahn	Boolean		X	Verkehrsträger Seilbahn
76	Standseilbahn	Boolean		X	Verkehrsträger Seilbahn
77	Flugbetriebsflaechen	Boolean		X	Verkehrsträger Luft
78	TestFlug	Boolean		X	Verkehrsträger Luft

Tabelle 16: Zusammenstellung der in der Software PULTrack verwendeten Modellierungsattribute

Anhang XXVIII: Kantenklassen

Navigationskanten

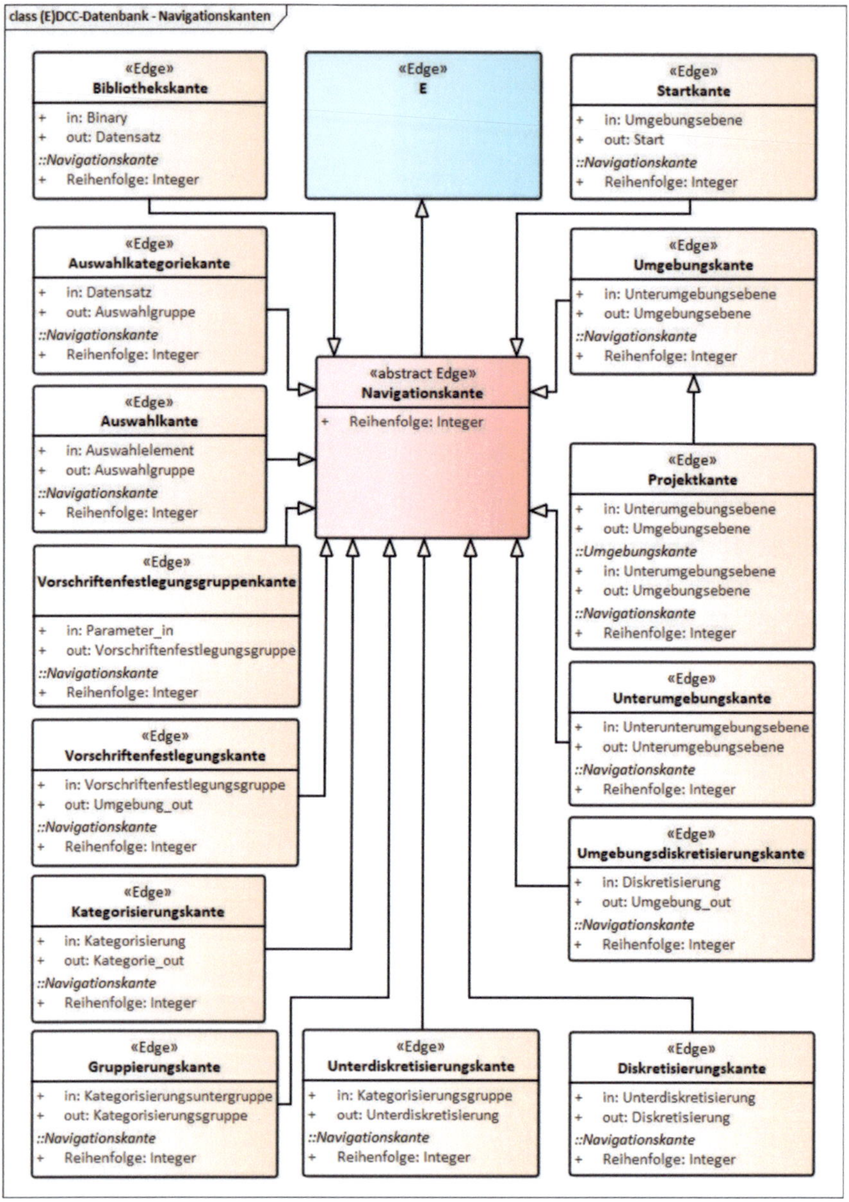

Abbildung 140: Klassen- und Vererbungshierarchie der Navigationskanten

Verbindungskanten

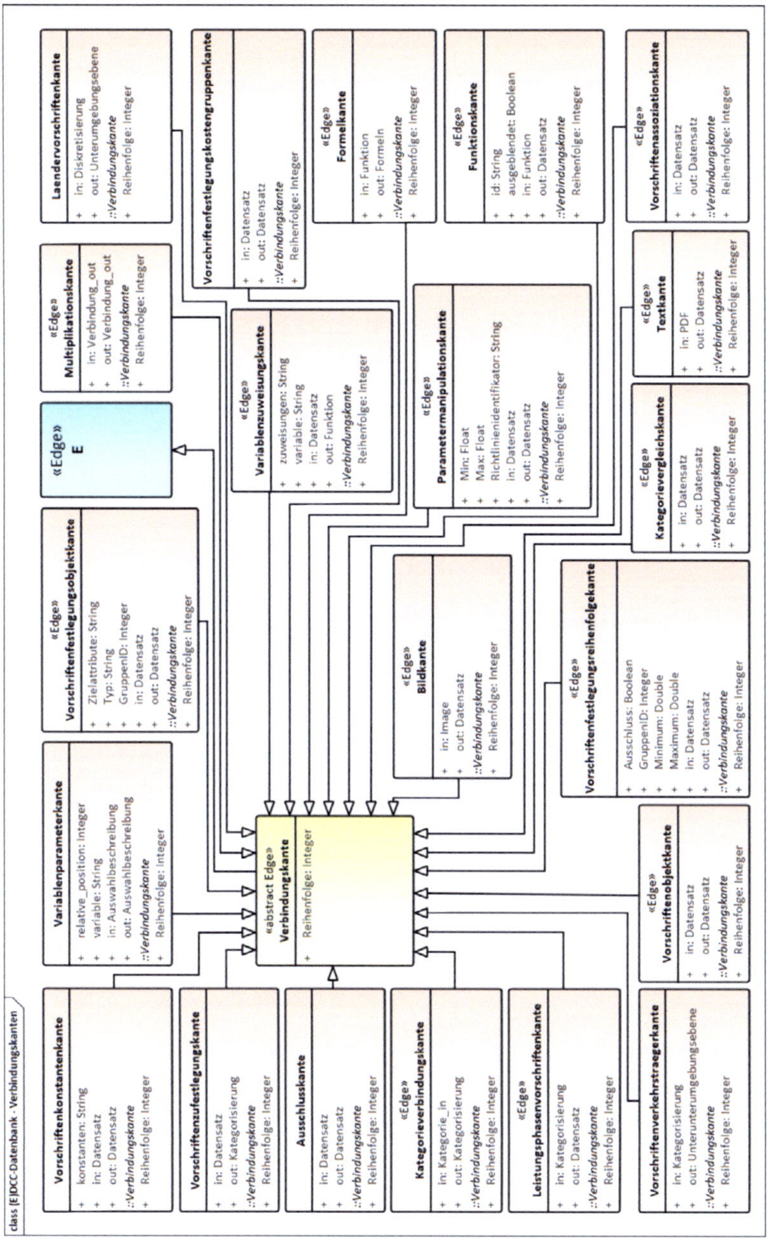

Abbildung 141: Klassen- und Vererbungshierarchie der Verbindungskanten

Umgebungskanten

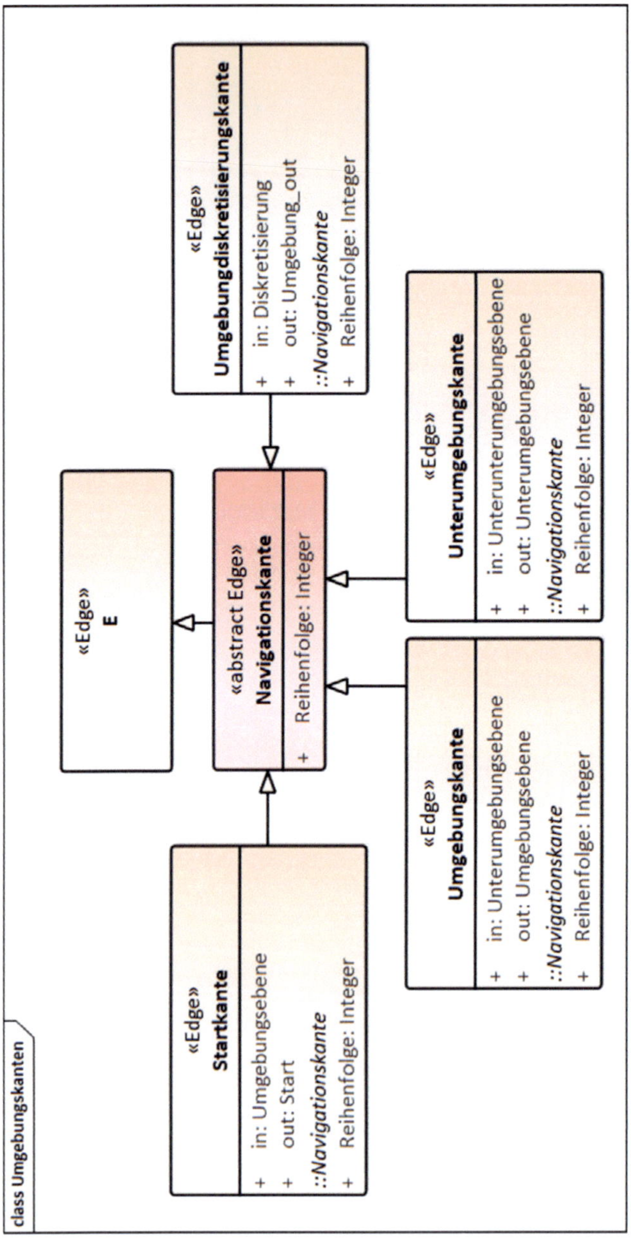

Abbildung 142: Umgebungskanten

Kanten zur Strukturierung der Vorschriftenfestlegungen

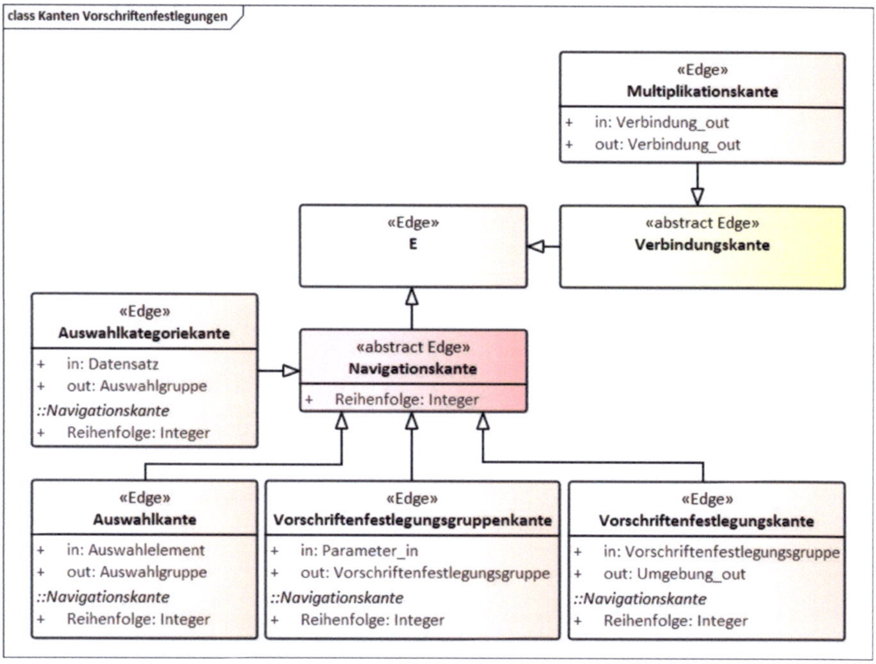

Abbildung 143: Kanten zum strukturierten Modellieren der Vorschriftenfestlegungen in der DB

Vorschriftenkanten

Unter den Vorschriftenkanten werden alle Kanten zur digitalen Abbildung der Vorschriftenkonformität verstanden. Diese werden zum Beispiel zum Modellieren der Abhängigkeiten/ Interaktion zwischen den Vorschriften untereinander, den Vorschriften und Systemkomponenten, den Vorschriften und Vorschriftenfestlegungen und anderen Datensätzen der DB verwendet. Dabei handelt es sich hauptsächlich um 13 Typen von Kanten (hier: Vorschriftenzufestlegungskante (VZFK), Ausschlusskante (ASK), Vorschriftenverkehrstraegerkante (VVK), Vorschriftenobjektkante (VOK), Vorschriftenassoziationskante (VAK), Textkante (TTK) und Laendervorschriftenkante (LVK), Parametermanipulationskante (PMK), Vorschriftenfestlegungsreihenfolgekante (VFRK), Vorschriftenfestlegungsobjektkante (VFOK), Vorschriftenfestlegungskostengruppenkante (VKGK), Vorschriftenkonstantenkante (VKGK), Leistungsphasenvorschriftenkante (LPK)) zur vollständigen Modellierung von Vorschriftenkanten. Die unter dem Oberbegriff Vorschriftenkanten zusammengefassten Kantenklassen erben von der abstrakten Superklasse „Verbindungskante“, diese erbt wiederum von der Superklasse „E“ (vgl. Abbildung 144).

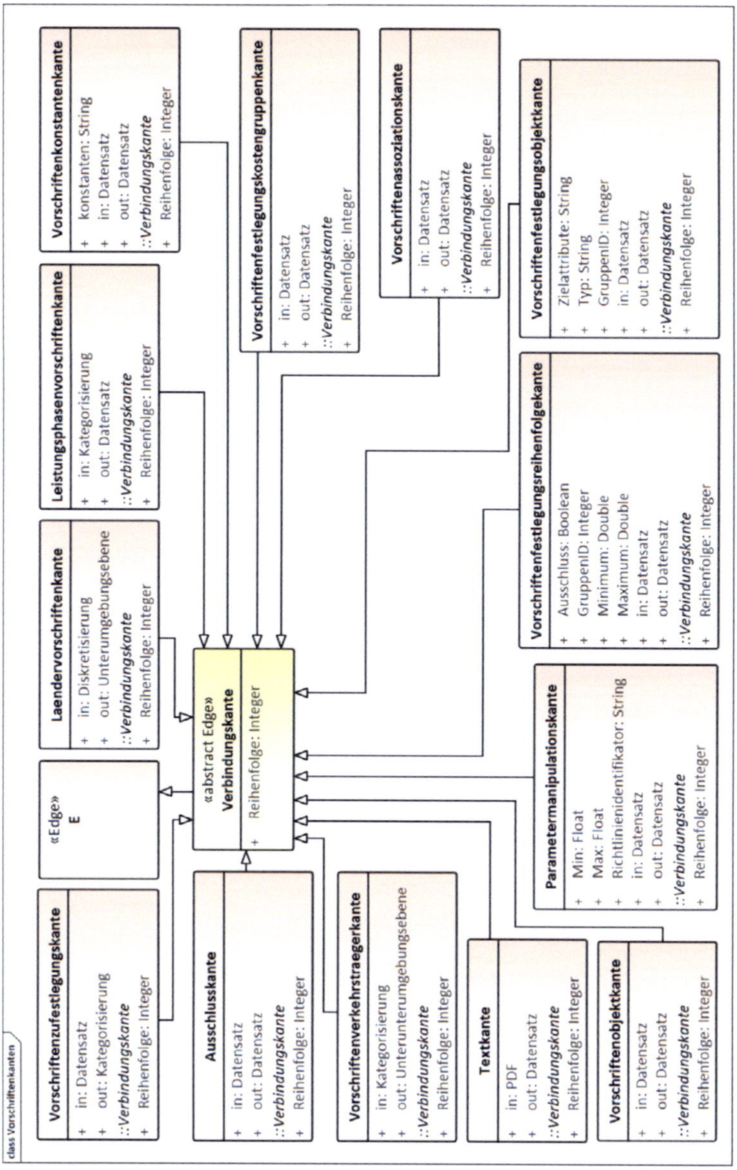

Abbildung 144: Klassen- und Vererbungshierarchie der Kanten zum Modellieren der Abhängigkeiten zwischen kodifizierten/ nicht kodifizierten Vorschriften sowie Abhängigkeiten zu den anderen Datensätzen der DB

Anhang XXIX: Manipulation der Vorschriftenfestlegungen über Modellierungsattribute

Die Manipulation der Vorschriftenfestlegungen als graphische Benutzeroberfläche erfolgt über die Modellierung der Knotenattribute.

Mit dem Attribut „vVerteilung" vom Datentyp Boolean ist es möglich die Vorschriftenfestlegungen, welche in der Software PULTrack als graphische Benutzeroberflächenelemente verwendet werden, über die gesamte Strukturtiefe der Vorschriftenfestlegungen hinweg gezielt auszublenden und nur im Hintergrund, falls dies zutreffend ist, arbeiten zu lassen. Die Auswertung des Attributes „vVerteilung" erfolgt in dem Graphenbaum blätterweise von der Wurzel aus von oben nach unten (vertikal). Ein Vaterknoten mit dem gesetzten Attribut „vVerteilung" in dem Baum blendet automatisch alle darunter liegende Kindknoten aus.

Mit dem Attribut „nicht_editierbar" werden die einzelnen Knoten der Vorschriftenfestlegungen auf der graphischen Benutzeroberfläche nur angezeigt und nicht selektierbar gemacht.

Ein weiteres Attribut, mit welchem man das Anzeigen der Vorschriftenfestlegungen manipulieren lassen kann, ist das Attribut „Trassierungstool" vom Datentyp Boolean. Das Attribut „Trassierungstool" weist die Vorschriftenfestlegungen zum Voreingabefeld des Trassierungstools zu. Alle Knoten, die das Attribut gesetzt bekommen haben, tauchen nur auf der graphischen Benutzeroberfläche des Voreingabefeldes des Trassierungstools auf.

Über das Attribut „Achspflicht" vom Datentyp Boolean werden die zum Trassieren eines Verkehrsweges zwingend erforderliche Attribute (Obligate) gekennzeichnet, welche im Trassierungstool nur in dem Fenster „Achse erstellen" angezeigt werden und vom Planer zu tätigen sind. Dazu zählen solche Vorschriftenfestlegungen wie zum Beispiel die „Entwurfsgeschwindigkeit", die „Verkehrliche Bedeutung" (Nebenbahn und Hauptbahn) u. v. m.

Anhang XXX: Anforderungen an die digitale Übersetzung der Vorschriften

Im Folgenden werden einzelne Aspekte vorgestellt und teilweise anhand von Beispielen der deutschen Richtlinien aus der Gleis- (DB AG Richtlinien) und Straßenplanung (FGSV-Richtlinien) diskutiert. Eine detaillierte Diskussion wird in (Schuk, Pombo Jiménez und Martin 2022) geführt.

REQ01: Verbindlichkeitsgrad (obligatorisch/ nicht obligatorisch)

Es gibt verschiedene Verbindlichkeitsgrade, die entweder für eine Vorschrift insgesamt oder für einzelne Festlegungen innerhalb einer Vorschrift festgelegt werden können. Diese Festlegungen können Anforderungen (Gebote/ Verbote), Empfehlungen, Informationen, Zulässigkeiten, Möglichkeiten etc. enthalten. Der Verbindlichkeitsgrad kann entweder durch den technischen Standard oder durch modale Hilfsverben (wie "muss", "darf nicht", "soll", "sollte nicht" etc.) ausgedrückt werden. Die Verwendung dieser Wörter gibt normalerweise den Grad der Verbindlichkeit an. Die Richtlinien der FGSV bieten ein Beispiel dafür, wie der Verbindlichkeitsgrad von Richtlinien durch die Verwendung von technischen Standards angezeigt werden kann. Die FGSV-Richtlinien sind dazu hauptsächlich in zwei Kategorien unterteilt, nämlich R 1 und R 2. Die R 1-Richtlinien haben einen hohen Verbindlichkeitsgrad, welche dem Technikstandard der „allgemein anerkannten Regeln der Technik“ entsprechen. Sie geben klare Vorgaben dafür, wie ein technischer Sachverhalt gehandhabt werden muss oder soll, ohne die explizite Verwendung von modalen Hilfsverben im Text. Im Gegensatz dazu haben die R 2-Richtlinien einen empfehlenden Charakter und basieren auf dem Technikstandard des „Standes von Wissenschaft und Technik“. Sie geben lediglich an, wie mit einem technischen Problem umgegangen werden sollte. Jede Richtlinie der FGSV kann dabei unabhängig von ihrer Kategorie vom BMDV über das ARS verbindlich gemacht werden (FGSV 2013). Ein Beispiel für die Angabe der Verbindlichkeit einzelner Vorschriftenfestlegungen innerhalb einer Richtlinie über die modalen Hilfsverben, sind die Richtlinien der DB AG (z. B. (DB Netz AG, Ril 804 2018), (DB Netz AG, Ril 853 2018)). Einige Vorschriften haben aufgrund ihrer Herkunft eine hohe Verbindlichkeit. Zum Beispiel sind Gesetze und Rechtsnormen, die von der legislativen und exekutiven Gewalt erstellt wurden, immer verbindlich. Daher sollte bei der digitalen Übersetzung der Vorschriftenfestlegungen mitberücksichtigt werden, welche Regelungen verbindlich und somit zwingend zu berücksichtigen sind.

REQ02: Technischer Standard

Die Einhaltung bestimmter technischer Standards (von manchen Autoren auch mit „Technikstandard", „Technikklauseln"; „Generalklauseln" bezeichnet (BMJ 2008), (Seibel 2013)) wird durch Vorschriften und ihre Festlegungen sichergestellt. Die Bedeutung dieser wird oft in Stufen eingeteilt, gemäß der „Stufen-Theorie". Beispiele dafür sind die „3-Stufen-Theorie" (BMJ 2008), (BVerfGE 1979), die „2-Stufen-Theorie" (Battis und Gusy 1988) und die „Einheits-Theorie" (Nicklisch 1983). In (Seibel 2013) werden insgesamt 35 verschiedene Technikstandards genannt, unter Verweis auf (Nicklisch 1983). Dies deutet darauf hin, dass es in diesem Bereich kein einheitliches Kriterium gibt. In der Praxis hat sich in Deutschland jedoch die „3-Stufen-Theorie" als vorherrschend durchgesetzt (BMJ 2008). Es gibt drei technische Standards, die sich am Gefährdungspotenzial und der technischen Beherrschbarkeit eines Sachverhaltes orientieren: der „anerkannte Regeln der Technik" (a. R. d. T.), der „Stand der Technik" und der „Stand von Wissenschaft und Technik". Abhängig von diesen Faktoren wird der jeweilige Standard angewendet. Bei Sachverhalten mit dem geringstem Gefährdungspotenzial und der höchsten technischen Beherrschbarkeit wird der „anerkannte Regeln der Technik" verwendet. Bei Sachverhalten mit dem höchstem Gefährdungspotenzial und der geringsten technischen Beherrschbarkeit wird der „Stand von Wissenschaft und Technik" herangezogen. Der „Stand der Technik" liegt demnach zwischen diesen beiden Standards (BMJ 2008). Bei der Übersetzung der Vorschriftenfestlegungen in die maschinenlesbare Form stellt sich ähnlich wie bei dem Verbindlichkeitsgrad die Frage, welche Technikstandards notwendig sind und welche optional sind. Diese Überlegungen können sowohl die gesamte Vorschrift als auch einzelne Vorschriftenfestlegungen betreffen.

Die Beschreibung zu den drei Technikstandards der „3-Stufen-Theorie" findet sich im Anhang XXXI.

REQ03: Kodifizierte und nicht kodifizierte Vorschriften

Es gibt Situationen, in denen es schwierig sein kann, die Regeln der bereits bestehenden Vorschriften einzuhalten, die in dieser Arbeit als kodifizierte (offizielle) Vorschriften bezeichnet werden. Eine diesbezügliche ausführliche Diskussion findet sich im Abschnitt 3.7.1. Wenn sich solche Situationen ergeben, kann von ihnen abgewichen werden, solange eine ausreichende Begründung gegeben ist und die (Verkehrs-)Sicherheit in allen Phasen des Lebenszyklus der Infrastruktur gewährleistet bleibt. Um von den kodifizierten Vorschriften abzuweichen, muss nachgewiesen werden, dass der technische Sachverhalt eine gesonderte Lösung erfordert, die außerhalb des Geltungsbereichs der offiziellen Vorschriften liegt und dass die vorgeschlagene Lösung unter technischen, wirtschaftlichen und sicherheitstechnischen Gesichtspunkten angemessen ist. Diese „Nachweise“ werden in dieser Arbeit über die nicht kodifizierte (inoffizielle) Vorschriften abgebildet.

REQ04: Versionierung

Es kann vorkommen, dass sich zwei identische Vorschriften auf denselben technischen Sachverhalt beziehen, jedoch unterschiedliche Bezugsgrößen festlegen. Dies kann der Fall sein, wenn zwischen den identischen Vorschriften ein großer zeitlicher Abstand liegt und sich die Vorschriftenfestlegungen im Laufe der Zeit weiterentwickelt und geändert haben. Es ist daher wichtig zu wissen, mit welcher Version (Datum) einer Vorschrift die Planung durchgeführt wurde, um im ACCC-Tool die richtige Vorschrift auswählen zu können. Die Basis dazu soll die Information zur Versionierung auf Ebene der modellierten Vorschrift bilden. Das ACCC-Tool muss auch in der Lage sein, verschiedene Versionen der Vorschriften zu verwalten, um das Problem der permanenten Aktualisierung zu lösen und eine einfache Wartung sicherzustellen.

REQ05: Herausgeber

Es gibt verschiedene Normungsinstitute, Gesellschaften und Organisationen, die Vorschriften herausgeben. Es kann vorkommen, dass jedes dieser Institute für denselben Verkehrsträger unterschiedliche Anforderungen für eine bestimmte Entwurfsaufgabe, ein Prozess, ein Verfahren, eine Methode usw. stellt. Aus diesem Grund ist es wichtig, bei der Prüfung eines Infrastrukturprojekts zu wissen, welche Vorschriften von welchen Institutionen, Gesellschaften und Organisationen für die Planung verwendet wurden.

Daher sollte das ACCC-Tool in der Lage sein, Vorschriften von verschiedenen Herausgebern zu hinterlegen und zu verwalten. Diese Information muss jedoch auf Ebene der Vorschriften hinterlegt sein und an das ACCC-Tool übergeben werden.

REQ06: Landes- und Regionszugehörigkeit

In der Regel hat jedes Land eigene Vorschriften. Deshalb ist es wichtig zu wissen, in welchem Land die Infrastruktur gebaut werden soll. Ein ACCC-Tool sollte in der Lage sein, Planungsaspekte länderspezifisch zu berücksichtigen. Zusätzlich gibt es innerhalb eines Landes auch spezifische Vorschriften, die nur in bestimmten Regionen oder Bundesländern beachtet werden müssen. Es kann also erforderlich sein, neben den Vorschriften, die für das gesamte Land gelten, auch regionale Vorschriften zu berücksichtigen.

REQ07: Sachgebiete und Planungsart

Vorschriften können sich auf verschiedene technische Sachgebiete beziehen, wie z. B. Verkehrsplanung, Trassierung, Verkehrssicherheit, Wirtschaftlichkeit, Umwelt- und Bodenschutz, sowie auf bestimmte Ingenieurbauwerke wie Tunnel und Brücken. Dabei können sie sich auch auf eine bestimmte Phase des Projektlebenszyklus einer Verkehrsanlage, wie z. B. Planung und Entwurf, Bau, Betrieb oder Instandhaltung, sowie auf einen bestimmten Themengegenstand, z. B. Materialeigenschaften, Verfahren oder Methoden, sich beziehen. Bei der Entwicklung von ACCC-Tools muss berücksichtigt werden, dass eine Vorschrift oft mehrere Sachgebiete abdecken kann, daher müssen diese Tools in der Lage sein, die spezifische technische Fachplanung und die Art der Planung zu erkennen und die entsprechenden Vorschriften auszuwählen. Diese Informationen müssen in den modellierten Vorschriften bzw. Vorschriftenfestlegungen hinterlegt sein.

REQ08: Verweise zwischen den Vorschriftenfestlegungen innerhalb einer Vorschrift

In Vorschriften können Verweise auf andere Kapitel, Module oder Abschnitte innerhalb des gleichen Dokuments enthalten sein, um bestimmte Vorschriftenfestlegungen genauer zu spezifizieren und/ oder zu ergänzen. Diese Verweise können auch Beziehungen zwischen den verschiedenen Vorschriftenfestlegungen darstellen und ergänzen somit die Informationen eines gesamten technischen Sachverhaltes. Für die ACCC-

Tools ist es daher notwendig, diese Verknüpfungen angemessen darstellen zu können, um die Vollständigkeit und den Umfang des Prüfverfahrens sicherzustellen, welche wiederum aus dem Modell der Vorschriftenfestlegungen extrahiert werden sollen. Durch die Berücksichtigung dieses Aspekts wird gewährleistet, dass alle relevanten Informationen bei der Prüfung einer Vorschriftenfestlegung einbezogen werden.

REQ09: Verweise einer Vorschrift auf eine andere Vorschrift/ Verweise einer Vorschrift auf Vorschriftenfestlegung einer anderen Vorschrift

In Vorschriften kann es Verweise auf andere Vorschriften, aber auch auf einzelne Vorschriftenfestlegungen, Module, Kapitel oder Abschnitte einer anderen Vorschrift geben. Diese Verweise dienen dazu, die Beschreibung und Anforderungen an einen technischen Sachverhalt zu ergänzen, ohne dass unnötig detaillierte oder wiederholte Informationen in die einzuhaltende Vorschrift aufgenommen werden müssen. Auch können Verweise auf zusätzliche technische Umstände hinweisen. Es ist jedoch zu beachten, dass diese Verweise *„entweder datiert (starr), undatiert (gleitend) oder allgemein (durch Generalklausel) und gleichzeitig entweder ausschließlich oder hinweisend“* (DIN, DIN EN 45020 2007) sein können.

REQ10: Verkehrsträgerübergreifende Planung

Bei der Planung von Verkehrsinfrastrukturen können mehrere Verkehrsträger betroffen sein. Ein Beispiel dafür ist die Planung eines BÜ, bei dem sowohl die Straße als auch die Schiene berücksichtigt werden müssen. Hierbei müssen die Vorschriften beider Verkehrsträger entsprechend berücksichtigt werden, da es sich um eine besondere Kreuzungssituation handelt. Ähnlich verhält es sich bei der Planung einer Straßenbahn, bei der ebenfalls die Verkehrsträger Schiene und Straße gleichzeitig berücksichtigt werden müssen. Es ist auch wichtig zu beachten, dass die Vorschriften für die verschiedenen Verkehrsträger von unterschiedlichen Normungsinstitute, Gesellschaften oder Organisationen veröffentlicht werden können.

REQ11: Verbindung zwischen den modellierten Vorschriften bzw. Vorschriftenfestlegungen in der Datenbank zum ursprünglichen PDF-Dokument der Vorschrift

Es ist wichtig sicherzustellen, dass das Ausgangsdokument (die Vorschrift) und dessen Inhalt (Vorschriftenfestlegungen) jederzeit zugänglich sind. Über eine direkte Verbindung zwischen der digitalen Darstellung von Vorschriftenfestlegungen und der Quelle (PDF-Dokument) kann zum einen überprüft werden, ob eine Regel richtig modelliert wurde und zum anderen nachgelesen werden, wie die Regel im Originalformat lautet. Es ist jedoch zu beachten, dass das Originaldokument immer Vorrang vor der digitalen Übersetzung hat.

REQ12: Unterscheidung nach Verkehrsarten innerhalb desselben Verkehrsträgers

Neben der Situation, in der sich Verkehrswege von verschiedenen Verkehrsträgern an einigen Punkten kreuzen oder überschneiden (REQ10), kann es auch vorkommen, dass innerhalb desselben Verkehrsträgers mehrere Verkehrsarten berücksichtigt werden müssen. Ein Beispiel hierfür ist die Planung von Stadtstraßen, bei der verschiedene Verkehrsarten wie Fußgänger-, Rad-, MIV-, ruhender und öffentlicher Verkehr berücksichtigt werden müssen. Die Vorschriftenfestlegungen für die Planung dieser Verkehrsarten sind i. d. R. in einer einzigen Vorschrift zusammengefasst, wie beispielsweise in der RASt 06 (FGSV, FGSV 200 2006) für die Planung von Stadtstraßen. Das ACCC-Tool muss in der Lage sein, alle betroffenen Verkehrsarten im konkreten Fall zu erkennen und zu berücksichtigen. Es können auch spezifische Anforderungen und Details für einzelne Verkehrsarten gelten, die beachtet werden müssen. Diese sind jedoch in anderen Vorschriften zu finden. In diesem Zusammenhang sind die Beziehungen zwischen verschiedenen Vorschriften (REQ09) von Bedeutung, um diese Aspekte zu unterstützen.

REQ13: Entwurfsaufgabe

Dieser Aspekt ist eng mit REQ07 verknüpft. Eine Entwurfsaufgabe kann den Neubau, den Umbau, den Ausbau, die Instandhaltung etc. eines Verkehrsweges betreffen. Diese Unterscheidung kann die Gestaltung, Berücksichtigung und Umsetzung einer Vorschriftenfestlegung beeinflussen, auch wenn dieselben technischen Sachverhalte betrachtet werden. Ein Beispiel hierfür ist die Richtlinie Ril 836 (DB Netz AG, Ril 836 2019) der DB AG, die die Auslegung des Oberbaus einer Eisenbahnstrecke in Bezug auf Schutzschichten beschreibt. So unterscheidet diese Richtlinie zwischen Neubau und Verbesserung/ Erneuerung bei der Auslegung der Schutzschichten.

REQ14: Modellierungsrelevanz

Dieser Aspekt hängt unter anderem mit der Anforderung REQ01 zusammen, welche den Verbindlichkeitsgrad einer Vorschrift/ Vorschriftenfestlegung betrifft. Der Inhalt einer Vorschrift enthält verschiedene Arten von explizitem Wissen, welches Informationen mit unterschiedlichem Charakter und Verbindlichkeit besitzen kann. Hierzu zählen beispielsweise Anweisungen, Definitionen, Anleitungen, Bemerkungen und Erklärungen zur Anwendung einer Vorschriftenfestlegung sowie der Inhalt einer Vorschriftfestlegung selbst. Der Inhalt von Vorschriften kann sowohl in den Teil der einzuhaltenden Vorschriftenfestlegungen (Hauptteil einer Vorschrift) als auch in den Teil des ergänzenden Bestandteils unterteilt werden, die keinen wesentlichen Einfluss auf die Vorschriftenfestlegungen haben (DIN, DIN 820-2 2018). Vor diesem Hintergrund muss bei der Entwicklung eines ACCC-Tools geklärt werden, welches Wissen aus einer Vorschrift unbedingt in eine maschinenlesbare Form übersetzt werden muss. Dabei muss auch berücksichtigt werden, in welchem Umfang das Wissen maschinenlesbar gemacht werden soll und welcher Detaillierungsgrad erforderlich ist. Darüber hinaus ist es wichtig zu verstehen, welche Teile des Inhalts einer Vorschrift nicht in maschinenlesbarer Form interpretiert werden können.

REQ15: Komplexitätsgrad

Dieser Aspekt ist gemäß (Solihin und Eastman 2015) definiert, bei dem die Vorschriftenfestlegungen basierend auf ihrer Komplexität in vier Kategorien eingeteilt werden (vgl. auch Abschnitt 2.2). Die einfachsten Vorschriftenfestlegungen/ Regeln erfordern lediglich die Überprüfung von Daten, die explizit im BIM-Modell enthalten sind. Die Komplexität steigt, wenn kompliziertere Operationen erforderlich sind (z. B. die Ableitung impliziter Informationen aus explizit definierten Attributen). Der Ansatz der Kategorisierung der Vorschriftenfestlegungen nach dem Komplexitätsgrad soll dazu beitragen, ähnliche Strukturen in Vorschriftenfestlegungen zu identifizieren, um den Prozess der Übersetzung in eine maschinenlesbare Sprache zu unterstützen. Dabei können jeweils die am besten geeigneten Methoden und Werkzeuge ausgewählt werden (Solihin und Eastman 2015).

REQ16: Vorschriftart

Verschiedene Arten von technischen Vorschriftenfestlegungen können vorliegen, die Angaben (Vermittlung von Informationen), Anweisungen (fordern ein Handeln oder Unterlassen), (ausschließliche/ wahlweise) Anforderungen (geben die zu erfüllenden Kriterien an, welche eingehalten werden müssen), Empfehlungen (geben einen Rat oder eine Anleitung zur möglichen Handlungsweise), Zulässigkeit (Erlaubnis zu einer Handlung), Möglichkeit (Formulierung, die zu erwartende oder denkbare Auswirkungen einer Handlung beschreibt) etc. zu verschiedenen Aspekten wie Terminologie (Definitionen mit Erläuterungen, Abbildungen, Diagramme und repräsentative Beispiele), das Prüfen eines Sachverhaltes (Methoden und Festlegungen), eine Verfahren oder eine Methode etc. für ein oder mehrere Themengegenstände enthalten können (DIN, DIN EN 45020 2007). Diese Vorschriften können von legislativer und exekutiver Gewalt, anerkannten Normungsinstituten, Gesellschaften und Organisationen herausgegeben werden. Daraus resultieren verschiedene Arten von Vorschriften wie Gesetze, Rechtsnormen inkl. VwV, technische Richtlinien/ Regelwerke, technische Spezifikationen, Praxisanweisungen und Leitfäden, technische Berichte, Empfehlungen etc. Die Modellierung der Vorschriften sollte diese verschiedenen Arten von Vorschriften berücksichtigen, da dadurch der Prüfprozess auf Vorschriftenkonformität unterstützt wird, indem es dem Benutzer beispielsweise die Suche über dieses Kriterium nach bestimmten Festlegungen erleichtert.

Anhang XXXI: Technikstandards nach der „3-Stufen-Theorie“

„253 Im Interesse der Verständlichkeit der Vorschriften und einer einheitlichen Rechtsanwendung

sollten nur folgende Generalklauseln für technische Regeln verwendet werden:

- *allgemein anerkannte Regeln der Technik,*
- *Stand der Technik und*
- *Stand von Wissenschaft und Technik.*

Welche der drei Grundformen zu wählen ist, richtet sich nach dem Gefährdungspotenzial der Materie, die geregelt werden soll, und nach der technischen Beherrschbarkeit dieses Gefährdungspotenzials.“ (BMJ 2008)

„255 Die Generalklausel ***„allgemein anerkannte Regeln der Technik“*** *wird für Fälle mit vergleichsweise geringem Gefährdungspotenzial oder für Fälle verwendet, die auf Grund gesicherter Erfahrungen technisch beherrschbar sind. Allgemein anerkannte Regeln der Technik sind schriftlich fixierte oder mündlich überlieferte technische Festlegungen für Verfahren, Einrichtungen und Betriebsweisen, die nach herrschender Auffassung der beteiligten Kreise (Fachleute, Anwender, Verbraucherinnen und Verbraucher und öffentliche Hand) geeignet sind, das gesetzlich vorgegebene Ziel zu erreichen und die sich in der Praxis allgemein bewährt haben oder deren Bewährung nach herrschender Auffassung in überschaubarer Zeit bevorsteht.*

256 Das Anforderungsniveau bei der Generalklausel ***„Stand der Technik“*** *liegt zwischen dem Anforderungsniveau der Generalklausel „allgemein anerkannte Regeln der Technik“ und dem Anforderungsniveau der Generalklausel „Stand von Wissenschaft und Technik“. Stand der Technik ist der Entwicklungsstand fortschrittlicher Verfahren, Einrichtungen und Betriebsweisen, der nach herrschender Auffassung führender Fachleute das Erreichen des gesetzlich vorgegebenen Zieles gesichert erscheinen lässt. Verfahren, Einrichtungen und Betriebsweisen oder vergleichbare Verfahren, Einrichtungen und Betriebsweisen müssen sich in der Praxis bewährt haben oder sollten – wenn dies noch nicht der Fall ist – möglichst im Betrieb mit Erfolg erprobt worden sein.“* (BMJ 2008)

„257 Die Generalklausel ***„Stand von Wissenschaft und Technik“*** *umschreibt das höchste Anforderungsniveau und wird daher in Fällen mit sehr hohem Gefährdungspotenzial verwendet. Stand von Wissenschaft und Technik ist der Entwicklungsstand fortschrittlichster Verfahren, Einrichtungen und Betriebsweisen, die nach Auffassung führender Fachleute aus Wissenschaft und Technik auf der Grundlage neuester wissenschaftlich vertretbarer Erkenntnisse im Hinblick auf das gesetzlich vorgegebene Ziel für erforderlich gehalten werden und das Erreichen dieses Ziels gesichert erscheinen lassen.“* (BMJ 2008)

Anhang XXXII: Aufbau der Vorschriften im Eisenbahnwesen

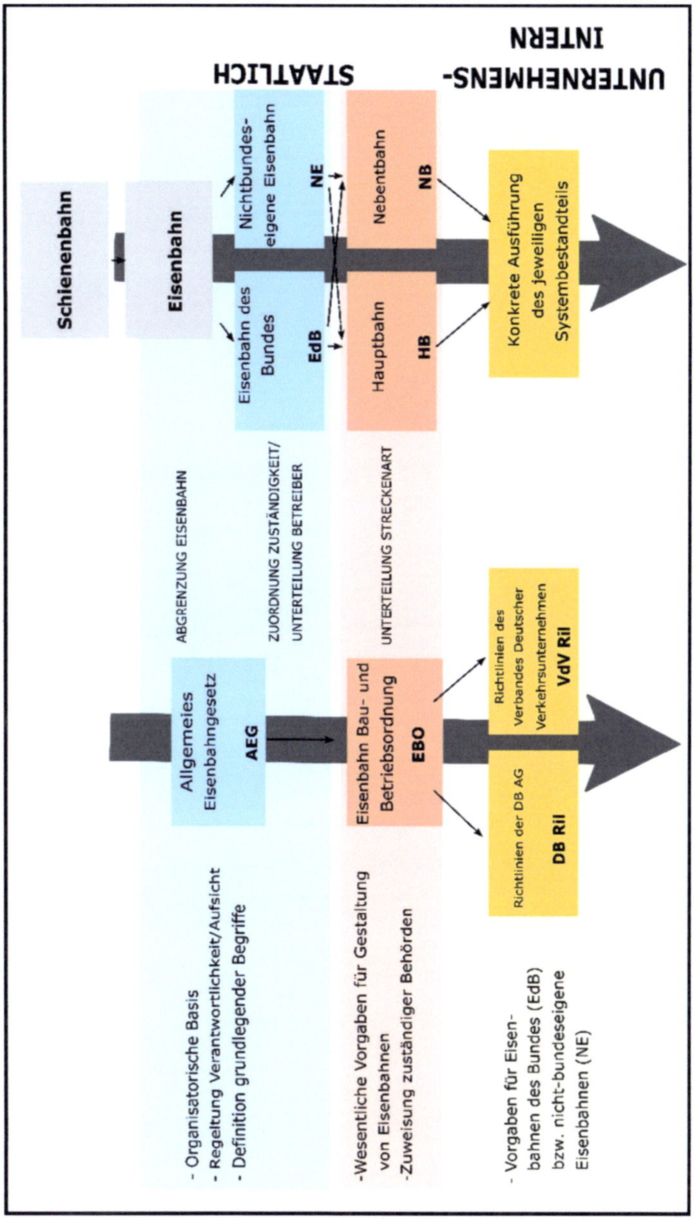

Abbildung 145: Aufbau der Vorschriften für Schienenbahnen in Deutschland in Abhängigkeit des Zuständigkeitsbereichs und Bedeutung der Strecke (Peukert und Buder 2020)

Anhang XXXIII: Klassenstruktur der Vorschriftenfestlegungen

Abbildung 146 veranschaulicht den Klassenaufbau der Vorschriftenfestlegungen, jedoch im Unterschied zur Abbildung 39 ohne Einbezug von NVK der Vorschriftenfestlegungen.

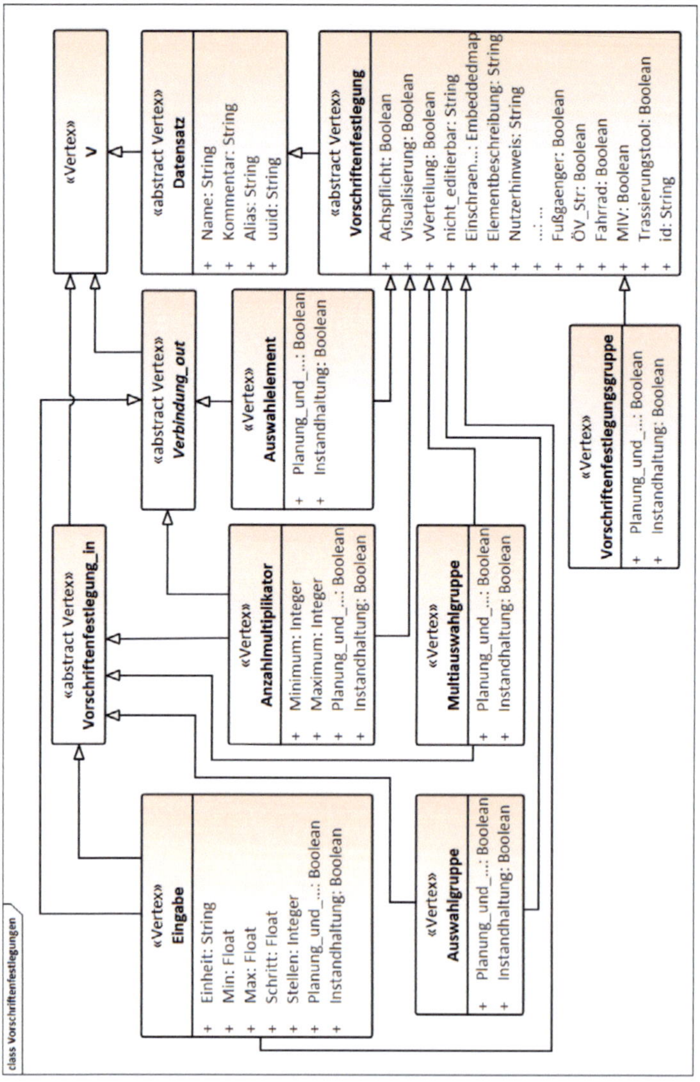

Abbildung 146: In der (E)DCC-Datenbank hinterlegte Klassen- und Vererbungshierarchie der Vorschriftenfestlegungen

Aus programmiertechnischen Gründen wurde für das Modell der Vorschriftenfestlegungen den Klassen „Eingabe“, „Auswahlgruppe“, „Auswahlelement“ und „Multiauswahlgruppe“ eine zusätzliche Superklasse namens „Auswahlbeschreibung“ eingefügt (siehe Abbildung 147).

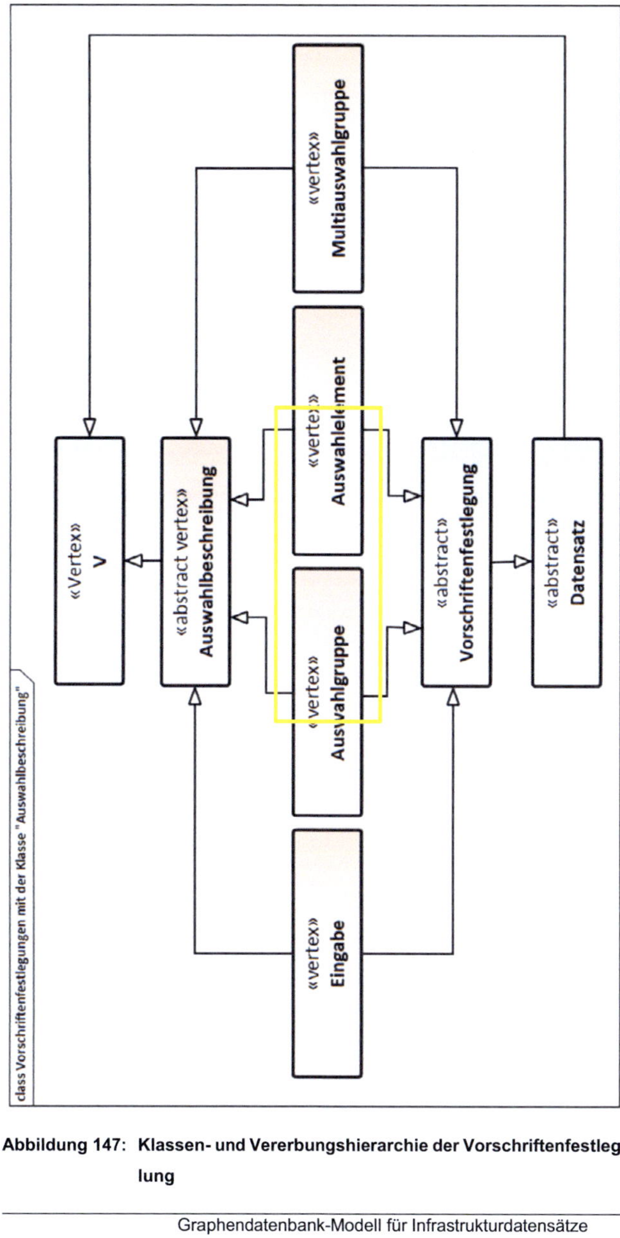

Abbildung 147: Klassen- und Vererbungshierarchie der Vorschriftenfestlegungen in vereinfachter Darstellung

Anhang XXXIV: Abhängigkeitslogik der Vorschriftenfestlegungen

1) Auswahlelement – Auswahlelement

Wenn das Auswahlelement A3 der Auswahlgruppe A gewählt bzw. durch die davor hervorgerufene Abhängigkeit aktiviert wurde, wird das Auswahlelement B1 der Auswahlgruppe B anhand reiner Kantenmodellierung ausgewählt. Die Auswahlgruppe B wird dem Planer auf der Benutzeroberfläche stets permanent angezeigt.

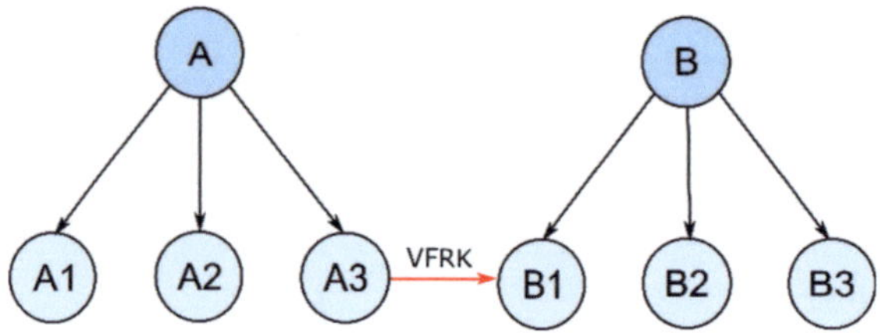

Abbildung 148: Modellieren einer Abhängigkeit zwischen zwei Auswahlelementen (1/2) (in Anlehnung an Weiß (2020))

Der in Abbildung 149 dargestellte Fall bildet dieselbe Logik wie in der Abbildung 148 ab, jedoch wird die Auswahlgruppe B auf der Benutzeroberfläche erst bei einem aktiv gesetzten Auswahlelement A3 erscheinen, sonst bleibt die Auswahlgruppe B ausgeblendet.

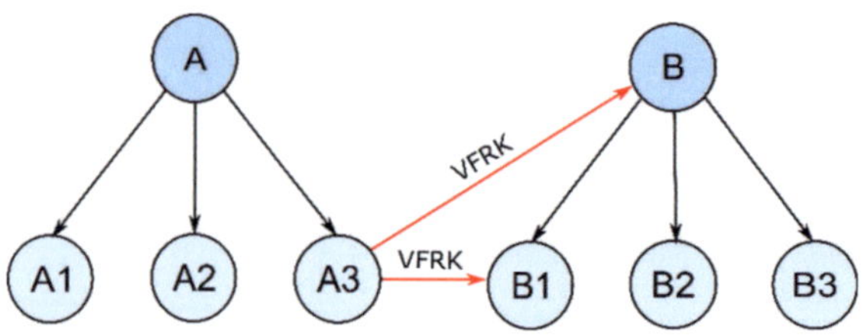

Abbildung 149: Modellieren einer Abhängigkeit zwischen zwei Auswahlelementen (2/2) (in Anlehnung an Weiß (2020))

2) Auswahlgruppe – Auswahlelement/ Auswahlelement – Auswahlgruppe/ Auswahlgruppe – Auswahlgruppe

Die Abhängigkeiten können auch zwischen Auswahlgruppen und Auswahlelementen und umgekehrt modelliert werden. In Abbildung 150 wird das Auswahlelement B1 ausgewählt, sobald in der Auswahlgruppe A irgendeine Auswahl getroffen wurde. Die gesamte Auswahlgruppe C wird dem Planer erst angezeigt, wenn in der Auswahlgruppe B das Auswahlelement B1 getätigt wurde.

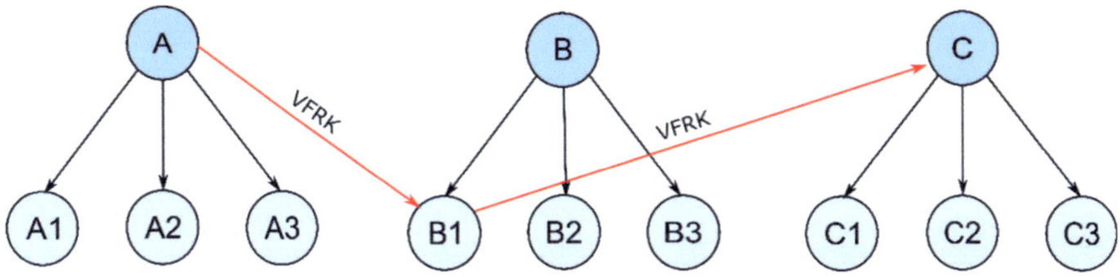

Abbildung 150: Abhängigkeiten zwischen einer Auswahlgruppe und einem Auswahlelement und umgekehrt (in Anlehnung an Weiß (2020))

Beim Modellieren können Fälle abgebildet werden, wo eine gesamte Auswahlgruppe die andere Auswahlgruppe aktiviert.

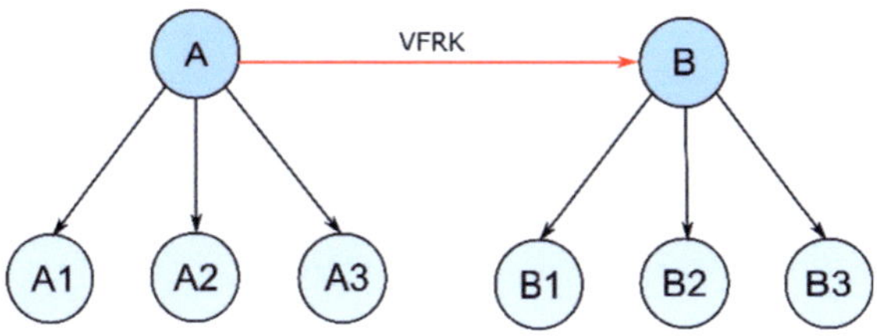

Abbildung 151: Abhängigkeitsbeziehung zwischen zwei Auswahlgruppen (in Anlehnung an Weiß (2020))

3) Eingabeelement – Auswahlelement/ Auswahlelement – Eingabeelement

Eine Abhängigkeit kann auch zwischen einem Auswahl- und Eingabeelement modelliert werden. Desgleichen gilt für die umgekehrte Betrachtung, in dem ein Eingabeelement die Aktivierung eines Auswahlelementes hervorruft.

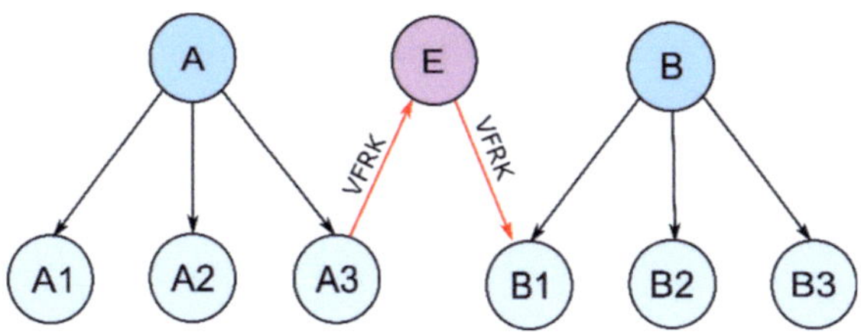

Abbildung 152: Abhängigkeiten zwischen Auswahlelementen und Eingabeelementen (in Anlehnung an Weiß (2020))

Soll eine getätigte Eingabe im Weiteren konkrete Auswahlmöglichkeiten deaktivieren, wird auf der Abhängigkeitskante (hier: VFRK) das Attribut „Ausschluss“ vom Datentyp Boolean verwendet, in dem dieses auf „true“ gesetzt wird. Eine feinere Modellierung wird zusätzlich durch die Nutzung der Attributfelder „Minimum“ und „Maximum“ vom Datentyp Double erreicht, sodass die Deaktivierung erst getätigt wird, wenn die Eingabe in einem bestimmten Wertebereich liegt. Die Attribute „Minimum“ und „Maximum“ lassen sich generell auch ohne das Attribut „Ausschluss“ anwenden.

Mit dem Attribut „Ausschluss“ kann des Weiteren spezielle Abhängigkeiten abgebildet werden. In Abbildung 153 rechts wird der Fall einer Wechselbeziehung modelliert. Bleibt der Eingabeknoten E leer, wird die Bedingung eines Ausschlusses aufgrund der fehlenden Eingabe nicht erreicht und das Auswahlelement B1 nicht ausgeschlossen, wogegen das Auswahlelement B2 nicht zur Verfügung gestellt wird.

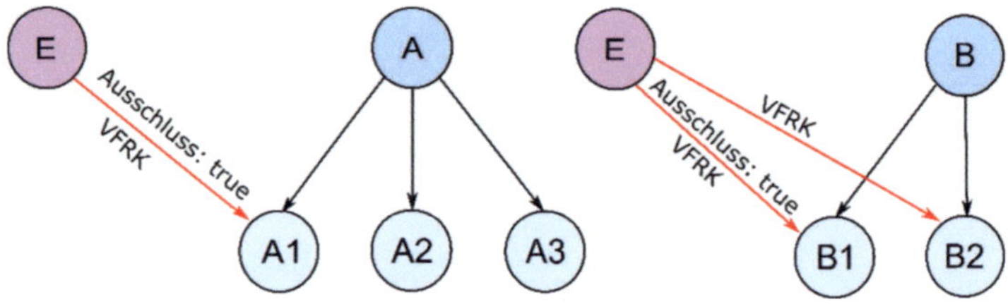

Abbildung 153: Modellierung von Abhängigkeitsbeziehungen zum Ausschluss bestimmter Sachverhalte (in Anlehnung an Weiß (2020))

4) komplexe Kombinationen

Die komplexen Abhängigkeiten werden in Form von „UND“- und „ODER“-Logiken kombiniert modelliert. Die einzelnen eingehenden Kanten aus unterschiedlichen Auswahlgruppen (in Abbildung 154 Auswahlgruppen A und B) und die Kante von dem Eingabeknoten E werden als „UND“-Bedingung ausgewertet.

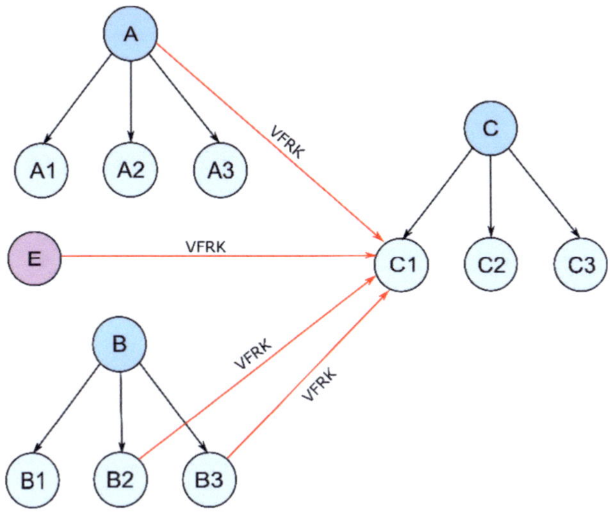

Abbildung 154: Modellierung von mehrfachen Abhängigkeiten der Vorschriftenfestlegungen (in Anlehnung an Weiß (2020))

Zeigen gleichzeitig mehrere Kanten auf ein Auswahlelement, welche derselben Auswahlgruppe angehören (in Abbildung 154 Auswahlgruppe B mit den Auswahlelementen B2 und B3), werden diese Kanten mit „ODER"-Bedingung ausgewertet. Die in Abbildung 154 beispielhaft dargestellte Abhängigkeitslogik ist wie folgt zu interpretieren: $C1 \rightarrow A \wedge E \wedge (B2 \vee B3)$.

Bei noch komplexeren Abhängigkeiten können die einzelnen „UND"-Kanten zu Gruppen zusammengebildet werden, in dem in das Attributfeld „GruppenID" einzelner Kanten Nummern eingetragen werden. Kanten welche derselben Gruppe angehören werden dabei als „UND"-Bedingung behandelt, während zwischen den einzelnen Gruppen eine „ODER"-Bedingung vorliegt. Wird bei einer der Kanten das Attributfeld „GruppenID" unbelegt gelassen, so gilt sie gleichzeitig für mehrere Kantengruppen und wird mit „Basiskante" bezeichnet (in Abbildung 155 die Verbindung zwischen den Knoten A3 und B3). Diese wird mit den Kantengruppen über die „UND"-Bedingung berücksichtigt. Zu erwähnen ist dabei, dass die „Basiskante" immer erfüllt sein muss, damit die modellierte Logik von dem Interpreter richtig ausgewertet werden kann. Das bedeutet, dass der Eingabeknoten E im Beispiel in der Abbildung 155 einen Wert haben muss. Die in Abbildung 155 dargestellten Abhängigkeiten sind wie folgt zu interpretieren: $\mathrm{C1} \rightarrow \mathrm{A3}$ (mit „GruppenID" : 2) $\wedge\ \mathrm{E} \vee \mathrm{B3}$ (mit „GruppenID" : 1) $\wedge\ \mathrm{E}$.

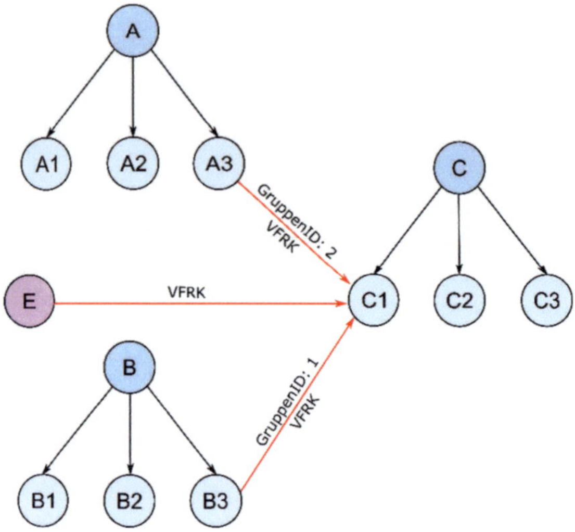

Abbildung 155: Modellierung von Abhängigkeiten in Form von gruppierten „UND"-/ „ODER"-Bedingungen (in Anlehnung an Weiß (2020))

Anhang XXXV: Kategorisierungs- und Charakterisierungsebene

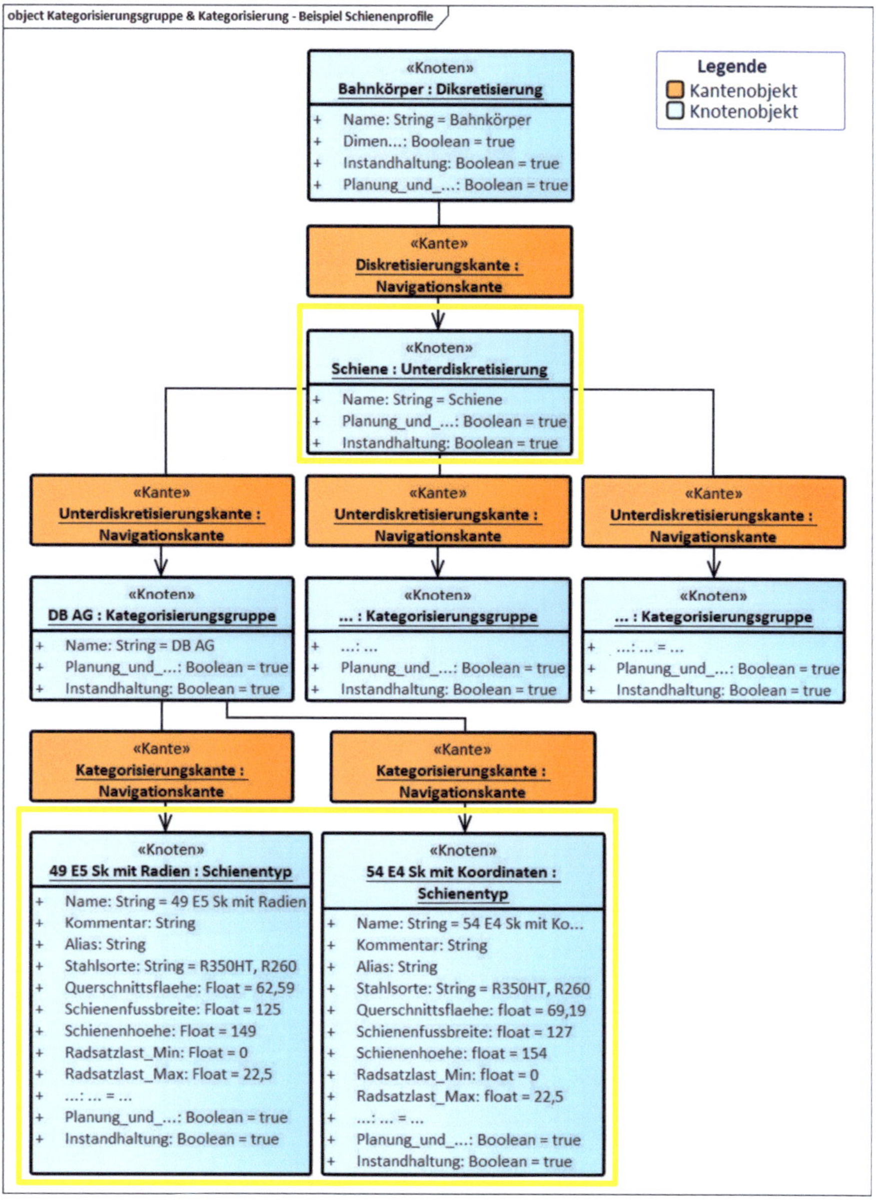

Abbildung 156: Modellierung der Systemkomponenten am Beispiel Schienenprofile

Anhang XXXVI: Ausschluss- und Vorschriftenassoziationskanten

Abbildung 157 zeigt die Modellierung der ASK und VAK am Beispiel der Ril 800.01010 und Ril 413. In dem gezeigten Beispiel schließt die Ril 800.0110 aus dem Jahr 2015 automatisch die Ril 800.0110 aus dem Jahr 1999 aus.

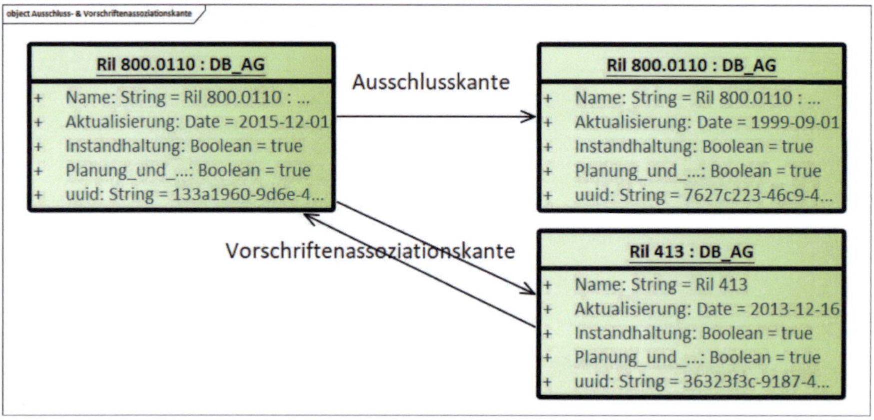

Abbildung 157: Modellierung von VAK und ASK am Beispiel von Ril 800.0110 (DB Netz AG 2015) und Ril 413 (DB Netz AG 2013) in Form eines Objektdiagrammes

Die Ril 413 aus dem Jahr 2013 assoziiert mit der Ril 800.0110 aus dem Jahr 2015. Die Assoziierungs- und Ausschlussbeziehungen zwischen den Vorschriften werden in dem Vorschriftentool bei der Wahl bzw. Einstellung der Vorschriften visualisiert.

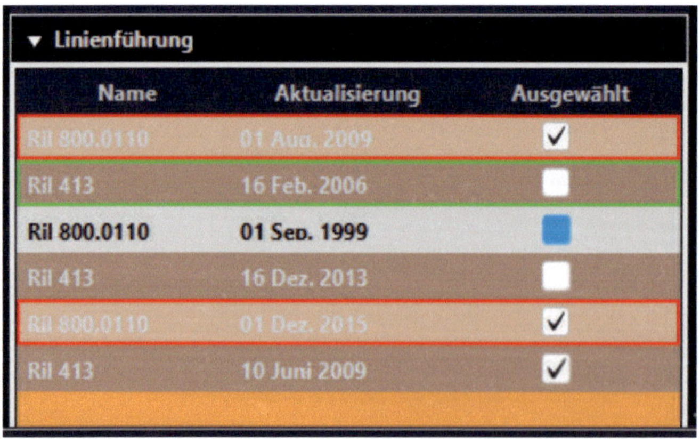

Abbildung 158: Ausschnitt aus dem Vorschriftentool des Sachgebietes Linienführung mit den darin enthaltenen Richtlinien mit deren Assoziationen und Ausschlüssen

Wenn in dem Vorschriftentool eine Vorschrift ausgewählt wird, die eine oder mehrere Vorschriften ausschließt, werden die ausgeschlossenen Vorschriften rot umrandet, und alle assoziierten Vorschriften grün umrandet (vgl. Abbildung 158). In dem Beispiel wird gerade die Ril 800.0110 aus dem Jahr 1999 ausgewählt. Sollte mindestens bei einer Vorschrift, die zu den anderen eine Verbindung über ASK besitzt, das Attributfeld „Pflicht" gesetzt sein, so müssen alle mit dieser Vorschrift über die ASK verbundenen Vorschriften ebenfalls das Attributfeld „Pflicht" gesetzt bekommen. Da alle mittels ASK verbundenen Vorschriften nicht gleichzeitig ausgewählt werden können, wird aus den Vorschriften eine Auswahlgruppe gebildet, in der exakt nur eine Vorschrift vom Vorschriftentool automatisch vorausgewählt wird. Das Standardauswahlelement ist in so einem Fall diejenige Vorschrift, die das aktuellste Datum besitzt, welches mit Hilfe des Attributfeldes „Aktualisierung" festgestellt wird. Ein Umschalten auf eine ältere Ausgabe der Vorschrift kann manuell vorgenommen werden. In dem Beispiel unten würde von der Software PULTrack die Vorschrift A mit dem Datum 01.12.2020 vorausgewählt.

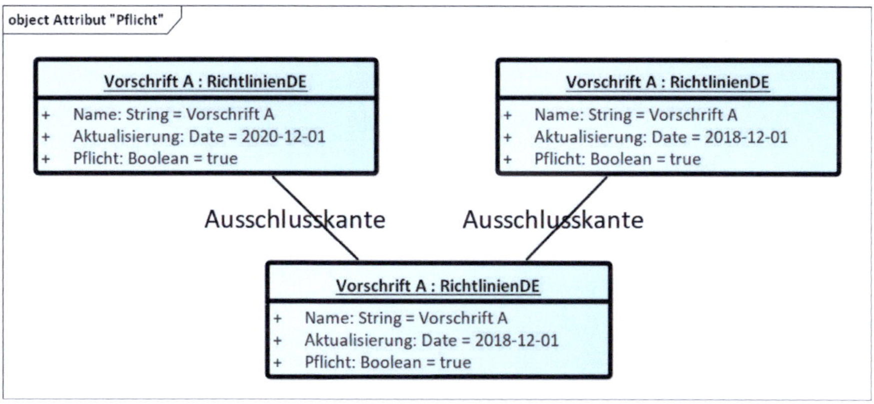

Abbildung 159: Modellierung der Ausschlusskanten

Anhang XXXVII: Visualisierung der Trassierungsformel

Beide Methoden (hier: „ScriptFunktionen“ und „TagFunktionen“) enthalten ein Attributfeld namens „display“. Dieses dient der Visualisierung der Formel auf der graphischen Benutzeroberfläche, indem in das genannte Attributfeld die zugehörige Latex-Formel hinterlegt wird.

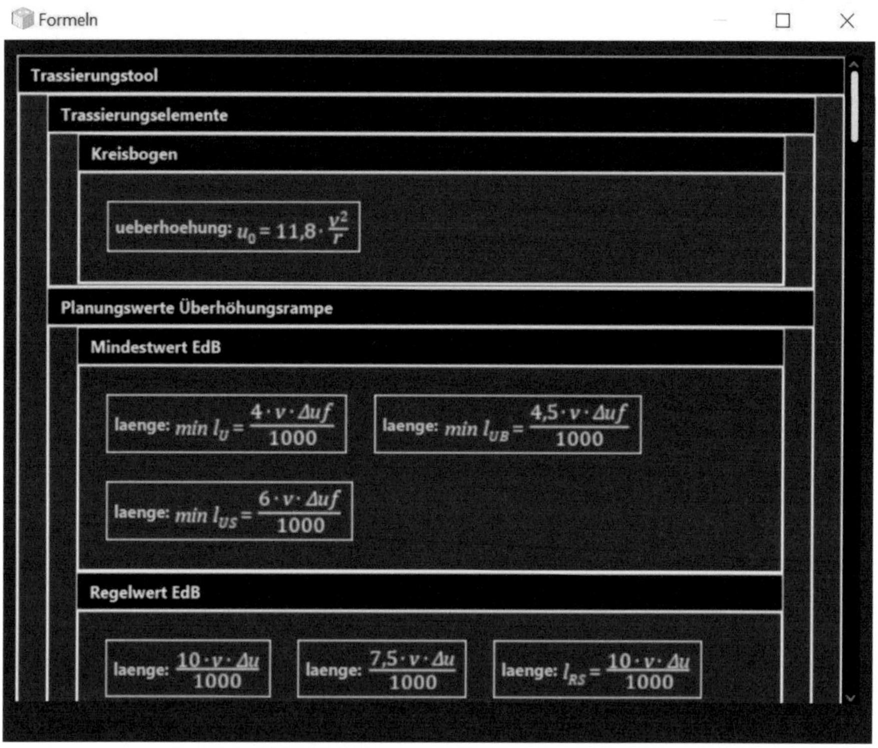

Abbildung 160: Visualisierung der bei der Erstellung verwendeten Formeln im Trassierungstool

Die Identifikation einer Formel als GUI-Element läuft angefangen auf der Ebene der Vorschriftenfestlegungen über die Kantentraversierung ab, deren Verbindung über die Funktionskante (FKK) sichergestellt wird. Ist der Quellcode bei einer der Formeln in der DB angekommen, wird in dem Formelknoten das Attributfeld „display“ geprüft. Die so gekennzeichneten Formeln können anschließend im Trassierungstool PULTras in dem Dialog-Fenster „Achse anlegen“ über den Button „Formeln“ angezeigt werden (vgl. Abbildung 160). Diese variieren je nachdem wie der Verkehrsträger, die Planungsart (hier: „Planung und Entwurf“ und „Instandhaltung“), der Entwurfsvorgang (hier: „Geführter Entwurfsvorgang“ und „Individueller Entwurfsvorgang“) und die Trassierungsrichtlinien gewählt wurden.

Anhang XXXVIII: Trassierungsregel

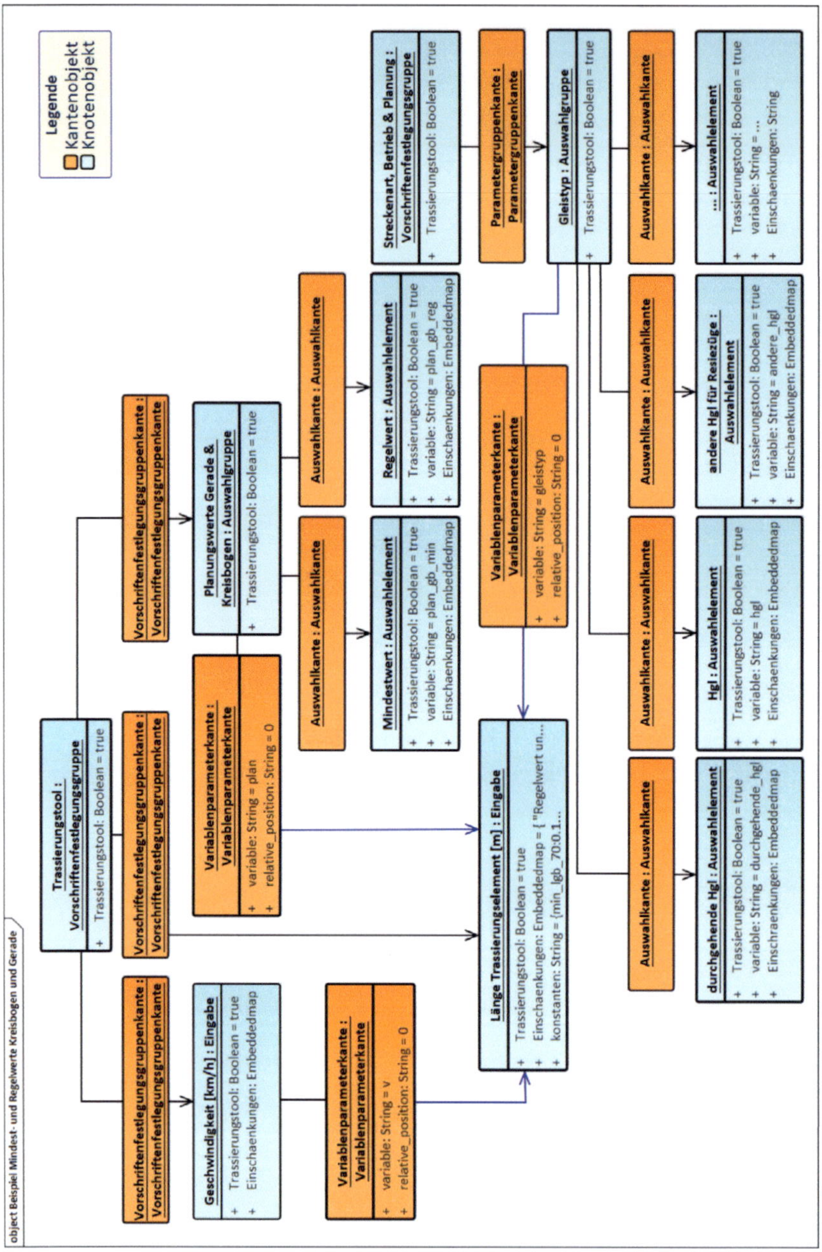

Abbildung 161: Modellierung einer Trassierungsregel

Anhang XXXIX: (Teil-)Modelle des (E)DCC-Modells

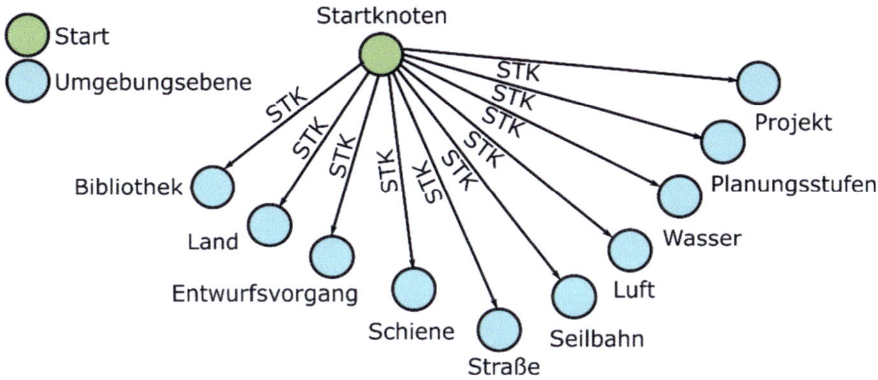

Abbildung 162: Teilmodell Umgebung (E)

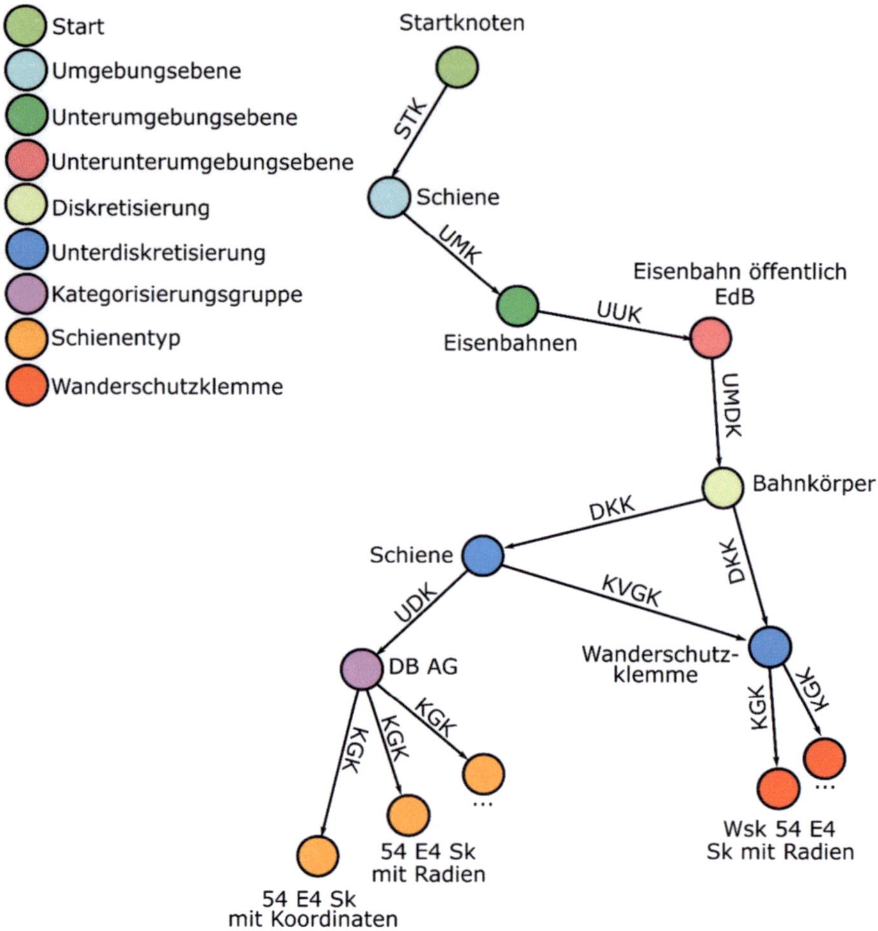

Abbildung 163: Teilmodell DCC

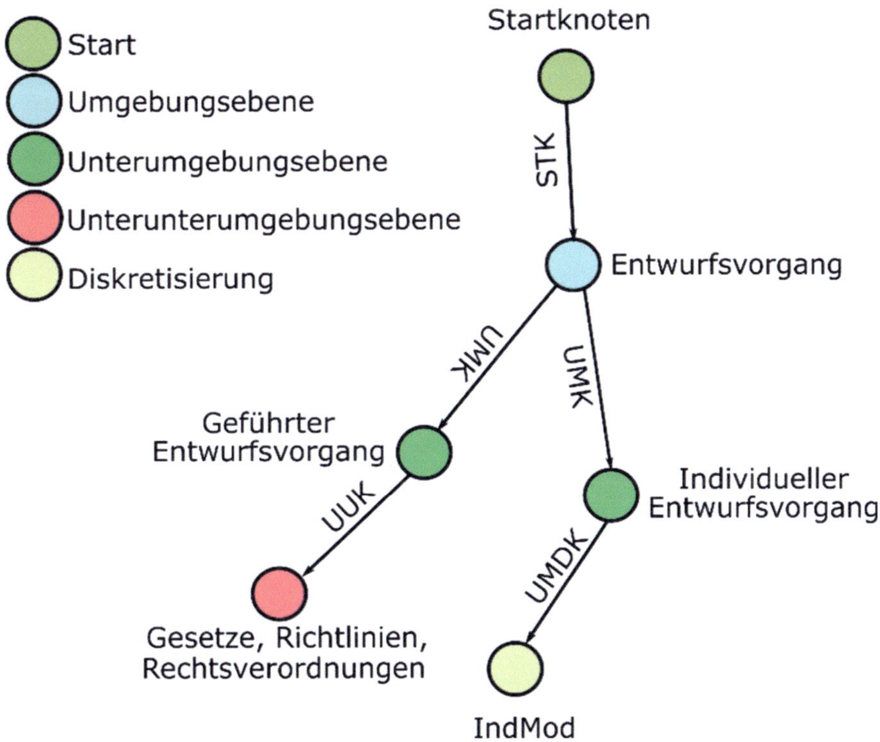

Abbildung 164: Teilmodell Entwurfsvorgänge

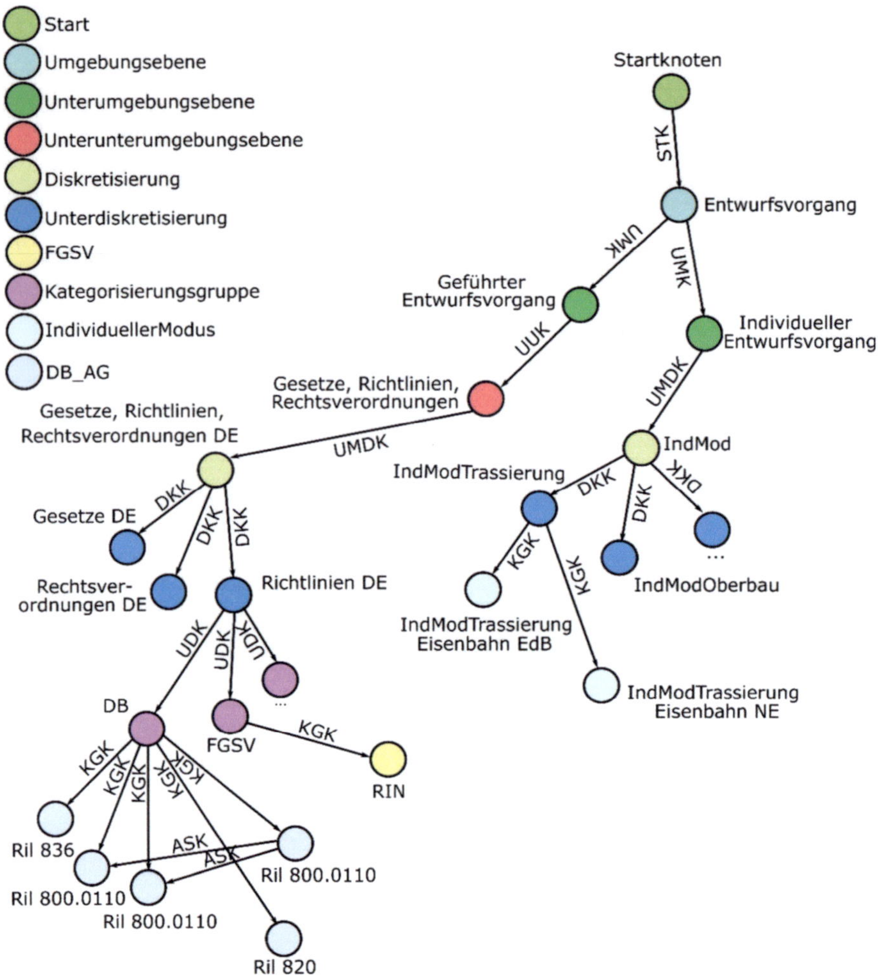

Abbildung 165: Teilmodell zur Abbildung der kodifizierten und nicht kodifizierten Vorschriften

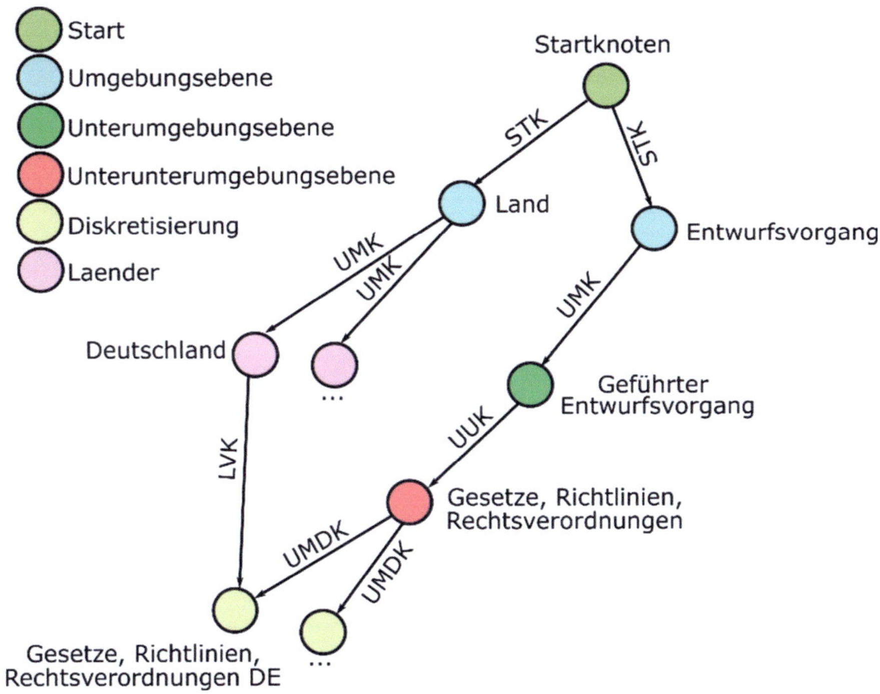

Abbildung 166: Teilmodell Länder

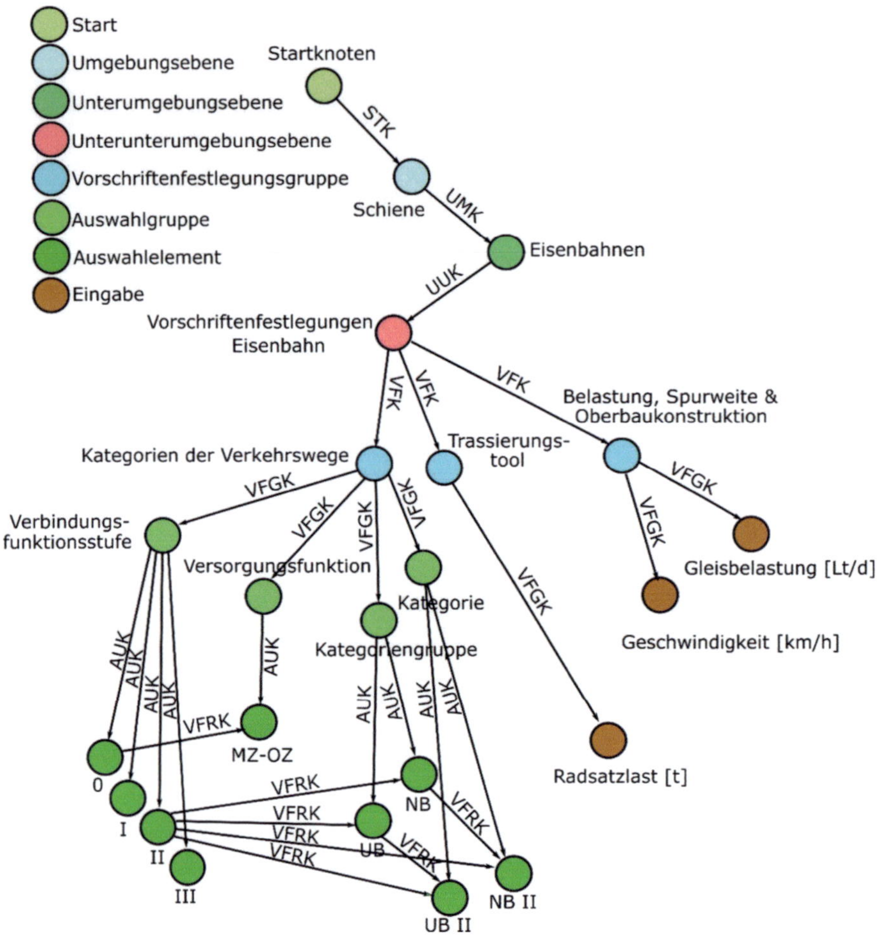

Abbildung 167: Teilmodell Vorschriftenfestlegungen

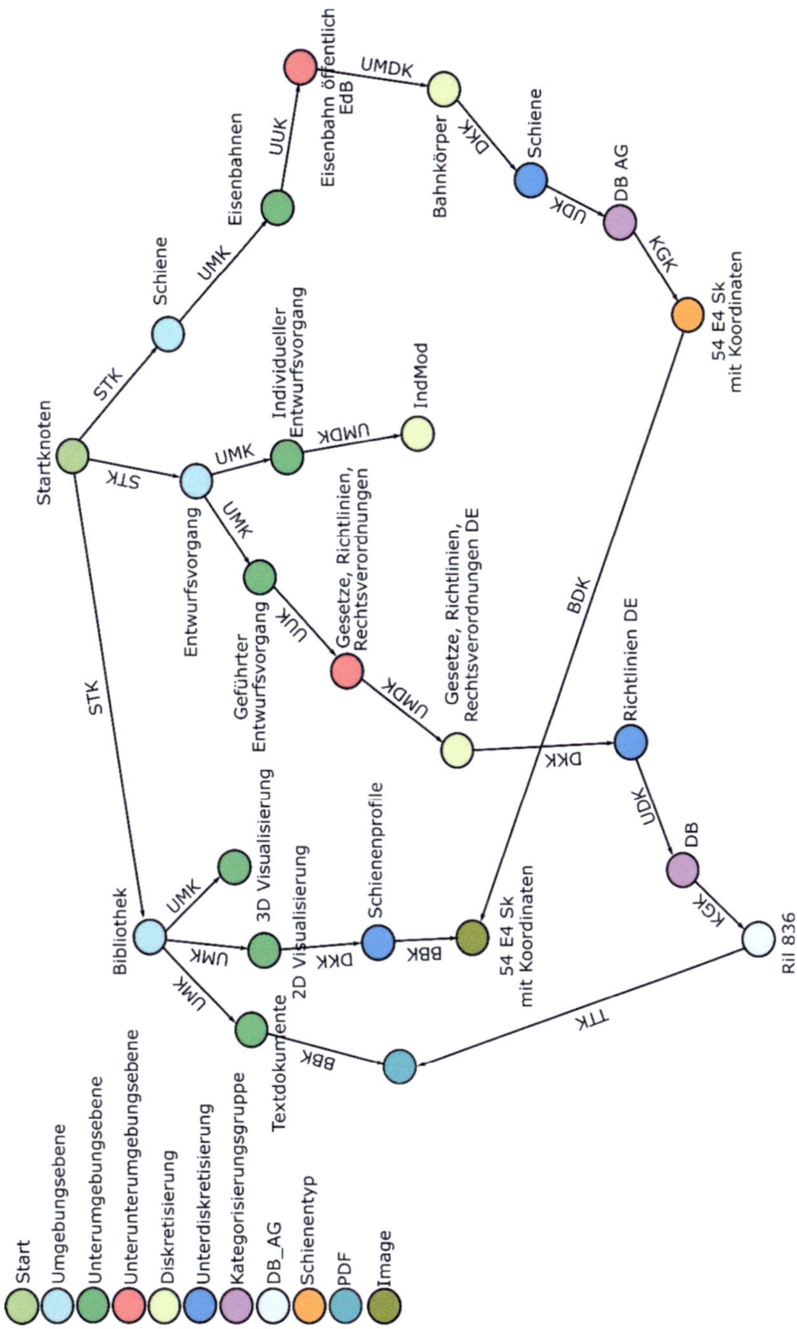

Abbildung 168: Teilmodell Bibliothek

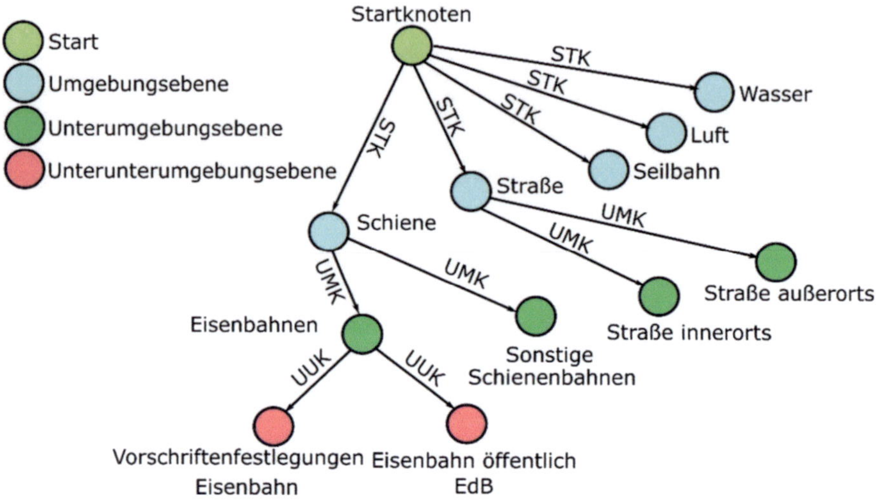

Abbildung 169: Teilmodell Verkehrsträger

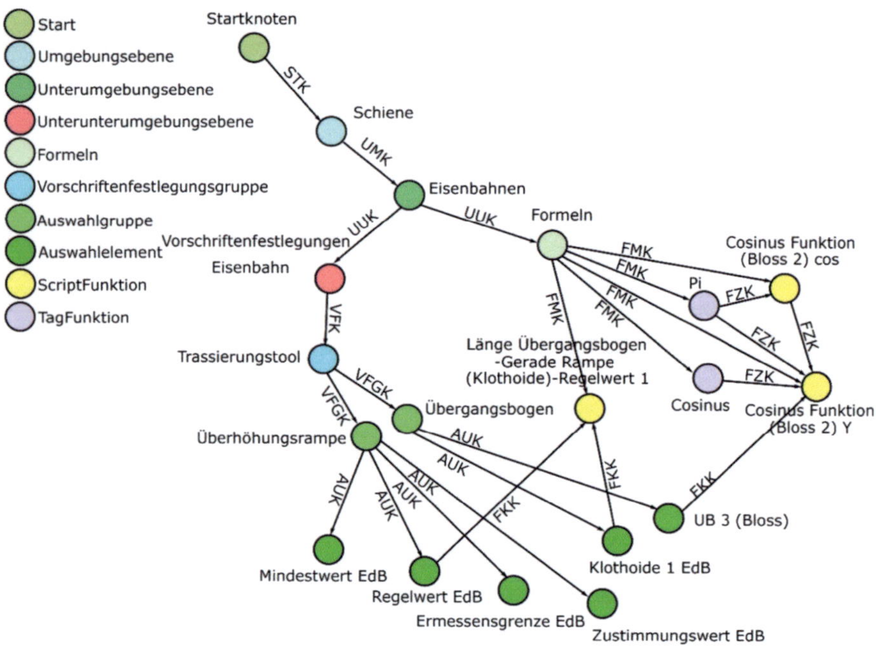

Abbildung 170: Teilmodell Formel

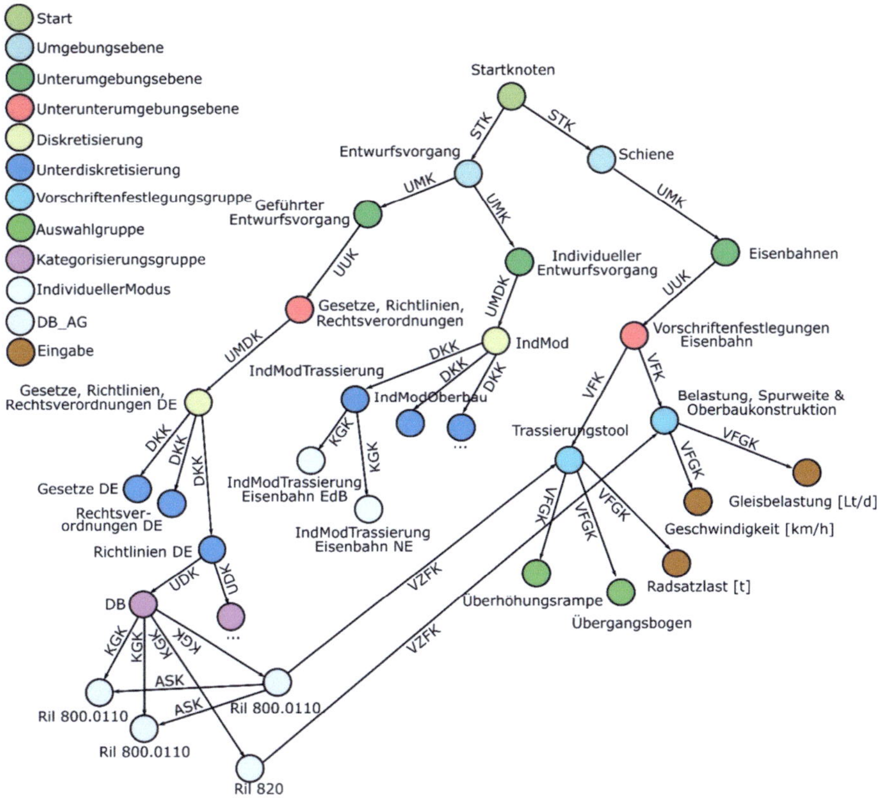

Abbildung 171: Teilmodell Vorschriften – Vorschriftenfestlegungen

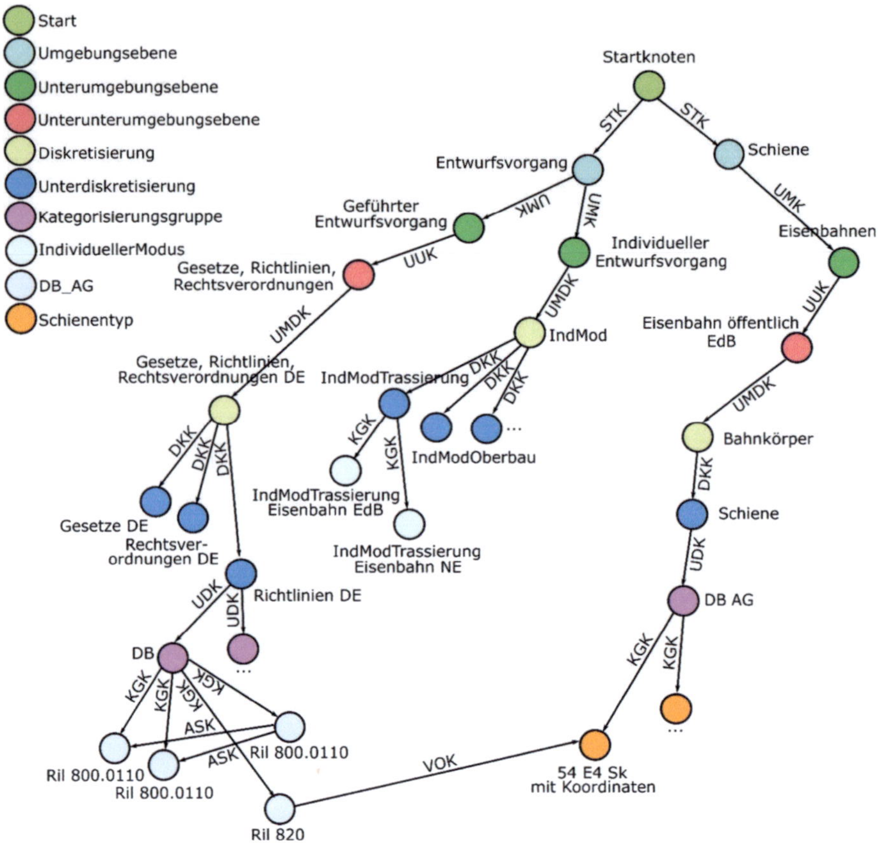

Abbildung 172: Teilmodell Vorschriften – Systemkomponenten

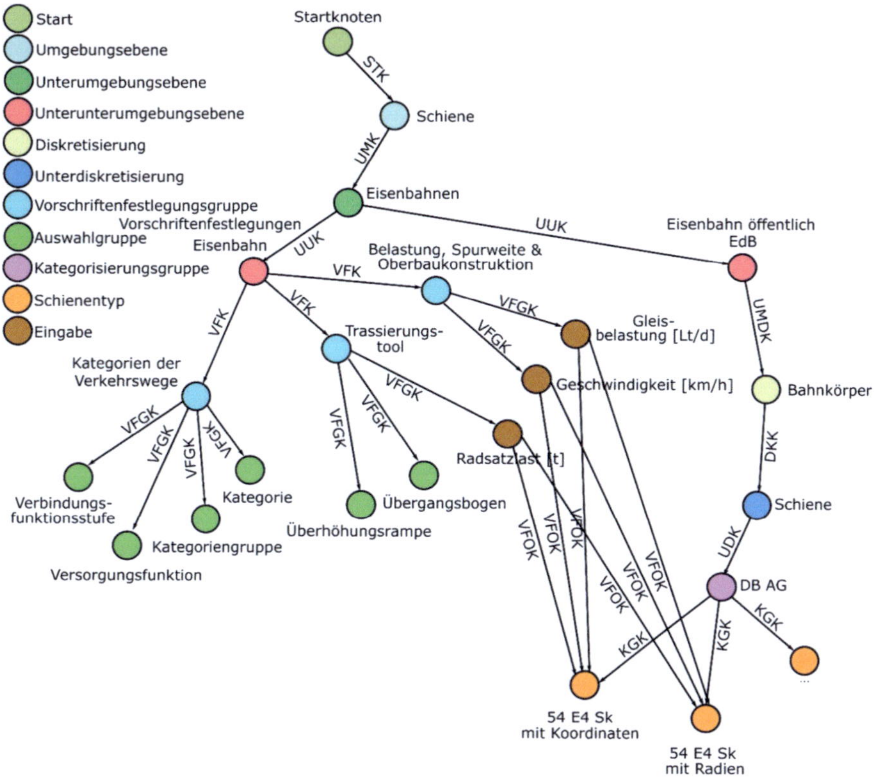

Abbildung 173: Teilmodell Vorschriftenfestlegungen – Systemkomponenten

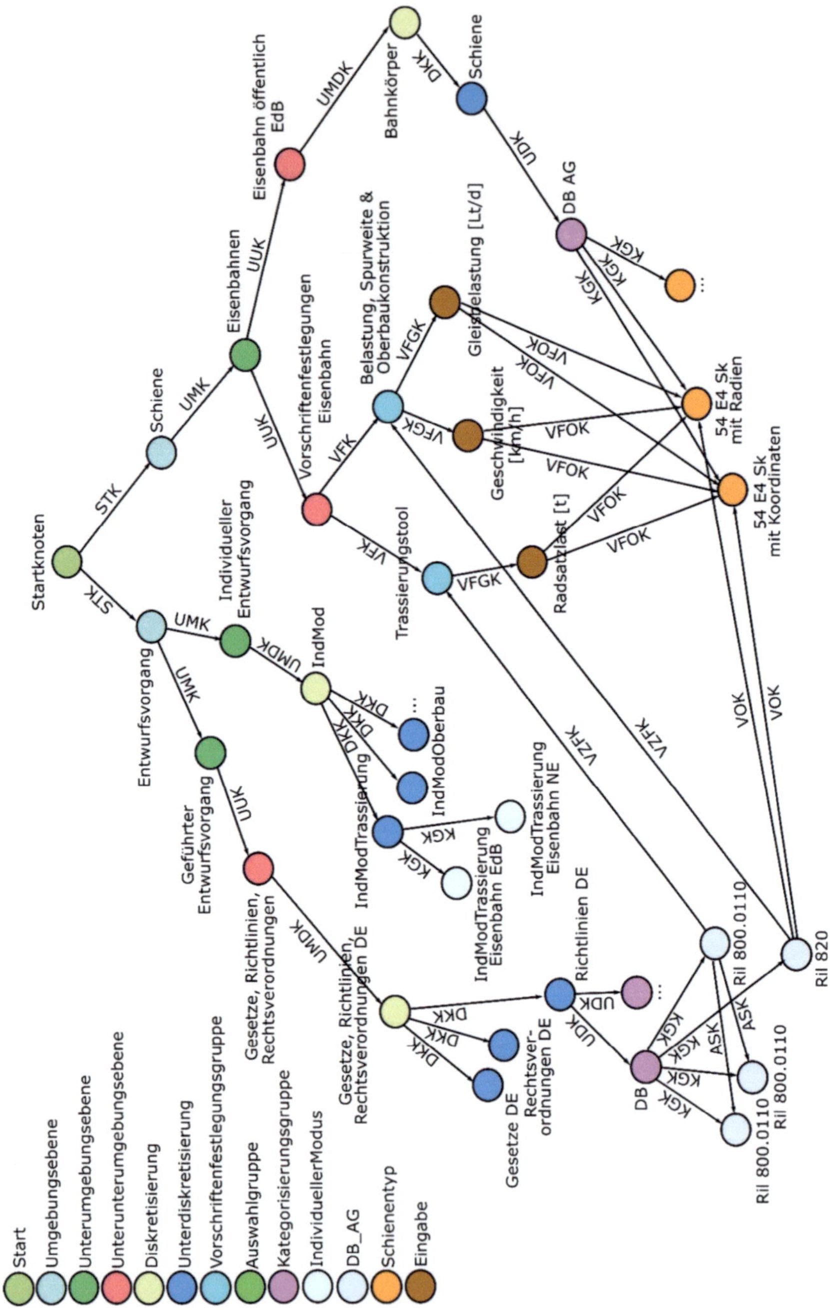

Abbildung 174: VVFO-Modell

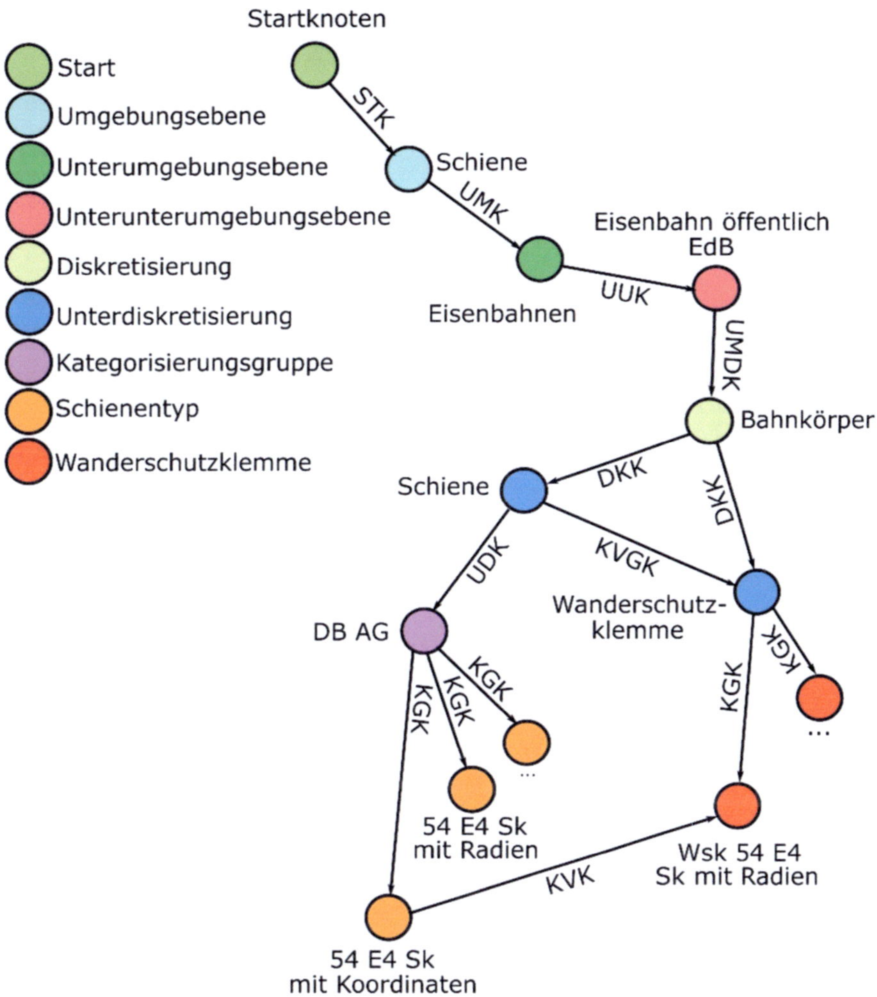

Abbildung 175: Teilmodell Abhängigkeiten zwischen den Systemkomponenten

Anhang XL: Modellierungsbeispiel der Vorschriftenfestlegungen und der Vergleich des entwickelten Modells mit der nach Häußler, Esser und Borrmann (2021) vorgestellten Methode

Im Folgenden wird eine in der DB umgesetzte Modellierung am Beispiel der Vorschriftenfestlegungen zur überschlägigen Dimensionierung des Bahnkörpers in konventioneller Schotterbauweise gemäß (DB Netz AG, Ril 820 2020) der DB AG gezeigt und erläutert. Im Anschluss des Beispiels werden die Ähnlichkeiten und Unterschiede der hier gezeigten Modellierung mit dem in (Häußler, Esser und Borrmann 2021) gezeigtem Modell diskutiert. Um die Vergleichbarkeit zum Beispiel in (Häußler, Esser und Borrmann 2021) herzustellen, wird hier ein ähnliches fiktives Beispiel genommen. Es wird unterstellt, dass bei der betrachteten fiktiven Eisenbahnstrecke folgende Eingangsparameter gelten:

- Oberbauform: SchO
- RSL: 20 t
- Gleisbelastung: 35.000 Lt/ d
- v_e: 150 km/ h
- Verkehrliche Bedeutung: Hauptbahn
- Gleistyp nach Betrieb: durchgehende Hgl
- Charakteristik des Verkehrsweges: Kategorisierungsgruppe Fernverkehrsbahn der Kategorie großräumiger Personenfernverkehr
- zus. Randbedingung: beengte Platzverhältnisse

Im Weiteren wird angenommen, dass in der Software PULTrack beim Anlegen eines neuen Projektes von dem Planer der „Geführte Entwurfsvorgang“ gewählt wurde und man befindet sich in der Planungsart „Planung und Entwurf“. Des Weiteren wird davon ausgegangen, dass der durchzuführende Entwurf für eine Eisenbahnstrecke in Deutschland im EdB liegt. Diese Information ist in Deutschland erforderlich, um zu wissen welche Art von Vorschriften für die zu planende Eisenbahnstrecke relevant sind.

Die Dimensionierung des Bahnkörpers nach (DB Netz AG, Ril 820 2020) ist im Wesentlichen von der Geschwindigkeit und Gleisbelastung abhängig. Das Modul 820.2010 der (DB Netz AG, Ril 820 2020) definiert dazu mehrere Geschwindigkeits-

und drei Gleisbelastungsbereiche (≤ 10.000 Lt/ d; > 10.000 und ≤ 30.000 Lt/ d; > 30.000 Lt/ d). Darüber hinaus gibt es noch weitere Randbedingungen, welche bei der Dimensionierung zu berücksichtigen sind. Die gesamte Dimensionierung wird in (DB Netz AG, Ril 815 2012) in drei Anhängen zusammengefasst gehalten; die Erläuterungen zu den Randbedingungen sind im Fließtext des Moduls 820.2010 festgehalten. Zu beachten ist außerdem, dass das Modul 820.2010 nur für einen Bahnkörper mit SchO und RSL von 22,5 t[29] bis zu einer maximalen Geschwindigkeit von 300 km/h sowohl für die neuen als auch den bestehenden Eisenbahnstrecken gültig ist. Bei der betrachteten Eisenbahnstrecke sollen nur Vollbahnen[30] verkehren, wodurch der S-Bahn-Verkehr ausgeschlossen ist.

In dem vorliegenden Beispiel wird der Durchgang des Interpreters durch die modellierte Logik zum Finden der richtigen Schwelle und den dazugehörigen Befestigungssystem und Zwischenlage nach den gegebenen Randbedingungen gezeigt (vgl. Tabelle 17).

---

[29] Bei RSL von über 22,5 t muss (DB Netz AG, Ril 458.0301 2015) berücksichtigt werden, wobei die Grenze bei 25 t liegt.

[30] *„Eisenbahn, die dem Personen-Regional- und -Fernverkehr sowie dem Güterverkehr dient und auf Eisenbahntrassen verkehrt.*

ANMERKUNG 1 Wegen der geringfügig unterschiedlichen Radlasten wird gelegentlich zwischen Vollbahnen und Güterzügen unterschieden.

ANMERKUNG 2 Die maximale Radsatzlast von Vollbahnen, zu denen auch lokbespannte S-Bahnen zählen, wird in dieser Normenreihe mit 225 kN und diejenige von Güterzügen mit 250 kN angenommen.“ (DIN, DIN 45673-1 2010)

Gleisbelastung [Lt/d]	≤ 10.000	> 10.000 und ≤ 30.000	> 10.000 und ≤ 30.000	> 30.000
Geschwindigkeit [km/h]	≤ 120	≤ 120	> 120 und < 160	< 160
Priorität	1	1	1	-
Zustand	alt	alt	alt	neu
Nebenbedingung	-	-	Beengte Platzverhältnisse	Beengte Platzverhältnisse
Schwellentyp	B70 W-2,4	B70 W-2,4	B70 W-2,4	B70 W-2,4
Befestigungssystem	W 14 K	W 14 K	W 14 K	W 14 K
Zwischenlage	Zw 686a	Zw 686a	Zw 686a	Zw 686a

Tabelle 17: **Bedingungen nach Ril 820 (DB Netz AG 2020), unter welchen die Schwellenart B70 W-2,4, das Befestigungssystem W 14 K und die Zwischenlage Zw 686a im Rahmen der überschlägigen Dimensionierung eines Bahnkörpers mit SchO genommen werden dürfen**

Das Beispiel soll verdeutlichen, welche Bedeutung das Modell der Vorschriftenfestlegungen hat sowie den mit dem entwickelten Modell möglichen Detailierungsgrad der maschinenlesbaren Übersetzung/ Abbildung von Vorschriftenfestlegungen aufzeigen. Das Beispiel soll auch dazu dienen, um zu zeigen, dass die Vorschriften gewisse Lücken aufweisen können. Diese können zwar von einem Menschen logisch interpretiert werden, für eine Maschine können diese jedoch in Bezug auf die Lesbarkeit bzw. Interpretierbarkeit des einen oder des anderen Sachverhaltes ein Problem darstellen. Zudem soll verdeutlicht werden, dass zum Planen eines Verkehrsweges gleichzeitig mehrere Vorschriften benötigt werden.

Der Ursprung des Modells der Vorschriftenfestlegungen liegt in der Abbildung der Verkehrswegekategorien für den ÖPV (vgl. auch Abschnitt 4.2), wodurch der Vorschriftenfilter der Software PULTrack (FGSV, FGSV 121 2008), nach welchen die Verkehrswegekategorien im ÖPV bestimmt werden, automatisch vorauswählt (bei der genannten Vorschrift ist das Attributfeld „Pflicht“ vom Datentyp Boolean gesetzt). Der Ursprung in den Verkehrswegekategorien ist nur eine Beispielsmodellierung und könnte in der DB auch anders gelegt werden.

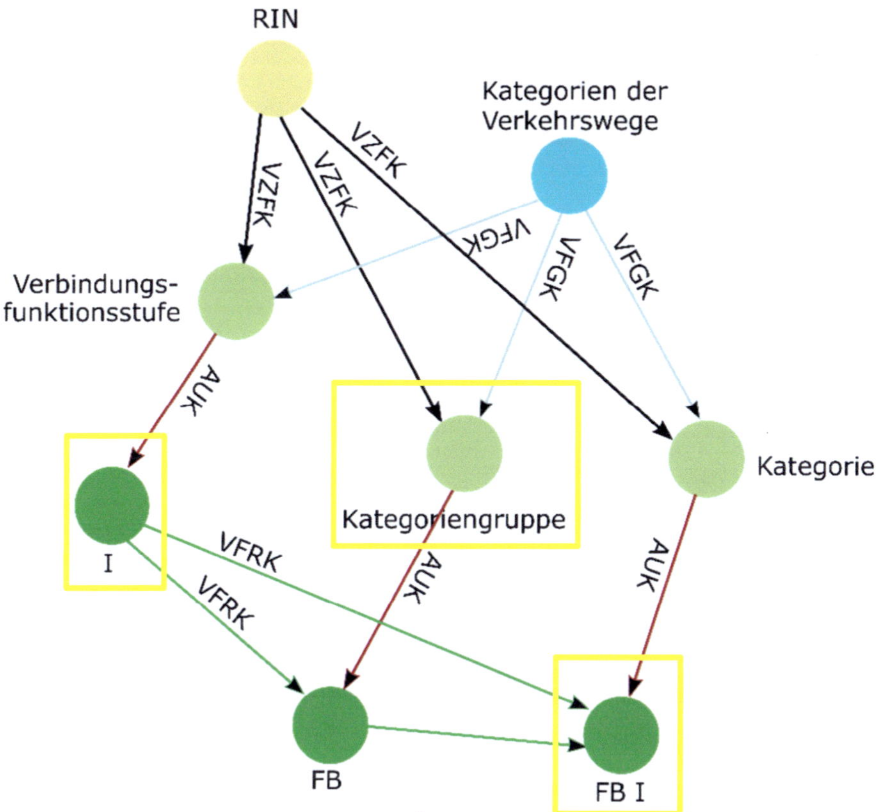

Abbildung 176: Verkehrswegekategorien für den ÖPV

Aus der gegebener Randbedingung bzgl. der Kategorisierungsgruppe Fernverkehrsbahn der Kategorie großräumiger Personenfernverkehr ergibt sich nach (FGSV, FGSV 121 2008) die Verkehrswegekategorie FB I (vgl. Tabelle 1).

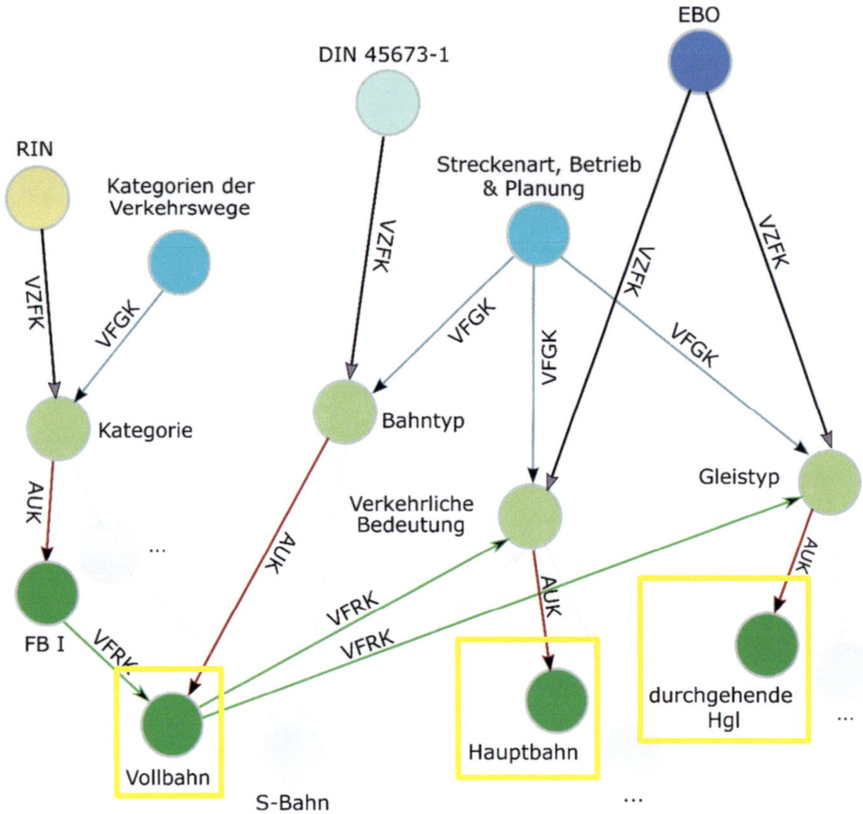

Abbildung 177: Der Bahntyp und die verkehrliche Bedeutung

Diese Verkehrswegekategorieauswahl muss vom Planer vorgenommen werden und kann von der Software nicht automatisch bestimmt werden. Über die Kenntnis der Verkehrswegekategorie wird von der Software automatisch festgestellt, dass es sich um eine Vollbahn handelt und die Wahl einer S-Bahn wird ausgeschlossen. Die Unterscheidung nach der Vollbahn und S-Bahn ist wichtig, da die für den Aufbau verwendeten Systemkomponenten einer S-Bahn-Strecke sich von der Strecke einer Vollbahn unterscheiden. Der Begriff Vollbahn kann dabei nur über (DIN, DIN 45673-1 2010) erfasst werden, da in (DB Netz AG, Ril 820 2020) zu diesem Begriff nichts steht. Die in (DB Netz AG, Ril 820 2020) bzgl. der überschlägigen Dimensionierung gemachten Angaben beziehen sich zwar auf die Vollbahn oder S-Bahn. Es wird aber nicht explizit zwischen den beiden Bahntypen unterschieden. Dabei dürfte (DIN, DIN 45673-1 2010) bei den Planern eine unbekannte Vorschrift sein. Für eine Abhilfe könnte (DB Netz AG, Ril 800.0130 2018) sorgen, allerdings stehen dort explizit nur Angaben zu der S-Bahn und keine zur Vollbahn. Diese Lücke bzw. Inkonsistenz könnte aber von einem Menschen trotzdem interpretiert und daraus eine logische Schlussfolgerung gezogen werden. Dies stellt aber keine explizite maschinenlesbare Angabe dar. Eine Maschine muss im Gegensatz zu einem Menschen eine klare Definition haben. Generell geht man bei der hier vorgestellten Modellierung davon aus, dass die maschinenlesbaren Vorschriftenfestlegungen ebenfalls in einer für Menschen lesbaren Textform vorhanden sind, sodass für die Modellierung der Bahntypen (DIN, DIN 45673-1 2010) genommen worden ist. Deshalb besitzen die Vorschriftenfestlegungen (hier: einzelne oder gruppierte) bei dem in dieser Arbeit vorgestellten Ansatz immer eine direkte Verbindung zu einer Vorschrift.

Des Weiteren sollte an dieser Stelle auch erwähnt werden, dass die eigentliche Dimensionierung des Bahnkörpers für eine S-Bahn-Strecke nur in (DB Netz AG, Ril 800.0130 2018) zu finden ist und nicht in (DB Netz AG, Ril 820 2020), in welcher die eigentliche Dimensionierung des Bahnkörpers explizit beschrieben stehen sollte. Dort stehen zwar die Komponenten zum Oberbau einer S-Bahn-Strecke in Abhängigkeit von der Geschwindigkeit und Gleisbelastung aufgelistet. Ein direkter Bezug zu einer S-Bahn-Strecke fehlt aber. Das bedeutet, dass die Dimensionierung des Bahnkörpers mit SchO nur dann vollständig wäre, wenn man beide Vorschriften (DB Netz AG, Ril 800.0130 2018) und (DB Netz AG, Ril 820 2020) miteinander kombiniert. Damit lässt sich die in (Eastman, et al. 2009) gemachte Aussage *„Rules and regulations are written by people and for a long time, were only read and applied by people. As a result, they were sometimes incomplete (particular conditions were not covered) or contradictory. Their structure was often arbitrarily complex."* bestätigen. Das Problem ist bei den Vorschriftenfestlegungen deren starke Inhomogenität (hier: Fließtext, Tabellen Formeln, Bilder) und der hohe Anteil an Verweisen auf andere Vorschriftenfestlegungen und Vorschriften. Verstärkt wird die genannte Komplexität durch die Inkonsistenzen in der Formulierung der Vorschriftenfestlegungen, sodass zum Abbilden eines planungstechnischen Sachverhaltes mehrere Vorschriften gleichzeitig benötigt werden, bei gleichzeitigem Fehlen von Verweisen auf die anderen Vorschriften.

Aus der Abbildung 176 und Abbildung 177 kann bereits jetzt festgehalten werden, dass bis zur eigentlichen Dimensionierung unter Einbezug einigen Vorschriften einige Schritte abgearbeitet werden müssen, welche dann auch teilweise manuell stattfinden.

Durch die automatische Wahl der Vollbahn werden von der Software PULTrack in den nächsten zwei Schritten zwei weitere Auswahlgruppen (hier: verkehrliche Bedeutung und Gleistyp) freigeschaltet (vgl. Abbildung 177). Diese werden von dem Interpreter durch die Rechtsnorm EBO (EBO 2019) vorgehalten, welche ebenfalls wie die modellierte Richtlinie RIN (FGSV, FGSV 121 2008) das gesetzte Attributfeld „Pflicht“ haben. Das Attributfeld „Pflicht“ wird bei der Modellierung bei allen Gesetzen und Rechtsnormen gesetzt, da diese Vorschriften einen uneingeschränkten Verbindlichkeitsgrad haben und immer einzuhalten sind. Bei den Verkehrswegekategorien nach (FGSV, FGSV 121 2008), ist das Attribut deshalb gesetzt, da die modellierten Verkehrswegekategorien den Ursprung der Modellierung der Vorschriftenfestlegungen bilden. Das bedeutet, dass diese nicht übersprungen werden können.

Zu wählen ist zunächst die Hauptbahn (da EdB) der Auswahlgruppe Verkehrliche Bedeutung und anschließend die durchgehenden Hgl der Auswahlgruppe Gleistyp. Bei beiden Angaben handelt es sich um die manuelle Auswahl, welche von dem Interpreter nicht automatisch getätigt werden können. Dies hängt damit zusammen, da es zu Anfang gleichzeitig mehrere Auswahlmöglichkeiten gibt. Über die Auswahlgruppen Verkehrliche Bedeutung und Gleistyp sollen in der Planung einer Eisenbahnstrecke der betriebliche Aspekt berücksichtigt werden, welcher einen unmittelbaren Einfluss auf die technische Planung hat.

In einem weiteren Schritt werden über die Vorschriftenfestlegungen die betrieblichen Aspekte detaillierter betrachtet. Diese können später zur Bestimmung der Streckenstandards und Streckenklassen nach (DB Netz AG, Ril 413 2013) genommen werden. Daraus lassen sich anschließend die maximal erlaubten RSL, die erlaubte Geschwindigkeit, die max. zul. Längsneigung s, das zulässige Lichtraumprofil einer Eisenbahnstrecke usw. ableiten. Die Veranschaulichung dieser Teilmodellierung wird and dieser Stelle übersprungen, da sie keinen unmittelbaren Bezug für die hier gezeigte Dimensionierung hat. Die Bestimmung der zulässigen RSL und Geschwindigkeit wird bei dem hier gezeigten Beispiel über einen anderen Weg erreicht. Dadurch wird auch deutlich, dass man zu einem Ergebnis über unterschiedliche Wege gelangen kann.

Die automatische Wahl des Bahntyps Vollbahn über die Verkehrswegekategorie nach (FGSV, FGSV 121 2008) zieht auch das automatische Aufrufen der Auswahlgruppe Spurweite [mm] nach sich. Darin werden dem Planer gemäß der (DB Netz AG, Ril 800.0110 2015) zwei Spurweiten zur Auswahl gestellt – 1435 mm für den Bahnkörper mit SchO und 1436 mm mit FF. Die Bestätigung der Spurweite von 1435 mm wiederum hat zur Folge, dass die Software automatisch den Lauflinienabstand und die Oberbauform auswählt. Zusätzlich wird durch die Vollbahn die zulässigen RSL auf 25 t begrenzt. Die Beziehungen Spurweite-Oberbauform könnte man auch anders modellieren können, indem zuerst die Oberbauform zur Auswahl gestellt wird und daraus anschließend automatisch die Spurweiten abgeleitet werden.

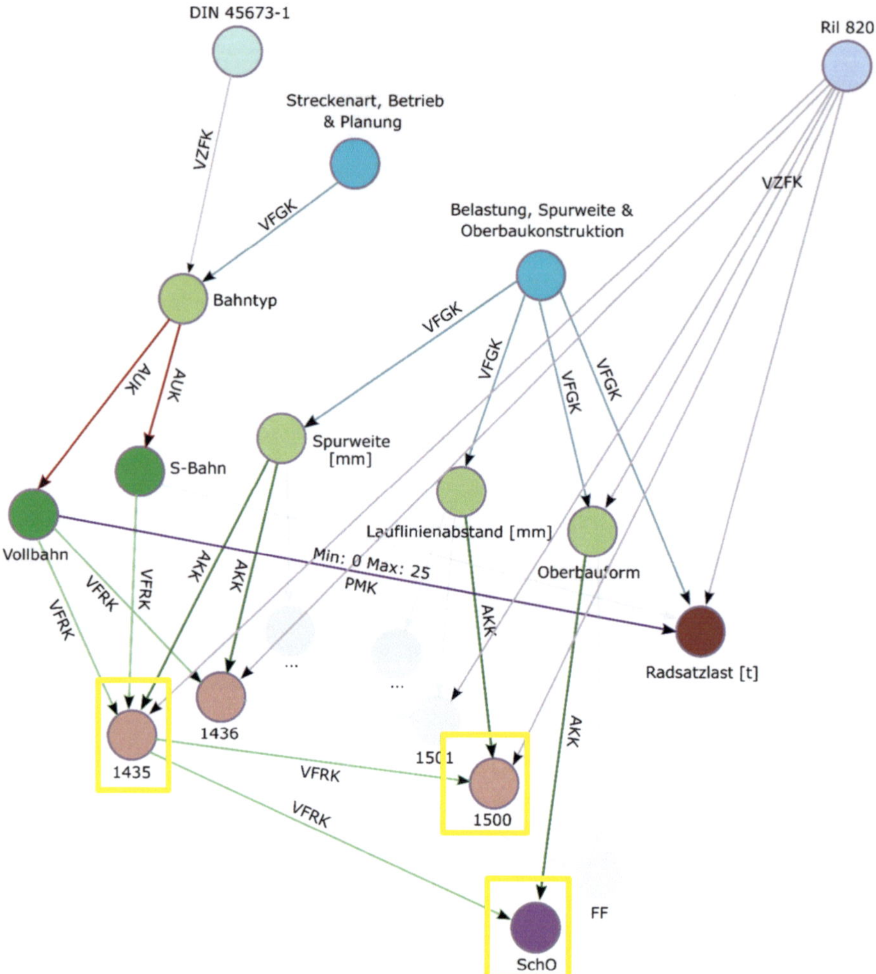

Abbildung 178: Spurweite, Lauflinienabstand und Oberbauform

In Abbildung 178 kann erkannt werden, dass der Knoten „Vollbahn" über die Parametermanipulationskante (PMK) den Wertebereich des Knotens „Radsatzlast [t]" auf 25 t manipuliert. Hätte man für den Bahntyp die S-Bahn, wäre der Wertebereich auf 16 t begrenzt. Das bedeutet, dass im Fall einer S-Bahn in dem Knoten „Radsatzlast [t]" als Zahl maximal nur 16 Tonnen eingetragen werden könnte.

Die Modellierung der Spurweiten, Lauflinienabstände und Oberbauformen stellt einen Sonderfall dar (Knoten „Bahntyp", „Spurweite [mm]" und „Lauflinienabstand [mm]"). Die

Knoten dieser drei Auswahlgruppen sind an sich keine Knoten des Modells der Vorschriftenfestlegungen, sondern werden aus dem DCC-Modell geholt. Dies kann an den zum Verbinden der Knoten genommenen Verbindungskanten erkannt werden – statt einer Auswahlkante (AUK), wird eine Auswahlkategoriekante (AKK) genommen. Selbstverständlich würde diese Modellierung über reine Knoten der Vorschriftenfestlegungen gehen.

Zuvor wurde bereits erwähnt, dass die zul. Geschwindigkeit beim Entwerfen einer Eisenbahnstrecke über die betrieblichen Informationen begrenzt werden kann. Abbildung 179 zeigt ein Beispiel, wie der zulässige Geschwindigkeitsbereich unter Zuhilfenahme der für den Entwurf geltenden Vorschrift, unterschieden nach Vollbahn und S-Bahn, bestimmt wurde.

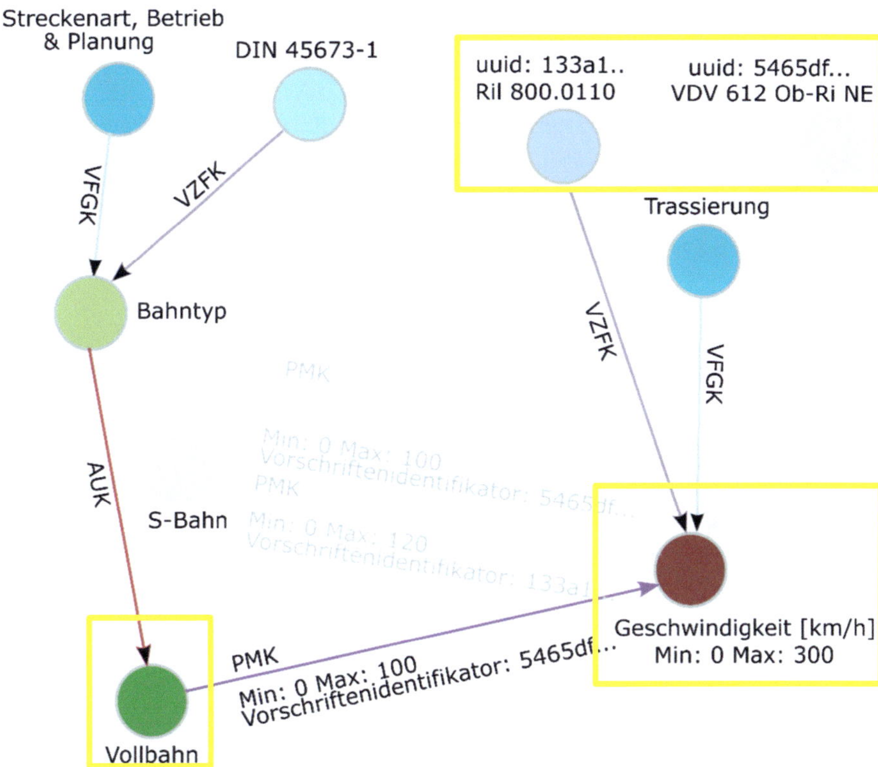

Abbildung 179: Begrenzung des erlaubten Geschwindigkeitsbereichs in Abhängigkeit des Bahntyps und der gewählten Vorschrift

Dies war aus dem Grund erforderlich, um die Anzahl der Knoten und Kanten gering halten zu können. Dadurch kann ein derselbe Knoten innerhalb eines Verkehrsträgers bzw. einer Verkehrsträgergruppe (hier: EdB, NE und das Modell des „Individuellen Entwurfsvorganges") mehrmals verwendet werden. Zu diesem Zweck werden die Parametermanipulationskante (PMK) mit den Attributfeldern „Vorschriftenidentifikator" sowie „Min"/ „Max" verwendet. Standardmäßig beträgt der Geschwindigkeitsbereich in dem Knoten „Geschwindigkeit [km/h]" zwischen 0 und 300 km/ h. In dem gezeigten Beispiel in der Abbildung 179 würde der Knoten „Vollbahn" über die PMK die Obergrenze der Geschwindigkeit auf 100 km/ h herabsetzen, wenn die betrachtete Eisenbahnstrecke sich nicht im Zuständigkeitsbereich des Bundes liegen würde. Das bedeutet, dass die Planung der Eisenbahnstrecke mit der Richtlinie 612 Ob-Ri NE (VDV, VDV 612 2018) mit dem UUID „5465df..." durchgeführt wird. Gesteuert wird die maximal zulässige Geschwindigkeit über das Attributfeld „Vorschriftenidentifikator" mit dem Wert „5465df...". Da es sich aber bei dem betrachteten Beispiel um die EdB handelt, bleiben die Wertebereiche zwischen 0 und 300 km/ h unverändert. Analog ist dies für die Geschwindigkeitsbereiche im Falle einer S-Bahn modelliert. Bei den bundeseigenen S-Bahnen wird die Geschwindigkeit auf 120 km/ h begrenzt. Bei nicht bundeseigenen S-Bahnen auf 100 km/ h.

Der Dimensionierungsvorgang eines Bahnkörpers kann nach (DB Netz AG, Ril 820 2020) verfeinert werden, in dem bei der Wahl von Systemkomponenten die sogenannten Prioritäten (wie z. B. 1 und 2) und Zustände (wie z. B. alt und neu) berücksichtigt werden (vgl. Abbildung 180).

Bautechnik, Leit-, Signal- u. Telekommunikationstechnik	
Ausrüstungsstandard Gleisbelastung ≤ 10.000 Lt/d	

Nr.	Bauteil	Geschwindigkeit [km/h] nach Abschnitt 1 Abs. (3)	Priorität	Zustand	Bauart
1	Schiene (Gleis)	v ≤ 120	1	RC	49 E5
			2	RC	54 E4
			3	RC	60 E2
			4	neu	49 E5
2	Schiene (Weiche)	v ≤ 120	1	neu	54 E4
			1	neu	49 E5

Abbildung 180: Auszug aus der Ril 820 (DB Netz AG 2020) mit der Darstellung der erlaubten Systemkomponenten mit den dazugehörigen Prioritäten und Zuständen in Abhängigkeit von der Gleisbelastung und Geschwindigkeit am Beispiel Schiene (Gleis) und Schiene (Weiche)

Prioritäten und Zustände können u. a. für Bauteil-/ Elementkategorien wie Schiene (Gleis), Schiene (Weiche), Schwellen und Schienenbefestigung (Gleis), Schwellen und Schienenbefestigung (Weiche), Schwellenabstand, Schwellen mit elastischer Sohle und USM etc. bestimmt werden. Die Prioritäten und Zustände sagen dem Planer aus, wann welche Systemkomponenten des Oberbaus in welchem Zustand für die zu planende Eisenbahnstrecke genommen werden dürfen.

Momentan ist dies so modelliert, dass zuerst gefragt wird, ob dies berücksichtigt werden soll. Dieser Schritt könnte aber ausgebaut werden, so dass die Prioritäten und Zustände automatisch mitberücksichtigt werden. Im Falle der vollen automatischen Berücksichtigung von Prioritäten und Zuständen könnten diese auf der GUI für den Planer komplett ausgeblendet und nur noch im Hintergrund weiterlaufen gelassen werden. Das gezielte Ausblenden der einzelnen Knoten wird über die Attributfelder „Visualisierung“ und „vVerteilung“ vom Datentyp Boolean realisiert.

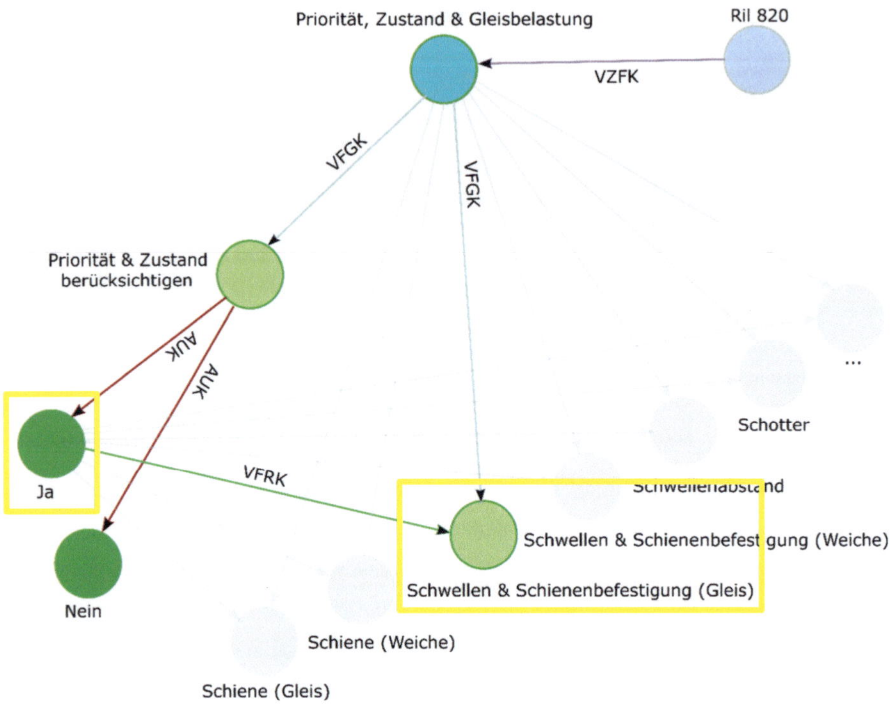

Abbildung 181: Prioritäten und Zustände für die einzelnen Bauteil-/ Elementkategorien nach Ril 820 (DB Netz AG 2020)

In dem vorliegenden Beispiel wird im Weiteren der Fall Prioritäten und Zustände für Schwellen und Schienenbefestigung (Gleis) betrachtet (vgl. Abbildung 181).

Um die Prioritäten und Zustände abzubilden, werden diese zunächst getrennt betrachtet und anschließend miteinander kombiniert (hier: 1/ neu; 2/ neu/ 1/ alt; -/ alt; -/ neu (vgl. Abbildung 183)). Bei dem betrachteten Beispiel ergibt sich bei den vorliegenden Randbedingungen für die Priorität „–„ und den Zustand „neu“. Sobald in der Auswahlgruppe “Schwellen & Schienenbefestigung (Gleis)” das Auswahlelement “Ja“ getätigt wurde, werden zur Schwelle die Priorität und der Zustand bestimmt. Sind die Priorität und der Zustand bestimmt, schalten diese über die VFRK den Knoten „-/neu“ frei (vgl. Abbildung 183).

Die in Abbildung 182 auf den Vorschriftenfestlegungsreihenfolgekanten (VFRK) dargestellten 1er bilden eine Gruppe ab, welche den Fall 150 km/ h, 35.000 Lt/ d und beengte Platzverhältnisse darstellen sollen. Hierbei bewertet der Interpreter alle eingehenden VFRK, welche in dem Attributfeld „GruppenID“ eine 1 eingetragen bekommen haben, mit einer „UND“-Verknüpfung. Damit die Priorität und der Zustand in der richtigen Kombination bestimmt werden können, muss bei dem vorliegenden Beispiel zusätzlich der Knoten „Beengte Platzverhältnisse“ von dem Planer auf ja gesetzt werden.

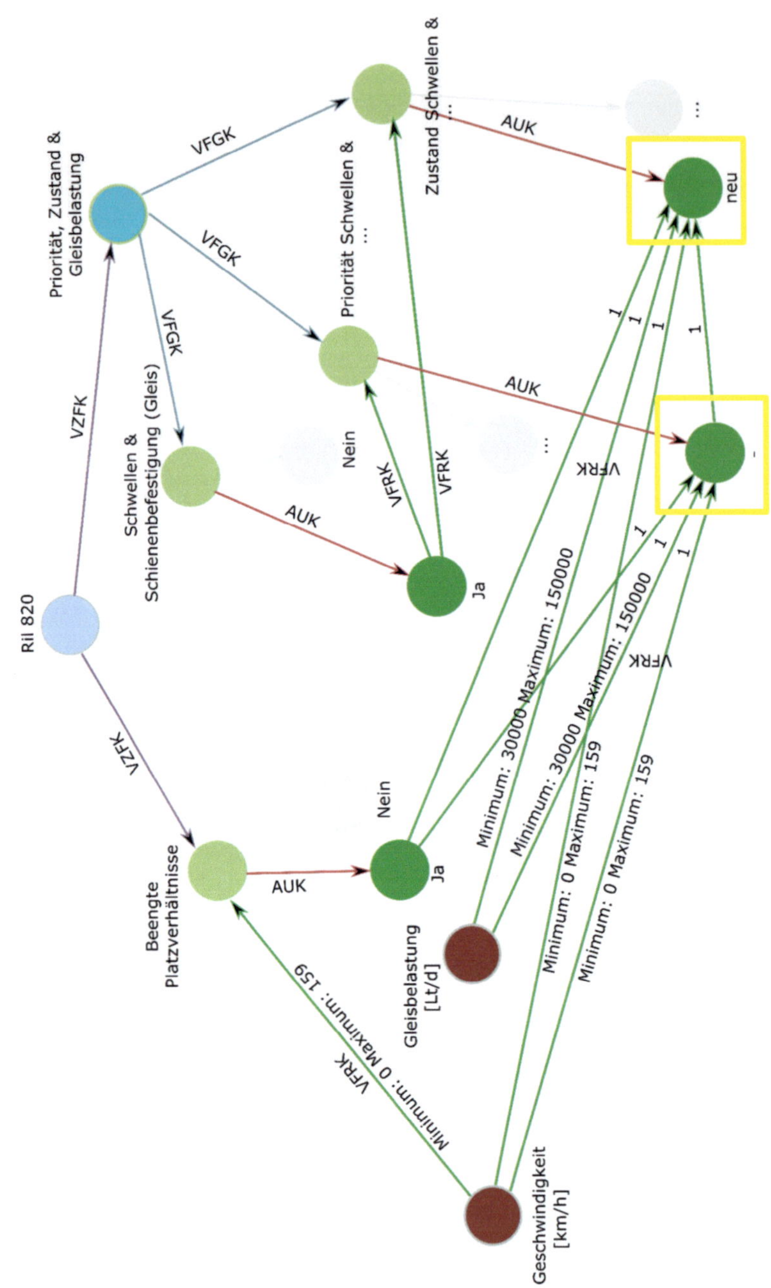

Abbildung 182: Modellierung der getrennten Betrachtung von Prioritäten und Zuständen

Mit beengten Platzverhältnissen wird sichergestellt, dass bei der Planung Schwellen mit einer verkürzten Länge einzusetzen sind (hier: 2,4 m). Die Planung bei beengten Platzverhältnissen (z. B. aufgrund von Schutzgebieten, dichte Bebauung) wird dabei nur so lange unterstützt, bis die Entwurfsgeschwindigkeit sich unterhalb der 160er-Marke befindet (vgl. Abbildung 182 die Knoten-Kanten-Relation Geschwindigkeit [km/h] – Beengte Platzverhältnisse).

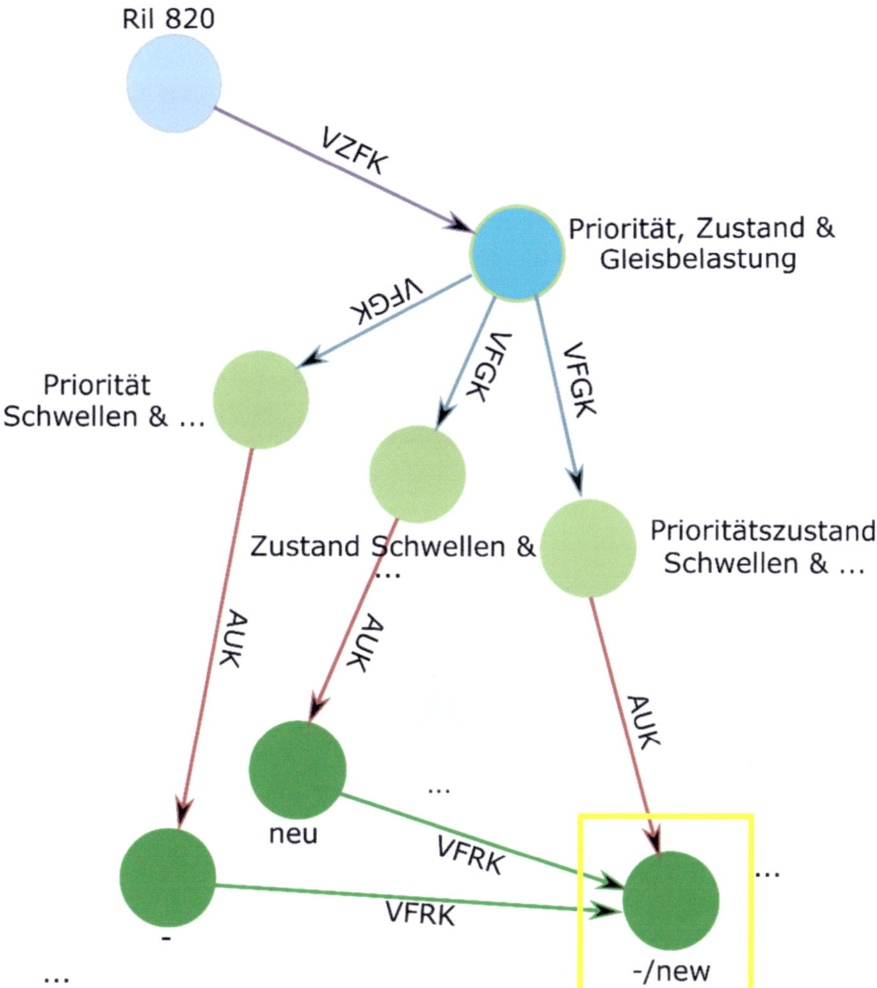

Abbildung 183: Zusammenführung von Prioritäten und Zuständen (auf dem Bild -/neu)

In dem vorliegenden Beispiel wurden auch die sogenannten Belastungsstufen und die Geschwindigkeitsbereiche mitmodelliert (vgl. Abbildung 184). So wird zum Beispiel der Fall des Gleisbelastungsbereichs >10.000 und ≤ 30.000 Lt/d und Geschwindigkeitsbereichs < 160 km/h mit Bmittel-Gklein modelliert (bei dem betrachteten Beispiel Bhoch-Glangsam). Erfasst wird der jeweilige Fall über die Knoten „Geschwindigkeit [km/h]“ und „Gleisbelastung [Lt/d]“. Die endgültige Abbildung der Priorität, des Zustandes, des Geschwindigkeitsbereichs und der Belastungsstufe erfolgt unter dem Knoten „Ausrüstungsstandard Schwellen & Schienenbefestigung (Gleis)“, welcher die einzelnen Ausrüstungsstandardfälle wiedergibt. Bei dem betrachteten Beispiel tritt der Fall **GBINF**(Grenze der Gleisbelastung nach oben undefiniert)**VK160**(Geschwindigkeit < 160 km/ h)**NEU**(Zustand neu)**INF**(Priorität undefiniert) ein (vgl. Abbildung 185). Hierbei bestehen die Abhängigkeiten zu den Auswahlgruppen „Prioritätszustand Schwellen & Schienenbefestigung (Gleis)“ und „Belastungsstufe & Geschwindigkeitsbereich - Schwellen & Schienenbefestigung (Gleis)“. Diese ergeben sich wiederum aus den Randbedingungen Geschwindigkeit, Gleisbelastung und beengte Platzverhältnisse. Der auf diesem Weg bestimmte Ausrüstungsstandard wird anschließend zur Ermittlung der Schwelle B70 W-2,4 genommen.

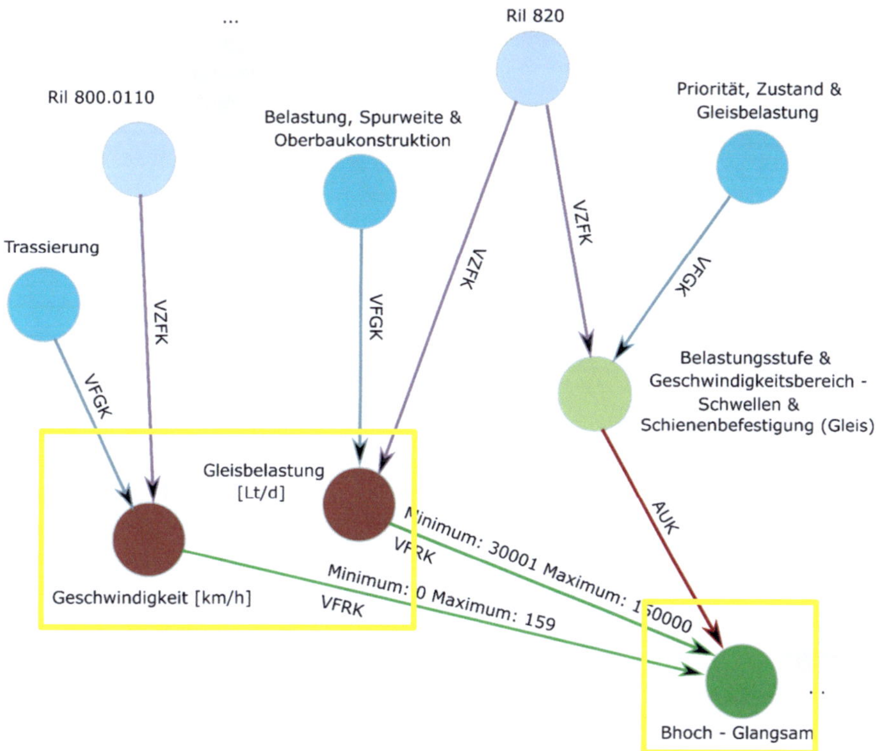

Abbildung 184: Bestimmung der zusammengetragenen Belastungs- und Geschwindigkeitsstufe

Abbildung 186 stellt das Finden der Schwelle B70 W-2,4 anhand der gegebenen Randbedingungen und unter Einbezug des zuvor ermittelten Ausrüstungsstandards dar. Auch hier werden zur Fallunterscheidung unter Zuhilfenahme des Attributfeldes „GruppenID“ Gruppen gebildet. Das Erfassen der richtigen Schwelle geschieht mit Hilfe der Geschwindigkeit, der Gleisbelastung, des beengten Platzverhältnisses sowie des resultierenden Ausrüstungsstandardfalls. Die Überprüfung der Geschwindigkeit und der Gleisbelastung stellen dabei die sogenannte Parameterprüfung dar, indem die Werte der Parameter der Vorschriftenfestlegungen mit den zulässigen Wertebereichen der Schwelle B70 W-2,4 abgeglichen werden.

Insgesamt bildet die Abbildung 186 die vier in der Tabelle 17 dargestellten Fälle ab, bei welchen die Schwelle B70 mit verkürzter Länge (hier: 2,4 m) mit einem W-Oberbau nach (DB Netz AG, Ril 820 2020) in Frage käme. In zwei der vier Fälle wird neben der

Gleisbelastung und Geschwindigkeit als zusätzliche Randbedingung beengte Platzverhältnisse gefordert. Zu Fallunterscheidung innerhalb dieser zwei Fälle werden Gruppen gebildet (hier: auf den VFOK werden die 1er und 2er eingetragen). Hierbei ist das gefundene Ergebnis der 1er Fall. Die beiden eingehenden Kanten von dem Geschwindigkeits- und Gleisbelastungsknoten stellen die „Basiskanten“ dar.

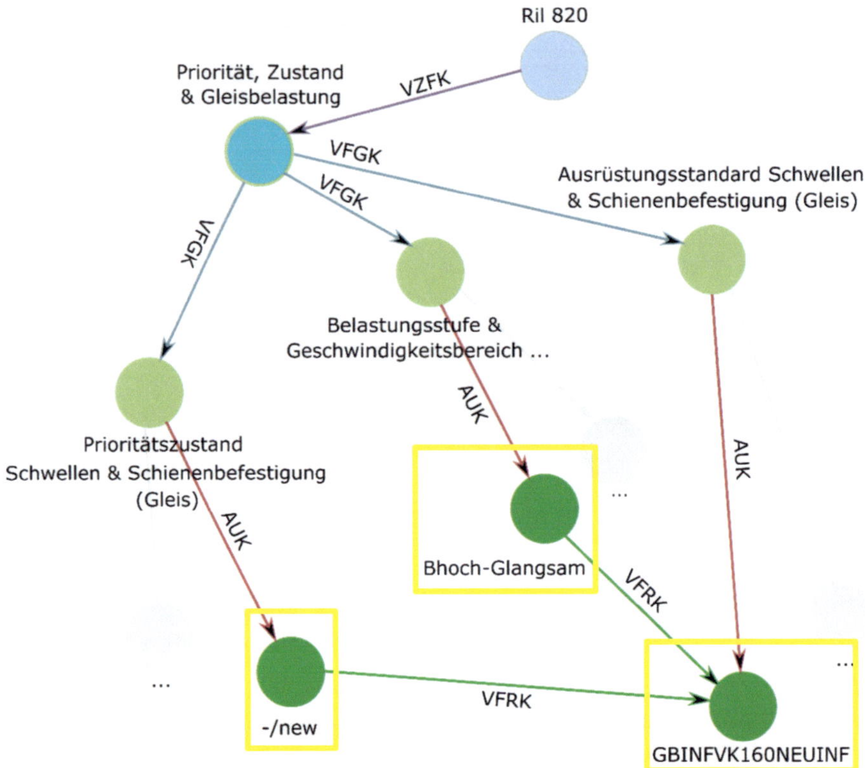

Abbildung 185: Abbildung des Ausrüstungsstandards für einen Schotteroberbau anhand der angegebenen Randbedingungen

Die eingehenden Kanten von den Auswahlelementen der Auswahlgruppe „Ausrüstungsstandard Schwellen & Schienenbefestigung (Gleis)“ werden mit einer „ODER“-Verknüpfung behandelt, da diese derselben Auswahlgruppe angehören. Ist die Schwelle gefunden, können über die Kategorieverbindungskanten (KVK) das passende Befestigungssystem W 14 K und Zwischenlage Zw 686a abgeleitet werden. Die Modellierung mittels der KVK stellt eine Alternative zur Modellierung direkt über die

Vorschriftenfestlegungen dar und sollte gut durchdacht sein. Über die direkten Verweise von einer Systemkomponente zu der anderen Systemkomponente kann die Anzahl der sonst aus den Vorschriftenfestlegungen eingehenden Kanten reduziert werden.

Diese Art der Modellierung wird in der DB analog auf alle anderen Bauteil-/ Elementkategorien unter Berücksichtigung der Gleisbelastungs- und Geschwindigkeitsbereiche sowie anderen Randbedingungen angewandt. Anhand des gezeigten Beispiels lässt sich bestätigen, dass die Vorschriftenfestlegungen komplex, unvollständig und inkonsistent sein können, die zwar von einem Menschen trotzdem logisch interpretiert werden können, jedoch für eine Maschine nicht lesbar sind. Dadurch kann bestätigt werden, dass der Übersetzungsprozess kein einfacher Prozess ist.

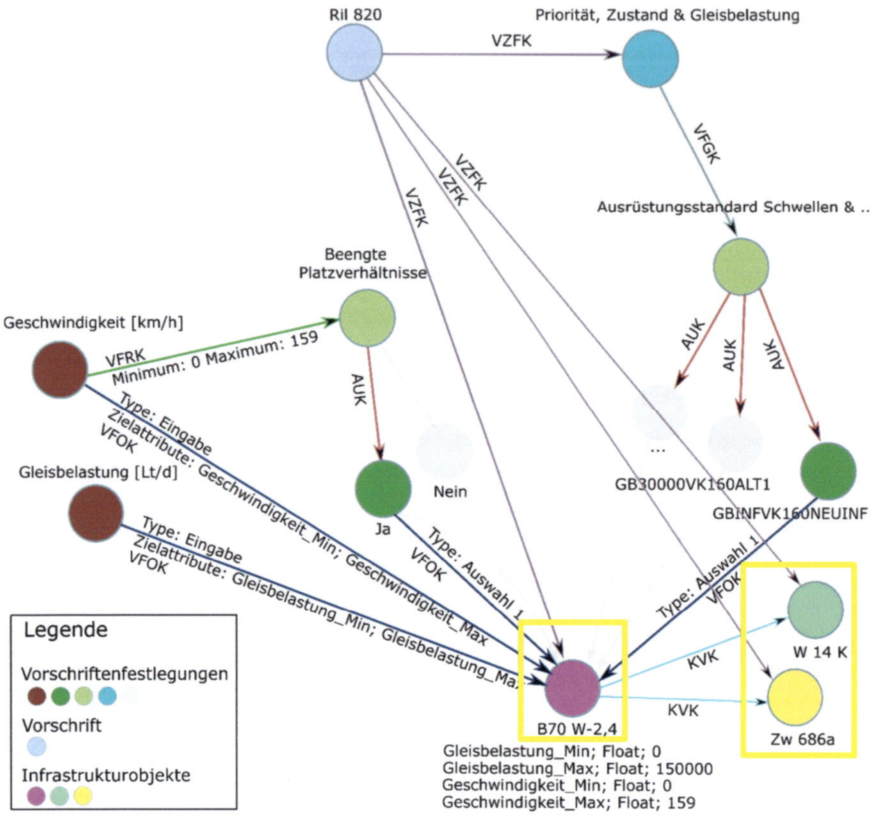

Abbildung 186: Bestimmung der Systemkomponenten am Beispiel der Betonschwelle B70 W-2,4 und der dazugehörigen Befestigungssystems und Zwischenlage bei gegebenen Randbedingungen

Im Allgemeinen sollte überlegt werden, welche Inhalte einer Vorschrift weggelassen werden können bzw. wie detailliert soll eine Vorschrift maschinenlesbar übersetzt werden. Auch die Übersetzungsreihenfolge von Vorschriftenfestlegungen sollte gut überlegt werden. Es hat sich gezeigt, dass bei der Abbildung eines planungstechnischen Sachverhaltes gleichzeitig mehrere Vorschriften erforderlich sein können. Diese Vorschriften können auch aus den unterschiedlichen Organisationen stammen.

Das hier vorgestellte Beispiel wird nun, mit dem in (Häußler, Esser und Borrmann 2021) vorgestellten Modell zur maschinenlesbaren Abbildung von Vorschriftenfestlegungen verglichen, auch wenngleich die beiden miteinander zu vergleichenden Modelle zunächst für unterschiedliche Einsatzzwecke angedacht sind. Das Modell nach (Häußler,

Esser und Borrmann 2021) basiert auf der Methode BPMN und RASE, welche mittels DMN ergänzt wird.

Der entwickelte (E)DCC-Modellansatz mit dem darin enthaltenen Modell der Vorschriftenfestlegungen dient primär der Abbildung und Berücksichtigung von Vorschriftenfestlegungen während der Planung eines Verkehrsweges und soll somit einen vorbeugenden Schutz gegen die möglichen Planungsfehler geben. Dieser Ansatz könnte aber später als Plug-in ACCC-Tool bei den anderen Planungswerkzeugen eingesetzt werden. Das Modell der BPMN-Methode wird dagegen primär zur automatischen Vorschriftenkonformitätsprüfung (ACCC-Tool) von bereits geplanten Verkehrswegen bzw. deren 3D-Modelle angedacht. Hierbei werden bei dem Modell die auf die Planung anzuwendende Vorschriftenfestlegungen klassifiziert bzw. kategorisiert (vgl. Anhang VII). Wie diese Klassifizierung im Hintergrund des in (Häußler, Esser und Borrmann 2021) gezeigten ACCC-Tools berücksichtigt bzw. ausgewertet wird, wird von den Autoren nicht angegeben. Bei dem Modell der Vorschriftenfestlegungen dagegen findet diese Art der Kategorisierung von Vorschriftenfestlegungen nicht statt. Es gibt nur eine Klassifizierung zwecks Strukturierung der Vorschriftenfestlegungen in der DB.

Abbildung 187 zeigt ein Beispiel für die Modellierung der Abfrage nach der Oberbauform und den Radsatzlasten mittels der BPMN-Methode, um anschließend über die maschinenlesbaren abgebildeten Vorschriftenfestlegungen die Richtigkeit der im Rahmen einer Planung eingesetzten Schwelle zu überprüfen. Hierbei werden die Angaben zur Oberbauform und zu den Radsatzlasten von dem Planer manuell eingegeben. Manuelle Eingaben sind auch bei dem Modell der Vorschriftenfestlegungen erforderlich. Solche Angaben sind immer wieder an bestimmten Stellen erforderlich. Dies bedeutet, dass eine Vorschriftenkonformitätsprüfung gar nicht vollständig automatisch ablaufen kann. Es sei denn künftig könnte dies anhand von bestimmten Merkmalen von den KI-Methoden bewältigt werden.

Die Darstellung des Überprüfungsprozesses in (Häußler, Esser und Borrmann 2021) vorgestellten BPMN-Notation ähnelt stark einem mit UML dargestellten Ablaufdiagramm (ISO, ISO/ IEC 19510 2013). Eine nähere Erläuterung zu den mittels BPMN-Notation abgebildeten einzelnen Schritten des in Abbildung 187 dargestellten Prüfprozesses zur Vorschriftenkonformitätsprüfung findet sich im Anhang VIII.

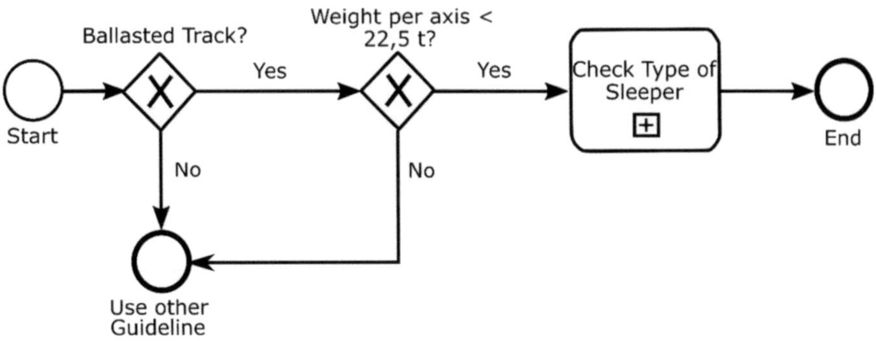

Abbildung 187: Prozessablauf zur Prüfung der Oberbauform und der RSL nach Häußer, Esser und Borrmann (2021)

Dagegen werden bei dem Modell der Vorschriftenfestlegungen die Knoten selbst als GUI-Elemente verwendet. Die Visualisierung bzw. Darstellung wird über die Modellierungsattribute der Knoten gesteuert.

In einem nächsten Schritt wird der Überprüfungsvorgang der Schwelle in die drei Gleisbelastungsbereiche (hier: ≤ 10.000 Lt/ d; > 10.000 und ≤ 30.000 Lt/ d; > 30.000 Lt/ d) aufgeteilt. Gesucht wird nach den Schwellentypen, welche in den Gleisbelastungs- > 30.000 Lt/ d und Geschwindigkeitsbereich <160 km/ h fallen (vgl. Abbildung 188).

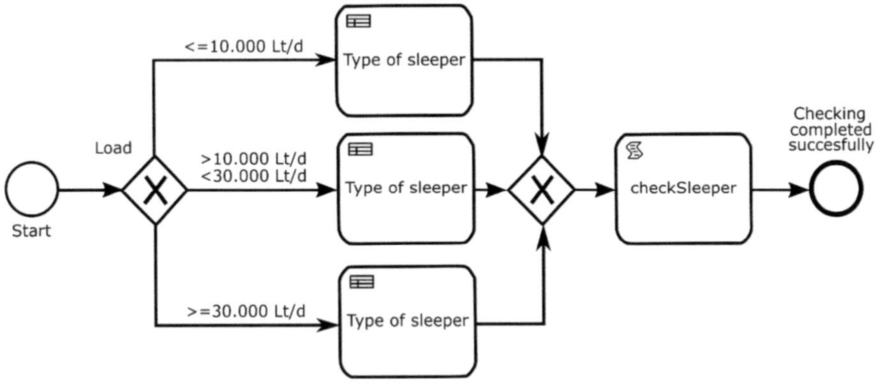

Abbildung 188: Modellablauf zur Überprüfung der richtigen Wahl der Schwellen unterschieden nach Gleisbelastungsbereichen nach Häußler, Esser und Borrmann (2021)

Zur Berücksichtigung weiteren Randbedingungen wie z. B. beengte Platzverhältnisse oder die Zuordnung der gesuchten Schwelle nach der Priorität und dem Zustand werden von den Autoren keine Angaben gemacht. Es lässt sich unterstellen, dass die

Modellierung dieser Randbedingungen ebenfalls über die RASE-Syntax gemacht werden kann. Ebenfalls geben die Autoren keine Angaben wie die Vorschriftenfestlegungen einer Vorschrift zugeordnet werden und wie die Vorschriften nach Ländern ausgewählt werden können sowie wie die anderen zu berücksichtigenden Aspekte bei der digitalen Übersetzung mitabgebildet werden (vgl. Diskussion in Abschnitt 6.3.4 und Anhang XXX).

Das obige Beispiel mit der Modellierung der Vorschriftenfestlegungen in der GDB zeigt deutlich, dass eine vollständige Planung nur durch die Kombination von mehreren Vorschriften abgebildet werden kann. Nach dem Modell der Vorschriftenfestlegungen existiert stets zu jeder Vorschriftenfestlegung(-sgruppe) eine Vorschrift, welche einem Land angehört. Zu diesem Zweck werden Vorschriftenfestlegungen einer feineren Zerlegung in die Knoten und Kanten und dadurch einer feineren Einteilung in die einzelnen technischen Sachverhalte unterzogen und mit der jeweiligen Vorschrift verbunden. Wie man damit in der BPMN-Methode umgeht, wird von den Autoren nicht berichtet. Auch die zusätzlichen in Abschnitt 6.3.4 und Anhang XXX erläuterten Aspekte sind bei dem Modell der Vorschriftenfestlegungen zum größten Teil berücksichtigt.

In der in (Häußler, Esser und Borrmann 2021) vorgestellten Methode werden die Vorschriftenfestlegungen mittels RASE-Syntax übersetzt und in Form von Entscheidungstabellen (hier: Texte, Zahlen) hinterlegt, welche über ein Skript ausgewertet werden. Die Visualisierung erfolgt über die BPMN-Notation, welche eine benutzerfreundliche Darstellungsform erlauben soll. Hierbei werden Programmierkenntnisse benötigt, was von den Autoren als nachteilig bewertet wird. Aufgrund dessen ist die in (Häußler, Esser und Borrmann 2021) entwickelte Methode im Vergleich zum Modell der Vorschriftenfestlegungen, bei welchem die Programmierkenntnisse nicht benötigt werden, nur teilgenerisch. Bei dem Modell der Vorschriftenfestlegungen wurde der Interpreter mit seinen Algorithmen so ausgelegt, sodass die nach festgelegten Modellierungsregeln durchgeführte Modellierung automatisch in der Software erkannt und ausgewertet wird. Generell kann bei den Vorschriftenfestlegungen die Modellierung vom beliebigen Detaillierungsgrad ohne jegliche Programmierkenntnisse durchgeführt werden.

Tabelle 18 zeigt zusammenfassend die wesentlichen Eigenschaften der beiden miteinander verglichenen Ansätzen.

	Modell der Vorschriftenfestlegungen	**BPMN-Methode**
Vorschriftenkonformitätsprüfung während der Planung	Ja	Nein
Darstellungsmethode	White-Box	White-Box
Programmierkenntnisse erforderlich	Nein	Ja

Tabelle 18: Gegenüberstellung der wesentlichen Charakteristika der beiden Methoden

Als großer Vorteil wird dagegen bei der BPMN-Methode von den Autoren die gute Visualisierung von den abzuarbeitenden Vorschriftenfestlegungen angesehen und die damit verbundene gute Nachvollziehbarkeit für die Planer. Dadurch kann die Methode, trotz der erforderlichen Programmierkenntnisse, eher der White-Box-Methode zugeordnet werden. In diesem Punkt können beide Methoden (hier: Modell der Vorschriftenfestlegungen und BPMN-Methode) gleichgestellt werden. Auch das Modell der Vorschriftenfestlegungen bietet insbesondere aufgrund seiner baumartigen Struktur eine gute Visualisierbarkeit und kann deshalb der White-Box-Methode zugeordnet werden. Die Methode der digitalen Übersetzung der Vorschriftenfestlegungen folgt einem bestimmten Modell und ist generisch. Die Knoten können für den Planer an einer beliebigen Stelle aus-/ eingeblendet gelassen und außerdem mit zusätzlichen Informationen versehen werden. Denkbar wäre in der Zukunft die Visualisierung durch die Anbindung der in UML geschriebenen Ablaufdiagramme zu stärken (vgl. Abbildung 189). Das bedeutet, dass das Modell der Vorschriftenfestlegungen auf der Ebene der User Interface im Prinzip der BPMN-Methode entsprechen würde (sowohl UML als auch BPMN zählen zu den visuellen Programmiersprachen). Die Hintergrundprozesse mit der darin enthaltenen Übersetzungsmechanik unterscheiden sich dagegen.

In den (E)DCC-Modellansatz könnte künftig ein KI-System integriert werden, welches eine Hilfe bei der Reduzierung der manuellen Prozesse anbieten könnte. Die Realisierung könnte hierbei über die Auswertung, und somit das Trainieren des KI-Systems, der bereits durchgeführten Kombinationen von Knoten-Kanten-Konstrukten in der DB im Rahmen von alten Projekten erfolgen.

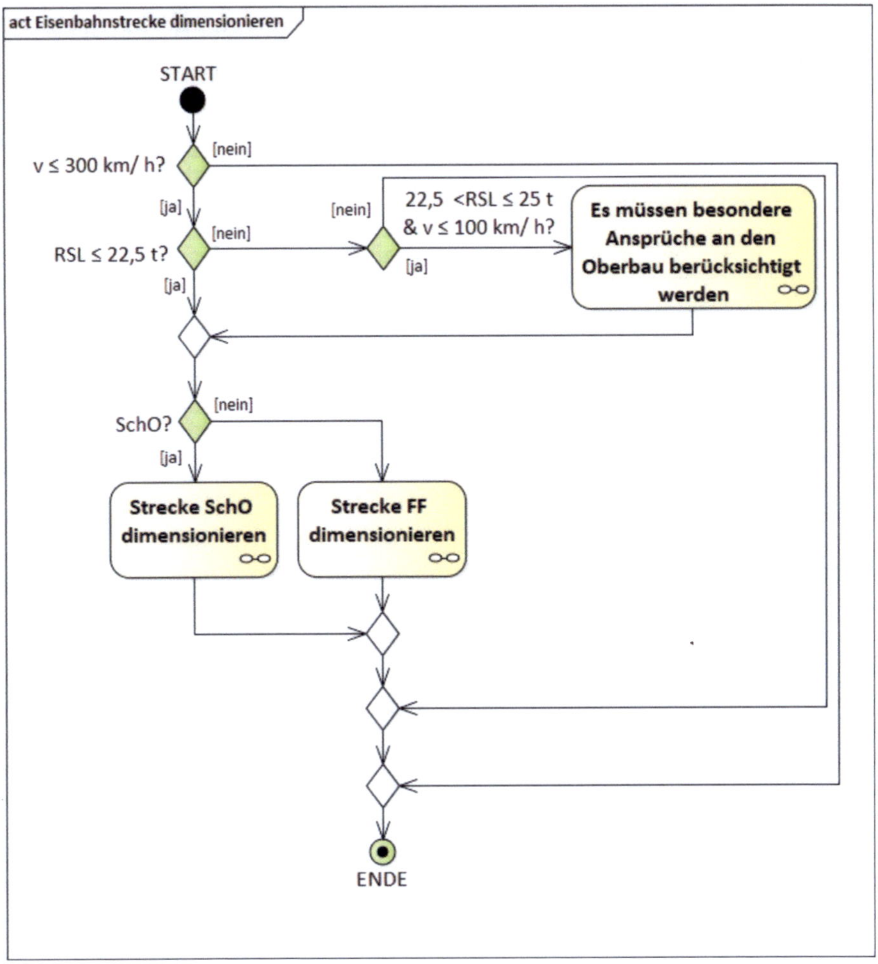

Abbildung 189: Beispielhafte Modellierung der Dimensionierungslogik einer Eisenbahnstrecke mit SchO mit Hilfe des UML

Insgesamt bewerteten die Autoren in (Häußler, Esser und Borrmann 2021) die angesprochene Methode als vielversprechend und überlegen, wenn die BPMN-Methode von vornerein von den Softwareentwicklern in die BIM-Autorenwerkzeuge übernommen werden könnte. Sie überlegten, ob die Verfasser der Vorschriften künftig ihre Vorschriftenfestlegungen von Anfang an maschinenlesbar mittels der BPMN-Methode beschreiben könnten. Der Ansatz könnte auf viele Sachgebiete mit den darin enthaltenen Fachgebieten im Verkehrswegebau übertragen werden.